科学文化经典译丛

科学之光
LIGHT OF SCIENCE

苏联发明史

从1917年到1991年

ИЗОБРЕТЕНО В СССР

ИСТОРИЯ ИЗОБРЕТАТЕЛЬСКОЙ МЫСЛИ С 1917 ПО 1991 ГОД

[俄罗斯] 季莫费·尤里耶维奇·斯科连科　著

杜明禹　王泽坤　刘茗菲　译

王　磊　杨怀玉　审译

中国科学技术出版社

·北　京·

图书在版编目（CIP）数据

苏联发明史：从 1917 年到 1991 年 /（俄罗斯）季莫费·尤里耶维奇·斯科连科著；
杜明禹，王泽坤，刘茗菲译 . —北京：中国科学技术出版社，2023.1（2024.7 重印）
（科学文化经典译丛）
ISBN 978-7-5046-9849-0

Ⅰ. ①苏⋯　Ⅱ. ①季⋯ ②杜⋯ ③王⋯ ④刘⋯
Ⅲ. ①创造发明—技术史—苏联　Ⅳ. ① N095.12

中国版本图书馆 CIP 数据核字（2022）第 204048 号

© 2019 by Tim Skorenko
© OOO "Alpina non-fiction", 2020
Illustrator Victor Platonov/Bangbangstuio.ru
项目合作：锐拓传媒 copyright@rightol.com

北京市版权局著作合同登记　图字：01-2021-7174

总 策 划	秦德继	
策划编辑	周少敏　李惠兴　郭秋霞	
责任编辑	李惠兴　郭秋霞	
封面设计	中文天地	
正文设计	中文天地	
责任校对	邓雪梅	
责任印制	马宇晨	

出　　版	中国科学技术出版社
发　　行	中国科学技术出版社有限公司
地　　址	北京市海淀区中关村南大街 16 号
邮　　编	100081
发行电话	010-62173865
传　　真	010-62173081
网　　址	http://www.cspbooks.com.cn

开　　本	710mm×1000mm　1/16
字　　数	416 千字
印　　张	31.25
版　　次	2023 年 1 月第 1 版
印　　次	2024 年 7 月第 2 次印刷
印　　刷	河北鑫兆源印刷有限公司
书　　号	ISBN 978-7-5046-9849-0 / N·298
定　　价	128.00 元

目　录

第三部分　普通人的生活

第四部分　太空时代

导　言

———————ᐯ———————

　　我的上一本书《俄罗斯帝国发明史——从彼得一世到尼古拉二世》
（ ИЗОБРЕТЕНО В РОССИИ——История Русской Изобретательской Мысли
от Петра до Николая II，下文简称《俄罗斯帝国发明史》）为许多读者所
推崇。开始写作这本书的时候，我甚至没有考虑出版的可能，而今《俄罗
斯帝国发明史》不仅付印发行、摆在全国各大书店的书架上，而且登上了
"启蒙者"奖的获奖名单，使我有机会进行了几次发明思想史专题的巡回
演讲。在经历这一切之后，我续写了这本《苏联发明史——从 1917 年到
1991 年》（下文简称《苏联发明史》）。

　　关于《苏联发明史》的目的，与上一本书其实并没有什么不同：

　　首先，这本书将尽可能客观地讲述我们的同胞在不同时期做出的伟大
发明，对于他们的贡献，既不低估也不夸大。

　　其次，破除与发明史有关的诸多臆造的传奇与不实的伪说。

　　我的座右铭依然是："俄罗斯不是大象的故乡，但我们有丰神异彩的西
伯利亚虎。"

　　但是，《苏联发明史》所触及的历史环境与《俄罗斯帝国发明史》有根
本的不同，你们会从字里行间读出这些变化。在导言中，我只想谈几个一
般性的问题：关于苏联的发明权、关于苏联发明家的命运等。

为避免错误解读，首先要澄清以下历史事实：苏联，即苏维埃社会主义共和国联盟，于 1922 年 12 月 30 日成立，最初由 4 个加盟共和国组成：俄罗斯联邦、乌克兰、白俄罗斯和外高加索联邦。随着时间的推移，苏联的疆域和国家构成，主要是加盟共和国的组成也发生了变化。苏联在全盛时期共有 15 个共和国。

和《俄罗斯帝国发明史》一样，我判定一项发明的"归属"依据的是地域性而非民族属性。举例来说，《俄罗斯帝国发明史》中的彼得·普罗科波维奇（Пётр Прокопович），按民族属性是乌克兰人，但在他生活工作的年代，乌克兰是俄罗斯帝国的一部分，所以我将普罗科波维奇的发明列入俄罗斯帝国发明史。居住在科夫诺（在今立陶宛境内，当时属于俄罗斯帝国）的波兰人弗拉季斯拉夫·斯塔列维奇（Владислав Старевич）的情况与之相似。我认为，发明家如果是在立陶宛完成的发明，而且发明时间是在 1918 年 2 月 16 日至 1940 年 8 月 3 日、1990 年 3 月 11 日至今这两个时期，那么发明应该归属于立陶宛，反之，则应该归属俄罗斯或苏联。本书保留了同样的原则。这里没有民族主义，没有政治因素——只存在地理因素的考量。

除了整个苏联时期的发明，本书还收录了 1917 年"二月革命"至 1922 年 12 月这段历史时期的发明，当时苏联还没有成立，所以，这一时期"发明的归属地"我认为是俄罗斯帝国。

发明权

"二月革命"爆发时，俄国实行的仍然是 1896 年 5 月 20 日颁布的《发明和改进专利权条例》。这份文件合情入理，具体规定了发明专利申请审批流程、专利权（专利）授予期限、权利转让和出售原则，以及对各种违规行为的处罚等。

从形式上看，这部《发明和改进专利权条例》于 1919 年 7 月 30 日失效，因为苏维埃社会主义共和国人民委员会议当天发布的《发明法令》要求废止"本法令发布之前一切与发明专利权相关的法规"。但事实上，《发明和改进专利权条例》一直沿用至 1924 年，直到苏联出台第一部真正意义上的发明权法。

1919 年的法令实在过于浅陋，无法完全取代革命前制订的、内容更为翔实的《发明和改进专利权条例》。而且，《发明法令》并未明文规定发明注册的程序，执法时还须参照《发明和改进专利权条例》的有关条款。《发明法令》颁布的唯一效果就是将盗版合法化、蔑视发明权。俄国的发明权立法虽然比英国晚了二百年。

该法令第一条表述如下：

1. 凡经发明事务委员会认定有益的发明，可根据国民经济最高委员会主席团决议，宣布为俄罗斯苏维埃联邦社会主义共和国财产。

以下几项是对第一项内容的解读和补充：

2. 宣布为俄罗斯苏维埃联邦社会主义共和国财产的发明（秘密发明除外），一经公布，即视每项发明具体情况，制订特定条件，由全体公民和机构共同使用。宣布为国家财产、涉及国家国防，或对俄罗斯尤为重要，因而经相关人民委员部认定为最高机密的发明，不得向国外申请专利、转让给第三方或对外公布。如有违反，将依法追究。

3. 认定为有益的发明，按照与发明人达成的协议，宣布为俄罗斯苏维埃联邦社会主义共和国财产，或在协议失败情况下，强制宣布为俄罗斯苏维埃联邦社会主义共和国财产，为此给予的特殊奖励予以免税。

4.发明权归发明人所有，并由发明事务委员会向其颁发发明权证书予以证明。

这意味着，让发明者用自己的名字为所创之物命名，是唯一允许发明者做的。发明者失去了对自己的发明独立开发和利用的权利。一切由人所造之物，都自动地被异化。

尽管这项法令仅具有雏形文件的性质，但它为整个苏联时期发明权的发展奠定了基础，这样的表述应该还算恰当。从此以后，苏联的发明家在创造一项发明时会得到微薄的奖金作为物质上的奖励，而他们对国家财政的贡献是数百万的收益，所付出的是经年累月的努力。当然，也许他们根本就没有得到任何报偿，但美国和欧洲国家却是另一番景象。相形之下，苏联长期人才流失的痼疾和创新活动总体缺乏活力的原因也就不言自明了。

显然，国家需要制订一部完备的法律文件，以取代革命前的《发明和改进专利权条例》。这份文件就是1924年9月12日通过的《发明专利决议》（以下简称《决议》），于3天后随即生效。《决议》彻底废止了包括外国机构在内的同类机构颁发的所有文书。在苏联，在确立发明的优先权之前，必须先取得苏联的专利。此外，《决议》发布前已获授的专利及专利权，亦可于提交申请后予以恢复。

《决议》以1919年《发明法令》条款为基础，然而，与之前的《发明法令》相比，《决议》是一部完全合规的专利法，对"发明""创新"等概念进行了严格界定，并且明确了向发明事务委员会提交申请的流程。专利的期限为15年，可延期5年。总体而言，这部法案与国际规范基本相符。唯有一点与国际准则相悖，我在前文已经提到，那就是强制剥夺发明权的机制，允许国家堂而皇之地"依法"剥夺任何发明的发明权，无论发明者本人是否同意，只要国家认为这项发明具有重大意义。

1931 年，苏联通过了一部经过修订的新决议，其中设定了一类"补充发明"，即对现有设计进行的改进。和 1924 年的版本相比，1931 年的《决议》还有其他一些技术方面的变化。

此外，1931 年的《决议》还规定了奖励发明人的方式。根据主要条款，奖励采取"协议"支付方式。这就意味着，奖金数目的多少取决于使用这项发明的企业的决策，企业给多少，我们的发明家就只能拿多少。《决议》进一步指出，如果企业因使用某项发明成果节约了资金，应按年度节余的 2%—20% 奖励发明人。但是与发明家在国外可能获取的收益相比，这点奖金实在微不足道。

这部法律在 1941 年、1959 年和 1973 年又经过了三次修订。此外，工业品外观设计保护领域还出台了一些单独的文件（"工业品外观设计保护"在不同时期还被称为"工艺美术绘图""工业设计"等）。

看来，这部法律的条款基本满足了时代的需求。但问题的关键并不在于此。

发明家何去何从？

问题的关键在于，苏联没有私营企业。事实上，在苏联，并不提倡任何形式的个人创造，而苏联的思想体系也根本不提倡个人主义。

在这样的环境下，即便是那些有创意的发明家拿到了专利，他也无处可去、无路可走。国有企业采用他专利的可能性看起来十分渺茫：因为任何技术的引进都要经过大大小小领导的同意，还要经过多个国家委员会的批准。除此之外，别无他法。

让我们设想这样一个情景：比如说，一名汽车消音器的测试工程师在 1972 年研制出一种新的录音室专用麦克风。

如果在美国，他会怎么做？他有两个基本选项：找投资人、做广告、开始独立制作，或是找到录音设备生产商，把他制作的产品推介给企业，投资人和制作公司也可以是录音室。1972 年，美国唱片业有五大巨头公司（音乐出版控股公司、百代公司、广播公司旗下唱片公司、迪卡唱片公司和 GPG 公司），还有数以百计的小唱片公司，这些小公司几乎不能算是投资人。此外，还有几十家制造电子音乐及录音器材的企业，像舒尔、美国无线电公司（RCA）、电声（Electro Voice）、特纳（Turner）、尤尼达（Unidyne）、安培（Ampex）、瑞都沙克（RadioShack）等。

也就是说，美国发明家可以把他的研究成果推荐给几十家甚至几百家公司，而这仅仅是在美国！他完全可以到日本、法国或者德国去实现他的创意！此外，他还可以从银行贷款，制作一批测试设备，然后自己创业，这是很多发明者的做法。总之，美国人将拥有无限的机遇。

在苏联，同样的发明家会怎么做？他是汽车行业的工程师，所以找领导也是白费力气（对于那些在与本职岗位直接相关领域从事发明创造的人来说，向上级求助会相对容易些，因为他们可以在自己工作的企业内推销自己的发明）。而我们的发明家只好求助于或许这也是他唯一可以求助的对象——苏联旋律唱片公司或生产麦克风的三家工厂中的一家（图拉八度音工厂、列宁格勒光学机械联合企业或者其分支企业电影设备厂，以及维捷布斯克独石柱无线电零件厂）。这些工厂的数量我可能记得不是很准，但实际上是三家还是五家都无关紧要。

别忘了，美国发明家曾先后拜访过舒尔公司和尤尼达公司，与他交谈的人来自不同的公司，彼此之间没有任何联系。另外，美国公司之间也存在着竞争，因此任何一项发明只要真正有价值，总会有公司表示关注：这项发明能否使其在竞争中脱颖而出？能否达到更纯粹的音质或者音效？竞争是推动市场和发展的重要动力。

苏联的情况就不一样了。麦克风生产厂之间不存在竞争，在苏联内部，把生产文件从一家工厂转移到另一家是很普遍的做法。进行发明创造的工厂不一定是批量生产的工厂——产品的生产往往会从一个工厂转移到另一个工厂，而原先的开发人员又会被分配新的任务。另外，批准引进这项发明的人员不会因为采纳创新成果而实际获益，他既不是工厂的所有者，也赚取不到任何利润（所有的利润都归国家所有）。如果只是为了得到一份工资，他引进新技术的必要性又是什么？所以，由于缺少市场环境，苏联的研究和开发工作往往要持续好几年。

但是，就算这个发明能让某些政府官员或者总工程师感兴趣，那也没有任何意义。"国家不需要新的麦克风，国家要的是坦克"——与音乐和录音没有任何关系的官员，但是出于某种原因被派去审批下属提交的文件时，也许会这样说，而这也将是我们的发明家故事的结局。他需要做的就是把他的麦克风放在架子上，在接下来的 20 年时光里尽情地欣赏。然而，如果这项发明的创造者是美国人或法国人，假定他们发明了一模一样的麦克风，然后找到舒尔公司或美国无线电公司当投资方，再然后，他们有可能颠覆整个唱片业。

当然，这种封闭的体系不是铁板一块，也存在着漏洞。著名登山家维塔利·阿巴拉科夫（Виталий Абалаков）是中央体育研究院的体育器材设计师，正是利用了这一便利条件，他将自己的一些发明付诸实施。但他最重要的发明还是无人问津，只能用粗糙的技术制造，直到有一天，在西方，有人在他发明的基础上进行了再发明。有人在上层有关系，有人恰好与某个企业的领导有私交，一个发明家在苏联想要拥有"得见天日"的发明，第一步就是要有人脉关系。

但是，这算是一种成功吗？在美国，一旦发明被采用并且实现产业化，发明者就会定期获利。获利的来源可以是生产厂商自身的收益，也可以是其他公司出售的每份拷贝的版税。美国的发明者可以在专利权有限的期限内不断收获自己的"乳酪"。

苏联发明家充其量也就是得到一次性奖励——仅此而已，当然还有光荣榜上被提及的名字。奖励金额很少——比如，对于一项创造了几百万卢布的利润或者节省了几百万卢布资金的发明，它的奖金额不过相当于一份工资。

这意味着苏联的发明者根本没有任何权利可言。假如我住在一个单元房，我又没有提高居住条件的法定权利，如果我不能用这些钱去买一部汽车，因为买车要排队（那可是 10 年的等待），我又何必在乎发明人证书上的名字是谁？我干嘛要去搞什么发明创造？

应当指出的是，苏联人在进行发明创造、利用发明的过程中，存在着另一个障碍：苏联没有独立的新闻媒介，普通人没有机会宣传他的发明，向或多或少的大众进行展示。我可以举一个例子，1979 年 4 月 1 日，三名热爱极限运动的年轻人——大卫·柯克（Дэвид Кирк）、西蒙·基林（Саймон Килинг）和杰夫·塔宾（Джефф Тэбин）——从布里斯托尔 76 米高的克利夫顿桥上完成了有史以来的首次蹦极。在他们之前，曾有过类似的高空跳，但最多也就是马戏表演的形式。柯克创立的牛津极限运动俱乐部（位于牛津的一家公司）开发了一项技术，只要经过基础训练，任何人都能用一条橡胶绳进行安全（某种程度上）跳跃。柯克、基林和塔宾因为他们的"无赖行径"曾被拘捕，但是这些男孩子并没有认输。他们继续练习蹦极技巧，然后去了美国。随后，他们从美国旧金山金门大桥上一跃而下，并拍摄了整个过程。电视节目《不可思议》（That's Incredible）对他们的视频很感兴趣，蹦极运动的创始人又从科罗拉多州科罗拉多大峡谷的乔治五世国王桥上完成了一次"蹦极"秀——有人出资赞助这次活动的电视直播。那是成名的一跳，蹦极运动从此走向新的高峰：电视节目播出后，各大新闻媒体也纷纷报道，到了 1982 年，蹦极已经成为一项广受欢迎的极限项目，流行至今。

同样的事情，在苏联会发生吗？不会。就算发生了（这只是一种假设）苏联登山家创造了蹦极的概念，他们也会因为"无赖行径"而被逮捕。但是他们永远不会有机会离开苏联，也不会有人在电视上看到他们的表演，而报纸上则充斥着对这些自暴自弃的"无赖青年"的负面报道。

正因为如此，只要涉及的领域没有重大产业意义，苏联就不需要这样的个人发明。从这一点来看，苏联的情况不只是糟糕，而是非常糟糕。当然，苏联也有个别成功的案例，几乎家喻户晓，但这些故事听起来总是不那么令人信服，而且在国外，这样的成功故事成千上万，苏联的寥寥几个特例早已湮没其中。

尽管如此，苏联的发明创造活动还是日益发展起来，但与西方的道路大相径庭。

拨款领域

在苏联，资金只能由国家分配，庞大而复杂的国家机器决定了拨款领域的先后次序。

国防工业和空间领域无疑是重中之重。首先，是我们一直处在战争的边缘；其次，需要让全世界看到苏联在科技方面取得的成就，而航天工业则是最好的选择。基础科学（尤其是在国防领域中起着举足轻重作用的基础学科）、重工业（其中就包括"世纪建设"工程）也获得了足够的经费。由于矿业是苏联的主要出口产业（现代俄罗斯依然是这样），所以矿业创新也特别受欢迎。

工程师们在这些领域有大量的机会进行发明创造、实施创新成果。在航天工业，任何的革新与改进，哪怕是最疯狂的革新与改进，都会被审慎加以考量。此外，国家也经常给这些领域下达任务，要求专业人员发明、设计和制造某些特殊的产品，这些是硬性任务，必须完成。

但是，普通人日常生活中所关心的柴米油盐，则都是以剩余原则拨款的。在这个国家，衣服、鞋子、食物、家用电器等制造水平都很差。我会在"普通人的生活"这一部分对此进行更多的讨论。因此,在苏联,发明思想出现了严重偏差。我们有能力把加加林送入太空,但直到1969年,我们连卫生纸都造不出来。这是不争的事实,而这种近乎玩笑的事实之后还会有更多。

换言之,苏联的发明活动是自上而下进行的。虽然这并不意味着向左或向右迈出任何一步都会招致灭顶之灾,但发明家们确实无处可去。他们如履薄冰地沿着一条狭窄的通道走着,在这里,他们享有相对的自由,但也仅此而已。

在这一背景下,俄罗斯的发明思想以一种特殊的方式发展起来了,虽然特殊,但毕竟在发展。在任何一个具有良好教育水准和较高知识文化水平的国家,人们不可能总是保持整齐的队列,永远做着整齐划一的标准动作。他们需要活动筋骨、强身健体,他们需要创造发明。

这也是我在本书中要谈的内容。

甄选准则

读者在阅读上一本书时,经常会问我这个问题:"为什么没有发明者N?那科学家M呢,你把他漏掉了吧?"虽然我已经在《俄罗斯帝国发明史》的最后部分回答过这个问题,但现在我决定把问题的答案放在开篇。

不管怎么说,这本书还是为篇幅有限这样的技术性因素所困扰。毕竟,一本书的体量不是可以无限增容的,一卷书不可能囊括"苏联发明"这座宝藏的全部内容,哪怕仅仅是挖掘全部地层、列出发明者的姓名,也要一本厚厚的书籍。在创造理念最鼎盛的时代和相对自由的时期,也就是20世纪80年代,苏联每年平均颁发的发明证书数量为8万,这个数目非常庞大!所以,我必须遵循一定的标准来选择我书中的主人公。

"首次发明"是筛选的第一准则。如果一项发明只是在现有技术基础上进行了出色的改进，恕我不敬，我也不能把它收录在书中。我的书里也没有列入那些在国外已有设备基础上进行了再发明的发明家。录像机就是其中典型的例子。1956 年，美国安培公司推出了第一批批量生产的录音室专用录像机，但这些设备并没有进入苏联：冷战时期，所有"两用"技术，即同样适于军事用途的技术都受到禁运。所以，1958 年，苏联的工程师只能按照安培公司专家在 1957 年发表的一篇论文《第二次发现新大陆》，也就是另起炉灶，开发苏联自己的横向视频录制技术。1959 年 12月，苏联第一台录像机 KMZI-4 的试验室样机向大众公开，一年之后，亚乌济无线电工程研究院（现为全俄无线电技术研究院）的另一个团队展示了"卡德尔"1 号（Kadr-1），一型更小巧、轻便、性能更佳的录像机，该产品于 1964 年投入批量生产。没错，弗拉基米尔·帕克霍缅科（Владимир Пархоменк）领导的团队的工作很出色，实际上是从零开始为国家制造了一种新设备，但……帕克霍缅科设备的问世时间比美国同类产品要晚得多。因此，这项发明不符合"首次发明"的标准。

第二项准则是"重要性"。比如，1984 年，著名的光物理学家穆拉迪·阿布贝基罗维奇·库马霍夫（Мурадин Абубекирович Кумахов）教授和他的同事研制出一种能使 X 光聚焦的特别透镜。尽管 X 光的应用已有近百年历史，但是直到 20 世纪 80 年代，科学工作者仍然不了解通过紧凑的结构对 X 光进行重新定位和聚焦的一种简便实用的方式——当时仅会利用放射源的直接辐射。之前也曾做过类似的研究，但都是徒劳无功：X 光在两个媒质之间的交界处几乎不会发生折射（也就是说，不会发生方向改变），所以无法制造 X 光透镜。库马霍夫发明和制作了一种光纤垫圈，它是一种由 X 射线管（硼硅酸盐玻璃毛细管）构成的复杂系统，能使射线在其表面多次反射，并以一定的角度发射出去。在每平方厘米的垫圈上，可能有数千条毛细管通道！

库马霍夫透镜在各个学科中都有应用。苏联解体后，他创建了 X 射线

（X-Ray）光学系统公司，并凭借自己的发明获得了国际专利。为什么不单独设置一章来探讨库马霍夫和他的透镜？事实是，我手里有一份信息量极大的发明清单——最初大约有 300 项。我知道一本书的篇幅一般不会超过60 章，于是就做了一次初步筛选。在光学领域，我选择了马克苏托夫望远镜和全息摄影，却放弃了库马霍夫透镜。许多备选项都被我"忍痛割爱"，真的非常可惜。

第三项准则是——"必须存在发明的实体样本"。例如，1960 年，24岁的苏军中尉弗拉季斯拉夫·亚历山德罗维奇·伊万诺夫（Владислав Александрович Иванов）申请了"物质体内部结构研究方法"的发明专利，他在其中相当详细地说明了磁共振断层扫描方法（核磁共振）。由于苏联军队没有能力自行制造这样的装置，这项申请没有获批，而伊万诺夫的故事也就此结束了。20 世纪 70 年代，另外一批人重新开发了核磁共振技术，他们是雷蒙德·达马迪安（Реймонд Дамальян）、保罗·劳特布尔（Пол Лотербур）、彼得·曼斯菲尔德（Питер Мэнсфилд）。他们是在美国进行的研发工作，并且在美国实现了产业化，后来这项技术又在其他国家推广，同样实现了产业化。伊万诺夫的想法，既没有付诸实施，也没有得到延续，很遗憾，核磁共振技术不能算是苏联的发明。

我相信肯定会有人不同意这种做法。但如果我们考虑伊万诺夫，我们还必须考虑美国物理学家赫尔曼·卡尔（Герман Карр），他不仅描述了核磁共振（MR）波谱，而且比前面提到的所有人更早地获得了 MR 波谱，而这一切发生在 1952 年！对于 28 岁的卡尔来说，这项工作是他的博士生课题，随后他从事的研究领域与此毫不相干，要么他是忘记了，要么就是有意放弃了"自己开创的革命事业"。直到 2003 年劳特布尔和曼斯菲尔德获得诺贝尔奖，一些研究人员才开始质疑，卡尔为什么没有分享这个奖项？事实上，正是出于同样的原因，我不认为伊万诺夫是核磁共振技术的发明者。卡尔获得的波谱充其量只是科学试验的成果，没有直接导致后来核磁共振技术的发明，或者说，核磁共振是被后来人开发和应用的技术。

第四项准则，也是最后一项筛选准则——"故事主人公要符合发明家的概念"。苏联颁授给发明家和科学发现人员的证书制式相同，因为二者都属于原创者，这样一来情况就变得比较复杂。我想要指出的是，所谓"科学发现"就是科学家发现了一直存在但以前不为人知的现象。"发明"是指设计出自然界并不存在、本质上全新的东西。

把科学家和发明家加以区分，还是比较容易的，但是"通才"让我很头疼。举例来说，苏联遗传学家格奥尔吉·卡尔佩琴科（Георгий Карпеченко）是历史上第一位培育出非无菌杂交种的科学家。尽管他有纯粹的科学背景，但我仍然把他收录在发明史中，主要原因是他培育出卷心菜和萝卜的非无菌杂交种后，给世界带来了全新的品种。这种杂交产物在自然界稀松平常，但从未被人工创造出来。

我没有把康斯坦丁·爱德华多维奇·齐奥尔科夫斯基（Константин Эдуардович Циолковский）写进这本书，也是出于同样的原因，我也没有把门捷列夫列为《俄罗斯帝国发明史》的人物。齐奥尔科夫斯基眼界开阔、见识独到，他撰写过空气动力学、火箭推进、物理学和化学方面的理论著作，也创作过哲学作品和科幻小说，还设计过各种机器和机构，其中最著名的是全金属飞艇。如果我们把作为科学家和作为发明家的齐奥尔科夫斯基的分量加以衡量，结果是大致相当的——但老实说，齐奥尔科夫斯基是旷世奇才、千秋人物，即使用整整一章的篇幅来书写，都是不够用的。还有一点，无论在革命前还是在苏维埃政权时期，齐奥尔科夫斯基的工作都卓有成就，所以我为他在我书中的第二次缺席而致歉。阿里·阿布拉莫维奇·施特恩费尔德（Ари Абрамович Штернфельд）的情况也大致如此。这位伟大的宇航学先驱将"宇宙速度"这个概念引入了世界科学界，并完成了大量的计算工作，为20世纪50年代和60年代的太空飞行奠定了基础。然而，他在很大程度上是一个科学家，而非发明家。

在篇幅有限的情况下，只能有所取，有所弃。我绝对无意冒犯那些没有入选本书的人物，贬低他们的优长和才能。也许，在各位看来，有许多发明家、科学家，我不应该忽视，你们可以一一列出他们的名姓，指出我的疏漏。我无意剥夺任何人入选的权利，只是任何一本书都会体现作者的偏好，在我看来，苏联最伟大的发明已经悉数收录在我的书中，我已无遗珠之憾。

第一部分
工业与交通

虽然"工业"一词在第一部分的标题里排在了"交通"之前，但这里记录的大部分发明都属于交通领域。其中有许多客观原因。

1928 年通过的第一个五年计划，其目标是以一种近乎疯狂的速度，迅速提升国家的国防、科技和经济实力。虽然疯狂，但也情有可原：苏联还没有从内战的阴影中走出，外交关系紧张，科技水平更是落后西方几十年。

著名的苏联工业化时期就此掀开了帷幕。1929 年到 1941 年苏联实行工业化期间，几乎在各个领域都取得了惊人的跨越。当然，这首先得益于美国、德国和其他一些国家的积极援助。苏联从国外请来了许多工程师、建筑师、科学家和顾问。许多世界顶级的大企业，如福特、西门子、通用电气、克虏伯、德国通用电气等，都参与了苏联的工业化进程。享誉世界的阿尔伯特·卡恩（Альберт Кан）是全球最杰出的工业建筑设计师和底特律的缔造者，他也来到了苏联。1929—1932 年，卡恩一直在苏联工作，先后主持建造了 500 多座风格迥异的建筑物。

通过采取与外国专家合作的方式，苏联先后建成了第聂伯河冶金厂、马格尼托戈尔斯克冶金厂、新库兹涅茨克冶金厂、乌拉尔重型机械制造厂、斯大林格勒拖拉机厂、车里雅宾斯克拖拉机厂和哈尔科夫拖拉机厂、高尔基汽车厂等一大批工厂。许多老旧工业企业，如莫斯科汽车公司，也在第一个五年计划期间完成了现代化改造。那是一个积极合作的年代，许多苏联工程师都到国外深造、实习，在实践中学习。而到了 20 世纪 30 年代中期，留在苏联的外国顾问已经少之又少。

的确，苏联工业化进程还有另外一面。由于留在各大建设工地的国外技术人员逐渐减少，苏联开始越发大胆地启用免费劳动力——古拉格的劳改犯（古拉格为俄语缩写词，意思为劳动改造营管理总局）。以"诺里尔斯克矿冶联合企业"为例，这个大型企业就是由劳改犯在一片光秃秃的雪原上建造起来的。

让我们言归正传，回到技术问题上来。苏联的工程师可不是碌碌之辈。工业化时期，他们提出了大量的改进方案，取得了众多创新成果和技术，并且将之运用于生产建设中——其中有些技术在国外已经广为人知，我们只是"复制"了国外的技术，也就是进行了"再发明"，另一些则属于历史首创。不管怎么说，工业化为苏联建筑技术和重型机械制造业的进一步发展奠定了良好的信息基础和实践基础。

你们可能会问：第一部分共 8 章，为什么其中 5 章都是交通专题？

其实，大部分的工业发明，都应该称为"次级发明"，意思是说，工业发明大都是对已有技术的改良，是推动已有技术发展的因素，而不是什么全新的技术。这样说并没有贬损苏联专家才干的意思，只不过本书确立的目标是仅收录"首创性发明"。另外，发明的"重要性"也是我必须考虑的：我想写成的毕竟不是《苏联大百科》这样的大部巨作。所以，为了更重要的内容，我必须有所舍弃。

举个例子。我们知道，铁轨并不是直接铺设在地表的，而是铺设在道床上，也就是由砾石、碎石、沙子和其他散粒物料铺成的"分层夹馅饼"，这样可以使轨枕和轨道保持稳定。但是时间一长，道碴就会慢慢磨损，使得道床内填满了碎石粉这样的细小颗粒，到时候道床就会失去作用。碎石清理机是恢复道碴作业性能的重要工具。这种重型机械通常采用履带式，有些也能在铁轨上行驶。清理机的主要功能是抓取已经磨损的道碴，清除不能使用的碎石颗粒（清理到道旁），再将清理干净的道碴倒回路基表面。

因此，许多文献都断言，20 世纪 40 年代苏联率先制造出世界上第一台碎石清理机。最初做写书计划时，我还专门列出一章，讲述相关内容。经过调查，我发现苏联铁路部门的确在"二战"后购买了大量新型设备来铺设路基、铺轨，进行轨道维修，比如 ELB-1 型电动铺碴机、巴拉申科清土机、铺轨起重机、轨道焊接机等。这些设备中，就有著名工程师亚历山大·德拉加夫采夫（Александра Драгавцева）指导开发的 DOM-D 型和 SHOM-D 型的道碴清理机。

　　DOM-D 型道碴清理机和 SHOM-D 型道碴清理机是在 20 世纪 50 年代问世的，而我感兴趣的是"首创"。一次偶然的机会，我找到了一个法国专利，日期是 1939 年，编号为 850044，发明人叫雅克·德鲁阿（Жак Друар）。从这份文件中所记载的信息来看，这才是世界上第一台铁路轨枕道碴清筛机，真正的"首创"。我又深入地研究了一番，发现德鲁阿的专利成功进行了成果转化：瑞士的玛蒂萨公司、意大利的 GCF 公司以及其他一些公司生产的筛碴机都是基于德鲁阿的发明。玛蒂萨公司创建于 1945 年，仅仅一年之后，它就以德鲁阿公司的专利为基础，制造出了它的第一台筛碴机，这明显要比我在史料中找到的所有苏联相关设计都要早。因此，玛蒂萨公司被誉为有史以来第一家专门生产铁路建筑机械设备的公司——在此之前，铁轨都是人工铺设的。

　　没错，就差那么一点点。几乎所有现代筛碴机设备制造企业，无论是国外的还是苏联的，都诞生于 1945—1960 年。即使是还没有正式亮相的一些企业，也开始在现有基础上生产类似的机械设备，比如德国的"奈普"。苏联没有落于人后，只不过在时间上失去了先机，没有成为世界第一，所以德拉加夫采夫的故事也没有写入我的书中。

　　我决定将工业与交通结合起来写，因为这两个行业在 20 世纪密切相关：核动力破冰船与核电站有着密切的联系，而地铁建设往往涉及这两个行业。

　　对于苏联在交通领域进行的开发研究工作，我一向颇有微词。苏联在交通领域取得的突破性进展，和航天技术上的突破一样，其目的并不在于给人民带来更美好、更光明的生活，而仅仅为了赶超西方。"图"-144 超音速客机就是其中的典型例证。无论从技术还是经济上看，苏联都不需要

"图"–144。苏联却抢在协和式飞机之前造出了"图"–144。但是与英法合作开发的协和客机计划不同，"图"–144 在莫斯科－阿拉木图航线只进行了7 个月的商业化运营（详见第八章），时间这么短，你们就权当"图"–144根本没有飞行过。

我想，至此可以结束我这个有点冗长的开场白了。下面就让我们掀开本书的新篇章，迎接苏联的首创性发明！

第一章

深 钻

在宇宙飞船和洲际弹道导弹大行其道的时代背景下，涡轮钻看起来就像是芝麻粒一样无足轻重的存在。但事实上，涡轮钻对于人类的意义，远比飞船和导弹重要和迫切得多。涡轮钻开启了采矿业的新纪元。更重要的是，这是苏联时代的第一项重大技术突破。苏俄内战刚刚结束，涡轮钻的开发和应用便提上了日程。

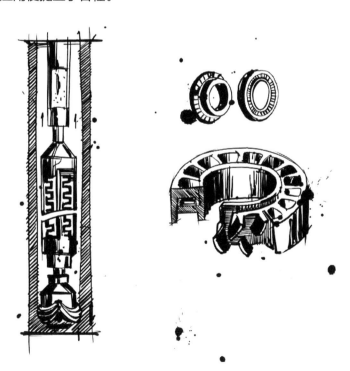

1917—1922 年，科学家和工程师群体中——那些没有被驱逐也没有逃离新政权，那些被派遣出国却没有滞留国外的，并非无所事事。我们想想看，瓦列里安·阿巴科夫斯基（Валериан Абаковский）不正是在那个时期设计出了螺旋桨推进轨道车（号称"航空车厢"）。这是全新的纯苏联设计，和沙皇时代没有任何瓜葛。不过，我仍然认为，涡轮钻才是苏联科技发展的第一步，它是发明创新思想在新社会环境下的成功运用。

20 世纪 20 年代和 30 年代的发明家，都是在革命前接受的教育，他们的研究思维方式也是在那个时候形成的。马特维·阿尔库诺维奇·卡佩柳什尼科夫（Матвей Алкунович Капелюшников）是涡轮钻研制小组的负责人，1914 年他从托木斯克工学院毕业，早年间曾辗转于巴库的多家石油开采企业，积累了一些基础性的工作经验。

然而，他主要的发明还是产生于苏俄时代。在苏联，他有资金、有时间也有机会来进行他的发明。但是，首先应该告诉大家，涡轮钻是什么，为什么有必要在本书单独列出一章。

涡轮钻问世之前

钻探是一项非常古老的技艺。早在公元前，钻井取水的记载就见诸不同文明的典籍。众所周知，中国人很早就掌握了钻井取黏土、取水和开采天然气的技术。但直到 19 世纪 80 年代，世界各地采用的钻探方法都还是大同小异：基本都是冲击钻探。冲击钻探就是用重型钻具猛烈撞击钻孔底部，利用钻具自身重量击碎岩石，然后挖掘并取出岩石。这种方法至今仍在使用，但充其量只能作为辅助手段——例如，钻探超深井的时候，偶尔还是会用到。虽然效果不是很理想，但技术上简便可行。只需把重型钻具抬起、放下，然后再抬起，再放下。如此往复不停。

19 世纪 40 年代，法国的钻探技术取得了长足进步。1833 年，一位名叫皮埃尔·帕斯卡尔·福威尔（Пьер Паскаль Фовель）的工程师无意间看到一块被地下暗流冲刷出的废弃岩石碰巧被钻具砸到的情景，由此受到了启发。1844 年年底，福威尔自掏腰包，在佩皮尼昂附近掘出一口219 米深的自流水井，并在那里对人工冲洗装置进行了测试。福威尔发明的人工冲洗装置获得专利后，1846 年 8 月 31 日他成功地向公众进行了展示：福威尔发明的装置可以利用钻具直接加压、给水，然后通过排水通道将破碎的岩石冲出地表。英国人罗伯特·比尔特（Роберт бирт）同年取得了一项相似技术的专利，但他一直没有资金支持，无法将自己的奇思妙想转化成实际产品。洗井技术是一项突破性的进步，主要是因为它可以在不影响钻井作业的前提下清理出碎石。没错，这就是迈向涡轮钻的第一步。

　　19 世纪 80 年代，美国在钻探技术方面又有了新的突破。美国人第一次采用回转钻探代替冲击钻探。回转钻探的工作原理与钻头相似：末端安装有凿子或钻头的钻柱放入钻井后，由蒸汽机驱动旋转。回转钻探比冲击钻探效率高出很多，但仅适用于较浅的地层。然而，当时的石油开采量迅速增加，回转钻探的作业深度已足够满足生产需求。

　　回转钻探最大的缺点是整个钻柱需要不停地转动，这就意味着长而笨重、时不时会与井壁产生摩擦的钻柱必须整体转动。有人尝试在钻柱末端加装独立驱动装置，从而在 19 世纪末催生了另一种钻探方法：转盘钻探，即通过贯穿整个钻柱的传动装置，由钻塔中的转子来旋动钻具。这当然可以提高整个系统的效率，但仍然不是最完美的解决方案。

　　第三次突破就是涡轮钻。福威尔之后这段时期，"钻头旋动"这个一直受人们关注的想法，不知道出于什么原因，长久地被搁置，直到卡佩柳什尼科夫和他的研究小组将其变为现实。卡佩柳什尼科夫等人的方案中没有设置单独的发动机，而是利用输送到井下的冲洗液能量旋动钻具，做到一举两得。

人为因素

1886 年 9 月 12 日，马特维·阿尔库诺维奇·卡佩柳什尼科夫出生于梯弗里斯省的一个军人家庭，他的父亲是骑兵，但卡佩柳什尼科夫没有子承父业，而是选择了另一条道路。他先后就读于伊丽莎白特波尔铁路学校（今阿塞拜疆甘贾）、库塔伊西实科学校，随后又去了托木斯克上大学。有趣的是，在多份文件中，卡佩柳什尼科夫都被当作了犹太人，而且他护照上的名字是莫尔杜海，马特维·卡佩柳什尼科夫是他后取的俄罗斯名字。

卡佩柳什尼科夫的职业经历是纯粹的工程师经历——取得机械工程师资格后，1914 年他进入俄罗斯石油巴库公司技术部，这是一家英国公司，总部设在伦敦。半年后，由英国实业家赫伯特·艾伦（Герберт Аллен）创立的石油工业金融公司兼并了俄罗斯石油巴库公司。这次变动导致公司人员调整和裁减，同时也为卡佩柳什尼科夫提供了调任贝霍夫炼油厂的机会。卡佩柳什尼科夫也算是人才，但在俄罗斯的石油行业，他只是一名普通的工程师。他曾设计出回转钻井系统、储油罐、汽油装置等。

令人称奇的是，卡佩利乌什尼科夫在革命和内战中几乎没有受到任何影响：石油是国家重要的财政来源，新政府需要石油行业正常运转。1920 年，石油工业国有化，巴库炼油厂被编入阿塞拜疆石油委员会托拉斯公司（今阿塞拜疆石油公司）。卡佩柳什尼科夫在新体制中也获得了一席之地，担任托拉斯第三集团炼油厂管理委员会委员一职，1923—1933 年，他是阿塞拜疆石油委员会技术局的副局长。

正是在这几年里，马特维·卡佩柳什尼科夫有了一定的自由度，不再是被捆绑在常规任务上的普通工程师，他实现了一个久已有之的想法——这个想法应该萌发于他在俄罗斯石油巴库公司工作时期。创造性的思想往往不会一蹴而就，需要经过多年的酝酿。

涡轮钻的诞生

担任技术局副局长之后，卡佩柳什尼科夫开始思考一个让许多工程师感到困惑的问题：在不消耗整个钻柱旋转能量的情况下，只驱动回转盘，是否能够高效地转动钻柱末端的钻具？因为钻柱的配套部件需要消耗大量电力，由此导致整个设备的效率非常低下。

他邀请了两名下属参与到这项工作中来，一个是工程师谢苗·沃洛赫（Семён Волох），另一名工程师叫尼古拉·科尔涅夫（Николай Корнев）。他们3个人花费了几个月的时间完成了全面计算，开发出一个新系统来解决问题。在他们的设计中，钻柱末端有一个圆柱形加厚罩，里面有单级涡轮机。冲洗液（当然，不再是福威尔时代使用的水，而是一种特殊的黏土砂浆），在压力作用下流过钻柱的转管，同时旋动涡轮机，带动钻头端部钻具！这个设计思想其实并不复杂，不明白为什么10年、20年甚至30年间，一直没有人实现。

阿塞拜疆石油公司的领导对这项技术没有什么兴趣，于是卡佩柳什尼科夫发明小组向时任阿塞拜疆共产党中央委员会第一书记的谢尔盖·米罗诺维奇·基洛夫（Сергей Миронович киров）寻求帮助，并得到了他的支持。马尔采夫机械厂按照基洛夫的指示，在卡佩柳什尼科夫设计方案的基础上，试制了一批涡轮钻。新设备表现优异，于1923年顺利通过测试。

当然，新设备也并非完全没有问题。一方面，1923—1924年，涡轮钻的几次示范性钻探都非常成功，基洛夫也曾经到场，其效率明显高于基于传统转盘技术的钻探设备；另一方面，由于涡轮钻技术复杂，一旦出现过热，涡轮很容易出现故障，同时类似设备的生产成本远远高于普通钻柱。

在涡轮钻获取专利的过程中，政治扮演了重要角色。1922年，卡佩柳什尼科夫、沃洛赫和科尔涅夫共同申请发明专利（首创性发明）。一年后，卡佩柳什尼科夫却独自向英国申请专利。1925 年，在取得苏联专利之前（苏联专利的审批时间非常漫长），沃洛赫和科尔涅夫却出人意料地向专利局递交了一份正式申请，表示放弃发明专利。在涡轮钻项目得到苏共中央委员会支持之后，马特维·阿尔库诺维奇·卡佩柳什尼科夫的合作伙伴竟然放弃了自己的发明权，实在匪夷所思。20 世纪 20 年代中期以后，这两位工程师就从历史上销声匿迹了。

举世瞩目的成就

所有荣誉尽归卡佩柳什尼科夫一人。1923 年 9 月 11 日，他又向美国提交了专利申请，并在 1928 年取得该项专利（我忍不住将这份专利登记的发明者的名字在此列出：Capeliuschnicoff）。世界顶级的科技期刊开始关注这项技术，发表文章介绍相关内容。1924 年，美国人查尔斯·沙尔彭贝格（Чарльз Шарпенберг），也就是沙尔彭贝格（Scharpenberg）公司的创始人，获得了涡轮钻的第一个第三方专利。沙尔彭贝格公司的系统采用了多级涡轮机，效率更高，但可靠性较差。1926 年，沙尔彭贝格公司在加利福尼亚首次将新系统用于钻探作业。

1928 年，卡佩柳什尼科夫及其随行工程师在美国展示了苏联技术，大获成功。发明家本人在塔尔萨国际石油设备展览会上发表了演讲，得克萨斯石油公司（Texas Oil Co.）在俄克拉荷马州厄尔斯伯勒附近组织了涡轮钻的示范性钻探。在与回转钻探机械的比赛中，涡轮钻以巨大的优势获胜。尽管各大石油公司纷纷提出报价，然而苏联领导人却拒绝出售这项技术。

总的来说，卡佩柳什尼科夫的涡轮机不尽完美，原因正如前文所述。事实上，涡轮钻最多只能连续工作 10 个小时。之后由于机械的温度过高，会使相互摩擦的运动部件膨胀，在受磨料污染的环境中，机械很可能出现严重故障，这时就要进行填料的更换。所以，在成本效率方面，早期涡轮钻的长效实际上是输于回转钻的。

之后涡轮钻的设计思想得到了进一步的发展。太平洋两岸的美国和苏联彼此隔绝消息，却不约而同地把多级转盘作为解决涡轮钻现存问题的方案。彼得·巴甫洛维奇·舒米洛夫（Пётр Павлович Шумилов）是苏联国家石油研究院的年轻工程师，也是涡轮钻的拥护者和拯救者。20 世纪 30 年代上半叶，舒米洛夫发明了一种装配多级轴向液压涡轮的涡轮钻，该装置于 1935 年通过了国家试验，并于 20 世纪 40 年代初投入使用。1942 年，舒米洛夫凭借这项设计荣获斯大林奖。

从此开始，直到永远

马特维·阿尔库诺维奇卡佩柳什尼科夫一直过着幸福的生活。1931 年，卡佩柳什尼科夫参与国内第一座裂化厂（后来担任该厂厂长）的建设，是当时参与项目的几位重量级工程师之一。1937 年至 1959 年，在去世前，他担任苏联科学院石油研究院油层物理实验室主任。继涡轮钻之后，卡佩柳什尼科夫又获得了几个发明证书，并开发了业内的多项技术和设备。

即使没有最初的发明者参与，涡轮钻技术也在不断向前发展。舒米洛夫接过了卡佩柳什尼科夫手中的接力棒，成为这一技术有力的推动者。1957 年，全苏钻井技术研究院同时成立了两个部门进行涡轮钻相关领域的开发：一个是涡轮钻部，另一个是大扭矩涡轮钻实验室。如果说 20 世纪 30 年代，涡轮钻在石油行业仅占有 1.5% 的份额，那么今天俄罗斯钻探业几乎四分之三的企业都是基于涡轮钻井技术进行钻探作业。彼尔姆的 NGT 股份有限公司是全球研发这种设备的领先企业之一。无论国内社会局势如何变幻，苏联和俄罗斯在这一领域始终保持着全球领先地位。涡轮钻在国外也有广泛的应用，彼尔姆最大的竞争对手是美国知名企业斯伦贝谢

（Schlumberger）公司。另外，著名的科拉超深井就是使用涡轮钻完成的钻探作业。

目前，各类回转钻探技术在全行业的占比已经高达 80%，其中既有经过多次改进的转盘钻探技术、涡轮钻探技术、转盘－涡轮混合钻探技术，也有同时使用多台涡轮钻的反作用式涡轮钻探技术、电力钻探技术等。令人欣慰的是，正是俄罗斯的工程学思想成果为这一领域带来了全球性的突破。

第二章

水下焊接

　　焊接技术是俄罗斯的发明，我在《俄罗斯帝国发明史》中已经详细介绍了相关内容。1881 年，尼古拉·别纳尔多斯对电弧连接金属的原理进行了实证，发明了一种新的焊接工艺——电弧焊。之后不久，尼古拉·斯拉维亚诺夫发明了埋弧焊，并证实一些"不可焊"的物质其实是可以被焊接的，从而使焊接工艺日臻完善。即使经历了一场动荡不安的革命，俄罗斯仍然保持了在焊接领域的领先地位：水下焊接，或称高压焊接，同样是俄罗斯的发明。

作为一位享有国际声望的发明家，尼古拉·别纳尔多斯（Николай Бенардос）于 1887 年在自己的工厂进行了一次电钎接公开试验，那时候"焊接"一词还很少见。同一时期，还有一位知名科学家对焊接工艺非常感兴趣，也一直致力于改进相关技术——这就是电学家德米特里·亚历山德罗维奇·拉奇诺夫（Дмитрий Александрович Лачинов），他也来到了这次公开试验的现场。别纳尔多斯当时被认为是业内唯一的权威，而斯拉维亚诺夫那时候刚开始在彼尔姆的几家火炮厂试验自己发明的工艺，甚至没有见过别纳尔多斯这位焊接技术的先驱。

拉奇诺夫已经试验过电弧切割金属工艺，他发现这项技术不仅可以在空气环境中使用，在水下同样适用。拉奇诺夫把这一情况告诉了别纳尔多斯。同年，二人合作完成了一次水下焊接试验。尽管试验很成功，但水下焊接技术却没有得到进一步发展。原因是这次试验的实效性很差，并且别纳尔多斯当时还有其他事情在忙：他的碳电极电弧焊机"电火神"刚刚获得国际专利。此外，他还要抓紧改进空气环境中焊接的基础工艺。于是，这次水下焊接试验就成了唯一的一次。

转眼，45 年的时间过去了。

赫列诺夫焊接法

尽管近半个多世纪以来，焊接技术得到了多次改进，其中也包括别尔纳多斯的辛苦努力，新的技术方法层出不穷，并在各种条件下进行了试验，但水下焊接技术却一直没有被认真研究过。这里面存在一些难题。首先，水下焊接技术的主要发展障碍就是电弧在水下无法稳定燃烧；其次就是水的问题，特别是盐水，导电性很强，这就要求对所有电气设备进行严格的绝缘处理；再次，水下焊接在一定程度上也会受到压力影响：高水压之下，弧柱会被压缩，导致焊缝凸起、变形（实际上，"高压焊接"名称的由来，与外部条件有关，指的就是水下压力升高）；最后，在水中，熔渣的清除非常困难。总的来说，水下焊接的进一步发展需要一种与以往习惯截然不同的技术工艺。

虽然看起来有些不可思议，但所有与水下焊接有关的难题的答案，几乎全部出自同一个人——康斯坦丁·康斯坦丁诺维奇·赫列诺夫（Константин Константинович Хренов）。与别纳尔多斯和斯拉维亚诺夫一样，赫列诺夫也是一位真正的焊接狂人，一生致力于研究焊接技术。

赫列诺夫毕业于彼得格勒乌里扬诺夫电工技术学院电化学系。"十月革命"前，这所学院名为"亚历山大三世电工学院"。赫列诺夫是革命前入学、革命后毕业的（1918 年），所以他的毕业院校就是"彼得格勒乌里扬诺夫电工技术学院"。随后，他在母校的公共化学系任教，1928 年，赫列诺夫被调到莫斯科铁路运输工程学院，在那里一干就是 20 年。与此同时，赫列诺夫（1931 年起）也在鲍曼学校任教（当时称为莫斯科机械工程学院）。正是在鲍曼学校，在莫斯科，赫列诺夫完成了自己的发明，这让他在苏联声名鹊起，并获得斯大林奖二等奖。有报道称，"这项技术是在乌克兰苏维埃社会主义共和国科学院院士赫列诺夫的带领下开发的"，实际上，当时赫列诺夫并不是院士，甚至连教授都不是。直到 1933 年，赫列诺夫才被评为教授，1945 年成为院士。当然，赫里诺夫不是孤军奋战，他与助手们一直相互协作，赫列诺夫的发明与其说是实验人员在他的英明领导下攻坚克难的结果，不如说这是一次团队协作的胜利。

在 20 世纪 30 年代初期，赫列诺夫对水下焊接问题产生了浓厚兴趣，并用一种简单而巧妙的方法解决了难题。事实上，如果电弧燃烧区被强制冷却，那么电弧放电所释放的能量就会急剧增加，从而完成冷却补偿。这一现象被称为斯廷贝克的最小能量或电弧自我调节原理（也就是最小弧压原理）。而能量释放的增长，则会引起电极周围水的蒸发，水蒸发导致气泡的形成，电弧恰好可以在气泡中稳定燃烧！不可避免的热损失，可以通过提高电弧电压来补偿。基于这一想法，赫列诺夫在 1932 年研制了用于水下焊接的特殊电极。1933 年赫列诺夫在《焊接工》杂志上发表了《水下电焊》一文，具体描述了水下焊接的操作过程。有意思的是，仅用寥寥几页纸就把整个工艺过程讲述得明明白白，这种风格不禁让人想起尼古拉·科罗特科夫（Николай коротков）——他当时也是只用了几段文字，就介绍清楚了新的血压测量方法。

实践应用

1936 年，赫列诺夫焊接法首次应用于实践。1935 年秋，"蟹"号潜艇从塞瓦斯托波尔北湾 65 米深的湾底打捞出水。"蟹"号潜艇是人类历史上第一艘布雷潜艇（详情见《俄罗斯帝国发明史》）。1919 年，支持弗兰格尔的英国军队主动将"蟹"号潜艇炸沉，以免这艘当时独一无二的布雷潜艇落入正在进攻的苏俄红军部队手中。1934 年，水下特种作业队意外发现了"蟹"号潜艇，刚开始的时候，作业队一直误以为这是另外一艘潜艇。

"蟹"号潜艇排水量为 560 吨。打捞上浮的过程很复杂，分成多个阶段来完成。首先，冲掉艇下泥土，之后，分三次抬升、上浮艇体。"蟹"号潜艇在第二次上浮时，意外撞到了金属探测器没有探测到的一个不明金属物体。后来确认，不明金属物体是保加利亚的"鲍里斯"号沉船（沉船深度为 48 米）。

采用传统方法打捞一艘 1600 吨的轮船显然并不可行，专家们只能求助于超现代的技术手段：海军潜水学院的教官和学员，采用赫列诺夫焊接法，将专用吊耳焊接到船舷上，再从吊耳中穿过固定打捞浮筒的绳索。这次打捞作业很成功，水下焊接的价值得到充分验证。

1937 年，"亚历山大·西比里亚科夫"（Александр Сибиряков）号破冰船在礁石上搁浅，5 年前这艘船刚刚成为第一艘单次航行穿越北方海航道

（又称"北冰洋航线"）的船只。这一次营救依然采用了赫列诺夫焊接法，将破冰船拖出搁浅地域。但总的来说，卫国战争前，水下焊接的使用频率相当低，主要应用于水下特种作业队的打捞和维修作业。不过战争期间，由于苏联大量船只受损，水下焊接变得不可或缺。当时，赫列诺夫发表的文章、著述被翻译成多国文字。1940 年，赫列诺夫教授与同事亚尔霍副教授共同完成了 400 页的巨著《电弧焊接技术》。这是一本内容非常丰富、全面的专业书籍。

后续发展

康斯坦丁·赫列诺夫的焊接方法，如今被称为湿式焊接法。赫列诺夫对这项技术进行了反复改进，几乎达到了现代水准。身为院士，他一直笔耕不辍，撰写出版了大量焊接工艺的书籍和专著，直到 1984 年去世。这里有个小花絮，非常滑稽，但确有其事。在官方文件和书籍上，院士的签名一般采用"某某院士"（姓氏 + 头衔）的格式，例如"伊万诺夫院士"，但赫列诺夫可以破例采用"院士赫列诺夫"（头衔 + 姓氏）的格式，因为"赫列诺夫"和"糟老头子"同音异义。如果用常规格式签名，容易产生谐趣，让人联想到"糟老头院士"。

与此同时，国外正在开发干式焊接技术：利用充满混合气体的移动气箱，彻底隔离焊接点和水。一方面，采用这种方法，可以利用在水中不能直接操作的技术手段；另一方面，这种方法不适用于许多水下设备，而且成本很高。因此，实际上两种水下焊接方法的使用频率基本持平。

除赫列诺夫外，还有许多杰出的苏联专家从事焊接技术研究工作。有一对父子很出名：叶夫根尼·奥斯卡罗维奇（Евгений Оскарович，父亲）和鲍里斯·叶夫根尼耶维奇·帕通（Борис Евгеньевич Патон，儿子）。父亲创办了基辅帕通电焊研究所，儿子在研究所主持工作长达六十多年。

第三章
儿童小铁路

　　对于那些出生在苏联的人来说，儿童小铁路不是什么稀罕物。这是一个寓教于乐的综合设施，几乎在所有的大城市，都能听到它的机车轰鸣声。对于好几代人来说，坐着小火车兜风，是真正的快乐时光。儿童小铁路的创意，正是起源于苏联，这听起来有些奇怪吧？不过，这个创意同样没能突破东西两大阵营的壁垒，仅仅在社会主义国家风靡。

我在明斯克出生和长大，这里之前是白俄罗斯苏维埃社会主义共和国首都，现在叫白俄罗斯共和国。明斯克有一条以扎斯洛诺夫命名的儿童小铁路，于 1955 年开通，至今仍在运营。据说康斯坦丁·扎斯洛诺夫（Константин Заслонов）是一位著名的白俄罗斯游击队员，在苏联卫国战争的第一年，带领一批铁路员工摧毁了近百列德国火车。

童年时期，对我来说，乘坐小火车的经历就如同置身于童话故事般美好。我和祖母一起坐在车厢里，看着和我一样的孩子驾驶机车、查验车票、指挥交通、维持车站秩序，我心中充满了惊奇。这是一个儿童的世界——就像现在的儿童城，孩子们在其中扮演成人的角色。少年时期，对儿童小铁路的向往已经荡然无存：儿童小铁路在我看来成了苏联的遗迹，变得枯燥乏味，根本无法与迪士尼乐园相提并论。只有随着年龄的增长，我才终于明白儿童小铁路运营的真正目的——教授知识。就像苏沃洛夫学校培养少年军校生一样，从儿童小铁路这所学校也走出了许多年轻的铁路员工，在不同的岗位上为铁路服务。

当我了解到，儿童小铁路是纯粹的苏联创意时，我感到非常惊讶和骄傲！在欧洲，类似设施的出现要晚得多，美国直到今天也没有。

儿童小铁路溯源

根据官方资料，苏联（乃至世界）最早建成的儿童小铁路在梯弗里斯（今第比利斯）。1934 年秋季开始动工修建，1935 年 4 月通车试运行（正式开通要稍晚一些——6 月 24 日）。苏联报刊对这个事件进行了广泛报道，人们对于这条铁路的情况耳熟能详，包括第一任火车司机的名字也是家喻户晓——10 岁的维佳·索科利斯基（Витя Сокольский）。建设小铁路的倡议，来自梯弗里斯儿童技术站的工作人员：最初计划只是修建铁路的模型，随着项目方案不断拓展，最后建成了一条真正的铁路支线，尽管对孩子们来说，规模仍旧不大。

梯弗里斯小铁路是一条名副其实的儿童铁路。全长 400 米的主轨道，是中小学生在大人的指导下一米一米筑成的：孩子们亲手制作枕木、铺设铁轨、建造车厢和车站，甚至亲自参与方案设计！这项工作成为学校社会实践活动的内容，同时也取代了一定数量的课程。参与建设的还有一些数学老师（帮助孩子们计算）、绘图员、劳动积极分子，等等。

梯弗里斯儿童小铁路共设两座车站——"少先队员"站和"快乐"站，车站配备有臂板信号机、道岔和信号装置。孩子们首先是优秀的学生，有资格担负司机、站长、扳道员、值班员、车长、售票员、养路领工员的职责，他们穿着相应的制服，最重要的是，在游戏中接受培训和教育。梯弗里斯儿童小铁路设有政治处和编辑部。编辑部人员配备齐整，负责印发报纸，名为《斯大林的电力机车》。总的来说，这里的一切都与成年人社会相仿。

1935 年，儿童小铁路项目成果初显：有 19 名参与建设的学生当年毕业，其中 17 人考入交通大学。不管是在工作中学习，还是在游戏中学习，怎么说都行，小铁路取得的丰硕成果却有目共睹。于是，儿童小铁路的创意开始向全国推广。

关于火车机车，要在这里多说几句。与火车车厢不同，机车的制造难度太大，远远超出了孩子们的能力范围。因此，梯弗里斯小铁路采用了之前购买的德国 1721 型窄轨蒸汽机车（阿诺德·荣格机车制造厂生产），为向拉扎尔·卡冈诺维奇（Лазарь Каганович）致敬，机车更名为 LK-1（LK 是拉扎尔·卡冈诺维奇名字的首字母）。当时，卡冈诺维奇是苏联交通部人民委员，也就是交通部部长。于是，从地铁到无轨电车，所有交通工具都以他的名字命名。后来，机车车辆不断换新，但第一辆蒸汽机车被保留了下来，现在就摆放在公园门口，只不过，已经被涂得五颜六色。

这条铁路后来又延长了 800 米，原来计划改用电力牵引机车，但卫国战争前没来得及实施，战后也不知道什么原因一直没有落实。今天，第比利斯儿童小铁路（更确切的说法，是外高加索小铁路）仍在运营，但已不再是完全意义上的儿童小铁路。尽管孩子们曾经热衷于亲自操作复杂的机器，扮演真正的铁路工人，但自1990年起，第比利斯儿童小铁路逐渐成为成人游乐场。不过，事实就是事实：1934年到1935年，梯弗里斯的孩子们亲手修建了一条铁路支线。

向全国推广

1935年10月，卡冈诺维奇亲自接见了梯弗里斯青年建设者代表团。卡冈诺维奇很喜欢儿童小铁路的创意。1936年，他大笔一挥，下达了一份命令，要求全国再建24条儿童小铁路，这还不包括梯弗里斯小铁路的扩建工程！按照卡冈诺维奇的命令，小铁路将建在基辅、第聂伯罗彼得罗夫斯克、扎波罗热、哈尔科夫、莫斯科（计划建设3条）、皮亚季戈尔斯克、奥伦堡、沃罗涅日、顿河畔罗斯托夫、塔甘罗格、塔什干等地。用现在的话来说，卡冈诺维奇风头无两、引领潮流。此外，苏联蒸汽机车制造企业也接到了任务，要为儿童小铁路专门研发、生产750毫米窄轨机车。

实际上，除梯弗里斯外，在卫国战争前，苏联只建成、开通了13条儿童小铁路，分别在克拉斯诺亚尔斯克、第聂伯罗彼得罗夫斯克、戈梅利、克拉托夫、埃里温、梅利托波尔、高尔基、伊尔库茨克、阿穆尔州斯沃博德内、塔什干、哈尔科夫、顿河畔罗斯托夫和阿什哈巴德等地。基辅儿童小铁路直到1953年才开通。战争期间，有些城市的儿童小铁路遭到严重破坏，比如戈梅利和梅利托波尔的小铁路已经无法修复。整个苏联时期，总共开通了60多条儿童小铁路，采用蒸汽机车、内燃机车和电力机车，道路长度从几百米到十几千米不等（最长的铁路长11.6千米，位于阿穆尔州的斯沃博德内）。各条小铁路的机车、车站、路基千差万别，但它们的共同点是：由孩子们建造、运营，孩子们在其中扮演着少年铁路工人的角色。

莫斯科儿童小铁路

最宏伟的小铁路计划，莫过于1941年6月20日（两天后，苏联卫国战争爆发）批准的莫斯科伊斯梅洛沃公园儿童小铁路建设方案。这个方案计划修建两条支线，路线长度分别为8千米和12千米，设计采用蒸汽和电力两种动力牵引方式。6座新古典主义风格的车站令人叹为观止，由苏联最出色的建筑师设计，如斯穆罗夫、库潘、波索欣等，波索欣后来成为莫斯科市的总建筑师。这条铁路既有客运列车也有货运列车，并且有独立的自动电话系统。总体来说，这条铁路的建造规模和风格与莫斯科的大都市气质十分契合。但是，计划没有成为现实。其实，莫斯科当时已经有一条比梯弗里斯小铁路更早建成的儿童铁路。

梯弗里斯的倡议、卡冈诺维奇的支持，大力推动了苏联全境儿童小铁路的发展，这一点毋庸置疑。但早在1932年，高尔基中央文化公园的儿童城，已经开通了一条货真价实的窄轨铁路，全长528米，由共青团员建造、孩子们维护和运营。这条铁路有自己的变电站和两个停靠点，但并未修建车站等建筑物。火车的电动车组是自制的，配有三节车厢，制造者不详，因为这条铁路的相关信息已经很难找到。1936年的时候，儿童列车还在运营，至少报刊上是这样写的，还说计划延长运行线路。但是，时间来到1939年，高尔基公园里那条不知名的铁路已经不再被人提及。显然已经被拆除了，因为宏伟的伊斯梅洛沃小铁路建设方案已经开始制定。

虽然这条铁路存在的时间并不长，随后也没有得到直接的赓续，但只有它，才应该被视为世界上第一条儿童小铁路。

从此开始，直到永远

除了苏联，还有一些社会主义国家，如保加利亚、匈牙利、古巴、波兰、捷克斯洛伐克等，也纷纷修建了儿童小铁路。顺便说一句，目前德国保留了大部分的儿童小铁路（数量上仅次于俄罗斯），并直接延续了最初的运营目标。

不要将儿童小铁路与铁路游乐设施、公园铁路混为一谈，三者只是轨道宽度相似而已，这一点很重要。公园铁路的设计目的，是为了在迪士尼乐园那样的大跨度区域内方便运送游客。铁路本身由成年人建造和维护，而且公园铁路没有教育的功能。铁路游乐场则纯粹是为了娱乐，虽然有些地方的铁路游乐场由真正的儿童小铁路改建而来，比如阿拉木图的铁路游乐场，虽然支线长度和基础设施都保留了下来，但已经失去了教育功能。

1990—2000年，由于缺乏财政支持，大量的儿童小铁路被迫关闭。有的被改造成了游乐设施，有的直接被拆除，还有的无人问津，任其老化生锈。直到2008年、2009年左右，这一领域才开始逐渐复苏：老旧铁路被修复，甚至还开通了几条新铁路——分别在新西伯利亚、喀山、克麦罗沃和圣彼得堡等地。新西伯利亚的西西伯利亚小铁路采用了最新的技术设备，抛弃了传统的TU7窄轨内燃机车，配备了TU10。TU10是一种高度现代化的内燃机车，基于俄罗斯铁路公司的订单为儿童小铁路量身打造，于2010年建成交付。目前，俄罗斯境内的其他儿童小铁路也在逐步装配TU10机车。6年间TU10机车的总产量是31辆。

当代的儿童小铁路已经演变为课外教育的基地。机车、轨道、车站设施都非常逼真，接近生活实际。普通儿童和交通大学的学生，均可乘坐小火车进行训练。

大多数儿童小铁路采用的是750毫米窄轨，但在不同时期也出现过特例，如克拉斯诺亚尔斯克铁路，从 1936 年到 1961 年，只铺设 305 毫米窄轨。通常情况下，儿童小铁路使用标准窄轨机车，但也有配备专用机器设备的。不过，那都是个例。TU10 是历史上第一型批量生产的儿童小铁路专用机车。

今天，俄罗斯有 25 条儿童小铁路（不包括那些被改建为游乐场的）。德国有 11 条，乌克兰有 9 条，乌兹别克斯坦、保加利亚、匈牙利、斯洛伐克和古巴各有 2 条，立陶宛和白俄罗斯各有 1 条儿童小铁路还在运营。

儿童小铁路在经历了 20 世纪 90 年代的风雨之后，依然幸存下来，我为此由衷地感到高兴。如果我还是个七八岁光景的孩子，哪怕我今后没有去交通大学读书的打算，我也会很渴望能有在这样一条铁路上工作的经历。

第四章

减速伞制动

我在《俄罗斯帝国发明史》中单列了一章，专门讲述格列布·科捷利尼科夫（Глеб Котельников）的故事。他是背包降落伞的发明人，成功地将自己的创意转换为实际的成果和应用。在此，我想告诉你们一个有趣的事实：1912 年 6 月 2 日，在一次试验过程中，科捷利尼科夫把背包降落伞固定在了汽车上。于是，那一天，他意外地完成了自己的另一项发明——减速伞。

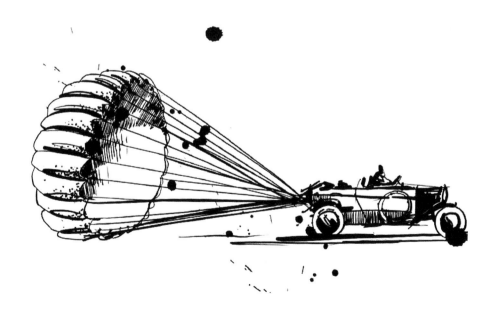

这里我不再转述这段并不复杂的往事，而是直接引用科捷利尼科夫所写的《发明故事》一书的片段："我决定在汽车上测试降落伞材料的强度。我站在车上，背对着司机，拿起伞包，把伞包背带挂在汽车的牵引钩上。洛马奇和他的助手，带着相机站在远处准备拍照。汽车启动、加速，时速达到 80 千米的时候，刚好开到他们附近。我拉动快卸锁的开锁捆带，伞衣从背包中放出，降落伞顺利打开。这时，意料之外的一幕出现了：全力加速的汽车突然停了下来。从伞开到车停，运动距离不足 5 米。司机还没来得及换到空挡，发动机已经熄火了。"

对于科捷利尼科夫来说，这只是无数次降落伞结构试验中的一个小插曲。原本，他只想测试降落伞伞衣的材质强度，却因为既没有合适的材料测试仪器，也没有办法借到实验室的设备，更别说爬上热气球或搭乘飞机完成跳伞，出于无奈，才把伞挂在了汽车上。科捷利尼科夫并没有开伞就停车的想法，也压根没料到，竟然出现了汽车被动熄火的情况。

科捷利尼科夫距离历史上第一个减速伞专利仅一步之遥，却擦肩而过。因为，尽管他已经画好了设计图纸，却由于全力投入背包降落伞的研究，完全没顾得上为减速伞申请专利。图纸显示，飞机尾部安装了一种新颖的装置，飞机落地后，它能使飞机迅速停下。6 月份的这次试验，被认为是有史以来减速伞的首次实际应用，但推动这种减速形式广泛使用的人，并不是科捷利尼科夫。

快速制动装置

一般来说，"减速伞"是一个通俗的说法。准确的名称应该是"减速伞装置"或"减速伞系统"。减速伞系统的工作机制相对简单：减速伞高速展开时，急剧增大飞机（汽车、火箭橇①或其他类型交通工具）的迎面阻力，使得制动距离平均缩短 30% —35%。况且，减速伞系统并不依靠轮胎与接触表面的黏附力来减速，而是逆空气制动。这样一来，减速效率不会因起降跑道结冰等原因而降低。

今天，减速伞系统得到了积极广泛的应用。在航空领域，军用和民用喷气式飞机都安装了减速伞系统，以应对恶劣的气候条件或起降跑道过短的情况。实际上，对于民用飞机而言，这并不是一个标准配备，而是作为紧急手段使用的。因为在减速伞展开的那一刻，乘客会有很强的过载体验。减速伞系统广泛应用于赛车运动，尤其在争创纪录的时候。例如，对所有参加邦纳维尔盐湖竞速赛的车辆，都强制要求安装减速伞。如果你看过电影《世上最快的印第安摩托》，你可能还记得这样一个情节：主人公因为摩托车没有安装减速伞，被禁止参赛。

大多数现代减速伞系统都很复杂。例如，先抛出一个小伞（引导伞），它不起减速作用，而是用于拉出主伞，引导减速伞整体进入工作状态。有些小伞不仅可以起引导作用，还可以起牵顶作用——这样就可以控制主伞正确展开。根据用伞个数，减速伞系统可分为双伞、三伞，甚至四伞系统。

很有意思的是，有些减速伞系统不仅可以减速，还能够稳定飞行状态，因此又被称为稳定伞。例如，1950 年列装的 RKG-3 反坦克手榴弹，内置了一个微型伞。投掷过程中，手榴弹出手后，手柄底盖脱离手柄并拉动弹簧，释放一道保险（共有四道保险），同时展开稳定伞。稳定伞稍微拉慢了手榴弹的飞行速度，却可以保证手榴弹飞行稳定，命中姿态正确，而不是在空中旋转。

总之，减速伞系统应用广泛，可以用来解决很多问题。现在我要说的

---

① 火箭橇，是一种空气动力学试验设备，利用推力强大的火箭助推器，推动测试物体在类似铁路的专用滑轨上高速前进，再用高速摄影机及其他设备记录数据，以分析其空气动力学性能。——译者注

是，这个系统是如何从科捷利尼科夫当初相当简陋的设计结构，发展到如今这个样子的。

从汽车到飞机

从科捷利尼科夫无意中用减速伞制动汽车之后，已经过去了很多年。1936 年 2 月 13 日，著名地理学家和地球物理学家奥托·尤利耶维奇·施密特（Отто Юлвевич Шмидт）提议，组织一次北极地区的空中考察——你们可以在《被遗忘在冰间的人们》一章中找到对这次考察的详细讲述。正是他的这个建议，为减速伞的发展带来了新的动力。你们可能会问，减速伞和北极考察会有什么联系呢？

联系当然是有的，而且是最直接的联系。极地科考人员要解决的问题很多：组织越冬、运送装备、调试通信设备、制定科学考察工作计划等。其中一个问题就是，补给飞机需要在粗糙不平的冰面上起降，存在一定的安全风险。因为，考察队员没办法在飞机到来之前，准备好一条高质量的起降跑道。于是，极地飞机配备了相对简单的减速伞辅助刹车系统。充当减速伞使用的，通常是普通的投物伞，类似于用来投送食品和装备的那种降落伞。

飞机用减速伞系统，由伊万·瓦西里耶维奇·季托夫（Иван Васильевич Титов）负责研发，他是大名鼎鼎的帕维尔·格罗霍夫斯基（Павел Гроховский）的副手。格罗霍夫斯基当时担任工农红军重工业人民委员部兵器试验研究院院长兼主任设计师。格罗霍夫斯基是一位跳伞运动健将，在飘飞方面堪称专家，他在伞降领域的一些设计和研究已经成为传奇（例如，将空降人员吊挂在飞机机翼下方）。

第一架使用减速伞系统的飞机，是著名的 TB-3 重型轰炸机，又名 ANT-6。到了 20 世纪 30 年代后期，ANT-6 已经失去了军事意义，因为它飞得太慢了——时速勉强达到 240 千米。但由于飞行可靠性高、有效载荷高，ANT-6 成为飞越北极的理想飞机。为了向 SP-1 号漂流科学站运送货物，专门进行了改装，北极版机型改称 ANT-6-4M-34R。设计人员密封了驾驶员座舱盖、增大了机轮尺寸、使用了新型三叶螺旋桨、增加了减速伞。

拉动伞绳、控制减速伞的是副驾驶。1937 年 5 月 21 日，完成了一次堪比传奇的飞行，将第一批极地科考人员送到北极，米哈伊尔·沃多皮亚诺夫（Михаил Водопьянов）是机长，米哈伊尔·巴布什金（Михаил Бабушкин）是副驾驶。正是巴布什金，在飞机机轮接触到冰面的瞬间拉动了伞绳。

还有一点很有意思。尽管 ANT-6 使用的减速伞是由特种设计局研制的，但就使用减速伞这个想法本身而言，我首先想到的是米哈伊尔·沃多皮亚诺夫。至少，还没有发现有谁比他更早提出了这个创意。1935 年年底，沃多皮亚诺夫写了一本《飞行员的梦想》，一年后，由青年近卫军出版社发行，出版时间在施密特提出倡议之后、北极之行开始之前。有这样一个传言，施密特委托沃多皮亚诺夫研究考察探险的技术问题，飞行员却写了一个乌托邦式的故事——这多半是杜撰的，并非真实情况。我实在无法想象，如果不是一个郑重提交的技术设计方案，而是一本《飞行员的梦想》躺在施密特的办公桌上，接下来会发生什么。书中充满幻想，沃多皮亚诺夫虚构了很多东西，但他也提到了通过辅助空气动力构件来完成减速，说的就是减速伞。很难说，这是他自己想出来的，还是从科捷利尼科夫（当时他还健在），或者格罗霍夫斯基那里偶然得知的。但，也确实有可能，就是沃多皮亚诺夫自己想出了针对飞机的减速伞方案。

不过，这里有一个小小的"但是"：早在 1911 年，意大利航空工程师乔瓦尼·阿古斯塔（Джованни Агуста）就提出了飞机空气动力减速的概念，他对飞行员降落伞的研究是独立完成的，与科捷利尼科夫毫无关系。两年后，在卡普罗尼（Caproni）飞机制造厂工作的阿古斯塔，完成了空气动力减速的地面试验。与苏联研究方案的境遇不同，意大利的研究成果没有得到实际应用。不过，在世界范围内，阿古斯塔仍被认为是航空减速伞系统的发明人。这个事实说明，一个好主意往往会同时出现在不同人的大脑中。

令人感到奇怪的是，在北极考察实践过程中，再次充分证明了自己价值的减速伞系统，与那次科捷利尼科夫实验中经历的遭遇一样，并没有得到进一步的发展。减速伞在其他地方毫无用武之地，除了用在执行北极飞行的飞机上。究其原因，当初对于减速技术的需求，确实没有后来那么迫切。那个年代，飞机的飞行速度并不快，短一些的起降跑道完全可以满足常规着陆要求，何况还可以借助机翼上的空气动力构件。

但是，随着喷气式发动机的普及，一切都变了。

速度飞涨

事实上，减速伞的构想一目了然，一旦出现对该系统的刚性需求，相关的专利、设计和产品就会在短短几年内遍地开花。"二战"之前，减速伞系统偶尔会被使用——就像那次北极着陆。"二战"后，几乎所有军用喷气式飞机都开始安装减速伞系统，尤其是舰载机。这就是为什么无法确认，具体是谁发明了减速伞系统，为减速制动这一领域奠定了基础：美国、苏联、法国、英国等的减速伞系统技术方案几乎同时出台，并且进展大致相同。

一个非常有趣的现象，无论是航空业，还是汽车制造业，都没有急于将减速伞系统引入广泛应用。似乎早在 1937 年，伟大的汽车速度纪录创造者——驾驶员乔治·埃斯顿驾驶他的汽车"雷电"（Thunderbolt），已经突破了 500 千米的时速极限。但直到 1963 年，才出现第一辆使用减速伞系统的创造速度纪录的汽车——克雷格·布里德洛夫的喷气式汽车"美国精神"（Spirit of America），时速高达 655.722 千米！为什么呢？其实，道理很简单：过去和现在的竞速赛，主要是在邦纳维尔这个巨大的干盐湖上进行，有足够的空间让发动机减速，紧急制动发挥不了什么关键作用。减速伞系统可以降低风险，但并不是唯一的减速手段。今天，除了创纪录的竞速赛之外，减速伞还应用在竞技赛车和其他一些特定的赛车项目上。

至于航空方面，20 世纪 40 年代，越来越多的喷气式试验机配备了减速伞。在苏联，"苏"-9（Su-9）双引擎歼击轰炸机首先配备了减速伞（1946 年 11 月 13 日首飞）。尽管"苏"-9 双引擎歼击轰炸机只是一个试验机型，它却催生了新一代的苏联战机。早在 1941 年，德国就开始在涡轮螺旋桨飞机"梅塞施密特"Me 210（Messerschmitt Me 210）和"容克"Ju 52（Junkers Ju 52）上试用减速伞系统，飞翼喷气式飞机"霍顿"Ho IX（Horten Ho IX）的结构设计中也集成了减速系统（1945 年），方便在航母甲板和短距起降时使用。例子很多，不再一一列举。

我要说，无论是科捷利尼科夫的汽车减速伞，还是苏联远征北极的着陆减速伞，都是减速伞最早实际应用的先例。这两次实践，没有成为减速伞系统全球化广泛应用的开端，更准确地说，最终成为应用路线图上的两个点。令人高兴的是——这是名列前茅的两个点。

第五章

地铁建设的成就

　　莫斯科地铁举世闻名，也是世界上极其漂亮的地铁之一。你们或许会问，这是本讲苏联发明的书，这里却提到莫斯科地铁，难不成在苏联名画家杰伊涅卡（Дейнека）美轮美奂的马赛克壁画和雕塑家马尼泽尔（Манизер）引人入胜的作品背后，还隐藏着什么尖端技术？没错，的确是这样。苏联的一些地铁建设方案很有创意，技术上的革新集中体现在莫斯科、列宁格勒等地的地铁建设上。

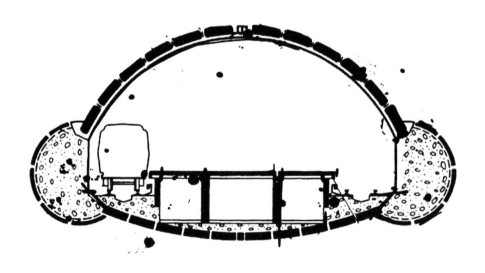

市面上有关地铁的书已经不少，短短一章的篇幅显然不能言尽这些书中所有的内容。在莫斯科、列宁格勒等城市的地铁工程建设中，都涌现出不少独到的技术方案。例如，莫斯科的马雅可夫斯基站，就使用了一种波纹不锈钢部件，用宽幅异型钢轧机轧制而成。早在 20 世纪 30 年代初期，飞艇制造公司就采购了这部钢轧机，原计划用于齐奥尔科夫斯基的全金属飞艇项目。最后，飞艇没有造出来，轧机也一直闲置，直到 1938 年才派上用场，因为这台机器可以制造马雅可夫斯基站站内装修使用的零件。

"二战"后的地铁站设计中，运用了许多创新程度各不相同的技术方案。地铁站不仅能充当交通枢纽，而且能作为防空洞使用。莫斯科的每一个地铁站几乎都有一道密闭的大门——注意，这道门的构造和关门系统与众不同。最重要的区别是，这道门是双扇对开的密封门，不像卷帘门那样从天花板上垂下，也不像推拉门那样从旁边的墙体滑出，而是合拢门扇、密封关闭。

这些技术对于苏联来说是新技术，但很早以前就被其他国家开发了出来。不仅如此，20 世纪 30 年代，许多技术解决方案都是苏联从国外购买的。那时候，我们与西方的关系很紧张，但经济基础是先决条件，我们有必要加强技术合作，而且要积极主动地寻求合作①。

我们现在要讨论的，是那些首创于苏联的地铁施工技术。

地铁站类型介绍

从地铁出现的时间上看，俄罗斯远远落后于其他国家。如果里昂缆车不能算作地铁，那么伦敦地铁就是世界上第一条地铁线，1863 年开通，随

---

① 1927 年苏联进入了社会主义现代化建设时期，1929 年提出了在经济和技术方面赶超先进资本主义国家的任务，利用西方国家因经济危机而寻求扩大同苏联经济联系的有利时机，大力引进先进技术。——译者注

后芝加哥（1892 年）、利物浦（1893 年）、格拉斯哥和布达佩斯（均为1896 年）等地均有地铁线路开通运营。再排除那些接近地铁但并不标准的准地铁系统，如华盛顿国会大厦的迷你地铁或者旧金山的地下有轨电车，可以说，莫斯科地铁按出现时间排在世界第 17 位。这个名次看上去还不错，却不在领先者行列。

地铁站的建设方式分为敞开式和封闭式两种。世界上早期的地铁站，全部采用敞开式方法建造（即挖掘基坑、铺设隧道、封闭基坑、填土覆盖），或者直接在地面修建地铁站。英语中"敞开式方法"的原文是"cut-and-cover"，意为"随挖随填"或者"明挖回填"，很是形象有趣。封闭施工需要使用隧道掘进设备，也就是盾构机。伊桑巴德·布鲁内尔（Изамбард Брюнель）是一位伟大的英国工程师。1825 年，他在泰晤士河河底铺设隧道时，从船蛆那里得到灵感，发明了盾构机，并在这次工程挖掘中成功使用。19 世纪 80 年代，伦敦首次采用盾构法开挖深埋隧道 [①]。挖掘深埋隧道的目的并不在于修建地铁，而是为了建造伦敦城和南伦敦铁路（City and South London Railway，C&SLR [②]）。1890 年，C&SLR 开通，部分线路从泰晤士河河底穿过。起初，C&SLR 只有 6 个车站，后来不断发展延伸，与整个伦敦的地铁系统融为一体——现在，C&SLR 已经成为伦敦地铁北线的一部分。还有一些技术，虽然可以归入封闭式施工的范畴，但不使用隧道掘进盾构机，这些技术出现得比较晚。

起初，在世界各地，采用封闭式方法修建地铁只是个例——要么是为了避免给古建筑造成破坏，要么是施工条件决定了必须从河底穿过，这些情况下必须要铺设隧道。但凡有可能，地铁都会采取浅埋施工方法，尽量采用最简单的施工工艺。

---

① 隧道埋深指的是隧道开挖断面的顶部至自然地面的垂直距离。根据埋深可将隧道划分为深埋隧道和浅埋隧道。——译者注
② C&SLR 是世界上第一条位于地下深层和使用电力牵引的铁路。——译者注

当然，始终存在一个如何布局的问题：大多数情况下，深埋施工是由于需要在山体（丘陵）之下铺设线路。但是，早期的施工人员往往试图绕过这样的地形，并且采取简单的办法进行浅埋作业。他们是这样做的：有山体（丘陵）的地方，把车站建在山脚下，埋深为15米；而没有山体（丘陵）的地方，地铁线路直接从地面经过。当初，纽约、巴黎和其他一些城市就是这样建造地铁的，今天，你在那里仍然可以沿着地铁高架桥兜风游玩，欣赏美景。世界上最深的地铁站，都是修建在山体之下——基辅阿森纳站（105.5米深，令人难以置信），莫斯科胜利公园站（84米），波特兰华盛顿公园（Washington Park）站（79米）。圣彼得堡拥有全球最深的地铁网线（按平均深度计算），这不是丘陵地形造成的，而是因为圣彼得堡是一座在沼泽地上建起的城市，稳固土层都在地底深处。

采用浅埋施工方法建造的地铁站（简称浅埋地铁站），施工土层相对较浅。地铁站地面部分还包括房屋、路面和基础设施。因此，浅埋地铁站建设过程中，可应用的技术方案非常多。这些车站大部分是列柱式的（一般来说，浅埋列柱式，这是世界上最常见的车站类型），也就是说，站台的楼板有辅助立柱支撑，立柱排成一列（单列双跨站）或两列（双列三跨站）。通常也会遇到单跨站——与列柱式类似，只不过是采用梁式楼板，车站里看不到起支撑作用的立柱，也不会设置多个站厅，整体车站呈现为单一空间[1]。单跨车站与单拱车站的不同之处，在于单拱站的拱顶牢牢地插入两侧墙壁，几乎与墙壁成为一体[2]。

但车站入地越深，车站本体承受的压力就越大，支撑结构就必须拥有更高的强韧性和耐久性。浅埋地铁站的施工方法，不能用于深埋地铁站的

---

[1] 对于框架结构来说，两排柱子之间的距离为一个跨度。这里单跨的意思是从左到右只有一个跨度，左右墙壁之间没有立柱支撑，楼板的支撑依靠顶部的横梁来完成。——译者注
[2] 单拱车站由一个宽而高的单拱形地下大厅组成，因上方仅有一个整体的拱形结构而得名。——译者注

施工。例如，深埋单跨站，从原理上来讲，是不可能存在的。因此，第一批深埋地铁站，就是塔柱式的[①]。塔柱式车站包括3个独立隧道（站厅和两侧隧道），有通道相互连接。隧道衬砌彼此之间相互独立，其中一个隧道塌陷，其他两个也不会受到影响。看上去，这种车站就像一个加宽的立柱（塔柱）系统——莫斯科有很多这样的地铁站（猎人商行站、阿尔巴特－波特罗夫卡线的斯摩棱斯克站等）。这种地铁站的主要问题是狭窄通道太多和吞吐量不足，因为塔柱占据了太多的空间。

在莫斯科和圣彼得堡的地铁建设过程中，工程师们开发出许多以前在世界其他地方没有使用过的新系统。

马雅科夫斯基站的拱顶

重建莫斯科的总体规划于1935年通过，其中一个项目是在胜利广场地下修建一个地铁站。这个地铁站几次易名：凯旋广场站、马雅可夫斯基广场站，最后才是我们现在耳熟能详的马雅可夫斯基站。马雅可夫斯基站的总设计师萨穆伊尔·克拉韦茨（Самуил Кравец），从一开始就希望打造一个既轻巧又美观的空间，这意味着需要采用立柱式结构。但根据技术设计方案，车站主体在地下三十多米处，为深埋站，应该采取塔柱式结构。

委员会否决了克拉韦茨的方案，最后采纳了建筑师阿列克谢·杜什金（Алексей Душкин）的设计。杜什金的设计既保留了车站的轻盈的风格，又体现了装饰派艺术的精神。工程师们面临着一项艰巨的任务：他们必须开创性地设计一个深埋列柱式车站，以前的深埋站都是塔柱结构。

当时，米哈伊尔·阿布拉莫维奇·鲁德尼克（Михаил Абрамович Рудник）是莫斯科地下铁道设计局设计室主任，他的副手罗伯特·沙因法

---

① 一般的立柱，是指起支撑作用的圆柱，而塔柱则指对拱顶、桥梁等起支撑作用的巨大方形支柱。——译者注

因（Роберт Шейнфайн）负责深埋站设计。沙因法因管理 3 个设计小组：设计这座非同寻常的车站的任务，交给了格林扎伊德工程师的小组。根据当时的国际经验交流计划，格林扎伊德的小组里还有两名美国专家。车站的原始设计杜什金并没有直接参与指导，当他最终看到设计方案时，很不满意。工程师在拱顶的支柱之间设计了横向强力钢制支架，以增加支撑面积。沉重的钢铁结构与车站轻盈的风格完全不搭调，并且将整个技术构件完全展示给公众（美国地铁的惯常做法）。由于施工已经全速展开，支柱也安装到一半，问题变得非常严重。

安东尼娜·皮罗日科娃（Антонина Пирожкова），格林扎伊德小组的工程师，提出了另一种设计方案。她的方案在整体结构强度上没有变化，但采用钢筋混凝土板来承受支柱上的负荷。沙因法因和格林扎伊德强烈反对这个方案（当时皮罗日科娃还只是一名年轻的专家），不过，杜什金却对这个建议产生了浓厚的兴趣。使用钢筋混凝土板的创意也得到了著名桥梁建筑师尼古拉·斯特雷勒茨基（Николай Стрелецкий）教授和建筑工程主任伊拉里翁·戈齐里泽（Илларион Гоциридзе）的赞同。结果，皮罗日科娃这个没有得到自己小组任何人签字同意的设计方案，最终被落实。横向钢铁支架被拆除，车站获得了现代化的面貌。

马雅科夫斯基站因其轻盈飘逸的设计闻名于世，1938 年 9 月 11 日正式启用，成为莫斯科标志性建筑之一。一年后，马雅科夫斯基站的设计方案荣获纽约世博会的最高奖。格林扎伊德没有想到自己会在 1937 年以间谍罪被捕，因为他是整个设计室中唯一懂英语的人（后来他被无罪释放，参与了莫斯科地铁发电厂站站厅的设计工作）。皮罗日科娃后来成为一名杰出的结构工程师，在莫斯科铁路运输工程学院任教，编写了一部关于隧道施工的教材。马雅科夫斯基站的建造技术，后来也被用于其他深埋列柱式地铁站的建设。

水平电梯

1961 年，一种特别有意思的新型地铁站在列宁格勒首次亮相，被称为水平电梯[1]。这是一种封闭式地铁站。当初让很多人迷惑不解，不知什么是"水平电梯"，如今不仅在圣彼得堡，在世界其他城市也会看到它的身影：东京、金奈、吉隆坡、首尔等城市的地铁都在使用水平电梯。

封闭式车站基本上就是塔柱式或墙柱式（立柱的跨度部分被墙体取代）车站的变体。不过，水平电梯车站没有设置乘车站台，中央站台即站厅，两侧隧道即为轨行区。中央站台与隧道之间有屏蔽门相隔。列车到站停靠时，车厢的门与车站的门对齐。位置对正后，两扇门同时打开，就像乘坐电梯的时候，电梯轿厢门对准电梯门洞才会开启一样，区别在于它不是上下升降，因此得名水平电梯。

为何要设计这种站台？有传闻称，在列宁格勒修建的水平电梯，实际上是一种可以防止水进入地铁的防水装置。这种说法肯定是不可信。然而，这个封闭的车站确实可以帮助我们解决许多问题。首先，封闭的车站更加安全：乘客根本无法进入轨道，自然也不会被卷到车轮下。垃圾和异物也不会掉落到轨道上。其次，中央大厅与隧道隔离，车站可以形成更好的空气循环环境，同时降低进出站列车的背景噪声，乘客感觉更舒适。最后，与开放式地铁站相比，这样的封闭车站建造和装修速度更快，成本更低（盾构机一次性通过，不需要往复操作，而且两侧隧道不需要精细修饰）。在赫鲁晓夫提倡节俭的年代里，这第三点是至关重要的。

当然，这种封闭的车站也有不足之处：水平电梯运营费用高，尤其是自动门需要另行维护。此外，由于封闭式车站开关门时间增加，也就是列

---

[1] 其实，水平电梯就是当今地铁站广为使用的屏蔽门系统，圣彼得堡胜利公园站是世界上第一个全封闭式地铁站。——译者注

车停靠时间增加，列车的行车间隔也被拉长。运营中也存在一定的安全问题：虽然水平电梯装有传感器，如果屏蔽门门洞里还有人没有上车或离开，传感器会自动锁死，防止屏蔽门关闭或列车驶出，造成人员伤害，但乘客被卡在列车与中央站台之间缝隙的情况，仍时有发生。行李被屏蔽门夹住，也不是什么愉快的事情。最后，在封闭式车站运行的不是普通车组，是专门设计的专用车组。因为强行让封闭式车站去适应现有的车厢类型，显然是行不通的[①]。

但总的来说，水平电梯是一项新的工程技术成果，在列宁格勒地铁胜利公园站建设期间首次亮相。这个地铁站由国家地铁和运输工程建筑勘测设计院列宁格勒分院的主任建筑师亚历山大·安德烈耶夫（Александр Андреев）亲自设计，工程方面由格奥尔吉·斯科边尼科夫（Георгий Скобенников）负责。通常，在设计新站时，会宣布项目招标，但由于该站采用了全新的方案，非同寻常，于是任务直接交由安德烈耶夫完成，毕竟他是最有经验、级别最高的专家。

在最初的设计中，屏蔽门是完全透明的，这一点很有意思。车站运营一个月后，透明门就被替换掉了。我不确定这些透明门是否有照片留存，这个情况我也主要是从一些人的回忆中得知的，他们见过透明的屏蔽门。此外，当时胜利公园地铁站地面装饰有绿色三角形图案，但在21世纪前10年的重建过程中遭到野蛮破坏。

由于上述缺点，水平电梯技术后来在苏联还是被放弃了[②]。列宁格勒建造的最后一座水平电梯地铁站是明星站，1972年12月25日开通。如今，在世界其他国家的新建地铁站里，屏蔽门系统的使用已经相当普遍，这一技术在迅速发展的亚洲地铁中得到了最广泛的应用。随着现代传感器

---

① 因为车站的屏蔽门是固定的，跑在铁轨上的列车车型各不相同，列车车厢类型必须与屏蔽门匹配。——译者注

② 很长一段时间没有新建的地铁站采用屏蔽门系统。——译者注

及保护系统的不断发展，屏蔽门夹人夹物的危险几乎已降为零。近年来，由于自动化程度的提高，水平电梯车站的运营成本已接近传统车站。

深埋单拱站

我已经提到过，单拱系统主要应用在浅埋地铁站。与建造深埋列柱式地铁站的创举一样，单拱系统应用于深埋地铁站的建设方案，也是苏联首创。

与水平电梯的情况相仿，深埋单拱车站方案的提出纯粹是出于经济方面的考虑。施工过程中，盾构机向前挖掘，在穿过单拱车站隧道之后，并不停下来，而是进入区间隧道，并继续沿区间隧道① 向前掘进，然后向右偏离并穿过车站的支撑隧道。穿过支撑隧道之后拐回区间隧道，并沿着区间隧道继续向前掘进。下面说一下拱顶的挖掘操作：在左右两个支撑隧道之间，沿着拱顶的轮廓开出一个半圆形的挖掘口（铺设导洞），然后将拱梁压入土层，并使用衬砌对拱进行加固，避免坍塌。完成之后，就可以按照车站的基本容积，挖出相应数量的土方。事实上，这是深埋站最快的挖掘方法。

但是，深埋单拱地铁建造方法有两个主要缺点。第一，这种方法只能用在某些类型的干燥土壤环境中——圣彼得堡或基辅地下有满足条件的土层，而莫斯科地下就几乎没有这种土层，所以莫斯科只建有一个深埋单拱站——季米里亚泽夫站。第二，只有当盾构机在各个地铁隧道之间连轴掘进，只有在高速、连续的地铁施工中，采用深埋单拱法才能产生经济效益② 。换言之，最理想的情况是，深埋单拱车站的掘进作业是接续进行的，

---

① 区间隧道是指两个站点之间的隧道，通俗点说，就是地铁列车运行的隧道。——译者注
② 盾构机完全无法模组化，只能依照开挖隧道的直径定做，因此购买价格不菲，所以在施工洞线较长的情况下，使用盾构机更为经济合理。——译者注

否则所有的优势都会化为乌有。

1975 年 12 月 31 日，首批深埋单拱地铁站，即综合技术站和奋勇广场站，在列宁格勒同日开通。目前，俄罗斯联邦共有 17 个深埋单拱站：圣彼得堡有 14 个，莫斯科有 1 个，叶卡捷琳堡有 2 个，乌克兰共和国的第聂伯罗有 4 个。其他国家也有类似的车站。例如，布拉格的科比利希站（2004年开通，31.5 米深）。但总的来说，这是一种比较少见的类型，绝大多数单拱站都不是很深。

这 3 种（深埋列柱式、水平电梯、深埋单拱式）在世界建筑史上都是从未出现过的新型车站，是对世界地铁建设史的巨大贡献，尤其是对地铁工程建设部分的贡献。在近 90 年的时间里，地铁建设专家在"后苏联空间"国家实施了多种以前从未在任何地方使用过的技术方案，获得了数百项专利。但我不可能把所有的内容都放在一本书中来讲述，我只希望，这里至少能够包含那些具有全球意义的突破。同时，地铁建设仍在飞速发展，我这里所讲述的一切，绝不是地下铁道的终极成就。

第六章

和平原子

卡卢加州奥布宁斯克市，一栋三层建筑物上，"世界第一核电站"几个大字傲然挺立在那里，格外醒目。1954 年 6 月 26 日，世界上第一座满足城市生活和生产用电需求的核电站，就是在这个小城竣工、启动的。"世界第一核电站"这个称谓名副其实。

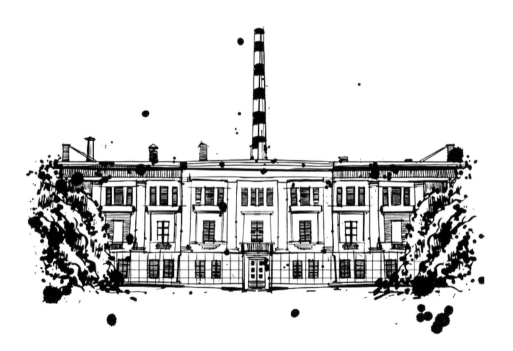

　　我们的故事要从 20 世纪 30 年代的美国（而不是苏联）讲起。那时候的核物理学还处于起步阶段，属于比较"时髦"的学科。美国最顶尖的物理学家几乎都涉猎过核物理领域，至少也就核物理学的相关问题发表过见解，其中有些人还进行了认真的研究，并有所发现。詹姆斯·查德威克（Джеймс Чедвик）是卢瑟福的学生，他的发现在核物理领域具有划时代意义。1932 年，研究钚 α 衰变过程的查德威克发现了一种新型贯穿辐射，并且证实这种射线是由以前未知的基本粒子——中子组成。这是一项重大突破，从此物理学家开始了中子实验。弗雷德里克、居里、欧内斯特·卢瑟福（Эрнест Резерфорд）、恩里科·费米（Энрико Ферми）都研究过这种新型辐射。

　　同在 1932 年，还发生了一件大事：英国物理学家约翰·考克罗夫特（Джон Кокрофт）和欧内斯特·沃尔顿（Эрнест Уолтон）利用加速质子轰击锂 −7 核，得到了不同寻常的反应结果：锂原子核（元素周期表中的第 3 号元素）分裂为两个 α 粒子（氦核，元素周期表中的第 2 号元素），同时释放出 17.2 兆电子伏特的能量。原子核在轰击粒子的作用下发生裂变，之前已经为科学家们所了解：欧内斯特·卢瑟福早在 1919 年就观察到这一现象。但在这次锂实验中，首次使用了加速器，结果得到的是 α 粒子（卢瑟福得到的是氢原子）。本质上，这是新的科学研究方向的开端。考克罗夫特和沃尔顿用加速的质子、α 粒子和氚核轰击其他原子核，观察到越来越新的原子核分裂反应，他们凭借这一方面的研究，于 1951 年获得了诺贝尔物理学奖。

　　在接下来的几年里，许多物理学家都尝试用不同的亚原子粒子进行轰击各种元素原子核的实验，使用的亚原子粒子中也有新发现的中子。1938 年，奥托·哈恩（Отто Ган）、弗里茨·斯特拉斯曼（Фриц Штрассман）和莉泽·迈特纳（Лиза Мейтнер）组成一个科学家小组，在迈纳特的外甥奥托·罗伯特·弗里施（Отто Роберт Фриш）的支持、参与下，进行了中子轰击铀核（92号元素）的实验。当时存在一种假设，认为通过这种方式可以获得超铀元素，即原子序数在92以上的元素（科学家认为，铀会吸收新发现的中子）。1940年，镎，93号元素，就是通过中子轰击铀核人工合成的，但在具体实验过程中使用了更为复杂的技术。在此之前，曾有多位科学家宣布发现了93号元素，他们是恩里科·费米（1934年，将93号元素命名为"Ausonium"，）、捷克科学家奥多伦·科布利奇（Одолен Коблич）（1934年，将93号元素命名为"Bohemium"），罗马尼亚科学家霍里亚·霍鲁贝伊（Хория Холубей）（1938年，将93号元素命名为"Sequanium"）。1944年之前，铀一直都属于Ⅵ族，在门捷列夫元素周期表中位于钨的下方，而超铀元素则应分别属于后续的Ⅶ族和Ⅷ族，在铼、锇、铱和铂的下方，即在元素周期表的第7列到第10列。然而，在发现并研究了镅（95号元素）和锔（96号元素）的化学性质之后，人们清楚地认识到，三种位于铀之前的元素（89、90、91号）、铀元素（92号）和当时已知的超铀元素，应全部属于同一系列，称为锕系元素，并在元素周期表中单列一行。

奥托·哈恩的研究小组确实通过实验获得了新物质，但这个新物质并不是新元素，而是铀的同位素，其中包括寿命极短的铀-239（起始同位素铀-238吸收一个中子后，变成铀-239，铀-239很不稳定，存在时间极短）。这里有些复杂，我稍微做一下解释，以免把几种铀的同位素相混淆：天然铀含有三种同位素——铀-238、铀-235和铀-234，其中铀-238占比为99.3%。这里的数字表示的是原子核的质量数，比如铀-238由92个质子和146个中子组成，它的质量数为质子数与中子数之和：92+146=238；而在天然铀中仅占0.7%的铀-235，少了3个中子，它的质量数就是235。

1938年12月17日，哈恩和斯特拉斯曼又进行了一次铀核裂变实验（迈特纳缺席了这次实验），实验结果出人意料：铀原子核在中子轰击作用下，分裂为较轻的元素核，并伴随能量释放。科学家们由此发现了重核在中子作用下的诱发裂变反应（质子和 α 粒子对铀没有这种作用）。

诱发裂变反应，为核物理学带来的是两个截然不同的发展方向。铀核裂变产生的巨大能量，既可以被和平利用，为人类带来福祉；也可以用来制造毁灭性的武器，为人类带来巨大灾难。关于核弹的历史，这里我就不再赘述，本书武器部分的相关章节会对此有所涉及，更何况介绍核武器的书籍比比皆是，而且，核弹与苏联的发明没有什么直接关系。和平方向，也就是核能源的建设，才是我们的兴趣所在。

反应堆的前尘往事

1938 年，意大利物理学家恩里科·费米和匈牙利物理学家利奥·西拉德（Лео Силард）同时以侨民的身份抵达纽约，两位物理学家当时都是物理学界泰斗级人物。那个时候，西拉德已经明确提出了可能存在链式核反应的论断。1939 年 1 月，继哈恩和斯特拉斯曼的发现之后，费米提出铀核裂变过程中，可能有快中子被放射出来，如果被放射出的快中子数量多于被吸收中子的数量，那么反应就会呈现链式特征——未被吸收的快中子继续轰击铀核，核裂变持续进行下去。

在费米的指导下，1939 年 1 月，实验室开始进行最早期的诱发链式核反应的实验。费米他们的实验室位于曼哈顿普平楼第七层，普平楼是 1927 年为哥伦比亚大学物理系专门修建的。实验结果表明，链式反应是可以实现的，但需要在与此前所有的实验环境都不一样的全新条件下才会发生。此外，费米和西拉德认为，将来制造核武器需要的裂变材料数量庞大，无法通过单次轰击反应获得（这里的裂变材料，指的是铀-235 或钚-239）。先说铀-235，在介绍铀的同位素的时候说过，天然铀仅含有 0.7% 的铀-235，且提取铀-235 需要复杂的浓缩过程，所以使用铀-235 作为裂变材料成本极高。再说钚-239，钚-239 在自然界中根本不存在，只能人工合成。钚-239 可以使用中子对铀-238 进行强烈轰击来获得，合成过程只能在核反应堆中完成。所以，产业规模的链式反应也就具有了"生产"的含义，换言之，可以使用核反应堆来批量生产钚-239。

为什么需要的是铀-235而不是铀-238呢？事实是，铀-235与铀的其他奇数同位素（即同位素原子核中的中子个数为奇数）一样，受到任何能量的中子撞击都很容易发生裂变[①]。裂变反应在使用热中子时效率最高——中子速度很慢，仅需要大约0.025电子伏特的能量即可。吸收了一个热中子后，铀-235原子核分裂成两个或两个以上的原子核，同时，放射出几个（平均为2.4个左右）中子。投在广岛的"小男孩"原子弹，使用的就是铀-235。另外一颗扔在长崎的原子弹，是钚弹——使用的是钚-239。对于钚的奇数同位素钚-239，在中子撞击下的反应与铀-235的反应基本相同。但是，铀-238是一种"双偶数"同位素（原子核中的中子和质子数均为偶数），它只能在能量大于1兆电子伏特的快中子作用下才会发生裂变，并且裂变反应效率远不如铀-235在热中子作用下的裂变反应效率。慢中子不会引起铀-238的裂变反应，铀-238只是在吸收慢中子后，经过一系列反应变成钚-239。

在罗马时，费米就已经发现，最适合用于铀-235核裂变的是热中子，因为热中子很容易通过强相互作用被原子核俘获。他创造了减速剂的概念。减速剂是一种用来降低快中子速度的特殊物质。减速剂的工作原理相对简单：快中子经过与减速剂原子核的多次相互碰撞而失去能量，从而变成热中子。

在费米（高度简化）的观点中，链式反应看起来就是这样的：一个慢

---

① 这里有必要说一下快中子和慢中子。根据拥有的能量和速度，中子有一个类别划分，每个类别都有自己的称谓。首先要看能量近似值，高于0.1兆电子伏特的中子通常称为快中子，低于0.1兆电子伏特的中子称为慢中子。实际上，类别划分要精细得多：快中子的能量为1—20兆电子伏特，慢中子的能量为1—10电子伏特。其余的"区域"被其他类型的中子占据——冷中子（低于0.025电子伏特）、热中子（0.025电子伏特）、超热中子（0.025—0.4电子伏特）等，包括能量超过1010电子伏特的相对论性中子。——原文注

（热）中子被一个铀核吸收，铀核裂变并放射出几个快中子，快中子在减速剂作用下变成慢（热）中子，慢（热）中子继续被后续的铀核吸收，如此而已。由此可见，高能的链式反应需要大量高效的减速剂，以满足多个方面的要求。超纯石墨就是这样的减速剂。

很多科学家——包括美国科学家，也包括来自欧洲大陆的侨民科学家——都参与了核能源的开发工作。著名的曼哈顿计划就这样启动了，计划的目标就是为了制造核弹。许多不同的消息来源称，历史上第一座人造核反应堆——"芝加哥"1号堆（Chicago Pile-1）的研发工作直接被列入了军事计划，对此我有不同看法。在对许多资料进行分析研究后，我得出一个结论：核科学家在建造"芝加哥"1号堆期间进行的各项研究，为洛斯阿拉莫斯后来发生的一切奠定了基础，而"芝加哥"反应堆的研发并不是军事计划正式开始的标志。曼哈顿计划在"芝加哥"1号堆启动之后，才正式开始。

所有的一切，都与政治息息相关。核计划的开展需要大量的经费，但美国政府却并不急于划拨相关款项。这里，就要提到爱因斯坦写给时任美国总统罗斯福的那封信。那也是历史上很有名的一封信，但不是爱因斯坦亲笔所写。当时，爱因斯坦正在普林斯顿安享平静、安定的生活，他只是在自己的朋友西拉德的劝说下，在信上签下了自己的名字。信中，科学家们表达了对德国人已经开始研制核武器的担忧，并坚持认为美国有必要拥有类似的计划。西拉德本来想让飞行员查尔斯·林德伯格（Чарльз Линдберг）向罗斯福总统转交这封信，因为大家都知道二人关系密切。但在最后一刻，西拉德听到，林德伯格在电台发表言论支持纳粹德国政策（林德伯格曾在许多问题上与希特勒观点相近），于是西拉德决定将这封信委托其他人传递。不管过程如何，这封信最终送到了罗斯福手上，并促使罗斯福启动了美国核计划的财政拨款。在这个计划的框架内，美国造出了人类历史上第一个核反应堆。

"芝加哥"堆

自1942年2月以来，芝加哥大学冶金实验室一直在开发可控链式核反应堆。我发现，这个实验室以前并不存在——它是为了这个项目专门成立的。实验室主要进行与钚有关的冶炼工作，使用"冶金"这个名字，主要是出于保密的考虑。费米、西拉德、赫伯特·劳伦斯·安德森（Герберт Лоуренс Андерсон）、沃尔特·津恩（Вальтер Цинн）、马丁·惠特克（Мартин Уайтекер）和乔治·威尔（Джордж Вейл），与几十名工人共同参与了制造反应堆的工作。

1942年9月，在芝加哥大学施塔格体育场（Stagg Field）看台下方，历史上第一个核反应堆建造工程启动。反应堆减速剂总重360吨，使用了4.5万根石墨棒，石墨棒横截面为正方形（10.8厘米×10.8厘米×42厘米）。石墨棒加工车间就设在附近的一幢房子里，工人们使用传统木材加工机床，锯出了一根根石墨棒——换班的时候，工人们浑身上下都黑黢黢的，看上去更像是矿工。反应堆使用的燃料是5.4吨天然金属铀和45吨压制的氧化铀，之所以大量使用氧化铀，是因为金属铀价格高昂，实验经费不足。这个反应堆没有安装任何冷却和防辐射系统。它之所以被称为"芝加哥"堆，正是因为一根根石墨好像"劈柴"摞在一起。我发现，这不是他们第一次尝试建造反应堆——早在1941年，费米和他的团队就曾制造至少两个实验堆，但全都不了了之。

反应堆是由一根根、一层层石墨棒堆叠而成的大型结构。其间留有空腔，空腔内放置了1.9万根氧化铀压制成的金属条。此外，在反应堆的整体结构中还设计了一些控制通道，用来插入控制棒，以控制核反应进程：控制棒为木制，包有一层镉板。镉是一种极好的中子吸收材料。控制棒吸收中子，可以降低反应速度，根据控制棒插入程度的深浅，控制反应堆核裂变的速度，从而控制反应堆是否进入链式反应阶段。

1942 年 12 月 2 日 09 时 54 分，沃尔特·津恩取下应急保护棒，裂变反应开始。越来越多的控制棒被陆续抽出，时间来到 15 点 25 分，反应堆接近临界状态——链式反应终于开始。反应堆的链式反应只持续了 4.5 分钟，中子再生率非常低，只有 1.0006，也就是说，每一个慢中子撞击铀核，被铀核吸收后，就会有 1.0006 个快中子被释放出来。尽管如此，链式核裂变终究是真正启动了。人类在历史上第一次实现了可控链式核反应。

后来，"芝加哥" 1 号堆又进行了几次启动，并于 1943 年 2 月被拆除。在它之后一系列实验反应堆都以 "'芝加哥'……号堆" 命名，最后一个是 "芝加哥" 5 号堆，于 1954 年在阿贡国家实验室建成，一直运行到 1979 年。

看到这里，您可能会问：苏联科学家在哪儿呢？我们的故事什么时候开始啊？我的回答是：马上开始！

苏联的原子能

我在前面的章节提到过，"二战" 之前，美国是对苏友好国家之一。1933 年，美国承认苏联主权，并在莫斯科设立大使馆。而在此之前，双方合作已经开始。20 世纪 20 年代和 30 年代，苏联科学家还有机会了解和获取国际科学信息，甚至被公派到美国和欧洲工作。

苏联的原子能研究中心是列宁格勒镭研究所，由弗拉基米尔·韦尔纳茨基（Владимир Вернадский）提议成立，1922 年建所。1939 年之前，研究所的工作一直由韦尔纳茨基主持。很有意思的是，1922 年到 1926 年，韦尔纳茨基正好被公派到巴黎，在此期间，他曾到居里实验室工作。苏联的原子能研究工作主要在列宁格勒和哈尔科夫的物理技术研究所以及莫斯科化学物理研究所展开。为了讨论原子能研究问题，苏联科学院还组织过全苏核物理大会。苏联的研究模式和研究进展与其他国家类似：实验——交流实验结果和实验数据——实验。1932 年 10 月，苏联在乌克兰物理技术研究所（位于哈尔科夫）研究基地完成了锂核裂变反应——英国的考克罗夫特和沃尔顿的锂核裂变实验几乎在同一时间进行。苏联的实验是独立完成的，与英国人没有关系。苏联方面负责此项实验的亚历山大·列伊蓬斯基（Александр Лейпунский）在 1937 年卷入了 "乌克兰物理技术研究所事件"，以 "从事间谍活动" 的罪名逮捕，后来被苏联科学院领导力保，奇迹般地逃脱了押送劳改营的命运。

1940 年，乌克兰物理技术研究所的弗里德里希·朗格（Фридрих Ланге）、弗拉基米尔·施皮涅尔（Владимир Шпинель）和维克托·马斯洛夫（Виктор Маслов）提交了苏联第一个原子弹项目计划。苏美两国科学家 "所见略同"：不约而同地选择浓缩铀 -235 作为核裂变材料。这个项目计划其实由 3 个专利申请组成：《作为爆炸物和有毒物的铀的使用》《质量数为 235 的铀浓缩混合物的制备方法。通用离心机》①《热循环离心机》。结果出乎所有人的意料：专利申请没有通过，原因是……缺乏实验验证！幸而这个专利没有获批，否则，如果在苏联卫国战争开始前，苏联就拥有了核弹，那会发生什么，我们不得而知。

战争结束后，《作为爆炸物和有毒物的铀的使用》专利申请最终获批。但是朗格、施皮涅尔和马斯洛夫三人之中，唯一有资格领取证书的是施皮涅尔：朗格不是专利申请人，马斯洛夫已经在战场上牺牲。证书虽然发了下来，但随即被列为绝密文件。因此，对于施皮涅尔来说，一纸证书只是个荣誉而已。

1941 年，苏联卫国战争爆发。由于一系列的客观原因，核物理领域的所有项目多少都有所收缩。许多科学家上了前线，项目经费被冻结，国家

---

① 原文在专利名称中用 "句号"，此专利可能由两部分组成：一个是制备方法，另一个是所用设备。——译者注

已经无暇顾及科研工作。因此，原子能计划还能正常进行的美国，走在了世界的前列，美国不仅修建了世界上第一座核反应堆，还造出了世界上第一颗核弹。

走向和平的原子能

当然，在苏联，有一些工作仍在继续，只不过无法保持之前的速度。当时，列宁格勒镭研究所所长维塔利·格里戈里耶维奇·赫洛平（Виталий Григорьевич Хлопин）是苏联核科学家中的一号人物。镭研究所疏散到喀山后，继续开展核物理研究工作。1941—1945 年，苏联核计划取得了很大进展，然而，对此贡献最大的不是科学家，而是情报人员。苏联与美国，曾经有一段时间联系密切，于是苏联在美国建立了一个庞大的情报网。20 世纪 30 年代，美国经常派人到苏联来，苏联也经常派自己的科学家和艺术家去美国。国外核武器技术的发展情况，及时通过对外侦察情报渠道反馈到情报总局。为了了解曼哈顿计划的详情，苏联专门建立了一个独立情报网。谢苗·谢苗诺夫（Семён Семёнов，化名"吐温"）、伊丽莎白·扎鲁宾娜（Елизавета Зарубина，化名"瓦尔多"）、格里戈里·海费茨（Григорий Хейфец，化名"卡戎"）和其他一些特工人员，很好地完成了情报搜集工作。众所周知，美国第一颗原子弹问世仅仅 12 天后，关于这颗原子弹的详细情报已经送到了苏联情报总局官员手中！

1943 年 2 月 11 日，苏联国家国防委员会正式发布第 2872ss 号命令，下令制造原子弹。尽管得到了斯大林的全力支持，但由于受各种条件限制，原子弹制造工作仍有所拖延，第一颗苏联原子弹直到 1949 年才诞生。和美国研制原子弹的过程一样，研究人员必须建造一个反应堆，以便能够实现武器级钚（就是钚 -239）的工业化生产。

苏联原子弹之父——伊戈尔·瓦西里耶维奇·库尔恰托夫（Игорь

Васильевич Курчатов）成为原子弹研发项目负责人。苏联科学院单独成立了一个原子弹研发专项实验室，这就是 2 号实验室（后来发展成为库尔恰托夫研究所）。实际上，"实验室"只是听起来冠冕堂皇，因为在初创时期，那里就是一块普通的田地，大家只能在军用帐篷里做核反应的实验！

反应堆的燃料是金属天然铀，铀 -235 浓度为 0.72%，这种燃料对于一个实验项目来说，已经足够。苏联第一座核反应堆"物理"-1（F-1）比美国的核反应堆晚了 4 年启动，于 1946 年 12 月 25 日完成。利用 F-1 反应堆，苏联首次成功获取了正常体积（重量）的钚 -239，当然，研究仍是主要目的。为 F-1 反应堆专门修建了一座带有 10 米竖井的独立建筑物。F-1 反应堆的结构设计与"芝加哥"堆类似，由燃料、石墨减速剂、控制反应的镉棒等组成。有的院士提出了其他方案，从理论上来说是可行的，但库尔恰托夫坚持照搬美国的经验——至少这个方案已经通过了验证。

F-1 作为教学反应堆，用于培训苏联（俄罗斯）的核反应堆操作人员，一直运行到 2016 年！它被认为是当时世界上寿命最长的运行反应堆。目前，F-1 已经停堆。自 2016 年 12 月 26 日起，F-1 作为陈列馆向公众开放（地址是莫斯科市，库尔恰托夫院士广场 1 号，库尔恰托夫研究所。不要吝啬你们的脚步，抽空去看看吧）。

稍早一些时候，也就是在 1945 年，核计划特别委员会委员彼得·列昂尼多维奇·卡皮察（Пётр Леонидович Капица）院士向第一总局提交了一份报告——《关于和平利用原子内能》，当时核武器项目由苏联部长会议下属的第一总局负责。卡皮察虽然才气过人，却也有些恃才傲物，说话过于直白，甚至言辞无忌。他在 1946 年遭到冷遇——被免去所有职务，并被核计划特别委员会开除。不过，在此之前，卡皮察已经提交了《关于和平利用原子能》报告。卡皮察的报告带来的影响就是，在苏联的原子能计划中出现了一个新的研究方向——和平利用原子能，目标是开发和建造核动力站。在和平利用原子能项目的最初研发阶段，贡献最大的还是库尔恰托夫——他积极游说，建议开发一个可以利用原子能获得电力的新系统。苏联政府对原子能发电站项目很支持，这在一定程度上受到了苏联科学院院长谢尔盖·瓦维洛夫（Сергей Вавилов）的影响，瓦维洛夫也是和平利用原子能的支持者。

1946 年，苏联内务部绝密实验室——"V"实验室在卡卢加州的别尔金诺庄园附近落成。原子能发电站使用的反应堆就在这里研发、建造，不少外国专家参与了这个项目，也包括德国专家。实验室占用了"蓬勃生活"劳动学校［著名实验教育专家斯坦尼斯拉夫·沙茨基（Станислав Шацкий）创办］部分闲置的房屋和建筑。现在，奥布宁斯克市内还保留着劳动学校的部分校舍，就在沙茨基大街。1960 年解密的"V"实验室更名为"物理动力研究所"，所长是亚历山大·列伊蓬斯基。

有 4 家科研机构参与了反应堆的研究：苏联科学院 2 号实验室和 3 号实验室、"V"实验室和苏联科学院物理问题研究所。科学家开发了 5 种类型的反应堆，有的与美国科学家采用的理论、方法一致，有的是苏联独创，如氦冷反应堆，使用浓缩铀作燃料，反应堆功率高达 50 万千瓦。

1950 年 5 月 16 日，苏联部长会议颁布了建造原子能发电站的命令（早些时候，1949 年 8 月，苏联成功试验了第一颗原子弹，但那是另外一个故事了）。库尔恰托夫被任命为原子能发电站建设项目负责人，尼古拉·安东诺维奇·多列扎利（Николай Антонович Доллежаль）担任反应堆的主任设计师。那时，苏联拥有好几座生产武器级钚的工业反应堆，反应堆的制造经验已经很丰富。

1952 年，原子能发电站建设项目在"V"实验室附近开工。一年前，就因为这个项目选址在此地，皮亚特基诺集体农庄和皮亚特基诺村（从 15 世纪起，皮亚特基诺村就很出名）迁走，集体搬迁到邻近的居民点：波特雷索沃、拉特马诺沃、阿尼西莫沃和奥布宁斯科耶。

1954 年 2 月，反应堆试验台架在"V"实验室启动，这有点像主系统启动前的预演。1954 年 6 月 26 日，世界上第一座工业核电站启动，这是具有历史纪念意义的一件大事。核电站使用的反应堆命名为 AM-1。缩写词"AM"有两种释义：第一种应该更为准确，意为"和平原子"；第二种，意为"海洋原子"（因为"V"实验室开发的潜艇核动力技术，是 AM-1 的建造基础）。

AM-1 属于铀－石墨反应堆，其生产工艺经过美国及苏联工业反应堆的充分验证。此外，铀－石墨反应堆还可同时生产武器级钚和电能，为建造军民两用反应堆提供了可能。纯民用反应堆的建造，在苏联开始得相当晚，这种反应堆无法转换成为军用反应堆。核电站反应堆研制期间，"V"实验室曾建议使用另外一种类型的反应堆，即使用铍减速剂和氦冷却剂的浓缩铀反应堆，建议没有被采纳。最终选用了物理问题研究所提供的技术方案。在开发阶段，这个实验反应堆的代号是……"小球"。

AM-1 反应堆活性区由 600 毫米高的六棱柱组成，棱柱上钻有工艺通道。放热构件（释热元件）安放在这些通道内，放热构件将热能传递给载热介质（水）。放热构件是一个双层不锈钢管，两层管壁夹层之内安放的是铀，第一回路的水沿中央通道流淌。回路中的水处于 100 个大气压的压力下，因此不会沸腾，温度却可以达到 300℃。第二回路为隔离回路，其中的水通过热交换器从第一回路吸收能量被加热，加热之后，水蒸发产生蒸汽带动涡轮机转动，涡轮机与发电机相连。研制放热构件的过程中，遇到的最棘手的问题是，放热构件最终设计方案获得批准的时候，距离核电站启动仅剩 7 个月的时间。

1954 年 7 月 1 日，《真理报》头版刊登了一则官方消息："经过众多科学家和工程师的共同努力，苏联成功设计并建造了第一座工业核电站（有效功率为 5000 千瓦）。6 月 27 日，核电站投入使用，以满足周边地区工农业生产所需电力。"

实际上，原子能发电站的正式启动日期，应该是涡轮发动机供汽阀门打开的那一天。1954 年 6 月 26 日 17 点 45 分，库尔恰托夫就在那一刻，说了句"洗个舒服澡！"①，没想到这句话竟然和加加林的"出发吧！"②具有了同样的传奇色彩和历史意义。世界第一座核电站的正式启动日是 6 月 27 日，因为就是在那一天，"奥布宁斯克"（当然，它当时还是一个无名的科学小镇）核电站首次为莫斯科区动力局电网供电。实际上，反应堆早在 5 月 5 日就开始装载燃料，1954 年 5 月 9 日，128 个通道中只有 61 个完成装载的时候，反应堆就已经达到临界。春末夏初的时候，反应堆已经完全运行正常。总体而言，核电站反应堆第一次装载使用的是 546 千克金属铀，铀 -235 浓度为 5%。

后　续

当然，美国人也没有停滞不前。他们的第一个动力反应堆，就可以在生产钚的同时，也生产电能。1948 年，美国人在田纳西州橡树岭启动了一个名为 X-10 的反应堆。这是世界上第一个长期运行工业反应堆（与"芝加哥"堆相比），但它主要用于生产放射性同位素，发电只是一个短期实验。X-10 供应的电能点亮小灯泡的瞬间，是一个激动人心的时刻。

1951 年 12 月，美国第一座和平反应堆 EBR-1 在爱达荷州的阿科研制成功。EBR-1 已经可以在生产钚 -239 的同时提供电力，但它仍然以实验为主，EBR-1 生产的所有电能，只供实验室大楼内部使用，不对大楼以外的电网供电。1955 年 11 月 29 日，工作人员在进行载热介质压送实验的时候，发生了 EBR-1 部分熔化的事故，并未造成大的损失。后来，反应堆

---

① "洗个舒服澡！"——是俄罗斯人见到刚刚享受过蒸气浴或洗完澡的人常说的问候语，也有祝身体健康的含义。因为电站立刻就要开始供应蒸汽，库尔恰托夫的这句话既有戏谑的成分，也有祝愿一切顺利的意味。——译者注

② "出发吧！"——是加加林乘坐的飞船点火倒计时结束发射的那一刻，加加林通过无线电说的一句话，从此开启了人类征服太空之旅，这句话从那一刻起也成为苏联太空计划的非官方座右铭。——译者注

得到了修复，1962 年成为第一座使用钚燃料的动力反应堆（1975 年改为 EBR-1 博物馆）。

苏联科学家放弃了大型实验项目，以争取时间领先。从本质上讲，AM-1 是一项实验，正因为如此，苏联才能比美国更早启动第一座核电站。出于同样的原因，第二座核电站也不是美国人建造的，而是英国人。1956 年 10 月 17 日，英国女王伊丽莎白二世在塞拉菲尔德为英国第一座、也是世界第二座核电站——"考尔德霍尔"核电站（Calder Hall）揭幕（英国人不喜欢缩写，所以用的是全称）。"考尔德霍尔"核电站的功率远远超过了"奥布宁斯克"反应堆——"奥布宁斯克"只有一座功率为 5 兆瓦的核反应堆，而在塞拉菲尔德，却有 4 座反应堆在运行，每个反应堆的功率都是 60 兆瓦。我还要补充一句，"奥布宁斯克"的科学家最初曾打算建造 3 座反应堆来推动涡轮机，但是由于技术太过复杂，他们放弃了这个计划。

1957 年，美国第一座核电站在匹兹堡附近的希平港启动。"希平港"核电站最初设计用于核动力航母，但航母没能建成。"希平港"核反应堆是纯动力反应堆，无法生产浓缩钚，只能发电。"希平港"核电站因此成为全球首个以和平利用原子能为目标的核电站。

核竞赛与本书第四部分讲述的太空竞赛一样，都是冷战的一部分。任何一个国家都可能在比赛中抢到第一的排名，因为各国在技术发展方面投入的人力、物力大致相当。这也进一步证明，在 20 世纪，任何的进步绝不会局限于一国一地之域。类似原子能发电站这样的研究成果，是属于全人类的。

"奥布宁斯克"核电站的小楼里开辟了一个原子能博物馆。AM-1 反应堆于 2002 年 4 月 29 日上午 11:31 停堆，将在这里安全封存到 2080 年。以"列伊蓬斯基"命名的物理动力研究所，至今仍在正常开展工作，其在原子能领域的科研能力仍居世界前列。

第七章

核动力航行

与第六章相比，这一章显得短小而平淡。1957年12月5日，历史上第一艘核动力水面船——"列宁"号破冰船下水，本章只讲这一件事。

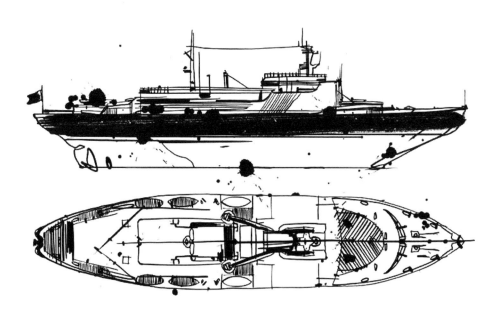

　　第六章内容略显庞杂，讲述的历史事件也比较多，涉及核物理、核武器研制领域的许多新发现、战争对科学技术发展的影响、世界上第一批核反应堆的建成，以及核能的和平利用，等等。尤其是核电站的建成运转，证实了核能完全可以当作动力能源来使用。于是，制造核动力运输工具的想法逐渐浮出水面，直接推动了核动力破冰船的问世。

　　用在运输工具上的反应堆，功能清晰而明确，就是作为动力能源来使用。对于船舶而言，这个用途就是为船舶带来超长续航能力，可以让船舶在不进行补充加油的情况下进行长时间航行。要把反应堆用在运输工具上，其局限性也显而易见：运输工具必须具有相当大的尺寸，因为当时的技术水平还不足以建造小型反应堆，所以当时的反应堆体积都很大。比如，汽车上就用不了反应堆（当然，反应堆现在也不能用在汽车上，即使是小型反应堆对于汽车来说也还是太大了，这不是什么秘密）。在不同的历史时期，出现过不同的核动力运输工具的开发项目，比如，20世纪50年代的核动力列车（苏联媒体曾对其大力宣传），同一时期的核动力坦克（美国的TV-1，R32项目），核动力飞机，等等。

　　但想象力也不能天马行空，总要受到合理性选择的制约。因此，客观地说，唯一适合安装核动力装置的运输工具，就是海船，因为蒸汽涡轮不仅需要反应堆（加热器），还需要可以带走大量热能的冷却器。而船舶和潜艇都天然拥有这样的冷却器，并且是免费的，那就是船（艇）外的水。

美国：潜艇

　　对于船舶和潜艇来说，航行数月而不靠港的情况很常见。20世纪50年代，有很多传言，说有的军用潜艇可以穿越海洋并在敌对一方的水域工作数月之久。于是，1951年，美国国会批准研制一艘带有核动力装置的潜艇（简称核潜艇）。现在被称为"核潜艇之父"的海军上将海曼·乔治·里科弗（Хайман Джордж Риковер），受命主持核潜艇研制项目。实际上，美国的核潜艇研究工作早就已经开始，从 1948 年起，相关工作就一直在匹兹堡郊区的贝蒂斯实验室进行。1951 年，里科弗接手之后，核潜艇项目的研制工作进入了活跃期。

核潜艇尚未研制成功，却已经拥有了自己的名字——"鹦鹉螺"号。研究人员为"鹦鹉螺"号专门研发了有史以来第一个海军核反应堆[①]——S1W（S——潜艇；1——第 1 代；W——Westinghouse，西屋，开发公司的名字）。S1W 是一个水 - 水核反应堆（被用作中子减速剂、载热介质的，就是普通的水）。第六章曾对水 - 水核反应堆做过介绍，简单来说，就是放热构件（释热元件）在第一回路对水进行加热、加压，第二回路的水通过热交换器从第一回路吸收热能，在第二回路中沸腾，产生的蒸汽推动涡轮机转动。S1W 使用的燃料是铀 -235。反应堆于 1953 年 3 月 30 日启动，开始了多项模拟远程航行条件的试验。

在第二次世界大战期间，潜艇的水下停留时间都不长，最多也就是几个小时——下潜持续时间取决于氧气供应和电池容量。当时大多数潜艇都采用了"水面航行使用柴油机、水下航行使用电动机"的模式。实际上，那时潜艇进行的就是"时起时伏"式的航行，而且"起"的时候居多——80% 的时间都是在水面之上航行，就连发动攻击也经常在水面完成。但是，从理论上讲，核反应堆的存在，足以让潜艇在水下停留的时间达到数天之久！

"鹦鹉螺"号核潜艇上安装的不是 S1W，而是根据试验结果建造的第二代反应堆——S2W，但与 S1W 在总体设计上差别不大。1954 年 1 月 21 日，"鹦鹉螺"号核潜艇（SSN-571）下水，1955 年 1 月 17 日，首次出海航行。

[①] 美国自第二次世界大战后开始的一系列海军舰艇核动力研发工作，被称为海军反应堆计划。1948 年，在美国"核潜艇之父"——H.G. 里科弗建议之下，成立了海军反应堆办公室，作为海军反应堆计划的总部和管理机构。在海军反应堆计划的推动下和海军反应堆办公室的高效管理下，建成了世界上第一艘核潜艇——"鹦鹉螺"号。——译者注

核潜艇上的无线话务员从海底向陆上拍发了那份著名的无线电报："水下核动力航行。""鹦鹉螺"号发动机功率为 13400 马力，反应堆在一个月内仅烧掉了 450 克铀 -235——实际上，能量储备几乎是无限的。这样一来，能量储备不再是续航时间的决定性因素，潜艇能在水下航行多久，主要由船员的心理状态和食物供应情况来决定。"鹦鹉螺"号潜艇完成的最著名的航行是北极之旅：潜艇于 1958 年 7 月 23 日离开珍珠港，8 月 1 日在巴罗角（阿拉斯加）附近下潜，8 月 3 日成为历史上第一艘抵达地理北极的船艇。"鹦鹉螺"号潜艇在格陵兰岛海岸潜水 96 小时后浮出水面。值得注意的是，这次航行除了进行科学研究和展示竞争实力两个目的之外，还承担着一定的军事任务——与美国当时正在研发的潜射弹道导弹有关。

今天，"鹦鹉螺"号潜艇已经成为一艘潜艇博物馆，永久停靠在康涅狄格州格罗顿市潜艇博物馆附近，七十多年前，它就是从这里下水的。

苏联：水面船

自然，美国的动作引起了苏联的关注。1952 年 9 月 12 日，美国国会批准制造核潜艇一年后，在军备竞赛氛围的直接影响下，苏联发布《关于 627 装备的设计和制造》命令，这个神秘的 627 装备就是核动力潜艇。潜艇由尼古拉·安东诺维奇·多列扎利设计，他曾担任"奥布宁斯克"核电站反应堆的主任设计师。

K-3 是苏联在核潜艇方面的第一个研究成果，命名为"列宁共青团"号，1957 年 9 月 12 日下水，成为世界上第三艘核动力潜艇（美国人在那个时候已经成功建造了第二艘核潜艇——"鳐鱼"号）。K-3 在 1991 年从海军退役后，一直被放置在一个机库中，设备都生了锈。按照俄罗斯的传统做法，退役的核潜艇将被分割为金属材料回收，但喜爱 K-3 的俄罗斯海军官兵通过努力，争取到了国防部的支持，2013 年，国防部同意拨款将核潜艇改建为博物馆。在我动笔撰写这一章之前,"列宁共青团"号核潜艇还在船台上,修复工作正在进行中。

前边提到过,在核潜艇的建造方面,苏联没有抢到第一的位置,K-3是苏联第一艘、世界第三艘核潜艇。尽管如此,但对于苏联来说,还有一个远离现代文明的海域需要去征服,这就是北极航行。北极航行要求所用船舶具有长续航能力。我尤其要提一下破冰船队。实际上,需要破冰船队的国家并不多,只有那些国境线与北冰洋相连的国家(俄罗斯、加拿大、斯堪的纳维亚诸国),以及一些制定北极规划的国家(例如法国)。曾经的苏联,当然是头号破冰船强国(如果读过第一卷,你们就会知道,破冰船也是俄罗斯的发明)。首先,贯穿北冰洋的北冰洋航线是苏联(或俄罗斯)欧洲部分与远东之间的最短通道,因此具有极其重要的战略和经济意义。而且,如果没有破冰船,北冰洋航线在一年之中的大部分时间里,都无法通行。

因为破冰船对于苏联具有重要的战略和经济意义,斯大林去世后,1953 年 11 月 20 日,苏联发布了《关于建造核动力破冰船》的第 2840-1203 号命令。破冰船所用反应堆的开发者是未来的苏联核工业巨子伊戈尔·伊万诺维奇·阿夫里坎托夫(Игорь Иванович Африкантов),当时他还很年轻,刚满 37 岁,是高尔基机械制造厂特种设计局负责人,主要负责试验工作。瓦西里·伊万诺维奇·涅加诺夫(Василий Иванович Неганов)担任破冰船主任设计师,涅加诺夫是破冰船和运输船领域的优秀专家,他因研发"斯大林"号北极破冰船,于 1940 年获得斯大林奖。

破冰船的建造速度很快。"列宁"号破冰船于 1956 年 8 月 25 日在列宁格勒第 194 造船厂(原安德烈·马蒂造船厂)开工建造,1957 年 12 月 5 日下水。破冰船舾装 ①、调试,以及核反应堆的安装用了一年半的时间。

---

① 舾装,船体主要结构造完之后安装锚、桅杆、电路等设备和装置的工作。——原文注

1957 年 12 月，造船厂再次更名，接订单的是第 194 造船厂，交付产品的已经是海军部造船厂 ①。这个厂名一致保留至今。

1955 年春，"列宁"号使用的反应堆研制成功，之后才开始建造破冰船。这个反应堆叫作 OK-150，也属于我们已经有所了解的水 - 水核反应堆。反应堆直径 186 厘米，外形小巧，设有两个回路，燃料依然是之前常用的氧化铀，铀 -235 浓度为 5%。该船的动力装置由 3 个水 - 水核反应堆组成，分别采用不同结构的放热构件。3 个反应堆的功率均为 90 兆瓦，反应堆产生的蒸汽被送到四台涡轮发电机中，为电动机提供电力，电动机再驱动螺旋桨转动，作用于螺旋桨的总功率为 4.4 万马力（1 马力 =0.735 千瓦）。

当然，就像当初研发奥布宁斯克核电站一样，有一个庞大团队参与了 OK-150 的开发，团队成员都是知名科学家。其中，最有经验的是阿纳托利·彼得罗维奇·亚历山德罗夫（Анатолий Петрович Александров）院士，苏联科学院第 2 实验室初建的时候他就是库尔恰托夫的副手。后来，在物理问题研究所所长彼得·卡皮察遭到冷遇被免职之后，亚历山德罗夫接替了该所所长的职务。

1959 年 8 月 6 日，"列宁"号破冰船的核反应堆启动。9 月 12 日，核动力破冰船正式投入运转；12 月 5 日，破冰船交付苏联海运部摩尔曼斯克航运局。"列宁"号破冰船是历史上第一艘核动力水面船、世界上第一艘核动力民用船、历史上功率最大的破冰船。

"列宁"号破冰船立即成为无可替代的船只，试运行不知不觉就转入

---

① 海军部造船厂是俄罗斯现存历史最古老，规模最大的造船企业之一。建于 1704 年，由彼得大帝下令在圣彼得堡创建，由俄罗斯海军部管理，因此得名海军部造船厂。在长达三百多年的历史上，厂名多次更换，先后被称为 "海军部作坊" "安德烈·马蒂造船厂" "列宁格勒 194 造船厂" "列宁格勒海军部造船厂" 等，从 1992 年起正式改为现名 "海军部造船厂"。"十月革命" 之后，俄罗斯已不再设立海军部这一机构，"海军部" 一词仅作为船厂名称保留使用。——译者注

了常规运行。帕维尔·波诺马廖夫（Павел Пономарёв）被任命为"列宁"号破冰船首任船长，此前他曾在富有传奇色彩的"叶尔马克"号破冰船和"克拉辛"号破冰船上担任船长。"列宁"号破冰船完成了 1960—1961 年的航行之后，波诺马廖夫病退，年轻有为的鲍里斯·索科洛夫（Борис Соколов）由副船长升任船长。有统计数据表明，在 6 个航行季节中，"列宁"号破冰船共为 457 艘舰船破冰开路，航程超过 115000 千米，多次参加各种科考研究。尤其值得一提的，是在 1961 年 10 月，"列宁"号破冰船将"北极"10 号漂流科学站运送到目的地，科考队员从破冰船上卸下气象台，就地安装、现场采集气象样本。

1967 年对"列宁"号破冰船反应堆舱进行了全面升级：3 个老旧的 OK-150 反应堆被两个更先进、更可靠的 OK-900 型反应堆取代，但船只的基本性能没有任何改变。更换反应堆的作业本身就是一项技术上的壮举。破冰船先是被拖入废料埋藏区（新地岛附近的齐沃利基湾），工程人员使用聚能装药实施远距离切割：简单来说，就是切开舱壁，拆除反应堆舱。拆下来的舱室重达 3700 吨！在此之前，世界上还从未有过这样的技术作业。实际上，说"拆除"并不准确。当时船底和船舷都被切掉了一块，船体被切开后，反应堆就掉了出来，随着其他被切割下来的部件一起沉入海底。之后，拆除了反应堆舱室（中央舱室）的破冰船被低速拖回摩尔曼斯克，在那里安装新的反应堆，进行船体修复。

"列宁"号破冰船于 1989 年退役。2001 年之前，鲍里斯·索科洛夫一直担任"列宁"号破冰船船长。2005 年前夕，"列宁"号破冰船修复完成。今天，它就停泊在摩尔曼斯克，作为船舶博物馆向公众开放。

世界核动力水面舰艇概述

"列宁"号破冰船是第一艘成功远航北极的核动力破冰船，以"列宁"

号破冰船为发端，苏联创建了一支庞大的核动力破冰船队。在"列宁"号破冰船之后，苏联陆续建造了"北极"号、"西伯利亚"号、"俄罗斯"号等破冰船。1977年，"北极"号破冰船成为历史上第一艘抵达北极点的水面船。1991年，北冰洋航线上开通了国际航路，破冰船的服务对象不再局限于俄罗斯舰队，也开始为外国船舶开路、护航。

　　除了苏联，其他国家都没有建造过核动力破冰船，因为除了苏联（俄罗斯），再没有哪个国家将北冰洋航线作为本国两部分国土之间的唯一水路。以加拿大为例，可供大型船舶通行的水路在北冰洋航线以南的位置，万不得已的情况下，加拿大的船只还可以经巴拿马运河绕美洲大陆航行。除了苏联（俄罗斯）成功建造了11艘核动力破冰船外（包括"北冰洋航线"号，它不是破冰船，而是冰区航行船），其他国家还有3次建造核动力民用船舶的尝试：美国——"萨凡纳"号（1962年）、德国——"奥托·哈恩"号（1968年）、日本——"三津"号（1970年）。事实证明，从经济学角度来看，这些尝试都以失败告终，全部都以亏损收场。

　　尽管如此，很多国家依然在积极建造自己的核舰队，当然是指军舰。美国第一艘装备核反应堆的水面舰艇是"长滩"号巡洋舰，于1959年7月14日下水，比"列宁"号破冰船晚了一年半。美国总共建造了9艘核动力巡洋舰、12艘核动力航空母舰（最新的一艘是"杰拉德·R.福特"号，于2017年列装）和8艘核动力驱逐舰。法国拥有1艘核动力舰艇，即"戴高乐"号航空母舰（1994年下水）。有意思的是，据统计，1990年世界上的舰载核反应堆数量竟然超过了核电站反应堆的数量——出现这种情况，首要原因在于美苏两国对于核潜艇舰队的大力发展。

　　但是，潜艇就是潜艇，而我们，是为了和平的原子能而努力，不是吗？

第八章

在协和飞机出现之前

协和飞机是全球集邮爱好者的最爱。印有协和飞机图像的纪念邮票数量，是林德伯格[1]和莱特兄弟纪念邮票数量的两倍，这三者占据了世界邮票发行量前三的位置。但是"图"–144 飞机邮票的数量就显得相形见绌，尽管"图"–144 比法国协和超音速客机更早问世。这一章讲的就是苏联超音速客机。

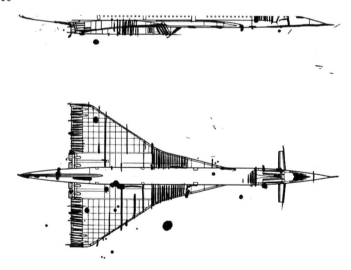

---

① 林德伯格，美国飞行员，1927 年 5 月 20 日，单独完成横越大西洋的不着陆飞行，因此而闻名世界。——译者注

在苏联改革前期，大概是 1985 年前，协和飞机一度在全球范围被大力宣传，就连我们的新闻报刊都出现过"苏联协和"［指"图"-144（Tu-144）飞机］这样的表达。将一个型号飞机与另一种飞机对立起来，就像是曾经的死敌或竞速比赛中的宿敌，不分胜负绝不罢休——这种"成对比"的做法如今已经变得越来越普遍。"图"-144 飞机和协和飞机当然不是什么死敌，它们不过是同一时间出现的两种相似而又不同的飞机，两者的命运也都不尽如人意。再者，其他国家甚至没有尝试建造超音速客机。在只有两型超音速客机实际存在的情况下，难免会引起一番相互比较。更何况，这两型飞机分别由两个意识形态对立的国家研制。"图"-144 飞机与协和飞机的研发工作几乎是同步进行的，"图"-144 飞机虽然起步较晚，但在首飞时间上反超法国，虽说仅仅早了 4 个月，但是这也让"图"-144 飞机成为历史上首架升空的超音速客机。

简短的背景介绍

1947 年 10 月 14 日，试飞员查理·艾伍德·叶格（Чарльз Элвуд Йегер）成为人类历史上第一个驾驶飞机突破音障、实现超音速飞行的人。当时他驾驶的是"贝尔"X-1（Bell X-1）实验机（叶格为飞机取名"迷人的葛兰妮"，葛兰妮是他妻子的名字），飞机时速达到 1100 千米。超音速航空时代由此开始。

紧接着，超音速歼击机的研发工作迅速展开。首先是美国的"道格拉斯 F4D 天光"（Douglas F4D Skyray，1951 年），然后是瑞典的"萨博 32 长矛"（Saab 32 Lansen，1952 年），之后是苏联的"米格"-19（MiG-19）等。总之，人们很快就认识到，歼击机只有能够突破音障，才能完成自己担负的任务。

当然，也出现了其他类型的超音速飞机，比如实验机、侦察机、战略轰炸机（这是后话，已经是 20 世纪 50 年代末期的事）。民用飞机能够以超音速飞行，闻所未闻。

但是 1953 年，英国皇家航空研究所所长、英国工程师阿诺德·霍尔（Арнольд Холл）建议同事莫里安·莫兰（Мориен Моран）成立一个专门研究超音速民用飞机前景的特别研究小组。1954 年 2 月，特别研究小组第一次开会，首次使用"SST"（Supersonic Transport）指称超音速民用机。这次会议主要讨论了翼形问题。民用机的体积和重量显然要比以机动性见长的歼击机大得多，在超音速状态下，军机采用的机翼形状并不适合民用飞机。1956 年秋，SST 的研究得到了英国物资供应部的支持，特别研究小组改称超音速运输咨询委员会（Supersonic Transport Advisory Committee），规模也有所扩大，研制超音速民用机成为政府的任务。

得知英国的这项研究之后，一些有心与英国一争高下的国家立即着手开展相关工作。波音公司组建了美国超音速运输研究小组，法国则专门成立了一家新政府公司——南方航空公司（Sud Aviation）。

英、美、法的 3 个研究小组几乎同时提交了他们的超音速民用客机方案。英国是"布里斯托尔"223（Bristol Type 223），法国是南方航空"超级快帆"（Sud Aviation Super-Caravelle），美国则是"波音"2707（Boeing 2707）。这三者的机翼形状相似，因为只有这种形状的机翼才适合大尺寸的超音速飞机。这种翼形我们并不陌生，无论是协和飞机还是"图"-144 飞机，都采用这种可变后掠三角翼。

1961 年 8 月 21 日，一架普通型"道格拉斯"DC-8（Douglas DC-8）喷气式客机在试飞过程中，以可控状态完成俯冲动作时，突破了音障，以超音速飞行了 16 秒。尽管这是一次特技飞行，然而只要成功一次，就足以证明超音速客运飞行是可以实现的。

1962 年 11 月 29 日，发生了一件里程碑式的事件：英国航空大臣朱利安·埃梅里（Джулиан Эмери）和法国大使杰弗里·德·库尔塞勒斯

（Жоффре де Курсель）签署协议，同意利用英国的超音速客机咨询委员会和法国的南方航空公司（Sud Aviation）两个研究团队已经取得的成果，共同开发和建造超音速客机，充分利用两个研究团队已有成果。协和飞机正是这次英法技术合作的产物。

注意，关于苏联的超音速客机，我们还只字未提。

苏联发生了什么？

在法英签署合作协议之前，苏联根本无暇顾及超音速民用飞机的开发。此外，欧洲和美国都有发展超音速交通的强烈愿望和动机，他们需要快捷的洲际交通。再者，超音速交通蕴藏着巨大的商业价值。当时，苏联的民用航班班次非常少，跟国外根本没办法比。虽然国土面积辽阔，但苏联公民通常还是会乘坐火车来往于全国各地。

有传言说，尼基塔·赫鲁晓夫得知法英两国签署合作协议后，立即要求苏联的设计人员造出苏联的超音速飞机，时间上要抢在竞争对手前面，同时飞行速度也要胜出。事实上，很难搞清楚究竟是谁按下了苏联研发计划的启动键，但是英法签署合作协议无疑是一种刺激。1963 年 7 月 16 日，苏联部长会议发布了一项发展超音速飞机的命令，要求研制飞机的巡航时速达到 2700 千米，实际航程达到 4500 千米，核载 80 名乘客。阿列克谢·安德烈耶维奇·图波列夫（Алексей Андреевич Туполев）领导的设计局是苏联当时最先进的设计单位，超音速客机的研发工作就交给了图波列夫设计局。

苏联的研发进度堪称疯狂。欧洲人（还有美国人）已经在研制超音速客机领域占据优势，他们领先数年开始研究并完成了大量科学计算。苏联工程师有丰富的喷气式军用飞机的制造经验，但这是他们首次接触超音速民用飞机。

于是，苏联工程师在设计中采用了许多非常规的解决方案，这一事实明确驳斥了剽窃之说（在一些文献资料中，可以看到"图"-144飞机的设计抄袭了协和飞机设计方案的说法）。实际上，两者只是外形相似而已。不过，就算有相似的外形，也不能说明什么。我们不要忘记一个事实：当时所有超音速民用机的设计都几乎一模一样。实际上，这是超音速客机唯一可能采用的外形。

例如，"图"-144采用了水平前翼，这种前翼在低速飞行时能提高飞机的操纵性（巡航状态下，水平前翼收回）。飞行过程中，燃油由主油箱输送至平衡油箱，以便在压力中心发生偏移时调整飞机配平。总之，有很多不同。

以当时的眼光看，"图"-144的机载电子设备非常有现代感。大部分的飞行操作都实现了自动化，包括进场着陆：飞行员面前有一台类似导航仪的装置，它能显示飞机相对于出发点的位置，起降时，它能显示飞机相对于跑道的位置，数据更加精确。

"图"-144的运载能力超过协和飞机，可搭载150名乘客，协和飞机的载客量是128人。"图"-144的最高时速为2500千米，协和飞机最高时速为2330千米（二者的巡航时速分别是2300千米和2150千米）。"图"-144比协和飞机拥有更大的翼展。然而，所有这些"更多、更大、更快"都给飞机带来了不利影响。造成"图"-144不幸结局的根源在于，它不是出于客观需求研制的，而是在一道"我们需要"的命令之下仓促"赶制"的。

起飞和坠落

1968年12月31日，试飞员爱德华·叶良（Эдуард Елян）驾驶"图"-144首次升空。6个月后，也就是1969年6月5日，"图"-144成为世界上第一型飞行速度超过音速的民用飞机。1969年3月2日，协和飞机首飞。

只是，我们不得不为这样的急功近利付出代价。"图"-144 在设计上有很多的瑕疵。例如，用大片金属板材制成的机翼会增加应力，而且机翼一旦出现裂纹，裂纹会持续扩大。另外，飞机电子设备故障不断。但这些与飞机最大的问题——发动机故障相比，都是小毛病。

"图"-144 的发动机（NK-144）是古比雪夫发动机制造厂研制的，与飞机的其他系统一样，也是仓促完成。NK-144 发动机油耗惊人，每小时耗油 38 吨，协和飞机使用的"奥林巴斯"593 发动机（Olympus 593）由英国劳斯莱斯（Rolls-Royce）与法国斯奈克玛（Snecma）合作开发，油耗为每小时 20 吨。最大负载状态下，"图"-144 的飞行距离仅为 3000 千米（最初计划为 6500 千米），连协和客机的一半都不到。总长 6250 千米的莫斯科 - 哈巴罗夫斯克航线都被取消了，更不用说距离更长的航线，例如，苏联曾经考虑在巴黎 - 新西伯利亚 - 东京之间开通一条航线。改进后的"图"-144 能够完成的最长飞行航线是莫斯科 - 阿拉木图（3250 千米），这已经是"图"-144 的能力极限。

此外，"图"-144 的运营还有两大困扰因素。首先是机场，苏联的机场系统无法满足"图"-144 落地的技术指标要求。例如，如果"图"-144 由于某种原因没有在阿拉木图降落，那就必须飞到塔什干，如果在塔什干着陆也有问题，飞机只能坠落。所以，在"图"-144 的每一次飞行中，飞行员都会承受巨大的精神压力。

此外，早在"图"-144 投入运营之前，1973 年 6 月 3 日的一次飞行事故险些使苏联超音速客机的研发计划毁于一旦。那一年，沃罗涅日航空制造厂生产的"图"-144S 改型飞机被送去参加著名的巴黎 - 布尔歇国际航空航天展览会（简称巴黎航展）。航展第二天，"图"-144S 就在飞行表演中失事。这次事故不仅可怕，更令人蒙羞："图"-144S 是安排在协和飞机之后进行的表演，协和的表演非常成功，"图"-144S 却机毁人亡！飞机没有坠入表演场地，而是在离机场 6.5 千米的古桑维尔镇坠毁，机上 6 名驾驶员全部丧生，地面另有 8 人不幸遇难。官方将责任归咎于飞行机组，但仍有许多不同的声音，有一种观点认为，飞机失事是主翼断裂引起，而主翼断裂是载荷计算错误造成的。

由于发生了飞行事故，"图"-144 的客运业务被迫推迟。1976 年 1 月 21 日，协和飞机完成了第一次商业飞行，"图"-144 却仍在进行飞行试验，不过试飞的距离已经按飞机实际可飞距离来设计，主要进行莫斯科 - 阿拉木图之间的邮包运输。1977 年 11 月 1 日，第一架 "图"-144 客运航班开始运营。

前面已经提到过，苏联的机场系统并不能满足 "图"-144 落地的技术指标要求，除此之外，还有一些不利因素，让这型在某种意义上也算 "伟大"的飞机彻底 "毁掉" 了。从商业角度来说，协和飞机的存在完全合情合理。尽管机票价格不菲，但富有的欧洲人和美国人还是愿意出钱买票，因为他们能更快地完成洲际飞行。"图"-144 并无客户基础，苏联人更倾向于购买汽车，或者乘坐普通客机。"图"-144 的机票定价是 68 卢布，超过了人均工资的一半，按照官方的说法，苏联没有富人，所以客运航班一周只能安排一班，每次只有不足 80 名乘客乘机。

还有一个因素也值得一提。为尽快收回 "图"-144 的开发成本，设计师们仓促间又开始寻找高油耗 NK-144 发动机的替代品。第 36 特种设计局研制的 RD-36-51A 燃气涡轮发动机成为备选方案。RD-36-51A 发动机最早安装的机型是 "图"-144D（D 的意思是 "远程"），那是 1974 年的事情。1978 年 5 月 23 日，"图"-144 发生了第二起飞行事故。飞机燃油管破裂，3 号发动机起火，爱德华·叶良实施迫降，燃烧的飞机机腹贴地着陆。机上有 5 名试验人员成功逃生，包括 2 名飞行员和 3 名工程师，另外 2 名随机工程师被卡在座椅下无法逃生，最后不幸遇难。1978 年 6 月 1 日，官方宣布，在事故原因查明之前，停止 "图"-144 的一切客运业务。

后来，苏联决定，把当时正在线路上运营的 "图"-144S 送到博物馆或报废,完成改装的长途运输机"图"-144D 投入使用。但在 1980 年 8 月 31 日,又发生了一起事故——飞机 3 号发动机出现故障,4 号发动机同一时间停车。飞行员成功实施紧急迫降。看来是 RD-36-51A 发动机出了问题。

经过长时间的调查、讨论和飞行试验,1983 年,苏联最终决定,"图"-144 不再返回空中航线,只作为飞行实验室使用。营运期间,"图"-144 共完成 102 次商业飞行,其中 55 次为客运飞行。

故事的结局

虽然"图"-144 成为第一型升空的超音速客机,但它只在客运航线上运营了不到一年。而协和飞机在 2003 年 10 月 24 日完成最后一次客运飞行之前,已经持续运营了近 30 年。运营期间,协和飞机曾发生两起事故,均化险为夷,分别是在 1989 年和 1992 年——飞机外部零件在超音速状态下损坏,但两次着陆均属正常。2000 年,一场震惊世界的空难造成 113 人罹难,也直接导致协和飞机退出商业运营。这架在巴黎戴高乐机场起飞跑道上因发动机起火被毁的协和飞机,机龄 27 年。

1999 年 6 月 26 日,"图"-144 作为飞行实验室,完成了最后一次飞行。苏联总共建造了 20 架"图"-144,保留下来的有 8 架,这其中大部分因为保养不当而显得破旧不堪。只有一架被修复如初,目前在德国辛斯海姆技术博物馆展出,机号 77112。两架"图"-144 在飞机失事中损毁,其余飞机在不同时间被切割成金属回收。我们可以对比一下,协和飞机总共出产 20 架(就是如此巧合,两型飞机的产量都是一样的),保留下来的有 18 架。现在,这 18 架协和飞机在法国、英国和美国等地的多家博物馆展出,大多数都经过了完整修复。一架飞机坠毁,还有一架在 1994 年被拆毁,部分零件作为备件使用。

　　还要和大家说两点。首先，很多人都听说过，协和飞机的运营商也经常被亏损困扰，使协和公司陷入商业困境的是"波音"747客机。尽管"波音"747的飞行速度比协和飞机慢，但它的生产和运营成本却要低得多。协和航班终究是有钱人的专利，所以对于运营商来说，航班数量有限，维护成本高昂，入不敷出就成为必然。

　　第二个问题，美国超音速客机的发展情况如何？1969年，在长时间的拖延不决之后，美国开始建造"波音"2707超音速客机，飞机还没有建成，已经收到了多家航空公司的订单。但美国政府在1971年停止向"波音"2707项目拨款，因为"波音"747已经开始运营，事实表明，超音速客机完全没有市场需求。美国人知道如何赚钱。与此同时，一些研发SST的美国公司也削减了它们的项目计划，"康维尔"58-9型（Convair Model 58-9,）、"洛克希德"L-2000（Lockheed L-2000）和"道格拉斯"2229（Douglas 2229）等型号最终也未能问世。

　　图波列夫设计局在20世纪70年代启动了第二代超音速客机"图"-244的预研工作。"图"-444公务飞机项目在2000年至2010年被提上日程，但也只是昙花一现，并未最终实施。

　　一切就这样结束了，当然感觉很遗憾。然而，我们必须承认——虽然我们对超音速客机的研制者充满敬意，但这个世界根本不需要超音速客机！

第二部分

科　学

在《俄罗斯帝国发明史》一书中，我曾详细解释过为什么没有涉及科学，而只限于探讨发明。但在本书中，是不能不谈科学的：在 20 世纪，科学与发明的联系是如此的紧密，以至于想要分开它们，并不比分开连体婴儿容易。

按照今天的标准，18 世纪的物理实验在只有基础设备的简单实验室里就能完成，通常由科学家本人或者工匠按照自己的规程来做实验。但到了 19 世纪，从事科学研究所需的物质条件变得更加复杂了，而到了 20 世纪标准则更高。

如今科学发现并不是由某个天才自己完成的，而是成为大型实验室使用昂贵设备工作的研究人员的集体行为。并且，他们的发现不是偶然的，而是多年的工作和计算的结果。事实上，20 世纪和 21 世纪的科学家事先知道自己想要发现什么，再朝着这一目标慢慢前进的。

正是在这里，发明与科学发现紧密地交织在一起。现代科研仪器无法自己手工制作，它们通常构造复杂，需要许多工程师和技术人员的共同努力，之后再进行批量或者小规模生产，甚至是建造。

粒子加速器、等离子体磁阱、微波激射器和激光器、计算机——这些都是广泛应用于科研中的发明，其中许多（但不是全部）是专门为某种科学需要而研发出来的。在此，我就是要讲一讲这样的发明。

原则上，这里一切都是易于理解的，除了一件事。在本书最初的计划中，这一部分包括一章关于空气电离器和亚历山大·奇热夫斯基（Александр Чижевский）的工作。对这个问题进行深入研究后，我得出的结论是，出于卫生目的而进行空气电离的操作在科学性上是存疑的。研究表明，电离空气对人体健康的影响要么不存在，要么与安慰剂效应相当。因此，我在本书中删去了奇热夫斯基的空气电离吊灯。

欢迎来到科学发明的世界！

第九章

萝卜甘蓝杂交史

我们这一章要讲的，是培育出历史上第一株可育种间杂交植物的农学家、遗传学家格奥尔基·卡尔佩琴科（Георгий Карпеченко）。

杂交种，也就是通过不同物种杂交获得的有机体，实际上很早就被人们发现和了解了，因为这样的种间关系在野外是普遍存在的。例如，在北美发现的最早的狼狗遗骸，即狼和家犬的杂交种，可以追溯到一万年前。各种文化的神话中也充斥着各种种间杂交种——半人马、牛头人、海马和斯芬克斯 ①。

古希腊、古阿拉伯和古印度的学者和哲学家在古代和中世纪都曾尝试描述过其遗传特性并根据特征进行分类，但动植物杂交领域严谨的科学研究实则是从 18 世纪上半叶开始的。卡尔·林奈（Carl von Linné）、约瑟夫·戈特利布·克尔罗伊特（Joseph Gottlieb Koelreuter）、卡尔·弗里德里希·冯·加特纳（Carl Friedrich von Gärtner）等人曾做过植物杂交实验。从 1759 年一直到 1806 年去世，克尔罗伊特对 138 种植物进行了 500 多次实验，出版了 18 世纪关于杂交的四大著作。他在 1763 年描述了植物杂交的主要问题——不育性，而这一问题正是由格奥尔基·德米特里耶维奇·卡尔佩琴科在 1924 年解决的。

减数分裂与联会的简介

为了探讨卡尔佩琴科的发现，展示其工作的意义，我有必要先简要地介绍一下植物繁殖过程中遗传的微妙之处。

首先，我要介绍的是真核生物，也就是那些细胞中含有细胞核的生物。在每个细胞的细胞核中都有染色体——是在特殊蛋白的帮助下紧密排列的核酸聚合物，其中包含着遗传信息。事实上，每条染色体的骨架都是 DNA 分子——人们很喜欢将这一形象应用到屏幕保护程序中。一个细胞中的完整染色体组被称为核型。

---

① 斯芬克斯在古埃及、古希腊、古代西亚各个时期的神话中有着不同的形象和含义，但都是由人、狮、牛、鹰共同组成的人兽合体。——译者注

比如说，男性智人的正常核型写作 46，XY，而女性智人的是 46，XX。这意味着一个人的体细胞（非生殖细胞）中有 46 条（23 对）染色体，其中 44 条是相同的（常染色体）。剩下的两条染色体分别是 XY 或 XX，由此区分开了同一物种的不同性别。女性的这两条染色体是相同的（X 和 X），而男性剩余的这两条染色体是不相配的（X 和 Y）。生殖细胞（配子）含有一个染色体组（单倍体），也就是说，人类生殖细胞是 22+X 或 22+Y。您应该能猜到，女性只能形成 22+X 的配子，但男性形成两种配子的概率相同。因此，当带有 22+X 的精子与卵子结合时，将凑成一套 44+XX（女孩），而当带有 22+Y 的精子和一个卵子结合时，则成为 44+XY（男孩）。如果核型因某种原因被破坏，则将导致遗传疾病的出现，如唐氏综合征、猫叫综合征和帕陶综合征等。

不同物种的染色体对数是不同的，比如我们已经发现的，人类有 23 对染色体，猩猩有 24 对，猫有 19 对，山羊有 30 对，火鸡有 40 对，果蝇有 4 对。显然，不同种类动物的发展水平并不取决于染色体的数量。植物也是类似的，比如水稻的核型是 12 对染色体，萝卜有 9 对染色体等。

在中学的课程中，您应该能接触到杂交种的概念。生物的有性生殖始于减数分裂，其中一个二倍体生殖细胞（含有两个染色体组）分裂出 4 个单倍体细胞（含有一个染色体组）。正是在减数分裂的过程中由 44+XY 形成 22+X 和 22+Y。减数分裂有着复杂的多期过程，在第一次减数分裂中的一个阶段是将自由漂浮在细胞核中的同源染色体合成一对（人类是 23 对），这一环节被称为联会。

多细胞生物的减数分裂是配子形成这一更复杂过程的一部分，包含一个染色体组的生殖细胞（配子）在这一过程中专门形成。在受精过程中，雄性和雌性配子融合形成具有两个染色体组的细胞。

如果配偶双方属于同一物种，那么在受精后，具有相同数量染色体的同物种个体开始发育，一般来说就是这样循环往复下去。如果配偶属于不同的物种，则杂交种将获得与亲本不同的特性。特别是它的细胞核含有不同类型的染色体。当杂交种试图繁殖时，这些染色体将无法联会。它们在第一次减数分裂根本不会配对联会，也不会触发所有接下来的过程，因此杂交种最终无法繁殖，也就是不育。

克尔罗伊特以及他同时代的人们不可能知道这些，因为在他们那个时代还没有遗传学。他们竭力解决这个问题，但却缺乏科学依据。何况上述流程只是所谓的防止种间杂交的生殖隔离的众多因素之一。除了不育以外，第一代杂交种通常还会存在没有生存能力的情况，它们还会退化。杂交植物的花药可能不会显露出来，而花粉也可能不会在另一株植物的花柱上发芽。总的来说，大自然很清楚该如何保护自己免受种间关系的影响。

克尔罗伊特获得的所有杂交种都显示出雄性不育。在很久以后的1922年，英国生物学家约翰·伯登·桑德森·霍尔丹（John Burdon Sanderson Haldane）发表了他的论文《杂交生物的性别比例和同性不育》。[1] 在文中他提出了现在被称为"霍尔丹法则"的定律："如果有一种性别在种间杂种的后代中不太常见、完全不存在或者不育，那么这种性别通常是异配的。"换句话说，大多数情况下，雄性杂交种是不育的。这一法则有许多例外的情况，但总的来说，它直到今天仍然具有意义。

真正的遗传学始于伟大的奥地利生物学家格雷戈尔·约翰·孟德尔（Gregor Johann Mendel），他在19世纪中叶发表了遗传性状传递的基本定律。他于1865年在布隆博物学会发表最著名的"植物杂交实验"演说被认为是现代遗传学的基石。新的学科发展起来，到了20世纪初它开始被称为"遗传学"，随后DNA被发现，染色体的结构被整理出来，可是种间植物杂交的不育问题仍然无法被克服。无论杂交种具有什么出色的特性，都不可能让下一代具有相同的特性。

---

[1] Haldane, J.B.S. 1922. Sex ratio and unisexual sterility in hybird animals. *Journal of Genetics*, 12, pp.101–109.——译者注

繁殖的艺术

植物能够进行营养繁殖——从亲本上折断的嫩枝也可以生根。这个过程并非基于有性生殖，而是从其部分中再生出整个植物，结果产生的是基因相同的克隆个体。但是，无性繁殖也有许多缺点。特别是，它会干扰物种的遗传多样性，从长远来看会导致产量下降。并且，因为子代与亲代植物在基因上相同，因此对相同的病原病毒、细菌和真菌很敏感，这可能会导致全部作物的死亡。这就是为什么需要有一种方法使杂交种获得生育能力——恢复受到干扰的减数分裂。就在这时，格奥尔基·德米特里耶维奇·卡尔佩琴科出现了。

1899 年，卡尔佩琴科出生在沃洛格达附近的韦利斯克市，中学毕业后曾就读于彼尔姆大学，之后在莫斯科季米里亚泽夫农学院学习（尽管以克里门特·季米里亚泽夫命名是 1923 年的事）。当时有很多优秀的教师任职于农学院，特别是卡尔佩琴科的导师，他是著名的育种学家谢尔盖·热加洛夫（Сергей Жегалов），著有该学科第一本俄语教科书《农作物育种导论》。顺便说一下，我住的地方离季米里亚泽夫公园只有几步远，我经常和我的妻子一起步行到那里。我喜欢走进树林中一个安静的小角落里，那里埋葬着伟大的育种学家、植物学家和生物学家——他们都是季米里亚泽夫的同事。热加洛夫和他的家人也被埋葬在这里，对于一位把一生都献给植物的人来说，没有比这儿更好的地方了。

我们谈回格奥尔基·卡尔佩琴科。1922 年，他从农学院毕业，留校在植物育种教研室工作并为学术教育活动做准备（也就是读研究生）。1924 年，25 岁的他在这里做出了他最重要的发现，或者可以说是发明——萝卜（Raphanus sativus）和甘蓝（Brassica oleracea）的杂交种工作。这两个物种都属于十字花科①，但属于不同的属（分别是甘蓝和萝卜），也就是说，

① 这里作者写为甘蓝科（семейство капустных），亦称为十字花科。——译者注

在这种情况下，杂交甚至不是种间的，而是属间的。由此产生的杂交种被称为萝卜甘蓝（Brassicoraphanus），它是亲本物种拉丁名称的组合。

当然，萝卜甘蓝和其他杂交种一样具有劣势。由于减数分裂受到干扰，所以它是不育的：甘蓝和萝卜的染色体没有联会。但卡尔佩琴科找到了解决问题的独创方法。

正如我之前所说的，具有单个染色体组的细胞（比如，人类的 22+X）被称为单倍体，具有两个染色体组的细胞（比如 44+XX）是二倍体。但人类没有其他的形式。如果违反倍性，即细胞中相同染色体组的数量规律，则会出现各种遗传疾病。但在其他物种中更常见的是植物，也有一些动物，例如线虫和蛔虫，它们不以染色体决定性别，多倍体也被认为是一种正常现象，即细胞中不只包含单个或者 2 个，而是 3 个、4 个甚至更多的染色体组。

我必须要提一下，多倍体也是由一位俄罗斯科学家——植物学家与细胞学家伊万·伊万诺维奇·格拉西莫夫（Иван Иванович Герасимов）发现的。在研究温度对绿藻细胞的影响时，他发现当加热时，会使其形成具有两个细胞核的细胞，然后成功分裂成具有一个细胞核和四个染色体组的细胞。之后，多倍体分为两种类型：同源多倍体，即同一个基因组在一个细胞中繁殖；异源多倍体，即两个不同的基因组共存于一个细胞中。

事实上，正是异源多倍体成了解决不育问题的方法。一开始，萝卜和甘蓝都有 9 对染色体（萝卜是 RR，甘蓝是 BB）。卡尔佩琴科最初用到的种间杂种 RB 也有 18 条染色体，但其中 9 条来自萝卜，另外 9 条来自甘蓝，它们不能联会。因此，减数分裂受到干扰，杂交种保持不育。

卡尔佩琴科用秋水仙碱处理了一些杂交种的幼苗，秋水仙碱是一种相当简单的生物碱，现在广泛用于农业，作为获得新品种的诱变剂和治疗某些疾病的药物。秋水仙碱的特性之一是能够破坏纺锤体的微管，纺锤体是细胞分裂过程中形成的特定的辅助性结构。处理后的结果是产生了具有双倍染色体组的杂交种——不是 RB，而是 RRBB。因此，在进一步的有性生殖过程中，R 染色体与它们自己相同的染色体组 R 联会，而 B 则与 B 联会。杂交种的特性并没有因此而改变，但减数分裂成为可能，具有 36 条染色体，折叠成 18 对的杂交种变得可育了。

讽刺的是，稳定而多产的萝卜甘蓝在现实中完全没用。它的根像甘蓝，而茎叶像萝卜（这与研究人员的期望相反）。尽管如此，有史以来第一个可育的杂交植物仍然具有重大的科学意义。实际上，格奥尔基·卡尔佩琴科也成了有史以来首个创造了能够有性生殖的新人造物种的人。

格奥尔基·卡尔佩琴科的大起大落

接下来的几年是卡尔佩琴科的黄金时期。1925 年，尼古拉·瓦维洛夫（Николай Вавилов）本人邀请他到全苏植物工业研究所工作，卡尔佩琴科组织并领导了所里的遗传学实验室。他的工作在苏联国内外都很受欢迎——同年他开始长途旅行，参观了世界上众多国家的领先的基因实验室：他曾去过英国、芬兰、瑞典、挪威、丹麦、法国、奥地利。1927 年，他在柏林举办的第五届国际遗传学大会上成功地做了关于萝卜甘蓝工作的报告。顺便提一下，从那以后，国际基因组学大会（ICG）[①] 每五年举办一次，苏联于 1978 年举办了这一领域里最大的盛会，而在我撰写本文时，2018 年最后一次大会在巴西举行。1927 年的柏林大会汇集了 900 多名代表，苏联的遗传学家们在这其中不仅备受尊崇，不少还是学科带头人。

卡尔佩琴科的实验室进行了大量研究并与当时世界上其他实验室积极开展合作——格奥尔基·卡尔佩琴科发明的方法早在 1926 年他第一次去欧洲后就被外国同事们所采用。顺便说一下，瓦维洛夫的妻子埃琳娜·巴鲁琳娜（Елена Барулина）专攻扁豆研究，也在遗传学实验室为卡尔佩琴科工作。

---

① 作者写为 "IGC"，经查证应为 "ICG"（International Conference on Genomics）。——译者注

1929 年显然是所有遗传学家成果丰硕且最为平静的一年。卡尔佩琴科在美国进修，在那里他与其他几位苏联遗传学家一起在加利福尼亚州帕萨迪纳工作。他特别与列宁格勒国立大学讲师费奥多西·多布然斯基（Феодосий Добржанский）交好，多布然斯基是在美国的两国科学交流计划的成员。多布然斯基再也没有回到苏联——他很幸运，在苏联政府对遗传学迅速失去兴趣的时间点上，他还在美国，并且意识到了回国将充满麻烦。但是，卡尔佩琴科回来了。

随后发生的事对于那些研究过科学史的人来说是特别了解的。自 1928 年以来，米丘林农业生物学伪科学的拥护者，自学成才的农学家特罗菲姆·邓尼索维奇·李森科（Трофим Денисович Лысенко）开始在苏联科学家中获得知名度和影响力[1]。

关于这门"科学"的简介，只需要告诉大家，它的支持者否认 DNA 在遗传中的作用，否认数学在生物学研究中的使用，认为外部条件的变化可以在遗传水平上改变生物体，等等。遗传学家和米丘林农业生物学的支持者之间发生了冲突，不幸的是，官方更喜欢李森科响亮的口号和承诺，而不是瓦维洛夫复杂的科学解释。

随后，著名的"李森科主义"运动开始了——这是一场迫害遗传学家的政治运动。许多有才华的研究人员受到迫害。

这使得当时位于世界前列的苏联遗传学倒退了几十年，遗传学的复兴在赫鲁晓夫的解冻时期才开始。

尽管如此，值得铭记的是，这项由苏联科学家于 1924 年发现和试验的技术在某种程度上为世界遗传学的发展提供了与孟德尔的发现相当的推动力。

---

[1] 值得注意的是，伊万·弗拉米罗维奇·米丘林（Иван Владимирович Мичурин）与这一学科没有任何关系。李森科只是使用了米丘林的名字。米丘林这位伟大的科学家去世后，李森科附会了一篇纲领性的文章《扩大米丘林主义者的队伍》。——原文注

第十章

被遗忘在冰间的人们

截至撰写本文时，南极洲一共有 89 个常年考察站在运行，分属于 31 个国家。然而，南极洲是一块大陆，尽管被数米厚的冰雪所覆盖，它仍然是一块坚固的陆地。但是，在北极建立固定的实验室是不可能的，因为那里没有土地，而大部分研究都是在漂流考察站进行的。第一个这样的考察站是由苏联科学家部署的。

征服北极点第一人的竞争从 19 世纪末到 20 世纪初这段时间就开始了，但当时的探险者是冒着失去生命的风险的。具体来说，当时的人们冒着生命危险，在装备不完善的情况下，穿着厚重的衣服，乘坐狗拉雪橇试着到达地球的最北端。到了 20 世纪初，两名美国研究人员很快就宣布他们已经到达北极点。首位是弗雷德里克·库克（Frederick Cook），据称他于 1908 年 4 月 21 日带着两名因纽特人到达北极点。第二位是罗伯特·皮尔里（Robert Peary），他于 1909 年 4 月 6 日到达了北极点。但库克无法提供任何他在北极点停留的合理证据。多年来，罗伯特·皮尔里被认为是第一个踏上地球最北端雪地的人。

皮尔里对"北方"2 号考察队

问题在于，皮尔里提供的数据也让人难以信服，特别是在计算他的行进速度时。最显著的差异在于，从大陆出发到巴特莱特中转营地，皮尔里考察队以平均每天 21 千米的速度行进。但从中转营地到北极点剩下的 246 千米只用了 5 天就到了，也就是比之前快了 2.5 倍！返程的路走得更快，据皮尔里说，他们每天行进 80 千米左右，这听起来简直太不可思议了。还有令人怀疑的一点是，皮尔里在与一名独立观察员罗伯特·巴特莱特上尉（上面提到的营地就是以他命名的）分别后突然急剧加速。对此，皮尔里用"已经开辟了路径"来证明他在返程路上的高速是有理可循的，而当时众所周知：浮冰是一直在漂流的，他不可能原路返回。到了最后，皮尔里是考察队中唯一会导航的成员。所以当他说"我们到了"时，其他人只能相信他。

在 1909—1989 年，皮尔里被认为是征服北极点的第一人，当时英国研究人员沃利·赫伯特（Wally Herbert）重新计算了皮尔里的速度，此事在这位科学家的脑海里埋下了疑虑。2005 年，另一位英国人汤姆·艾弗里

（Tom Avery）和美国人马蒂·麦克奈尔（Matty McNair）一起进行了一次调查实验，他们组织了一次考察，装备与皮尔里的完全相同，使用木质雪橇和加拿大爱斯基摩犬赶路。艾弗里和麦克奈尔在36天22小时内到达了北极点，也就是说，比"有争议的"先驱者快了几个小时！的确，艾弗里和麦克奈尔在最后5天走过的距离要比皮尔里所声称的要短得多。

总的来说，皮尔里被称为先驱和他到达北极点的事实，都是值得怀疑的。随后，另一位领导者出现了。迄今为止，首批用双脚准确踏在地球最北端的是由亚历山大·库兹涅佐夫（Александр Кузнецов）领导的苏联高纬度"北方"2号考察队的队员们，库兹涅佐夫当时担任由苏联部长会议直接领导的北方海上航路总局的第一副局长。实际上，库兹涅佐夫本人并没有到过北极点，到达这一标志性地点的只是考察队的部分成员，考察队还有到达磁极、测量深度等任务。这个考察队包括海洋学家、地球物理学家、气象学家等23名科学家、13名机组人员，以及操作员、摄像师和通讯员。

"北方"2号考察队考察期间的许多研究都是在所谓"跳伞小队"的帮助下完成的。该小队通常由两架飞机组成，负责将科考队运送到目的地——某个漂流的浮冰上。之后，白天会进行两三项研究，当浮冰距离理想的地理位置太远时，小队就会转移阵地。

正是这样的一群人于1948年4月23日凌晨4点44分降落在了北极点。第一个着陆的是伊万·切列维奇内（Иван Черевичный）指挥的"里"-2运输机，它的机组人员为接下来要着陆的主要科考队准备出了空间。之后，又有两架"里"-2运输机降落了，将一队苏联科学家带到了北极点：海洋学家巴维尔·戈尔季延科（Павел Гордиенко）和米哈伊尔·索莫夫（Михаил Сомов），地球物理学家巴维尔·先科（Павел Сенько）和米哈伊尔·奥斯特雷尔金（Михаил Острекин）（后者是考察队的副团长和首席科学家）。极地王牌飞行员伊利亚·科托夫（Илья Котов）和维塔利·马斯连尼科夫（Виталий Масленников）负责驾驶飞机。先遣队里还有几名机械师、《星火》杂志的新闻片摄影师、通讯员以及萨瓦·莫罗佐夫（Савва Морозов）家族的代表。共有 18 人到达了北极点。切列维奇内的飞机在同一天起飞，还有另外两架是在 4 月 26 日起飞的。传说库兹涅佐夫本人在切列维奇内的飞机上，但实际上是没有的，他当时正在从事其他的考察工作。

严格来说，第一个脚踏北极点的人应该是伊万·切列维奇内（或者是他的导航员，抑或是他的机械师，这要取决于是谁先下的飞机），但不同来源的信息是有所不同的。在多数情况下，人们认为第一批到达北极点的是 4 位科学家，的确，他们在第一科考队，但是乘坐 3 架 "里" -2 运输机到达的每个人都应该被视为第一批。

吉尼斯世界纪录的编纂者对北极点成就的态度很有趣：相关记录并不存在，尽管许多消息来源声称其存在。在书中有两个纪录："未经证实的"（库克和皮尔里）和"已证实的"（英国探险家沃利·赫伯特——他于 1969 年 4 月 6 日乘坐雪橇踏上北极点）。

第一次在北极点上空的飞行是一场 "战斗"：被认为最早的是由理查德·伯德（Richard Bird）和弗洛伊德·本奈特（Floyd Bennett）驾驶 "福克" -F. Ⅶ飞机完成的，但随后其坐标的准确性遭到了质疑。3 天后的 1926 年 5 月 12 日，翁贝托·诺比莱（Umberto Nobile）驾驶的挪威飞艇夺得了第一的地位。苏联科研人员的成就应该被认定为 "首次登上北极" 或 "第一个踏上北极的人"，但吉尼斯世界纪录中并没有这样的分类。最有可能的情况是，"北方" 2 号考察队考察的信息被长期保密，当它被解密时，没人想过发送纪录的申请。但是，现在去申请也还不算晚。

然而，我们必须要明确的是，如果没有先前建立起来的科考基地，没有苏联早期对北极研究的尝试，那么之后对北极的描述和随后的考察，甚至是所有的极地研究都是不可能的。当然，这样的基地是存在的。最早它是基于以伊万·帕帕宁（Иван Папанин）为首的一群英勇的极地考察队员所做的考察建立起来的。

通往极地之路

"冰上的帕帕宁"——这个词已经成为俄语成语，随着时间的推移也被赋予了一些幽默的内涵。然而，很少有人记得帕帕宁的考察究竟发生了什么，以及为什么营救的故事被赋予了浪漫的光环。

1937 年 3 月 22 日，在奥托·尤里耶维奇·施密特（Отто Юльевич Шмидт）的领导下，代号为"北方"的苏联第一次高纬度考察开始了。有 22 人参加了此次考察：施密特本人、他的副手谢维列夫、14 名飞行员和领航员、1 位气象学家、1 位摄影师和 4 位过冬者。这 4 位名人包括伊万·帕帕宁（站长）、气象学家和地球物理学家叶夫根尼·费奥多罗夫（Евгений Фёдоров）、无线电操作员恩斯特·克伦克尔（Эрнст Кренкель）以及水生生物学家和海洋学家彼得·希尔绍夫（Пётр Ширшов）。

这次考察是由施密特发起的，他一直有着广泛的兴趣。除了领导北极考察，还参与过"切柳斯金"号探险船不成功的航行，他还在莫斯科国立大学创立了物理数学（后来的力学数学）高等代数教研室，参与了第一版《苏联大百科全书》的编写工作等。1936 年 2 月，施密特向苏联政府提出了建立一个漂流站的想法，并获得了批准，这些研究促使了苏联对北部领土和海上航线的率先开发。

这个漂流站所有的设备都是根据特殊的要求开发的。举个例子，帐篷的框架由带有夹子的轻质铝管制成，可以快速拆卸框架并将其放在其他地方。事实上，这样的帐篷类似于现代的旅游帐篷或山地帐篷，但是它要更大（3.7 米 ×2.5 米），加上床重达 53 千克。两层防水油布之间的间隙用绒布铺好，帐篷底充气，有 15 厘米的气隙。这些技术奇迹是由经验丰富的帕帕宁指导，在莫斯科的卡乌楚克工厂（橡胶工厂）产生的。

在克伦克尔的直接参与下，列宁格勒中央无线电实验室为考察队制作了两个能够在极端条件下工作的无线电台：基本功率为 80 瓦，应急备用功率为 20 瓦，它们连接到风力涡轮发电机上充电。考察队成员还配备了两台燃料供应驱动的汽油发动机和一台自行车驱动的发电机——这也有助于保暖。

造船厂为这次考察研制了超轻型雪橇，此外，极地考察队员还配备了皮划艇和快艇（大型橡皮艇），以便在必要时快速撤离。甚至连"帕帕宁人"[①] 的食物都是由工程师食品研究所的专家准备的！

1937 年 5 月 21 日，当时苏联头号飞行员、苏联英雄米哈伊尔·沃多皮亚诺夫（Михаил Водопьянов）驾驶的飞机降落在距离北极点约 20 千米的一块面积为 3 千米 × 5 千米、厚 3.1 米的浮冰上。总体上，考察队聚集了很多领域内优秀的人才。克伦克尔同样被认为是最好的无线电操作员，世界上几乎所有的无线电爱好者都知道他的名号。我需要提醒一下大家，在当时并没有人质疑皮尔里第一个征服北极点的地位，所以苏联科学家并不打算创造纪录，而收集科学数据是更重要的。

除了 4 名"帕帕宁人"和飞行员外，机上还有 8 个人，这其中也包括施密特本人。之后在 5 月 25—27 日，该小队的其余飞机到达并运送了设备。过冬设备的转移持续了两个多星期，一直到 6 月 6 日才结束。毕竟，这是人类第一次尝试在北极地区的浮冰上度过很长的时间。

在着陆过程中，发生了许多意想不到的事情。比如，伊利亚·马祖鲁克（Илья Мазурук）驾驶的 ТБ-3 补给机与小队其他成员失去了联系，他迷路了，直到转移结束的前一天才抵达目的地（事实上，正是他带去了第 5 个"帕帕宁人"——一只名叫"开心"的狗）。另一架由阿纳托利·阿列克谢耶夫（Анатолий Алексеев）驾驶的飞机，由于没有足够的燃料返程，并

[①] 这里引用哲仙、江平的译法，因为伊万·帕帕宁是考察站站长，所以考察站的队员被称为"帕帕宁人"。(俄) B.A. 马尔金著；哲仙，江平译. 我认识世界：探险卷 [M]. 北京：东方出版社，2003.——译者注

没有到达鲁道夫岛的基地，他不得不降落在浮冰上。还有很多其他难题。

冰上的帕帕宁

浮冰以约每天35千米的速度漂流。9个月以来，四人一狗在极端条件下工作、生活。"帕帕宁人"持续地进行研究与测量，研究当地的动物群落，采集底层土壤样品等。他们最重要的贡献是对生物学的贡献。在这次考察之前，极地通常被认为是没有永久居住生物的"死区"，但苏联科学家们记录了大量植物和动物的存在——从五颜六色的藻类到鸟类（在漂流一开始的6月5日，捕获了第一只雪鹀）和各种海豹。而且，曾有北极熊一家"到访"过这个考察站！

他们对气象学也做出了巨大的贡献。除了理论问题外，"帕帕宁人"还解决了实际的问题：正是他们为奇卡洛夫的跨极考察提供了气象数据。科学家们定期测量海洋深度和不同深度的水温，取样，进行磁性测量，记录他们对天气、空气、季节变化等的主观感受。总的来说，在这次漂流中，人类对北极的了解比以往任何时候都要多。

临近1938年2月1日，一块面积为15平方千米的浮冰上只剩下200米×300米的小块区域。除此之外，由于冰隙和裂缝，"帕帕宁人"和部分食物分隔开来。很明显，漂流站已经完成了自己的任务。"泰梅尔"号、"摩尔曼"号和"叶尔马克"号破冰船，机动帆船"摩尔曼人"号，以及我们熟悉的伊万·切列维奇内和根纳季·弗拉索夫（Геннадий Власов）[很多消息来源称是"尼古拉·弗拉索夫（Николай Власов）"，但不应该是，当时的尼古拉·弗拉索夫只有22岁，后来在战争期间成了著名的王牌飞行员]驾驶的两架侦察机都曾前往援助过考察队员们。

尽管2月12日，"泰梅尔"号破冰船就已经进入了"帕帕宁人"的视野中，但由于天气恶劣，第一架飞机（由弗拉索夫驾驶）直到16日才抵达了他们的所在地，并带来了少量的补给。3 天后，即 2 月 19 日，"泰梅尔"号和"摩尔曼"号成功抵达过冬处所，并搭载上了英雄们。恩斯特·克伦克尔出发前最后一封电报写道："此时此刻，我们在北纬 70 度 54 分，西经 19 度 48 分坐标处离开浮冰，总共在 274 天内漂流了 2500 多千米。我们的广播电台率先报道了征服北极点的消息，确保了与祖国之间可靠的通信。完毕。"实际上，根据我们已经了解到的信息，克伦克尔关于北极点的说法有些夸大其词。

"帕帕宁人"在他们所到访过的城市都受到了热烈欢迎，4 个人都获得了"苏联英雄"的称号。

回到大陆后，整个世界都认识了这些考察队员。甚至在浮冰之上时，摄影师兼导演马克·特罗扬诺夫斯基（Марк Трояновский）拍摄了一部关于世界上第一个极地漂流站建立的纪录片。剪辑后的影片不仅在苏联的电影院上映，还送往世界多个国家上映，租金的利润完全抵过了考察的成本！远征中也有着国际合作的元素：特别是与丹麦东格陵兰捕鲸协会达成了一项协议——如果浮冰被困在格陵兰海岸，该协会将使用其资源。

关于考察队长伊万·帕帕宁的性格，最近有过很多激烈的讨论。他是四人中唯一一个不是真正科学家的人，但在某种程度上却偶然成为一名极地探险家。帕帕宁曾担任过各种领导职务——军事指挥官、黑海舰队革命军事委员会书记等，在 1932 年被任命为"季哈亚湾"极地考察站的负责人，并最终投身于科研事业。然而，除了一所小学之外，没有任何地方以他命名。考察结束后，他获得了地理学博士学位，之后又担任了几个高级职务。无论如何，很少有人比帕帕宁更了解北极。

实话讲，上面说的这些在科学与技术的语境下并不是很重要的。事实就是，苏联考察队不仅收集了大量的科学数据，还证明了在北极浮冰上建立和组织漂流站从根本上来说是可行的。"北极"1 号考察站成为这一系列的第一个。到撰写此文之时已经有 41 个了，最后一个是"北极"2015 号考察站。有趣的是，前 40 个是连续编号的（也就是说倒数第 2 个还被称为"北极"40 号），直到 2015 年才决定以开工年份来命名。

包括"北极"1 号，"北极"系列的大多数漂流站都建造在多年的浮冰上，基于其年龄、厚度、结构、天气以及运气，可以维持 6 个月到几年不等。但是在某些情况下① ，可以使用冰山作为漂流站的基地，这些冰山是从加拿大北极群岛的岛屿滑入冰架海期间形成的。这样的冰山（包括上面的漂流站）可以存在很长的时间。"北极"22 号考察站的工作时间最长，从 1973 年到 1982 年一共工作了近 9 年的时间。当然，考察队成员都发生了变化。

其他国家通常仅在靠近极地的陆地上建立固定的北极考察站。除了俄罗斯外，加拿大、芬兰、挪威、美国、瑞典和丹麦都有这样的考察站。尽管漂流站为研究提供了更多的空间，并且得以收集到更多的数据，但由于其复杂、高成本和人员风险高的特性，其他国家不采用这样的方式。除了俄罗斯以外，另一个使用过漂流站的国家是美国："弗莱彻的冰岛"（Fletcher's Ice Island）站从 1952 年一直工作到了 1978 年！这是一座 90 平方千米的冰山，从沃德·亨特冰架上脱离，自 20 世纪 40 年代以来一直在北冰洋上漂流。

如今，"北极"系列项目仍然在执行着，因为还没有发明出比漂流站更好的探索北极地区的方法。

---

① 包括 4 次："北极"6 号、"北极"18 号、"北极"19 号和"北极"22 号考察站。——译者注

第十一章

上帝之犬

　　世界首个人工心脏、首例复杂的心肺移植、首例肝移植、首台冠状动脉搭桥手术、首台头部移植手术……所有的这一切都是由弗拉基米尔·彼得罗维奇·杰米霍夫 [①]（Владимир Петрович Демихов）完成的，他是一位传奇人物、器官移植术的创始人、移植学之父、一个扮演上帝的人，也是世界医学界最有争议性的天才之一。

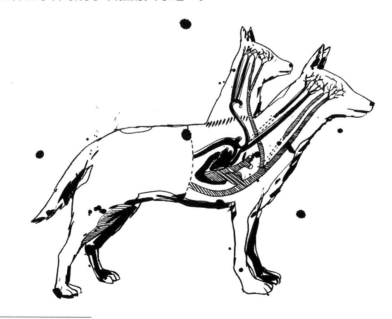

[①] 有前人翻译为"德米科霍夫"，但与俄文发音不符，因此在本文中翻译为"杰米霍夫"。——译者注

关于杰米霍夫及其历史是不可思议的。他并没有取得学位，但他却领导着一个实验室，到国外出差，出版专著，并且获得了进行实验的许可，任何一个理智的人都会认为这是疯人呓语。当下关于杰米霍夫的作品主要与能走、能进食、能吠叫、能哀鸣的弗兰肯斯坦怪物般的双头狗有关。这项工作比属于它的时代提前了半个多世纪，因为到本文撰写之时仍然没有人知道如何移植头部（当然，动物实验是后来进行的）。

尽管我们现在已经知道了如何移植心脏、肺和肝脏，但在这个领域杰米霍夫完全可以被称为现代移植术的奠基人。伟大的巴纳德（Barnard）本人到过杰米霍夫的实验室交流经验，以提高自己的技能水平，因为杰米霍夫的移植手术比他在1967年进行的传奇心脏移植手术早了7年。

现在让我们按顺序来谈谈这一切。

布留霍年科和人工循环

1916年夏天，在革命[①]前不久，杰米霍夫在距今天的伏尔加格勒不远的亚里任斯卡娅村出生。当时，科佩尔河和第聂伯河之间的领土并没有像全国其他地区一样分为省和县，这里被称为顿河军团地区，由专职人员管辖；亚里任斯卡娅村曾是霍珀斯基区亚里任斯卡娅乌特的中心。有很多消息表明，杰米霍夫出生在这一地区的库利科夫斯基农场，但实际上并不是的，他只是在那里受洗，而这一事实被搞混了。瓦洛佳[②]的父亲在内战中去世了，这个男孩完成了七年制学校并去了斯大林格勒[③]，并在那里的拖拉机厂的工厂学校学习。他当过机械师，加入了共青团，信誉良好，在1933年便有了机会进入沃罗涅日国立大学生物系学习。

---

① 指"二月革命"。——译者注
② 即杰米霍夫的小名。——译者注
③ 即今天的伏尔加格勒。——译者注

在这里命运起了作用。生物系没有自己的实验基地，因此大部分研究是在沃罗涅日国立医学研究院的医学系进行的。3 年前，该研究所还从属于沃罗涅日国立大学，因此两所大学的教师和工作流程是有重叠的。这样一来，在这个教研室的实际学习过程中，医学的学习并不比传统意义上的生物学少。通过研究动物的身体结构，学生们对人的了解也越来越多。

当时的动物生理学教研室主任是彼得·米哈伊洛维奇·尼基福罗夫斯基（Пётр Михайлович Никифоровский）教授，他是巴甫洛夫的学生。1937 年，包括杰米霍夫在内的一组学生研发出了一个由两个相邻的隔膜泵组成的实验装置——全球第一个人造心脏。乍一看，这似乎并不是一项突破，而只是在练习期间进行的有趣的动手体验，但这次经历对后来的事情产生了深远的影响。与此同时，莫斯科正在发生的重大事件：1926 年，两位年轻的杰出生理学家谢尔盖·布留霍年科（Сергей Брюхоненко）和谢尔盖·切丘林（Сергей Чечулин）在世界范围内首次测试了心肺机，他们称之为自动喷射泵。这一著名的实验是在 11 月 1 日进行的：将其与狗相连，然后使狗的心脏停止跳动，这只狗又存活了两个小时。

这可谓是一个巨大突破，通过使用外部设备循环血液，来暂停心脏的工作，使得施行极其复杂的手术成为可能。布留霍年科的发明获得了苏联和国际专利，并在人工血液循环领域发表了许多文章著作，但自动喷射泵从未用于人体手术——所有的实验都只是在狗身上进行的。

事实上，之前也曾有人尝试制造人工血液循环装置，第一个这样的装置是由德国生理学家马克西米利安·冯·弗雷（Maximilian von Frey）于 1885 年设计的。但在接下来的 30 年里，这一装置对心脏外科领域的各方面发展都毫无作用，因为除了血液循环本身外，还需要确保血液不凝结。这要在 1916 年美国医生杰伊·马科莱恩（Jay McLean）配制出一种特殊的药物——肝素之后才可行。

布留霍年科的装置为后来包括国外的心肺机的发明奠定了基础。1951

年 4 月 5 日，美国心脏外科医生克拉伦斯·丹尼斯（Clarence Dennis）第一次用心肺机在停止工作的心脏上手术，是用在了人类的身上，而非犬类。但这台手术没有成功，手术开始 40 分钟后设备发生了故障，导致患者死亡。一年后的 1952 年 7 月 3 日，另一位美国医生福里斯特·杜威·多德里尔（Forest Dewey Dodrill）进行了有史以来第一次成功的体外循环手术。患者为 41 岁的亨利·奥皮特克（Henry Opitek），手术历经 50 分钟，其中使用的 Dodrill-GMR 装置是由多德里尔本人在通用公司的支持下自行研发的。30 年后去世的奥皮特克成了历史上第一位在"开心"手术中存活下来的患者。

但这一切都是我一开始所讲的故事的后续了，现在我将回到前面的话题。

从沃罗涅日到莫斯科

1937 年，应尼基福罗夫斯基的要求，他的教研室引入了一台布留霍年科的自动喷射泵。事实上，如果不考虑它的大小问题，它就应该被称为第一个机械心脏。杰米霍夫所在的小组使用自动喷射泵，决定设计一种可以植入患者胸部的小巧的心脏泵。1938 年 3 月，这一装置在一只狗身上进行了测试：狗的心脏停止了跳动，12 分钟后打开了植入的装置；再过 16 分钟，狗又开始出现了生命迹象。这个想法行得通了。

杰米霍夫阅读了一份关于研发成果的报告，过了几周，布留霍年科亲自到沃罗涅日来看望他这些年轻的追随者们。早在 4 月份，布留霍年科就将沃罗涅日学生们的研究成果纳入他自己在莫斯科做的报告里。

20 世纪 30 年代中期进行的实验难度是令人难以想象的。乙醚麻醉和人工呼吸、抗凝药物的剂量、将血管连接到人造装置上——这一切都是天才级别的心脏手术，任何学生都做不到。然而，这只被植入人造心脏的狗只存活了两个多小时!

总的来说,到了沃罗涅日后,了解了杰米霍夫的工作和才干,谢尔盖·布留霍年科就意识到了这是一位不可多得的人才。同年春天,弗拉基米尔·杰米霍夫和与他一起研发心脏泵的朋友列夫·拉特高兹尔(Лев Ратгаузер),被一起从沃罗涅日国立大学的四年级转到了莫斯科国立大学的五年级!起初,他们的申请被拒绝了——理由是生理学教研室没有空位了,这里竞争十分激烈。但布留霍年科替他们求了情,两位学生都成功转学了。

于是,他们离开了沃罗涅日。1938 年年底,他们的导师、世界科学巨擘、59 岁的尼基福罗夫斯基教授被以叛国的罪名逮捕,并被流放到了斯塔夫罗波尔。

杰米霍夫从 1938 年秋季开始在莫斯科国立大学学习,并于 1940 年以"优秀"的成绩通过了题为《论恒温动物心脏的适应能力》论文的答辩。如果我们留意一下杰米霍夫在这一时期的试验和研究成果,可以找到一个很有趣的实验:将 3 个月大的小猫的心脏移植到成年猫腹股沟区域,与其循环系统相连,心脏工作起来了。类似的手术直到 1940 年前还做了不少,但这一次可以称为是"神级"的。顺便说一下,实验过程中,发生了短路,有一条线路起火,猫竟醒来逃走了!

杰米霍夫曾以病理解剖学家的身份参战,从事对死者的解剖研究和对伤员的创伤分析工作。战后,他在莫斯科毛皮研究所担任生物学助理研究员。

另一位有能力的外科医生——尼古拉·西尼岑(Николай Синицын)的研究给杰米霍夫的新实验带来了极大的推动,甚至在战前杰米霍夫的实验还是在往青蛙的胸腔里植入另一个心脏。西尼岑的工作不只是将心脏接入循环系统那么简单,而是实现了直接的泵血功能!基于西尼岑发表的研究成果,杰米霍夫定下了完整移植恒温动物心脏的目标。当时在世界上还没有任何人完成这项工作。

杰米霍夫 1946 年 2 月 2 日做的第一台手术是给一只绰号"暴徒"的杂交狗移植第二个心脏。在这些工作中，他使用了法国外科医生、1912 年度诺贝尔生理学或医学奖得主亚历克西·卡雷尔（Alexis Carrel）的移植方法。根本上，杰米霍夫工作的原则和方法融合了布留霍年科、西尼岑和卡雷尔三人所长。他没有在研究所进行实验，而是直接在他接收"患者"的狗养殖场里进行。

第一只移植了第二个心脏后活过两小时的狗是"秃子"，除了从捐献犬那里移植了心脏之外还移植了部分肺。这已经是第 9 次手术了。然而，这只狗只存活了两小时，这对研究人员来说仍是不成功的，他们想要的是狗能够存活几周、几个月甚至是几年。

第 17 只狗在 1946 年 10 月 25 日进行了手术，存活了 5 天。之后还做过许多许多的实验，所有的动物迟早都死于气胸（胸腔中的空气积聚）。这些实验的结果被写在了《以狗为对象的同种成形的心肺移植实验》报告中，该报告由杰米霍夫在莫斯科生理学学会的会议上宣读。结果，苏联医学巨擘谢尔盖·尤金（Сергей Юдин）注意到了他。1947 年，杰米霍夫成了实验与临床外科研究所年轻的研究员。

这里便是传说开始的地方。

心与肺

1947 年以来，弗拉基米尔·杰米霍夫开始在全苏实验与临床外科研究所工作，但他的工作是独立的——一切都在新吉列耶沃的那个狗养殖场里。在 1947 年到 1952 年，他完成了自己所有著名的手术，即那些"首例手术"。不仅是给狗移植第二颗心脏，而且是移植"心—肺"系统，还有单独的肺部移植、肝移植、没有使用人工循环装置的心脏矫正移植手术，以及冠状动脉搭桥手术。

同事们对杰米霍夫都很不满，因为他并没有受过医学教育，甚至没有接受过外科教育，他的实践经验仅限于军事病理解剖学家的工作。他不承认任何人的领导，不听上司的话，简直是狂妄至极。杰米霍夫经常忘记卫生措施，会在手术后立即停下来观察实验对象的变化，总是邀请外部人员观看手术，特别是记者。实验现场的专业人士都很震惊，但他们都对杰米霍夫的大胆思维表示敬意。他驳斥了组织不相容性的思想（我们现在知道，他在这方面错了），并将实验对象的坏死和死亡归咎于劣质的缝合线和其他的手术缺陷。

他画过几十张各种形式的动脉图、缝合线图，巧妙地绕过困难的地方……杰米霍夫在以狗为对象的实验中试验了各种类型的手术。

在那段时间里，杰米霍夫最重大的突破当属冠状动脉搭桥手术；直到今天，它还有第二个名字——"杰米霍夫—科列索夫"手术。这种手术是为了治疗冠心病，即当心肌由于某种原因停止接受动脉血时，会导致严重的心肌损伤。手术中，在胸动脉和冠状动脉之间建立起人工的连接（吻合术），以绕过狭窄的动脉从而恢复心肌供血。

然而，在1954—1955年，杰米霍夫进行了许多著名的也是最奇怪的实验——他给狗移植了头。

我们来看看头部移植术吧！

1954年2月24日，弗拉基米尔·杰米霍夫将小狗的头部（更准确地说是上半身）移植到了受体犬的背部，连接了它们包括静脉和动脉在内的血管。这是第二次进行这样的手术了，第一次没有成功。在这样的状态下，如果可以将这个怪物称为"两只狗"的话，这两只狗都活了下来。手术后3个小时，移植的头部开始眨眼，舔咬实验者的手和各种物体、喝水——总的来说，表现得像一只狗一样。这绝对够荒谬的：杰米霍夫和他的团队从来没有放弃"一只半狗"。第二天，他们邀请了一位摄影师。又过了一天，外科医生在一次莫斯科与莫斯科地区外科学会的会议上对这个"弗兰肯斯坦怪物"进行了公开展示。结果是爆炸性的——杰米霍夫移植了一颗头。想一想啊，这可是一颗头！带有大脑的一颗头！而且这颗头还是好用的。但确实没过多久，2月28日，狗死了。

杰米霍夫继续做着他的实验。在1954年，他几乎每天都会进行移植手术——头部、肾脏、心脏，最重要的是器官联合移植，因为他认为这种方法是最有效的。器官联合移植是非常复杂的，比如在其中一次移植手术中，把小狗的肝脏、胃肠道、两个肾脏、输尿管、膀胱、肾上腺、部分主动脉、腔静脉、一段脊柱和脊髓移植连接到另一只狗的肾管上。在这段创纪录的日子里，杰米霍夫做了多达3台完全不同的手术！

主要难题是排异反应。所有的狗早晚都会死掉，会在它们器官的连接处形成充血、水肿或者血栓这类的病灶。杰米霍夫不接受今天所谓的细胞—体液排斥学说，并像之前一样将这一切归咎于方法的不完善。"创下纪录"的狗活了29天。然而，有几只狗幸存了下来，因为在脓毒症发作前就已经从它们身上取出了移植器官。

杰米霍夫的另一个研究方向是交叉循环，将一颗小狗的心脏取出并缝合到一只成年狗身上，它的心脏为这两只狗提供血液循环。有一次杰米霍夫缝合出了一只嵌合体——他把一只小狗的背部缝到了另一只的前身，这只小狗存活了5个小时。到了1954年年底，杰米霍夫开始移植单个心脏——他不再将它们缝合到现有的身体中，而是用另一颗活的心脏完全替换。因此，杰米霍夫可以被认为是克里斯蒂安·巴纳德（Christiaan Barnard）的前辈。被移植了其他狗心脏的狗只能活几个小时，但要注意的是，巴纳德的第一位患者路易斯·瓦什坎斯基（Luis Washkansky）在术后仅仅存活了18天。总体上，在1967—1968年接受心脏移植手术的100多名首批患者中，只有三分之一在术后存活时间在 3 个月以上。所以说，杰米霍夫手术的结果是很正常的。

1955 年 1 月 17 日，《时代》杂志发表了一批关于狗头部移植实验的附有插图的文章。杰米霍夫不知道的是，文章内容是译自《星火》①杂志的。短短几日，杰米霍夫成了国际名人。

但他这个人实在是太令人反感、太疯狂也太固执了。他在外科医生代表大会上的报告和发表的文章，还有他的那些实验对于他的同行来说实在是太奇怪了。同年，杰米霍夫被研究所解雇了，转入了莫斯科第一医学院②，他的朋友弗拉基米尔·科瓦诺夫（Владимир Кованов）是时任院长。比较讽刺的是，杰米霍夫当时的实验室在杰维奇波列（Девичье поле）③，是之前的圣德米特里·普里卢茨基教堂（Церковь Димитрия Прилуцкого）（现在的皮罗戈沃斯基大街 6 号，在教堂上有一块纪念牌）旧址。在这里，杰米霍夫继续做器官移植手术，还设计了各种移植方案。

1959 年，杰米霍夫被派往东柏林交流，之后前往联邦德国慕尼黑参加国际外科医生学会的第十八届大会。在慕尼黑，他这位代表团普通成员备受爱戴，被尊称为教授，虽然杰米霍夫是代表团里唯一一位不是教授的人！同年，知识出版社出版了他的第一本书《器官移植：是否可行？》，在书中，他列举了许多他对动物进行手术的案例，并分析了这种试验如何适用于人类。一年后，凝聚着杰米霍夫心血的著作《实验中的重要器官移植》出版了，其中详细地描述了许多手术。在这本书中，每一章都专门介绍了某个器官或者几个器官的组合体。

这本书的序言十分惊人，上面白纸黑字地写着，出版社在克服生物不相容性和一些其他的问题上并不同意作者的观点，但仍然出版了此书，因

①《星火》（俄语：Огонёк）是俄罗斯最古老的画刊杂志之一，于 1899 年创刊。——译者注

② 现在的谢切诺夫莫斯科国立第一医科大学。——译者注

③ 直译为"少女田"，莫斯科河旁地名。——译者注

为这本书有助于讨论最重要的医学问题。这样的情况在苏联是独一无二的。

迟到的认可

弗拉基米尔·杰米霍夫一生中从未对人做过手术，基本上只对狗做过手术，有时还有其他的动物，比如猴子。绝大多数的实验体都活不过一天。几乎所有同事都否认他的实验和试验，认为它们是令人反感且疯狂的。1960年，在和科瓦诺夫争吵之后，他把实验室搬到了斯克利福索夫斯基急救科学研究院；他在1963年才通过了论文答辩，但他是接连通过了副博士和博士学位的答辩。杰米霍夫甚至没有接受过医学教育。但与此同时，他的文章和专著被翻译成了外文，成了许多沿用至今移植方法的基础。杰米霍夫成为许多外国大学和学会的名誉教授，他是几代移植学家的权威。

更要了解的是，在苏联，还有很多其他的生物学家和医生从事器官移植——与杰米霍夫相比，他们也才华横溢，有时候可能更厉害，最重要的是有些人更加随和。比如，四肢和肾脏移植领域的国际杰出代表是阿纳斯塔西·拉普钦斯基（Анастасий Лапчинский），他开发出了一种在移植前冷冻储存肾脏的方法。当然我们还有其他的知名生物学家和医生——总的来说，在移植领域苏联处于学科发展的前沿。

世界上最早的器官移植手术并不是由杰米霍夫完成的。此外，有些外科医生对移植的贡献比他还多（尽管我注意到了他1960年出版的专著成为世界上第一本移植学教科书）。那么，杰米霍夫的优点是什么呢？

他在狗身上进行的试验，并以此为基础开发出了他的方法，其他人从没有重复过。要做到这一点，你必须既是疯子又是天才，一个对动物界来说的门格勒医生[①]。如果没有杰米霍夫的试验，包括巴纳德的心脏移植手术

① 约瑟夫·门格勒（Josef Mengele），纳粹党卫队军官、奥斯维辛集中营中的"医生"，进行了很多灭绝人性的活体实验。——译者注

在内的许多重要的手术，都会在很久之后才能进行。[1]

更何况，杰米霍夫走在了他的时代之前。直到现在，到了 21 世纪前 30 年，意大利的外科医生塞尔吉奥·卡纳维罗（Sergio Canavero）正在研究人体头部移植手术。我丝毫不怀疑，第一批接受头部移植的患者是活不了几天的——包括心脏移植，情况一直如此。但医学是需要牺牲的，所有人对此都无能为力。

这样看来，杰米霍夫所走的是最道德的道路了。无论如何，所有的狗都会到达天堂。

---

[1] 请注意，前面提到的法国人亚历克西·卡雷尔和他的美国同事查尔斯·加特里曾在 1908 年将一只狗的头移植到了另一只狗身上——这与杰米霍夫后来进行的试验非常相似。但由于技术不完善，他们没有实现植入体的全部功能。——原文注

第十二章

简单的透镜

很多人在购买供业余者使用的望远镜时，总会迷失在各种类别当中。反射望远镜、折射望远镜、马克苏托夫—卡塞格林式望远镜、施密特—卡塞格林式望远镜——它们之间有什么不同？……很抱歉，我不会在这本书中给出答案。我仅仅是关注一个在任何天文网店的产品列表里都能找到的姓氏。德米特里·马克苏托夫（Дмитрий Максутов）到底是谁呢？他的姓名是如何家喻户晓的呢？

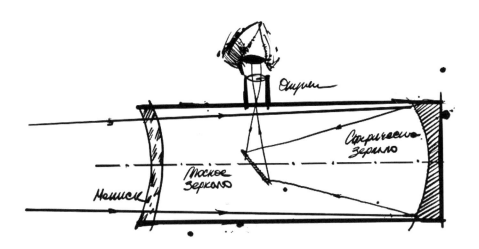

一般来说，苏联时期个人在科技史上的作用是微不足道的。"苏联学者发现""在研究所进行了实验""由我国工程师开发"——类似于这样的表述在科学媒体上比比皆是，但参与工作的人员名单并不总是会公布的。如果公布名单的话，也是用官方的形式，用几个难以被记住的首字母代替名字，其中还要包括一些领导头衔。一项发明以其发明者命名的情况是很少见的。在美国，如果一名工程师创立了一家公司，那么可以随心所欲地给它命名，但在苏联是有相关规定的。当然，我或多或少有些夸大其词了，但大概的情况看起来就是这样的。

然而，德米特里·德米特里耶维奇·马克苏托夫在这方面是幸运的。"马克苏托夫—卡塞格林"式望远镜和"马克苏托夫—格里高利"式望远镜闻名世界。德米特里·马克苏托夫出身贵族，是一位白军军官的儿子，他曾两次获得斯大林奖金，并凭借在光学领域的工作使自己的名字世代相传。

白军军官

德米特里·彼得罗维奇·马克苏托夫（Дмитрий Петрович Максутов）是一个颇具争议的人。31 岁时他成了俄罗斯帝国时期阿拉斯加州州长，在职期间因贿赂、搞裙带关系和盗窃而被周知——总的来说，他是俄罗斯帝国官员中最糟糕的例子。德米特里·彼得罗维奇有 5 个兄弟，其中两个兄弟——巴维尔（Павел）和彼得（Пётр）在军事和政治事业上做出了杰出贡献。

德米特里·德米特里耶维奇·马克苏托夫（Дмитрий）[①] 是德米特里·彼得罗维奇·马克苏托夫的长子，但并没有成长为一名野心家。他曾

---

① 这里的德米特里·德米特里耶维奇·马克苏托夫是这一章主人公的父亲，恰好与其同名。俄罗斯人的名字由名 + 父称 + 姓构成，其中父称的来源是父亲的名字，在这里，德米特里的儿子的父称就是德米特里耶维奇。——译者注

担任过一级舰长，之后在俄罗斯驻土耳其使团（也就是大使馆）担任新闻专员。和他的父亲相比，他几乎可以说是一无所获。"二月革命"后，他离开了俄罗斯，在纽约以码头看护员的身份结束了一生。

但我们故事的小德米特里·德米特里耶维奇就很幸运了。怎么说是幸运的呢，因为他在革命和内战期间的生活足以被好莱坞改编成电影。他出生于 1896 年，自幼酷爱天文学——他曾按照科普书籍上的说明亲手制作望远镜。年仅 15 岁就成为俄罗斯天文学会敖德萨分会的会员。然而，就像几乎所有的贵族后代一样，他被寄予走上军事道路的厚望，因此德米特里·马克苏托夫（在这里和下文中我提到的这个名字指的是我们的这位天文学家，而不是他的父亲）在圣彼得堡的尼古拉耶夫工程学院学习，之后又在军官电工技术学校学习，并成为无线电报专家。他曾在高加索的前线服役，并在军事飞行员学校学习，后因飞机坠毁致残而被解除职务。这些发生在 1917 年 10 月，当时的新政府已经遍布全国了。马克苏托夫逃到了中国，到了哈尔滨。1919 年，他回到了托木斯克……被高尔察克（Колчак）[1] 的撤退部队动员参战了。尽管如此，他还是没能为俄罗斯临时政府的最高统治者服务，红军部队已经到达托木斯克了。马克苏托夫是一名白军军官，但他却莫名其妙地隐瞒了身份，显然是通过伪造文件做到的，还随即进入了托木斯克理工学院的三年级学习，在新政府的眼中他只是一名学生。

终于，在 1921 年，马克苏托夫走上了决定他一生的道路。他父亲的老熟人、物理学家德米特里·谢尔盖耶维奇·罗日杰斯特文斯基（Дмитрий Сергеевич Рождественский）在全国范围内召集了一群才华横溢的天文学家，为他 1918 年倡议成立的彼得格勒国家光学研究所工作——事实上，它是革命后最早成立的科学机构之一。马克苏托夫接受了罗日杰斯特文斯基

---

[1] 临时政府白军当时的军事部长。——译者注

的提议，但他在光学研究所工作的时间并不长，因为他的父亲和兄弟都已经移民了，而他的母亲拒绝离开，独自一人留在了敖德萨。德米特里便搬回敖德萨，在那里的学校教物理，同时也在敖德萨梅契尼科夫国立大学主持光学车间的工作。直到1930年母亲去世后他才回到光学研究所工作，从这时起他才认真地从事起光学研究工作。

望远镜简介

德米特里·马克苏托夫于1941年完成了他最主要的发明，当时他已经是光学研究所天文光学实验室的负责人，并且已经是一位工学博士。顺带一提，他是"基于已发表作品的总数"在没有答辩的情况下获得学位。

构造最简单的望远镜是折射望远镜。实际上，这种望远镜由两个部件组成——物镜和目镜。物镜是一个透镜组，它通过收集光线来形成物体（例如月球）的缩小图像，再由目镜像放大镜一样将其放大。然而，尽管表面上很简单，但折射望远镜还是有许多缺点的，包括制造大型透镜的复杂程度和高成本，以及色差。

色差是由于制造透镜的光学玻璃对不同波长的光有不同的折射率（这种现象被称为色散）。换句话说，不同颜色的光被玻璃折射后呈现不同，因此被透镜聚焦后也是不同的，从而扭曲了所得的图像。校正色差需要使用具有低色散材料或复杂的光学设计。

17世纪下半叶，科学家们提出了反射望远镜的方案。在反射望远镜中，使用反射镜代替聚光透镜，因此这种望远镜没有折射望远镜的主要缺点——是完全没有色差的（并且大的反射镜要比透镜更容易制造）。反射望远镜最初在苏格兰数学家詹姆斯·格里高利（James Gregory）1633年的论文中有所论述，之后在1668年由艾萨克·牛顿爵士（Sir Isaac Newton）制造了世界上第一个反射望远镜，这个望远镜的设计与格里高利描述的有所不同，1672年英国博物学家罗伯特·胡克（Robert Hooke）按照格里高利的设计制造了望远镜。之后卡塞格林（Cassegrain）、内史密斯（Nesmith）、施密特（Schmidt）等人的方案出现了，所有现代最大的望远镜都是反射镜。尽管反射望远镜没有任何色差，但它们并非没有缺点。其缺点表现在，对于从不同距离或者以不同角度穿过光轴的光束，焦点不重合，从而使得图像失真。如果光束平行于望远镜的轴穿过，则会出现球差；如果有角度地穿过，则会出现彗差；如果光束不能聚焦在一点上出现模糊，则称为像散。

1941年8月，光学研究所被转移到了奥什卡尔奥拉，当火车到达某地时，正如马克苏托夫自己后来说的那样，他顿悟了。

马克苏托夫式

这个问题的解决方案原来如此简单，以至于在拥挤又晃动的车厢里真的可以想出办法，甚至不需要记录下来。球差必须通过特殊形状的球面透镜（即所谓的月牙镜）进行补偿。

月牙镜是凹凸或凸凹透镜。也就是说，它的一侧是凸的，另一侧是凹的。如果中间部分比边缘薄（负弯月形），那么透镜会发散光；如果中间部分较厚（正弯月形），则会汇聚光。月牙镜由英国著名学者、化学家和配镜师威廉·海德·沃拉斯顿（William Hyde Wollaston）于1804年发明。他最初发明月牙镜是作为眼睛的矫正镜片（直到今天仍以这种方式使用），之后在1812年，他将其应用在针孔相机中。沃拉斯顿的月牙镜后来被摄影师尼普瑟（Niepce）和达盖尔（Daguerre）用来校正像差。要注意，月牙镜已经有100多年的历史了，它被用来校正光学系统，包括补偿折射望远镜的色差，但在马克苏托夫之前，没有人想过将其应用在反射望远镜中！

1941年8月11日，马克苏托夫抵达了奥什卡尔奥拉，一个月后用校正系统测试了第一台望远镜。这个想法是绝佳的，首先是因为它的简单。经过精心计算的月牙镜可以校正任何类型反射望远镜中的像差——无论是牛顿式的、赫歇耳式的还是格里高利式的……到了 1942 年年底，马克苏托夫已经为各种光学装置计算设计出了数百个月牙镜，包括物镜、光谱仪，甚至是聚光灯。

1944 年，马克苏托夫的文章《新反射折射月牙镜系统》由苏联国防科技出版社发表，详细地描述了他的发明。同年，他的这篇文章的英文版被允许寄给外国的学术期刊，被发表在了《美国光学学会杂志》（*Journal of the Optical Society of America*）上。1946 年，这位科学家凭借其工作获得了斯大林奖金一等奖。

良性竞争

值得注意的是，马克苏托夫并不是第一个解决球差问题的配镜师。1930 年，爱沙尼亚—瑞典物理学家伯恩哈德·施密特（Bernhard Schmidt）在反射望远镜中安装了一个带有非球面透镜的光阑（即一个或两个表面都是非球面）。这就使得实现与马克苏托夫方案相同的结果成为可能——光阑完全消除了彗差和像散，特殊形状的非球面透镜（现在这种透镜被称为施密特修正版）补偿了球面像差。

施密特式望远镜在施密特 1935 年去世后经过了多次改进。哈佛大学研究人员詹姆斯·贝克尔（James Baker）和约瑟夫·努恩（Joseph Nunn）在 20 世纪 40 年代做了著名的修改。施密特的方案被用于世界上许多大型望远镜上：帕洛玛和汉堡天文台，还有开普勒轨道望远镜。

马克苏托夫式望远镜在技术上不如施密特式完美，但它要更简单，不需要制造复杂的非球面透镜，并如之前所述，几乎可以轻松校正任何反射望远镜。业余的光学望远镜中最常见的是马克苏托夫式和施密特式，它们都是劳伦特·卡塞格林于 1672 年提交给巴黎科学院的方案的改进版。

　　有趣的是，马克苏托夫—格里高利式望远镜和格里高利—马克苏托夫式望远镜是完全不同的。后者与上文提到的 17 世纪苏格兰学者詹姆斯·格里高利无关。它是以美国眼镜商约翰·格里高利（John Gregory）的名字命名的，他于 1957 年在《天空与望远镜》杂志上发表了一篇轰动一时的文章《在家制作卡塞格林—马克苏托夫式望远镜》。约翰·格里高利文章中所描述的望远镜方案原来是一种全新的、之前从没有使用过的月牙镜装置方案。格里高利因此获得了专利，该方案也以格里高利—马克苏托夫的名字被载入史册。

　　德米特里·马克苏托夫度过了令人惊叹、创意丰富的一生。几乎所有天文光学行业的公司在生产其他样式的望远镜时都会生产月牙物镜望远镜。许多天文台都装有马克苏托夫—卡塞格林式望远镜，比如智利的塞罗·罗布（Cerro El Roble）天文台、格鲁吉亚的阿巴斯图曼尼天文台等。最庞大的工作要属在阿尔赫斯设计的一台经纬台式大型望远镜（BTA-6），1975—1990 年它一直是世界上最大的望远镜，之后纪录被夏威夷凯克天文台的 "凯克" 1 号打破。事实上，马克苏托夫本人并没有看到 BTA-6 运作，他在 1964 年就去世了，被埋葬在普尔科沃天文台著名的 "天文" 墓地。

　　今天，为了纪念马克苏托夫，将恰好使用月牙物镜望远镜发现的小行星 2568 号以马克苏托夫命名，同样的还有一个月球背面的陨石坑。但在这之前，他的名字被保留在了所有使用他发明的望远镜的名称中。这看起来可能很简单，同时也是复杂的。

第十三章

让我们加速粒子

　　世界上最著名的粒子加速器当属大型强子对撞机，于 2008 年在法瑞边境的欧洲核子研究组织（CERN）建造。但对撞机只是加速器的一种。还有许多其他的类型，苏联科学家与设计师为粒子加速系统做出了巨大的贡献。

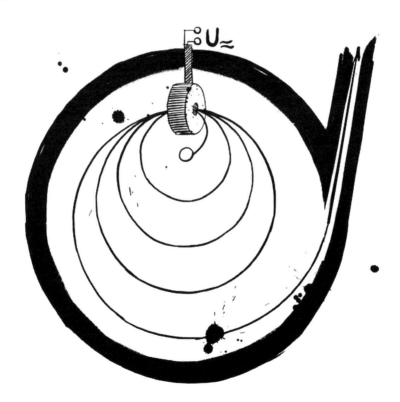

首先，需要了解的是我们为什么需要荷电粒子加速器——一种复杂且时而危险、价值数百万美元的设备。基础科学的研究经常会使人们产生这样的疑问："哎呀，我们纳的税都用哪儿去了？"

要注意，被加速的粒子不仅存在于回旋加速器和同步加速器中，它们还存在于我们许多人熟悉且在现实生活中使用过的设备中。比如说，阴极射线管（显像管）发射出向屏幕（靶）定向移动的电子流，从而将电信号转换为图像（光信号），反之亦然。所以，如果您的祖母家还有一台CRT电视，那么您就拥有一台简易的加速器了。另外一个例子就是诊所常用的X光机。X射线是通过特殊的真空管产生的，真空管实际上是电子加速器。当被加速的电子进入阳极材料并被减速时，它们突然失去能量，在X射线波段内发生所谓的轫致辐射。所以，X射线管也是大型强子对撞机的远亲。

想要在屏幕上获取图像或者产生X射线，是不需要太强大的加速器的。但是，想要将粒子加速到具有非常高的能量时，将会用到强大的加速器。这种高能粒子是十分有用的研究工具，研究它们彼此间以及与各种目标的碰撞，我们可以得知很多关于粒子本身、目标和周围世界的物理性质。在这种意义上，加速器也可以被称为显微镜，它可以让我们探索基本粒子的世界，而其碰撞的能量就好比镜头的分辨率，能量越高，我们从中获得关于研究对象的信息就越多。

如果您要问："碰撞是如何告诉我们信息的？"我会回答："是间接告知的。"即使拥有最强大的显微镜，我们也无法看到原子核内部。这意味着必须以其他方式获取信息。

两个粒子的碰撞释放能量产生新的粒子。还记得爱因斯坦著名的公式$E=mc^2$吗？根据这个公式可知，当两个高速粒子碰撞时，碰撞过程的质心系能量大于新粒子的质量时，便会产生全新的粒子。

粒子的能量以电子伏特（eV）为单位，其中1电子伏特代表具有单位电荷的粒子（如电子）经过1伏特的电位差加速时获得的动能。超过粒子静止能量（也是 mc^2，这里的 m 代表粒子的静止质量）的能量被认为是高出的。当一个粒子被加速到相似的能量时，它的速度接近光速，如果将一个靶（通常是某种元素的原子核）放置在它的路径上，就会通过碰撞产生新产物，可由此获取信息来研究原始粒子。

碰撞结果的数据由特殊的单元——探测器所记录，包括所形成粒子的电荷、能量和运动方向，从而确定它们的类型。从最简单的摄影胶片到高达四层楼的复杂设备，探测器也有很多不同的种类。

加速器简介

粒子加速器是一种结合使用电场与磁场的装置。电场用来加速带电粒子，磁场决定了它们的运动方向。但读者朋友们可能会想到的主要问题是：为什么要建造如此庞大的加速器呢？为什么大型强子对撞机需要有 27 千米长？！而且为什么加速器一般都是环形的，毕竟直线加速好像更容易实现，还是不能实现呢？

答案是不行的。轨迹越长，需要赋予粒子的能量就越多。而在一个封闭的圆环上，粒子能够一圈接着一圈无休止地运动，每转一圈电场都会"鞭打"它们，将其加速以获取越来越多的能量。当然，也有直线加速器，但其中粒子所获得的最大能量远低于环形（圆形）加速器。

加速器的大小是由能使粒子"转向"的磁场强度所决定的。粒子在加速过程中获得的能量越大，它们的旋转半径就越小，保持它们在轨道上所需的磁场也就越强。因此，为了用较弱的磁场，就需要增加加速器的半径。半径越大，轨迹越接近直线，校正运动所需的能量越少。而转弯半径的增加自然需要更大的环形加速器。

除此以外，当粒子沿着圆形轨迹运动时，会发出所谓的同步辐射，其部分能量会被浪费在同步辐射上。轨迹的半径越小，粒子转化为辐射时的能量就越多。当单位时间内损失的能量超过加速所消耗的能量时，加速便会停止。因此，加大加速器的半径可以降低同步辐射带来的成本，并且增加粒子可以加速到的能量上限。

"加速器"是一大类设备的总称。正如我上面提到的，即便是阴极射线管电视机也是一种小型加速器，虽然它是线性的，而且能量非常低（10—25千电子伏特）。大型加速器可以将粒子加速到数万倍、数十万倍、数百万倍、甚至数十亿倍的能量。

加速器按照结构不同可分为两类：直线加速器和环形加速器。在这两类加速器中，根据其电场和磁场设置的不同，还可以更细致地分为：电子感应加速器、回旋加速器、电子回旋加速器、同步稳相加速器、稳相加速器等。对撞机则是一个略有不同的术语：首先它是加速器，其中粒子束不会轰击静止的靶，而是会与相似的加速粒子束"迎面"相撞（对撞机）。根据相对论，这样的方法使得碰撞产生的能量增加数倍成为可能。

还有一个问题：加速器中的粒子从哪里来？它们取自离子源——一种通过加热或放电产生离子流（被撕裂出一个或多个电子的原子）的设备。例如，在大型强子对撞机中，被加速的氢离子（原子核）是通过放电腔室中的氢电离获得的。

显然我写得很乱，因为关于加速器的全部理论没法三言两语就解释清楚。如果您对用于加速粒子的各种设备、它们的操作原理以及研发它们的目的感兴趣的话，可以在其他专业的出版物中查阅。我刚刚只是向您介绍了必要的基本原理，以便于您了解弗拉基米尔·约瑟福维奇·维克斯列尔（Владимир Иосифович Векслер）的发明。

最早的加速器

第一台环形粒子加速器是回旋加速器。在回旋加速器中，粒子束在高频电场的驱动下，在恒定且均匀的磁场中沿螺旋轨迹运动。回旋加速器是一个真空室，其中有两个相距很近的半圆柱体（D 形盒）和一个强力的电磁铁。粒子束沿着磁场框定的轨迹移动，每次落入两个 D 形盒之间的间隙时，都会得到来自电场的加速脉冲。在这种情况下，粒子的轨迹是螺旋形的。在螺旋轨道最后一个也是最宽的转弯处，粒子沿直线轨迹被射出，飞向目标。

传统的回旋加速器可以将质子加速到 20—25 兆电子伏特的能量。对其交变磁场进行特定的修改（等时性回旋加速器），可达到约 1000 兆电子伏特的能量，这与其他类型的加速器相比还是很低的。但是，回旋加速器可以做得比较小巧，因此这种类型的加速器更多用于实际场合中，而不仅仅是用于研究。比如，医疗回旋加速器能够产生用于放射治疗的粒子束。

环形加速器的想法最早是在 20 世纪 20 年代的德国提出。早在 1927 年，物理学家马克斯·施滕贝克（Max Steenbeck）就曾为西门子公司开发了一个类似的系统，但只是停留在了图纸上。随后，施滕贝克造出了世界上第一个能够运行的电子感应加速器（这是另一种类型的环形加速器）。1929 年，匈牙利物理学家利奥·西拉德（Leo Szilard）为回旋加速器申请了专利，但他的设计仍然仅停留在图纸上。

结果，世界上第一台环形粒子加速器于 1932 年在美国加州大学伯克利分校被制造出来。这一设计的专利属于物理学家欧内斯特·劳伦斯（Ernest Lawrence），他的学生米尔顿·斯坦利·利文斯顿（Milton Stanley Livingston）为其发展做出了重大贡献。有趣的是，他们在两年前制造了一台小型测试用回旋加速器（这一点毋庸置疑），它只能将粒子加速到 80 千电子伏特，但利文斯顿还是据此做了论文答辩。在随后的几年中，在劳伦斯的指导下，利文斯顿制造出了几个能量越来越大的回旋加速器。到了 1939 年，他将回旋加速器中的粒子加速到了 16 兆电子伏特。

类似的工作也在苏联同步进行。20 世纪 30 年代的苏联物理学家获取了外国同行的材料，几乎就在劳伦斯于 1932 年造出回旋加速器之后，物理学家列夫·梅索夫斯基（Лев Мысовский）和格奥尔基·加莫夫（Георгий Гамов）为列宁格勒镭研究所研发了一台 1 米回旋加速器。还有一位未来的名人——当时还很年轻的伊戈尔·库尔恰托夫（Игорь Курчатов）与镭研究所的创始人之一维塔利·赫洛平（Виталий Хлопин）也参与了这项工作。1937 年，苏联（也是欧洲）第一台回旋加速器成功运行，但加莫夫并不知道这一点。在研究该设备的专家组中，加莫夫大部分时间都在国外出差。在 1928—1931 年，他到过世界各地的先进实验室，还在 1933 年索尔维会议①期间再次前往布鲁塞尔，之后加莫夫甚至还拒绝回国，过了 7 年后成为美国公民。

同美国、德国、丹麦等世界上其他国家一样，苏联的加速器研究始于镭研究所的回旋加速器。新的环形加速器设计方案总能突破各种限制不断出现。1945 年，物理学家埃德温·麦克米伦（Edwin Macmillan）设计并制造了第一台同步加速器；一年后，在他的领导下，劳伦斯实验室（现为劳伦斯伯克利国家实验室）的 470 厘米回旋加速器被改造成了同步回旋加速器；1954 年，第一台高能质子同步稳相加速器（即能量为几十亿电子伏特量级的加速器）出现在伯克利；1970 年，恩里科·费米在国家实验室造出第一台兆电子伏特加速器（即具有几万亿电子伏数量级的能量）……

苏联科学家也在这场"权力的游戏"中做出了自己的贡献。

自动稳相原理

在苏联，有许许多多杰出的科学家致力于加速器的研发，而在这一开拓性的领域里我们总能联想到一个特定的人——弗拉基米尔·约瑟福维

---

① 索尔维会议是量子物理学领域著名的学术会议。会议由比利时工业化学家和社会改革家索尔维（E Ernest Solvay）资助，因此以其名字命名。——原文注

奇·维克斯列尔。维克斯列尔出生于 1907 年，他于 1931 年从莫斯科动力工程学院毕业，毕业后在全苏电工技术研究所工作，之后在苏联科学院物理研究所工作。总体来说，他的职业发展堪称苏联学术生涯的理想典范，既没有与国际社会隔绝（并非是畅通无阻的，我之后会谈到这一点），也没有经常随着执政党路线的变动而被取代。

1940 年，维克斯列尔通过博士学位答辩后留在了苏联科学院物理研究所工作。他积极地在学术刊物上发表文章，被认为是苏联核物理学领域的杰出青年学者之一。1944 年，维克斯列尔成为世界上第一个提出自动稳相原理的人。

正如之前提到的，当一束荷电粒子在循环加速器中被加速时，它会反复穿过加速间隙。为了能够有效加速，需要在这些时刻让粒子的运动方向与电场方向重合，也就是说粒子的运动和电场变化必须是同步的。为了达到同步，粒子的回旋频率必须等于电场的频率或电场频率的倍数，这样一来，粒子将始终在相同的电场相位下穿过加速间隙，获得能量并被加速。回旋加速器正是基于这个原理工作的：在回旋加速器中，粒子在恒定磁场中运动，其回旋频率恒定，等于加速场的频率。

然而，当粒子的能量达到最高时，就会丢失同步。这是因为，在远低于光速的条件下，动能与速度的平方成正比：$T = \dfrac{mv^2}{2}$。

但是，如果速度接近光速，那么根据相对论，等号两边就不再相等了（相当于质量 m 增加了）。反过来又会导致随着能量的增加，粒子的回旋速度变慢——其实粒子回旋周期与其能量是成正比的。

回旋频率降低，不再与加速电场的频率一致，就会有粒子脱离被加速的粒子束。假如我们只有一个粒子，我们可以根据其回旋频率的变化来调整电场的频率，在加速过程中也可以减弱磁场或做其他调整。但如果是有数以百万计的粒子，那么它们的能量就会扩散（换句话说，每个粒子的运动都略有不同），它们是根本不可能并排排列好的。这就是回旋加速器的天然限制，正如之前提到的，这种情况下加速粒子的能量不超过 20—25 兆电子伏特。

因此，弗拉基米尔·维克斯列尔研究了上述问题，他发现了一种物理现象，将其称为粒子的自动稳相原理。想象一下，在加速过程中，我们平稳地增加加速场的周期。一部分粒子会很"幸运"，它们的回旋周期将以完全相同的速度变化，并且当它们穿过加速间隙时，在每次回旋时都会得到相同的能量用以加速。这种粒子被称为同步粒子。另外，维克斯列尔发现，能量与同步粒子接近的其他粒子也可以被加速从而避免脱离被加速的粒子束，只是方式略有不同！

如果粒子最初具有比它的同步粒子"同事"略高的能量，那么它的回旋周期增加得更快，并且在下一次转弯时它会在接近加速电极处落后。换句话说，它在电场减弱的那一刻到达加速电极处，获得的能量较少，其回旋周期会减小。因此，经过一个又一个的循环，逐渐减小粒子的回旋周期，直到恰好与同步粒子的回旋周期一致，也就接近共振。

然而，粒子并不会就此停止减小回旋周期，它继续得到低于同步粒子的能量，逐渐走向另一个极端。这就导致开始向着相反的方向起作用：粒子的能量低于同步粒子的能量，其回旋周期减小，在下一次增强电场的时候它会过早地穿过加速间隙。总的来说，滞后的粒子和领先的粒子都围绕着稳定相位振荡，并逐渐向其靠拢——这一过程被称为自动稳相。

可以被形象地表示为下图：

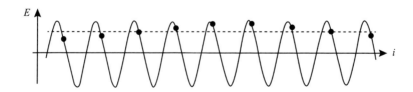

虚线与粒子能量波动的交点就是粒子被加速的点。我们可以清楚地看到，粒子在所需达到的相位周围做振荡。它不均匀地获得能量，时多时少。

你可能会说，这算是一个发现，但这本书应该是关于发明的！从某种程度上说，你是对的。但另一方面，正是自动稳相原理的发现才催生出了新一代粒子加速器，这也可以被理解为字面意义上的发明。而正是弗拉基米尔·维克斯列尔第一个提出了这项发明。

电子回旋加速器和同步加速器

自动稳相原理成了一类新设备的基础——准共振加速器，由维克斯列尔于 1944 年提出。维克斯列尔在苏联科学院物理研究所的同事叶甫盖尼·费因伯格（Евгений Фейнберг）用数学方法计算出了此类加速器运作所需的稳定性。

这一类别加速器的两个主要代表是电子回旋加速器和同步加速器。在电子回旋加速器中，磁场和电场的频率是恒定的，而粒子的回旋周期（和轨迹）是发生变化的，因此在每次回旋时，它们仍会在所需的相位下穿过加速间隙。在同步加速器中，粒子的轨道不变，只是增强磁场，电场频率恒定。1944 年 4 月 25 日，维克斯列尔发表了著名报告《相对论性粒子加速的新方法》，其中描述了上述两种设计的基本原理。在他的报告中提到了劳伦斯和克斯特（Kerst）（等时性回旋加速器的发明者），之后引到了自动稳相原理上，为粒子加速领域的新发展开辟了无限的空间。

但是，维克斯列尔还是没那么走运，他有两次倒霉的经历。第一次，欧洲当时正经历着战争。没错，转折点已经出现了，苏军正在反攻法西斯，胜利的曙光隐隐可见。然而，坦率地讲，欧洲和苏联当时是没有时间进行科学研究的。当然，学者们继续进行着研究，发表文章，做出发现，但这些工作的速度非常缓慢，原因就包括学术界直接沟通的渠道有所中断。

维克斯列尔的第二次不幸是国家间外交关系的降温。如果他的发现出现于 20 世纪 30 年代，那么他的文章在几周内便会被翻译为英文，出现在美国和英国的学术期刊上。但自 40 年代中期以来，"以创新为目的出差"的机会显著减少，学术文章大多停留在苏联的学界内部，并且拖很久才能被翻译。正是这样，尽管维克斯列尔在 1944 年 7 月就发表了一篇题为《论相对论性粒子加速的新方法》的文章，但他的成果并没有被世人注意到。

结果在 1945 年，美国物理学家埃德温·麦克米伦比维克斯列尔稍晚些，独立地提出了自动稳相原理。他根据自动稳相原理，设计出了世界上第一台同步加速器。著名的大型强子对撞机就是一台同步加速器，它可以将粒子加速到 6.5 太电子伏特（1 万亿电子伏特）。但后来，事实还是得到了尊重。麦克米伦承认了维克斯列尔在这一发现中的优先权，并于 1963 年因其二人对和平利用核技术所做的贡献，分享了原子和平奖（Atoms for Peace Award）（维克斯列尔成了此奖项的唯一一位俄罗斯获得者）。

更具体点，维克斯列尔在他的文章中介绍准共振加速器粒子时列举的是电子回旋加速器。这就是为什么人们经常会听到"维克斯列尔发明了电子回旋加速器，麦克米伦发明了同步加速器"这样的说法。但这种说法并不完全正确。我想表达的是，两位研究者几乎同时独立地发明了这两种加速器。有趣的是，维克斯列尔在他的文章里描述了新的加速器设计方案，纯粹是为了提出理论，借用思想实验举例说明自动稳相原理。换句话说，维克斯列尔在那个时候想到了电子回旋加速器的物理表现，但他本人并没有采取任何明显的动作来实现这个想法。

20 世纪 60 年代，另一位苏联物理学家安德烈·科洛缅斯基（Андрей Коломенский）提出了分离式电子回旋加速器的概念，从而完善了维克斯列尔的想法。事实上，它就是一个电子回旋加速器被分为两半，再把这两部分半圆形装置移开。在这种情况下，为粒子提供加速脉冲的加速共振器被置于两部分之间。由此就得到了环形和直线加速器的集合体——粒子在直线部分加速，在其中一个半圆形轨迹中回旋，然后再次加速。这就使得均匀和恒定的加速成为可能——在分离式电子回旋加速器内，始终存在处于不同加速阶段的粒子。这就是电子回旋加速器相较于其他类型加速器的优势。其他类型的加速器通常以脉冲模式运行，在短时间内加速粒子，而电子回旋加速器几乎可以连续获得高能粒子。

尽管对电子回旋加速器理论的计算是在苏联进行的，但第一个实验性的电子回旋加速器却是 1948 年在加拿大渥太华制造出来的。而第一台实际用于实验的机器则要更晚了——它是 1961 年在韦仕敦大学（加拿大安大略省伦敦市）制造出来的。因其粒子不断流动的特性，从 20 世纪 70 年代开始，电子回旋加速器不仅用于实验室的研究，还被实际用于放射治疗上。

第十四章

显微阐幽

大多数人会将"显微镜"一词与镜头和光学放大联系起来。在生物学、物理学乃至工业中,电子显微镜也被广泛应用,它使用的是电子束而不是光束。然而,普通人对声学或超声显微镜知之甚少,这属于显微镜中比较罕见的一种。但"罕见"并不意味着"不重要"。

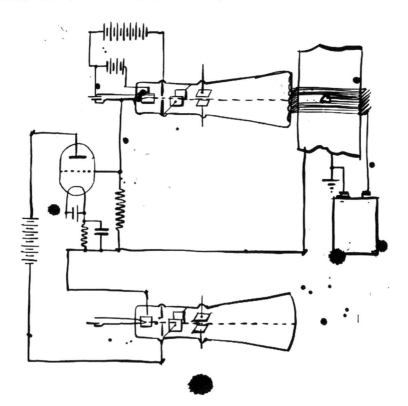

事实上，几乎任何一种辐射都能应用在显微技术上。光学显微镜使用可见光谱波段中的电磁波，电子显微镜使用高能电子束成像，X 射线显微镜被用于研究尺寸与 X 射线波长相当的物体。另外，还有相对较新的扫描探针显微镜，它被发明于 20 世纪 80 年代，其原理是使用实际的探针（悬臂）来探究物体表面，这种探针类似于探棒，只不过它的直径仅为 1—100 纳米。当然上述并不是全部的显微镜种类。显微镜被应用于数百个领域，并且每个领域都有其特殊性，对测量的准确性也有自己的要求。

声学显微镜通常采用 5—400 兆赫的超高频声波来进行测量。在此提供一个参照——人耳最高能听到 20 千赫的声音。声学显微镜的想法是基于在材料中声音和光的表现类似。声波可在物质的表面和内部结构中被折射、吸收或反射。通过与样本相互作用而获得的声学图像是可视化的——与超声波检查过程中获取可视化的器官图像的方法相同。实际上，医学中的超声波检查是声学显微镜的近亲。

探　伤

苏联物理学家谢尔盖·雅科夫列维奇·索科洛夫（Сергей Яковлевич Соколов）可谓奠定了整个声学显微镜领域的基础。

他于 1897 年 10 月 8 日出生在萨拉托夫省克里亚瑞姆村的一个贫苦农民家庭。家中总共有 17 个孩子，只有 4 个活了下来，这虽然听起来很可怕，但在那个年代也属正常。谢尔盖不仅活了下来，他还没遵照父亲的意愿，成为农场的继承人，而是在他祖母的坚持下去了一所教区学校学习，而后到了一所乡村学校学习，最终通过了萨拉托夫一所中等技术学校的入学考试。他是索科洛夫一家中唯一一个在社会上出人头地的，他做到了。

索科洛夫从中等技术学校毕业时苏维埃政府已经成立了，他曾在红军的队伍里服役，之后进入彼得格勒电工学院（后更名为列宁格勒电工学院，

LETI）[1] 学习。索科洛夫的一生都与 LETI 息息相关。毕业后，他成了特种无线电工程教研室的助理，起初是在电气工程专家列昂尼德·曼德尔施塔姆（Леонид Мандельштам）的指导下工作，后来，曼德尔施塔姆因发现光的拉曼散射而获得诺贝尔奖提名。但是，曼德尔施塔姆并没有留在 LETI，他只在那里工作了不到一年的时间，而索科洛夫却永远留在了母校，从 1925—1957 年，他为母校整整奉献了三十二载。除了在 LETI 的工作，索科洛夫还积极与苏联中央无线电技术实验室开展合作。

索科洛夫可以说是一入职就选定了自己的研究方向——他对将电信号转换为声波的选题产生了兴趣，于是他着手设计石英谐振器，并于 1929 年开始领导中央无线电技术实验室声学部门的研究工作。总体上，在索科洛夫的建议下，实验室将电声学作为了一个单独的研究方向，后来演变为 LETI 的声学教研室和电声学实验室。值得注意的是，LETI 的这种设置在当时并不是独一无二的——全世界范围内对声学的研究都相差不多，水平都没有很高；存在一些出类拔萃的认真研究该方向的研究人员，但以整个教研室这样的单位来关注这一个选题是很少见的。

1927 年，索科洛夫发现了一种现象，这影响了他未来的工作乃至整个职业生涯。他发现某些频率（0.5—25 兆赫兹）的超声波可以在金属内部传播，却很少被吸收。这一发现立刻使他产生了超声波探伤的想法，并早在 1928 年，索科洛夫就在实验室里设计并制造了一台声学探伤仪——一种通过"倾听"材料来检测其中包括空洞、夹渣夹杂、冷隔等各种缺陷的装置。超声波探伤仪的精度要明显高于任何方法的精度，它可以检测出金属制品中的微小裂纹和气孔。

声学探伤仪的基本工作原理如下。声波不会在均质材料内部发生折射，但会在介质交界面上改变运动轨迹。因此，如果金属内部有其他材料的夹

---

① 如今的圣彼得堡国立电子技术大学。——译者注

杂或者空隙，也就是具有不同弹性特性和密度的区域，声波就会被反射或折射。波长越短（频率越高），可检测到的缺陷就越精细。

至今仍在使用的许多类型的声学探伤仪都是在索科洛夫本人研制的基本模型的基础上开发的。他获得了发明证书，并于 1942 年获得了苏联国家奖金。

然而，探伤只是第一步。

走在时代之前的发明

探伤仪可以检测出非常小的瑕疵，这让索科洛夫想到，有没有可能借助超声波"看到"用肉眼或者通过光学显微镜看不见的细节？换句话说，他想要研制一个声学显微镜，让人可以"看到"处于木材、金属、黏土等不透明介质中的小物体或者不规则的地方。

主要的问题是，如何将声学信号转换为可见图像。探伤仪只是发出信号，然而显微镜就要求必须在输出端显示图像。第一种方法由索科洛夫在 1935 年提出，被称为表面浮雕法。具体操作是：将研究对象浸入液体中（因为液体是比空气更好的导声介质），然后从下方施加超声波。在液体反射或折射声学信号的出口区域的表面产生与声强成正比的声辐射压力。相同频率的参考波指向该平面，发生干涉并形成驻波。如果用一束相干光照射这一区域，它反射到屏幕上会形成超声波穿过的物体的图像——这种方法被称为声全息术。1935 年，索科洛夫关于表面浮雕法的博士论文《超声振荡及其应用》通过了答辩。另一种新一些的成像方法是由索科洛夫在 1941 年提出的基于阴极射线管的方法。正是这种带有电声管的装置，索科洛夫本人将其称为声学显微镜。

实际上因为战争的原因，索科洛夫不得不暂停他的研究，他专注于探伤，特别是提出用他的设备来检查飞机机翼与机身的接连情况（他因此于 1945 年获得了红旗勋章）。20 世纪 40 年代中期，他重新回到超声显微镜课题的研究上，成功运行了带有阴极射线管的系统，于 1948 年获得了苏联发明证书，1951 年获得了苏联国家奖金。

索科洛夫很幸运，他的探伤仪和显微镜并没有被列为机密。在凭借探伤仪获得了苏联发明证书（1936 年）后，索科洛夫还获得了英国第 477139 号专利（1937 年）和美国第 2164125 号专利（1939 年）。这位科学家的专著被翻译成了多国语言，战后，他多次赴欧洲出差，并就当时所谓的"声音成像"主题发表了演讲。顺便说一下，索科洛夫的美国专利在之后被其他发明人多次引用，最后一次是在 1997 年！

然而，如果说探伤仪在发明后几乎立刻成了一种被广泛应用的设备的话，那么索科洛夫超声显微镜的使用就可谓远远领先于他的时代。

过去和现在

1948 年，索科洛夫提出的超声显微镜的基本原理如下：压电石英板产生一束超声波，超声波从研究对象上反射，并通过声透镜射在另一块接收压电板上。后者是阴极射线管的底部。在超声波的作用下，板子发生形变，其内侧出现电荷，电荷重合分布形成"声学图像"。该图像被阴极射线扫描，而上述电荷会影响二次电子射出。被阴极射线击落的电子会被阳极捕获，电流被放大并传输到第二个阴极管的调制装置上，该装置作为显像管，将图像显示在屏幕上。

索科洛夫声学显微镜的放大倍数取决于阴极管的线性尺寸之比，而图像的分辨率，正如前面提到的，则取决于波长，波长越短，获得的图像效果越好。

这里就出现了一个问题。无论是 20 世纪 30 年代还是 40 年代，都没有任何一种技术可以产生频率如此之高的、让声学显微镜能正常工作的声波。压电板所产生声波的频率足以用作钢材探伤，但这样频率的声波用在显微镜上是远远不够的。索科洛夫研制的模型将频率增大了 10—15 倍，这已经是当时的极限了。他毕生都致力于解决如何产生高频超声波的问题，直到他于 1957 年去世。索科洛夫发表了许多其他的研究，特别是关于光的衍射。1952 年，他创立了列宁格勒电工学院的电物理系，成为苏联科学院通讯院士，然而他的主要发明却从未实际使用过。

尽管如此，谢尔盖·索科洛夫的研究与著作仍被全世界众多学者所知所用，因此他还是受到了大家的支持与拥护。1957 年索科洛夫去世后，康斯坦丁·巴兰斯基（Константин Баранский）发表了著作《石英中特超声振荡的激发》，从而催生出了得以获取高频超声的新技术。巴兰斯基成了特超声（频率高达 1 吉赫）激发与接收技术的先驱。顺带一提，在我写本文时，他仍健在，已经 97 岁了！直到 2016 年，巴兰斯基一直在莫斯科国立大学聚合物与晶体物理学教研室任教。德国和美国的科学家们也进行了类似的工作。

1959 年，美国的弗洛伊德·邓恩（Floyd Dunn）和威廉·弗莱（William Fry）在《美国声学学会杂志》上发表了一篇题为《超声吸收显微镜》（*Ultrasonic Absorption Microscope*）的文章，在文中他们描述了使用声学显微镜进行的实验。正是他们的模型被认为是世界上第一个可使用的此类系统，尽管从原理上讲，他们的设计和索科洛夫的是差不多的。到了 20 世纪 70 年代中期，许多科学团体都研发出了声学显微镜。1975 年，科学仪器市场上出现了第一个量产模型——Sonoscan 公司的激光扫描声学显微镜（SLAM）。

如今，主要有 3 种类型的声学显微镜：扫描声学显微镜（SAM，实际上它继承了索科洛夫的设计方案）、共聚焦扫描声学显微镜（CSAM）和 C-SAM 型显微镜，它们在声学透镜的设计上有所不同。这 3 种声学显微镜最常见应用于各种电子元件、复合材料、塑料、金属陶瓷制品以及医学上的质量检测，特别是对骨骼的研究。这一切，都要归功于才华横溢的苏联物理学家谢尔盖·索科洛夫和他对这样一个看似很窄而又专业的领域——电声学的无限热爱。

第十五章

骨组织

苏联著名骨外科医生加夫里尔·阿布拉莫维奇·伊里扎洛夫（Гавриил Абрамович Илизаров）曾获得过 208 项发明证书，这一事实就很清楚地表明了为什么我不能在一本书中囊括整个苏联的工程技术思想。因此，在本章中我将只讨论使得整个骨科领域发生翻天覆地变化的著名的加压—牵张成骨装置。

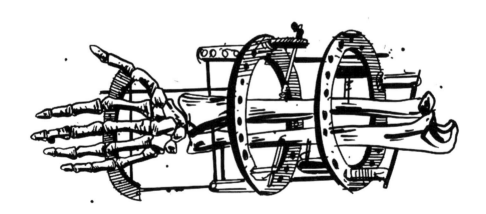

当然，我真心希望您永远都不会用到伊里扎洛夫装置。可能每个为新医疗设备申请专利的优秀工程师或医生都会有同样的想法。这确实够奇怪的——发明一种真心希望根本用不到的东西，但这恰恰就是医疗技术的特殊之处。

即使您很幸运，也可能知道这设备长什么样子：围绕着一条腿或者一条手臂的几个环，辐条从中刺穿皮肤并消失于身体组织中。乍一看，这似乎是控制人工器官技术领域的东西，实际上这样想也并没有很不着边际。

为什么需要伊里扎洛夫装置

当发生复杂性骨折，骨头断成几部分时，保守治疗通常是不可能的。仅仅靠把碎骨拼起来是不能够使之愈合的，尤其是无法用石膏或者高分子绷带固定的身体活动部位受伤的时候。

在这样的情况下，就需要手术治疗了。也就是医生用碎骨拼出一个"拼图"，然后用某种方式将其固定，这一过程被称为复位。这种固定（用术语讲是成骨技术）有两个目标：确保受损节段轴线方向正确，确保碎骨位置正确。固定材料可以是很简单的元件：螺钉、销钉、钢板，但有时必须要使用更复杂的方法。成骨技术根据固定装置的材料不同、打入体内的方式不同以及发挥作用的形式不同被分为几种类型，但我不会一一列举这些高度专业化的医疗术语，这并没有多大意义。

我们只对其中一种成骨技术感兴趣——外固定经骨加压—牵张成骨技术，俄文缩写为"ЧКДО"。现在我们来解释一下这个名称。"外固定"得名于固定结构的元件位于身体外部，与之相反，借助永久留于体内的各种钢板和螺钉的成骨技术被称为内固定。"经骨"一词指的是在该技术中，固定器垂直于骨管插入（例如，骨内成骨术，即固定器直接插入骨管或拧在骨头上）。最后，可怕的术语"加压—牵张"是最容易理解的。加压即给予压力，牵张就是拉伸，也就是说，这种固定器可以压缩或拉伸骨骼，使其形态正确地恢复。

因此，严格地说，伊里扎洛夫装置是外固定经骨加压—牵张成骨技术所使用的。但事实上，这项技术包括一整套可以控制骨骼及周围软组织形成过程的方法。该技术不仅可以治愈断裂的骨骼，还可以塑造或者重整它们。比方说，借助这项技术可以生成骨骼丢失的部分，矫正错误接合的关节，治疗畸形，调整骨骼的形状乃至厚度。伊里扎洛夫技术除了被应用于治疗性手术外，还被广泛用于延长骨骼的整形手术上（在他之前，没有任何一种技术可以进行这样的操作）。我将这个过程称为骨组织的神之游戏。

用于治疗骨折的伊里扎洛夫装置使用方法如下。用钻头给每块碎骨钻孔，再用两根成一定角度的固定针将其固定在位于肢体外侧的环或者半环中。如果环向内移动，则会加压；如果把环拉开，则会牵张。由于该装置具有许多自由度，可以逐块拼接或固定骨头，所以必须每天进行调整。伴随着不断愈合，辐条的压力会发生变化，这就要求医生（有时需要患者本人）不断扭转装置，以保持骨骼的位置。装置中通常有3—6个环，每个环有2—3根针。

治疗的过程是极其痛苦的。即使装置是在麻醉状态下安装的，但调整可能会持续数周，在这一过程中，肢体会一直疼痛。针头穿入身体的部位会发生溃烂，需要清洗并经常更换敷料。此外，佩戴伊里扎洛夫装置睡觉也十分不便。然而，患者几乎可以从佩戴装置的第一天就开始走路，因为该装置严格固定着肢体与所有碎骨。除此之外，医生会建议不要拄着拐走路，这样骨骼再生的部分会更快地变硬。

延长肢体也是按照大致相同的方法进行操作。首先要安装该装置，接着再截开骨骼，逐渐牵拉，以迫使骨骼生长。这样增长的速度大约是每天1毫米，但随着时间的推移增速会加快，因此可以在50—75天内长到3—5厘米。在整形手术中，这样的方式是很极端的，但如果遇到了腿长不同的情况，尤其是遭遇事故或受伤造成的，则这一方法是无法被取代的。以同样的方法，还可以矫正骨骼的畸形或错位。移除装置后，会留下点状的小伤口，这些伤口通常会愈合且不留疤痕。

天才之路

加夫里尔·伊里扎洛夫于 1921 年出生在比亚韦斯托克（波兰）附近的别洛韦日镇，彼时正值困难时期。有趣的是，这个镇在波兰共和国，之后成了苏联的一部分，然后又归属于波兰。他的父亲在搬到别洛韦日之前曾在红军服役，叶里扎洛夫（Елизаров）一家人生活贫困，却有 6 个孩子。是的，把姓的开头写成"叶"并没有写错。加夫里尔的父亲和他所有的兄弟姐妹们都姓叶里扎洛夫，只有长子的出生登记证上记录错误才姓伊里扎洛夫。

1928 年，他们全家搬到了阿塞拜疆的库萨雷村，这里也是他父亲出生成长的地方。阿布拉姆·叶里扎洛夫（Абрам Елизаров）来自一个比较罕见的亚民族——山地犹太人，他们生活在高加索地区，主要在达吉斯坦（您差不多能猜到，如今山地犹太人大多数的后裔生活在以色列）。库萨雷（Кусары），也称胡萨雷（Хусары）、胡萨（Гусар），相较于阿塞拜疆的城市而言其实更靠近杰尔宾特（俄罗斯城市），而且在 19 世纪初的一段时间曾是达吉斯坦的首都。

在那里，伊里扎洛夫读完了八年制学校，然后前往布伊纳克斯克（俄罗斯城市）就读医学速成学校——介于职业技术学校和大学之间的一种学校。1939 年至 1944 年，伊里扎洛夫在辛菲罗波尔的克里米亚医学院（现为格奥尔基耶夫斯基医学院）学习，并随学校一同撤退至后方。有一个令人震惊的事实，战争年代，尽管物资匮乏，该医学院艰难地搬迁到了国家的另一边陲，但总共培养出了 850 名毕业生。所有学生为了谋生都在做兼职，伊里扎洛夫和他的一个朋友靠缝制夏季鞋为生，很多赶上战争年代的毕业生都去了前线。伊里扎洛夫在离库尔干不远的波洛维诺耶村的地区医院做医生，但后方也需要医生，所以之后他被调派到了多尔戈夫卡村（科苏林斯基地区医院），在这里，这位刚满 20 岁的年轻医生既做内科医生，又做外科医生，甚至还是妇产科医生。

正是这种近乎疯狂的积累催生了伊里扎洛夫的发明。由于重要设备的缺乏，医生们被迫从废材料中收集许多东西。1947 年，伊里扎洛夫第一次借助他自己设计的加压—牵张成骨装置，治愈了骨折患者，当然不是同一个装置，可以看作是后来装置的前身。但至少，在伊里扎洛夫第一个装置里，已经采用了固定销钉垂直进入骨骼的方法了。

一年后，伊里扎洛夫由于在村里的无私奉献与工作上的成就，被调到了库尔干地区医院。到了 1952 年，在取得了现代化材料和同事的帮助下，伊利扎罗夫的固定装置有了近乎现代产物的外观。这一年，他首次在一名挂着拐杖行走多年的患者身上进行了试验，该设备不仅可以修复破损的骨头，还可以改变错误接合的骨头的形状。两年后，伊里扎洛夫获得了他的第一张发明证书。

然而，伊里扎洛夫装置走向全苏联，再到后来成名的道路却是不易的。时间到了 20 世纪 60 年代后期，除了发明者本人和几位走在前沿的骨科医生之外，并没有其他人使用过他的装置。装置并没有量产，现有的少数样品也是为满足特定需求而定制的。这项发明（加夫里尔·伊里扎洛夫在随后的几年内获得了其他的证书）遭到了领导层的傲慢对待，好像乡村医生提出的想法很难引起注意。

但在 1968 年，伊里扎洛夫很幸运地迎来了一位患者。

跳　高

患者的名字是瓦列里·布鲁梅尔（Валерий Брумель），他是全苏联的明星。1964 年东京奥运会，22 岁的布鲁梅尔夺得了跳高金牌，是苏联跳高运动员中的佼佼者，国家队的信念与希望，曾创造了 6 项世界纪录，3 次成为国际体育通讯社（ISK）的年度最佳运动员，多次出现在国外杂志封面上。但在 1965 年，这位年轻运动员遭遇了一场可怕的事故。他搭乘熟人的摩托车，车失去控制，他的脚以近乎每小时 100 千米的速度撞到了路灯灯柱上。腿实际上是被一块块拼接起来的，奇迹般地避免了截肢。虽然把腿拼好了，但一条腿却比另一条腿短了 3.5 厘米，这毫无疑问葬送了他的职业生涯。布鲁梅尔经历了 30 次手术，试过再度训练，但在他遇到伊里扎洛夫，之前的种种尝试都是徒劳的。

伊里扎洛夫是第一位向布鲁梅尔承诺不再使用轮椅或者拐杖，而能让其回归运动的医生，而且兑现了承诺。在外固定经骨加压—牵张成骨技术的帮助下，布鲁梅尔受伤的腿被拉伸到了与健康的腿齐平的状态，他的运动生涯得以延续。当然，他从那之后再也没有重复过之前 228 厘米的纪录，但却跳到了 209 厘米，这也是一个非常好的成绩。

布鲁梅尔同伊里扎洛夫成了多年好友。布鲁梅尔虽然没有再次成为田径明星，但他却积极参演电影，而且再次结婚（他的第一任妻子在事故后离开了他）。总的来说，布鲁梅尔过上了充实的生活。而且，他迷上了文学，撰写了剧本《纳扎罗夫医生》，里面的主角大家很容易就能猜到是谁吧。

虽然在治疗布鲁梅尔之前，伊里扎洛夫也曾经治疗过一个同样出名的人——著名音乐家肖斯塔科维奇（Шостакович），但却是布鲁梅尔这一本来毫无希望的案例为他的发明开辟了新的道路。几年后，伊里扎洛夫门前排起了长队！信件从苏联各地纷纷寄来，再之后，这一消息也传到了西方及世界各地。伊里扎洛夫被视为"巫师"，能够拯救本来无法被拯救的事物。1970 年，由埃尔福特医学院（德意志民主共和国）的约翰内斯·海灵格（Johannes Hellinger）医生编写的关于伊里扎洛夫方法的第一本外国专著出版了。1980 年，在著名记者、旅行家尤里·森科维奇（**Юрий Сенкевич**）的协助与推荐下，意大利登山家卡罗·毛里（Carlo Mauri）到库尔干来找伊里扎洛夫。伊里扎洛夫为毛里治好了复杂性骨折，给这位意大利的登山家留下了十分深刻的印象。一年后，毛里邀请伊里扎洛夫参加了在贝拉吉奥（意大利小镇）举办的国际会议。伊里扎洛夫在那里做了 3 场关于自己治疗方法的讲座，全部都获得了 10 分钟的起立鼓掌。意大利成为第一个积极使用伊里扎洛夫治疗方法的国家；也正是在那里，伊里扎洛夫装置开始了量产，医疗塑料（Medical plastic）公司注册了伊里扎洛夫（Ilizarov）品牌。

到了 1989 年，伊里扎洛夫已经成为世界范围内的名人——他曾赴各国参加研讨会；为了听到他的演讲，有人在纽约组织了一次座谈会，来自全美各地的医生们齐聚一堂，足足有三百多人。

1967 年，由伊里扎洛夫领导的一个小型问题研究所成长为了库尔干骨科与创伤学实验与临床研究所，也就是如今的俄罗斯 G.A. 伊里扎洛夫"创伤修复与矫形外科"研究中心。伊里扎洛夫本人获得了许多苏联与外国专利，发表了 600 余篇学术论文，用他自己和他的追随者的双手治愈了数千人。然而，值得注意的是，直到 20 世纪 80 年代，还有许多医生，甚至是伊里扎洛夫亲自培训过的医生，在使用他的装置时都遇到了问题，操作该装置需要十分严格的外科医生资质。

迄今为止，伊里扎洛夫治疗方法及其装置是治疗复杂性骨折以及延长与增强骨骼的唯一方法。这位伟大的骨科医生于 1992 年去世，他为后世留下了不可磨灭的印记。

第十六章

苏联的热核聚变技术

2013 年 11 月,在法国城市卡达拉舍附近,一项重大工程正式动工,位于此地的正是国际热核聚变实验堆计划(ITER)的设备系统,该计划致力于核聚变的和平利用。整个计划的核心被称为"托卡马克"(Tokamak),即苏联在 20 世纪 50 年代发明的等离子体磁性封闭真空室。

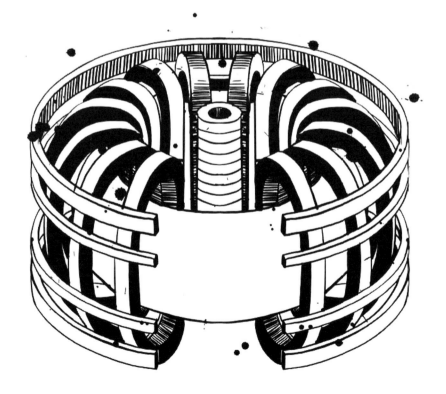

在第六章中，我们只讨论了一种核反应——核裂变。在亚原子粒子作用下发生的核裂变反应被广泛应用于核武器与核电厂中。但核反应并不只有重核的裂变，还存在与其相反的过程——核聚变，即由两个或多个轻核聚合而成新的、更重的原子核的过程。

核聚变与核裂变几乎是同时被发现的。20 世纪 30 年代，澳大利亚物理学家马克·奥利芬特（Mark Oliphant）在剑桥大学卡文迪许实验室工作，也正是在这里考克罗夫特（Cockcroft）和沃尔顿（Walton）尝试用高能质子轰击锂核（此处您可以参考第六章）。奥利芬特在其工作中最著名的发现就是氚——氢的超重放射性同位素。但奥利芬特并没有就此止步。

1933 年，美国物理学家吉尔伯特·路易斯（Gilbert Lewis）首次分离出了纯重水——氧化氘（D_2O），并将几种新物质的样品送到了卡文迪许实验室以便进行接下来的研究。氘核由一个质子和一个中子组成，起初被用作奥利芬特领导下设计的加速器中的轰击粒子。奥利芬特发现，当氘核与氘核或者其他的氘核碰撞时，所释放的能量要比粒子的初始能量相加之和要大得多。他得出结论，碰撞释放了维持原子核稳定状态的结合能。事实上，奥利芬特所做的就是历史上的首次热核反应实验——氘和氘的碰撞导致氦 4 的形成，这一过程中释放了一个中子和 17.59 兆电子伏特能量。他描述了这一现象，同时指出，是热核链式反应支撑着恒星（特别是太阳）的运行。后来，在这一领域积极研究的过程中，奥利芬特的理论得到了证实：1938 年，美国天体物理学家汉斯·贝特（Hans Bethe）解释道，质子—质子链反应使得恒星内部的氢转变为氦。

对释放大量能量的问题最感兴趣的莫过于军方。因此，美国和苏联都将研究方向迅速转向了热核炸弹（您可以在第三十九章中了解到这一点）。尽管如此，可控热核反应的试验也在进行中。从理论上讲，这一新技术可以解决全世界的能源问题：没有任何核电厂产生的能量可与热核反应所释放的能量同日而语。然而，核电厂已经在 20 世纪 50 年代出现，彼时热核炸弹也已经出现了，但核聚变至今仍未被用于和平事业！之后科学家们每隔几年都会预测说可控的热核反应将在不久的将来实现，现实却不如预测所言。

尽管如此，这一领域一直都在进步。特别是为了研究热核聚变反应所开发出的一套完整的设备系统，在其支持下理论上可以实现可控的热核反应。在这个研究系统中最重要的构件就是能够约束高温等离子体使其不会与其他构件接触的磁阱。有几种不同的类型的磁阱，但最主要的两种是托卡马克和仿星器，前者由苏联发明。

热核聚变原理

在热核聚变反应中，较轻的原子核结合成为较重的原子核。这种反应在地球上永远不能自发发生，因为原子核之间的相互作用由两个互相抗衡的力所决定。当然在恒星内部是可能的，甚至是必须发生的。

首先是简单易懂的静电斥力：根据著名的库仑定律，包括原子核在内的带同种电荷的物质相互排斥。

其次，就是所谓的核力——强相互作用的一种表现，是四种基本相互作用之一。它仅能在极小的距离内被观察到，负责结合质子和中子中的夸克，以及原子核中的质子和中子，正是由于强相互作用的存在，原子核才不会分裂。强相互作用的性质是由基本粒子的特性所决定的，夸克及其结合而成的更大的粒子，以及胶子都是强相互作用的载体。但是，我不想也并不会深入讲解关于强相互作用的物理学：它过于复杂，我很难在一章中讲清楚，况且已给出的知识足够理解热核反应的本质了。

因此，在非常小的距离内——不到 1 飞米（10^{-15} 米），强相互作用就开始胜过原子间的静电斥力。这么说可能更好理解些：这个距离要比原子小十万倍，更接近于原子核的大小。粒子为了克服库仑斥力而需要消耗的最小能量被称为库仑势垒的高度，或简称为库仑势垒。

为了克服库仑势垒，原子核需要具有足够大的动能，比如通过加速器加速或加热。若是后者，则反应所需的温度非常高，需达到几百万度。

现在谈一谈元素的问题。通常，任何比铁轻的元素都会随着能量的释放而发生热核聚变反应，你只需要创造一个足够的温度条件。例如，我们可以举出很多在其内部以氢、氦、碳、氧、氮等元素发生热核聚变反应的恒星。问题就在于，恒星有足够长的时间来产生合适的温度和压力，但人类不行。因此，必须从不需要那么高的温度的选项中做出选择。这样一来，有几种可能被用于可控热核反应的燃料。最常见的选择是氘 ^{2}H 和氚 ^{3}H 的反应（奥利芬特应用了这一反应，氢弹使用的也是这个反应）。当氘和氚的原子核克服库仑势垒结合时，会形成一个新的元素——氦，同时形成一个高能中子，反应方程式如下：

$$^2_1H + ^3_1H \rightarrow ^4_2He + n + 17.589MeV$$

17.589 兆电子伏特是反应过程中释放的能量。热核反应的燃料还有其他的选择，比如氘（^{2}H）和氦（^{3}He）或者两个氘核（这种称为单燃料）。

正如之前提到的，克服库仑势垒所需的温度及能量都非常高，并且在任何情况下都明显超过了燃料原子本身的电离温度。例如，氘和氚克服势垒的能量要求 10 万电子伏特，而它们原子的电离能只有 13 电子伏特！所以反应过程中燃料将成为一团电离气体，也就是等离子体。

现在可以想象一下，我们有了一团被加热到几千万度的高温等离子体。该如何控制它？如何约束它呢？它能够熔化或者蒸发任何材质的容器壁，更别提将它放入一个理想的无法被毁坏的容器中，那么它就会开始冷却，失去反应所需的特性。

"托卡马克"装置就是为此而生的。

如何约束等离子体

早在 20 世纪 40 年代，就有人已经意识到了在现有设备上进行高温等离子体实验是根本行不通的，包括恩里科·费米在内的许多研究人员就曾写过相关的问题。大概在同一时间，等离子体约束的概念就出现了。由于它是一团电离气体，因此可以通过将其置于磁场中来控制：电子和离子将围绕磁感线运动，而不会超出指定区域。在纯理论中，可以使用螺线管（圆柱形绕线）产生这样的磁场；但在实践中，这一方案并不可行，因为需要封闭的环形结构，等离子体在其中无限循环运动下去。

费米发现了该方案中的一个问题。在环形结构中，存在等离子体"分层"的风险：环面内侧的磁场强于外侧的磁场，导致不稳定，等离子体便会喷射到环面的外壁上。这自然将会是一场灾难，却没有很好的解决方案。

1947 年，德国核物理学家罗纳德·里希特（Ronald Richter）移民到了阿根廷。基于自己在德国工作时获得的知识，也部分出于谋生的目的，里希特承诺阿根廷总统胡安·庇隆（Juan Perón）将军开发并建造一座将提供近乎无限免费能源的热核聚变发电站。盲目相信所有的德国技术的庇隆给予了里希特全权委托，并承诺提供任何必要的资金。该项目被命名为马驼鹿计划（Proyecto Huemul），1951 年里希特郑重宣布他在实验室中实现了可控核聚变反应。他亲自向庇隆演示了"反应"，但实际上就是氢气在电弧中的燃烧。但是，1951 年 3 月 24 日，庇隆公开宣布里希特的成功，阿根廷在核物理领域取得重大成果的消息迅速刊登在世界各地的报纸上。

在阿根廷这一切都以可悲的结局收场：项目被叫停，里希特因欺诈罪被捕，后被驱逐出境，庇隆在 1955 年的军事政变中失去权力。但阿根廷取得成功的消息最初被公布时令许多科学家兴奋不已，特别是美国天体物理学家莱曼·斯皮策（Lyman Spitzer）。尽管，斯皮策专注于理论研究，并且他对恒星的兴趣要多于实验室的实验——但这个想法却吸引了他。他曾写过许多关于宇宙等离子体的文章，在当时产生了一个想法——一个可以将其限制在地球条件下的设计方案。他出色地完成了对遭受诟病的费米环面的改进，将其改进为"仿星器"。

如果您看到仿星器的图片，会发现它很像一个黑色的皱巴巴的甜甜圈。还像是落在巨人手中的圆环，巨人用力咬它、摩擦它、弯折它，然后把它扔掉。实际上，在皱巴巴的仿星器中有一个清晰的模式：它内部的磁力线多次扭曲，类似于莫比乌斯带（尽管它们并不是）。这样一来，处于不同位置的等离子体粒子时而远离装置的轴线，时而靠近，如此保持系统的稳定。

因此，仿星器的磁场由形状复杂的外部线圈产生，使得它在任何时间段内能连续运行，这与"托卡马克"不同，我们将在后面讨论。重要的一点是：仿星器有很多构型，因为有很多种方法可以扭曲等离子体的运动轨迹，使其稳定。之后，这些仿星器，特别是扭曲器，在苏联也获得了专利。

发明仿星器时，斯皮策正在普林斯顿大学工作。1951 年，普林斯顿大学成立了等离子体物理实验室，由斯皮策领导。大学从军方获得资金，因为热核武器研究工作也同时在积极进行中，斯皮策工作的项目被称为"马特洪峰"项目，以纪念阿尔卑斯山——斯皮策也是一位著名的登山家。

1952—1953 年，该实验室建造出了世界上第一台仿星器，称之为 A型。这是一个由 5 厘米耐热硼硅玻璃管制成的小型原型机，证明了理论的可行性。之后又造出了 B-1 型和 B-2 型，还有后来的其他设计方案。

但是，仿星器也有缺点。主要是由于其轨迹复杂，等离子体损失了大量能量，要使其达到所需温度的状态十分困难，与"托卡马克"相比有天壤之别，前者在相同能耗下的约束时间非常短。

那么现在我们就来了解一下，什么是"托卡马克"。

苏联方案

扭曲的环面可能并不是解决费米问题的唯一方案。如果说美国遵循了斯皮策的方法，那么苏联就提出了一种完全不同的磁化等离子体约束方法，这种方法也经实践表明更有希望。

"托卡马克"也有自己的"斯皮策"，他就是奥列格·拉夫连季耶夫（Олег Лаврентьев）。1948 年，他在萨哈林岛服兵役期间自学成材。他阅读各种书籍，包括教科书，还订阅了《物理学进展》（Успехи физических наук）杂志。他对核物理学特别着迷，在 1950 年写了两篇文章，通过秘密邮件的形式发送给了中央重型机械制造委员会。随后，信件被转发到了专家安德烈·萨哈罗夫（Андрей Сахаров）手里，他意识到了自己发现了金子般的人才。在第二篇文章中，拉夫连季耶夫概述了磁化等离子体约束的原创系统，也就是"托卡马克"。不知不觉，他找到了费米问题的解决方案。

退役后，拉夫连季耶夫回到了莫斯科，进入莫斯科国立大学物理系学习，还与贝利亚进行了面谈，获得了进入苏联科学院测量仪表实验室的机会，也就是后来的库尔恰托夫研究所，萨哈罗夫和塔姆（Тамм）即在此进行研究工作。奥列格·拉夫连季耶夫为苏联科学家开创出了一条相当具有示范性的学术之路，而后来其他专家进一步拓展了"托卡马克"研究的主题。

必须要说，拉夫连季耶夫的信确实派上了用场：到 1950 年时，萨哈罗夫已经在进行磁化等离子体约束系统的研究了，但受阻于费米问题。一篇来自萨哈林岛的文章证实了他自己想法的正确性，起到了催化剂的作用。早在 1951 年 1 月，应萨哈罗夫的要求，一个类似于马特洪峰项目的实验室获得了资金支持，并于 1954 年首次造出了一台实验性"托卡马克"。

与仿星器不同，"托卡马克"没有"褶皱"，而是保持正常的环面，托卡马克这一缩写就包含带磁线圈的环形室这一概念。圆环套在一个大型变压器铁芯上，圆环内部的等离子体细丝（即等离子体流）作为次级绕组。等离子体中流动的电流提供了主要的热量，高达约 2000 万度；然后再通过诸如微波辐射等其他方法继续加热。约束等离子体的磁场是在磁线圈中形成的，但正如我们所知，它们不能足以确保"等离子体细丝"的稳定。

这就是为什么要用"托卡马克"中的等离子体作为绕组。流过它的电流会在自身周围产生自己的磁场，被称为极向磁场。为了控制该磁场，托卡马克的设计提供了一种"放置"在环形室轴上的极向场线圈。极向场比环形场弱，但足以限制等离子体沿磁力线移动，并防止其接触设备壁。也就是说，实际上"托卡马克"中等离子体的运动是由两个磁场控制的：一个控制等离子体细丝的环形运动轨迹，另一个负责稳定它，防止细丝扩散。

像仿星器一样，"托卡马克"也有自己的优点和缺点。优点是"托卡马克"中等离子体损失的能量要少得多，而且更容易保持反应发生所需的特性。主要缺点是其设计复杂，且成本明显高于其竞争对手。除此之外，与可以连续运行的仿星器不同，"托卡马克"是一种脉冲装置，因为要使次级绕组（等离子束）中出现电流，初级绕组中的电流必须增大。然而不可能无限地增大电流，因此必须中断该过程重新开始。

"托卡马克"对仿星器：未来的一天

理论上，已经发展出了更多磁化等离子体约束装置的概念。例如反射镜单元，或称为磁镜，这是一种开放式系统，但不幸的是，其特性不足以使等离子体达到所需温度。所以只有"托卡马克"和仿星器才真正的能够运行。

需要注意的是，尽管这种类型的设备在 20 世纪 50 年代初就已经出现了，但它们直到 60 年代末才真正运行。第一台真正运作起来的"托卡马克"，也就是磁化等离子体约束装置，被认为是 T-3，于 1968 年在库尔恰托夫研究所建造：史上首次设法达到了 1000 万开尔文温度。仿星器离这个温度还很远，不足以进行可控核聚变反应。仿星器达到这一成就向后推了很长一段时间，直到 21 世纪初，世界上绝大多数磁化等离子体约束装置都是"托卡马克"。

迄今为止，"托卡马克"已应用于俄罗斯、美国、日本、中国、英国、法国的实验室中，截至 2018 年 5 月，全球共有约 30 台"托卡马克"；最早的一台是 20 世纪 60 年代中期在库尔恰托夫研究所建造的，之后它被转移到捷克斯洛夫克并进行了多次改进。现在在布拉格的捷克理工大学。

随着准环对称仿星器的出现，竞争在 21 世纪愈演愈烈。第一台这样的设备是螺旋对称实验装置（HSX, Helically Symmetric eXperiment），由戴维·安德森（David Anderson）教授设计，建造于威斯康星大学麦迪逊分校。事实上，这一令人费解的名称背后隐藏着"甜甜圈"目前主要的一种构型——正如我之前所说，可以有几十种不同的方式改变仿星器的褶皱圆环，主要目的是能找到减少能量损伤的最佳构型。近年来开发出的构型和特殊的模式正好做到了这一点，仿星器摆脱了其主要缺点，逐渐开始成功地与"托卡马克"竞争。2015 年，高度现代化的"文德尔施泰因"7-X（Wendelstein 7-X）仿星器在德国格赖夫斯瓦尔德镇成功运行，借助该装置，等离子体的温度已经能够达到 8000 万摄氏度。

世界上该领域的主要希望集中在国际热核聚变实验堆计划（ITER）上，它就好比热核反应领域的国际空间站。该计划是 20 世纪 80 年代中期在苏联、美国、日本和一些欧洲国家的共同参与下构思出来的，但由于许多政治和财政问题，到了 2005 年才实际开展工作。从 2007 年开始，就一直在马赛（法国）附近建造 ITER，而到了 2019 年，已经完成了建设。该计划的核心是一个外径为 19 米的"托卡马克"。我不会在这里深入探讨其设计的复杂程度，您可以自己查找到相关信息。按计划，2025 年将进行 ITER "托卡马克" 的首次等离子体放电，而第一次释放能量的可控核聚变反应将在 2035 年进行，到了那时候，这本书要么会被完全遗忘，要么会走进各个学校。

　　但是，想到这样一个有 35 个国家参与的一个大型国际计划的核心装置是由苏联发明的，是多么令人自豪啊！

第十七章

微波激射器

　　1964 年，尼古拉·根纳季耶维奇·巴索夫（Николай Геннадьевич
Басов）、亚历山大·米哈伊洛维奇·普罗霍罗夫（Александр Михайлович
Прохоров）和查尔斯·哈德·汤斯（Charles Hard Townes）因"在量子
电子学领域的基础研究成果导致了基于激微波－激光原理建造的振荡器和
放大器的诞生"，共同获得了诺贝尔物理学奖。令人惊讶的是，微波激射器
是由两个团队（苏联和美国）完全独立且同时发明的，这就是本章将要讨
论的内容。

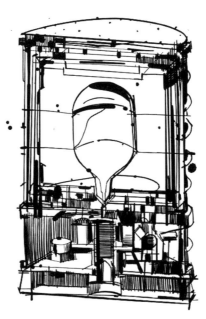

"微波激射器和激光器是一样的吗？"这样的问题我已经不止一次听到了。我大概会说，微波激射器和激光器的关系就同哈雷摩托（chopper）与运动摩托车（sportbike）之间的关系差不多。二者都是摩托车，都有两个轮子、一个车把，由一个链条传动，但是它们是为了不同的目的而设计的，因此性能也是不同的。除此之外，微波激射器要比它的兄弟激光器早了6年出现。

微波激射器和激光器都属于量子放大器（它们也都是量子振荡器），是基于阿尔伯特·爱因斯坦提出的受激辐射原理而制造。这种现象的本质是，如果一个原子处于激发态，那么在频率等于其跃迁频率的外来光子的作用下，可以发射相同频率的光子。这一原理不仅适用于原子，也同样适用于分子、离子、电子和原子核。简单地说，当外来（诱导）光子撞击受激原子时，会刺激其从较高能级跃迁到较低能级，并且原子会发射出与诱导光子性质相同的新光子。这样一来，第一个光子没有被吸收，我们在输出端就已经有两个相干的光子，也就是同频率、同相位的光子！

正是基于这一原理，制造了量子放大器——微波激射器和激光器。既然原理是通用的，那么我们首先解释更为熟悉的激光器系统的工作原理，然后再讨论微波激射器的不同之处就会更容易些。激光器最重要的部分是工作介质或活性介质，这种介质的原子能够在从激发态到基态跃迁的过程中发射光子。在一般条件下，工作介质中低能原子（即处于基态）的数量要远多于激发态原子的数量。为了让尽可能多的原子达到激发态，需要抽运活性介质，也就是为其提供额外的能量。常见的抽运方式有：借助气体放电灯的放电、借助来自其他激光器的辐射等。

当激发态原子数量超过低能原子时，活性介质进入被称为粒子数反转的状态。在这种情况下，系统不再处于热力学平衡状态，一些受激原子在不受外界影响的情况下开始自发发射光子。这些光子与活性介质的受激原子碰撞，造成受激辐射。为了更有效地放大光，激光器有一个光腔，最简易的形式就是两面彼此相对的镜子。谐振腔反射光，使得光子能够一遍又一遍地穿过活性介质并产生滚雪球效应。这就是激光辐射。

激光的波长由工作介质直接决定，范围从150纳米（使用惰性气体的准分子激光器）到570微米（甲醇激光器）。或许这样说能够帮助您更好地理解：可见光谱波长范围是380—780纳米，而我们经常在电影中看到的那种红色光线，波长范围大约是620—680纳米，是一个很小的区间。其余的部分都被其他颜色的光所占据，当然还包括紫外激光和红外激光。

这就是微波激射器和激光器的主要区别。

什么是微波激射器？

您可能不信，它和激光器是一样的：包括活性介质、抽运系统、谐振腔。只是它会产生其他波长的波——厘米尺度的波，即所谓的微波。这种波的波长可以从1毫米到1米整！当然，要产生其他的波就意味着需要其他的活性介质和抽运系统，但基本原理是一致的。这两种装置的缩写名称甚至都十分相似。MASER代表受激辐射微波放大（Microwave Amplification by Stimulated Emission of Radiation），而LASER代表受激辐射光放大（Light Amplification by Stimulated Emission of Radiation），只有一个词的差别。

尽管原理是统一的，但微波激射器的构造方式却和激光器略有不同。典型的分子微波激射器使用气体作为工作介质，常见的有氢气和氨气。气体被持续输送至低压室，在那里它被微波辐射激发并形成定向的原子或分子束，随后通过一个选择器（类似于过滤器），该选择器使用非均匀电场过滤掉处于未激发状态的原子或分子。然后，被激发分子束进入谐振腔，进一步的过程和上文提到的就一样了。

当然，微波激射器和激光器一样，不仅有原子的（分子的），还有气体的、固体的等几种类型。讲到这里，可能很多人都有一个疑问：我们为什么需要微波激射器呢？它发出的激微波与激光不同，不能照亮、切割或焊接，因为激微波辐射的功率非常小（在皮瓦的量级）。

如今，微波激射器主要有两个应用的领域。首先，它们应用于国家授时系统中的频率保持器。秒是现在时间的标准单位，相当于铯133原子基态的两个超精细能级间跃迁对应辐射的 9 192 631 770 个周期的持续时间。铯原子钟能够产生非常稳定的参考频率，可通过铯原子钟来测定秒。这个钟的原理类似于音叉：音乐家定期敲击它，听音符并将其与弦音进行比较——原子钟也是要定期打开以设定参考时间的。准确的时间由频率的守护者——氢微波激射器保持。微波激射器的第二个应用是作为射电望远镜中的低噪声微波放大器。

好吧，弄清楚了理论，现在让我们来研究一下它的历史。

谁发明了微波激射器？

1950 年，法国物理学家阿尔弗雷德·卡斯特勒（Alfred Kastler）提出了一种对工作介质进行抽运以使其中产生粒子数反转的方法。他认为电子暴露于光或其他电磁波时可以跃迁至更高的能级，他并没有弄错。当时还没有量子放大器，卡斯特勒的想法是纯理论的，在 1952 年年初，他在实验室实验的帮助下证实了其假设的正确性，并发表了一篇描述抽运技术的论文。

卡斯特勒的想法促使其他科学家开始考虑抽运的实际应用。1952 年 5 月，在全苏射电光谱学会议上，苏联科学院物理研究所的年轻物理学家尼古拉·巴索夫和亚历山大·普罗霍罗夫发表了一份关于研发光量子振荡器（当时"微波激射器"一词尚不存在）的联合报告。从理论上讲，他们的报告涵盖了微波激射器和激光器，这时距离其发明还有 8 年的时间。几周后，马里兰大学帕克分校的美国物理学家约瑟夫·韦伯（Joseph Weber）在渥太华举行的电子管研究会议上发表了主题几乎完全相同的公开演讲。

之后，相关论文被相继发表。韦伯的论文于 1953 年 6 月发表在面向无线电工程师出版的专业年鉴上，巴索夫和普罗霍罗夫的论文于 1954 年 10 月发表在《实验与理论物理学杂志》[①]（*Журнале экспериментальной и теоретической физики*）上。相比之下，苏联科学家的文章的论述要更加详细。

与此同时，一位比韦伯更重要的人物加入了微波激射器的竞赛当中。他就是查尔斯·哈德·汤斯，在纽约的哥伦比亚大学工作。早在 1951 年，汤斯就表露出了微波激射器的想法，但并没有付诸实践。当时他已经提出了"MASER"这个缩写，这个缩写现在也成了该设备的名称。听了韦伯的报告后，汤斯请求他把摘要寄给自己，并开始钻研这个问题。1953 年至 1954 年，汤斯和它的学生詹姆斯·戈登（James Gordon）和赫伯特·蔡格（Herbert Zeiger）用了不到一年的时间一起建造了历史上首台氨分子微波激射器。在英文文献中，该装置被称为汤斯－戈登－蔡格微波激射器（Townes-Gordon-Zeiger Maser）。

有趣的是，几乎所有汤斯的同事都认为他的设计行不通。然而，当汤斯的微波激射器成功运作时，他们却急于以微波激射器为主题发明各种变体，尝试各种活性介质和抽运系统。汤斯曾在 20 世纪 50 年代初受到尼尔斯·玻尔（Niels Bohr）、约翰·冯·诺伊曼（John von Neumann）和卢埃林·托马斯（Llewellyn Thomas）等学界重要人物的批评。

半年后，巴索夫和普罗霍罗夫在物理研究所造出了他们的微波激射器模型。1955 年，他们提出了一种实现粒子数反转的三能级系统方案，即使

[①] 期刊编辑在 1954 年 1 月就收到了这篇文章，必须说，其实出版得算很快了。在苏联，除了专业的学科同行评审，文章在进入编辑部之前，要经过一连串领导的审批（他们并不都是了解研究主题的），还需要报刊保密检查总局的批准书，就像歌词或者文学作品一样。这一系列流程会使出版推迟长达数年。——原文注

用三个而非两个原子能级的光抽运方案。氨分子微波激射器里面没有采用这个方案，但激光器不采用它的话就不能产生激光。

总的来说，微波激射器的历史与激光器的历史有着非常紧密的联系。奇怪的是，微波激射器出现得更早：就设计的复杂程度而言，二者相近，但激光器却可借助数十甚至数百种不同的活性介质制成更多种变体，且其实际应用要比微波激射器广泛得多。尽管如此，这一切都始于微波激射器，也正是因为此，汤斯、巴索夫和普罗霍罗夫在 1964 年共享了诺贝尔奖。顺便说一下，卡斯特勒也在 1966 年因相关研究获得了诺贝尔奖。

在成功研制微波激射器后，汤斯和他的团队开始致力于研究在红外光谱中运作的量子振荡器，也就是未来的激光器。巴索夫和普罗霍罗夫也在朝着同一方向前进，这里值得一提的是，当时的科学界把"铁幕"掀起来了：解冻开始，赫鲁晓夫访美，苏联学者的论文开始像 20 世纪 20—30 年代时那样涌现在国外学术期刊上。

根据汤斯和他的同事亚瑟·沙夫洛夫（Arthur Schawlow）的论文，休斯飞机公司的员工西奥多·梅曼（Theodore Maiman）于 1960 年造出了第一台成功运行的激光器。但这就又是另一段历史了。

第十八章
受激二聚体

在激光被发明之后，可以称之为"激光竞赛"的现象开始了。很多国家（苏联、美国、法国、英国）都参加了这场竞赛，其本质是科学家们不断开发更多可用于不同领域和不同目的的新型激光。这不是科学共同体之间的对抗，相反这是一场全球范围的大合作，数百位物理学家进行交流、通信，并在国外期刊上发表成果。苏联科学家在这个过程中取得了许多突破。

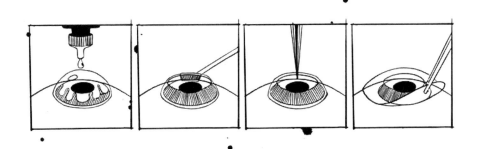

根据激活媒质的种类，可将激光器分为以下几种主要类型：气体激光器、染料激光器、金属蒸气激光器、固体激光器、半导体激光器等。每个类别都有自己更细的划分，例如气体激光器可以是传统的，也可以是化学、准分子、离子和金属蒸气激光器等。[①] 还可以根据激活媒质的特定材料来划分：例如，经典的气体激光器分为氦氖、氩气、氪气、氮气、二氧化碳激光器。

根据波长、辐射模式和功率的不同，激光器可用于特定领域。例如，具有强大长波红外辐射的二氧化碳激光器可以用于连续切割和焊接，一个低功率的半导体红光激光器可以用于读取条形码。

苏联科学对"激光竞赛"的最显著贡献之一就是准分子激光器的发明。我们现在就来介绍它。

二聚体理论

单词"эксимер"是英语短语"excited dimer"（受激二聚体）的缩写。二聚体是由两个单体组成的复杂分子，这两个单体可以相同也可以不同。

这里的一个特例是稀有气体，氦、氖、氩、氪、氙和氡，它们是惰性的，基态下不能够形成分子或任何化学化合物。但是当它们的原子处于较高能级时，稀有气体形成双原子二聚体没有任何问题。准分子激光器使用的正是稀有气体的这种特性。

当我们借助放电激发惰性气体的原子时，便会形成二聚体。它们可以是双原子气体分子，也可以是同卤素（氯和氟）形成的化合物，即卤化物（最初，术语"二聚体"仅指第一种情况，但后来被延伸）。在这种情况下，如果停止供电，二聚体将立即分解；换句话说，不会存在稀有气体的未激

---

① 对激光器进行分类还有许多其他标准，在本章中，我仅讨论按激活媒质的类型进行的分类。——原文注

发分子或化合物。因此，分子的出现本身就会自动发生粒子数反转，并且工作介质（一种惰性气体或其与卤素的混合物）开始发出电磁波。辐射后，二聚体分子进入基态，在几皮秒[①]的时间内分解为单体（在这种情况下，分解为两个原子）。

受激准分子激光器发出的辐射处于波长为 126 ~ 351 纳米的紫外线区域，同其他激光器一样，这取决于激活媒质的具体材质。它们的短波长（因此所具有的高光子能量）和高功率使其适合于其他类型的激光器无法完成的一系列任务。换句话说，它们无法被替代。

现在，让我们继续走进这段简短但丰富多彩的发明历史。

苏联制造

在 20 世纪 60 年代后半期，为大众所熟知的尼古拉·巴索夫（Николай Басов）和他在苏联科学院物理研究所的众多同事，尤里·波波夫（Юрий Попов）、本森·沃尔（Бенцион Вул）、弗拉基米尔·丹尼利切夫（Владимир Данилычев）、奥列格·克罗辛（Олег Крохин）、鲍里斯·科佩洛夫斯基（Борис Копыловский）、维克多·巴加耶夫（Виктор Багаев），积极参与激光工作。与此同时，列宁格勒国立光学研究所也在开展激光研究工作。1961 年 6 月 2 日，正是在这里，苏联第一台红宝石激光器问世，其设计者是高级研究员列昂尼德·哈佐夫（Леонид Хазов）。1962 年，物理研究所也制造了自己的激光器。1963 年就此发表了受到广泛关注的论文《砷化镓（GaAs）p-n 结的半导体量子发生器》。早在 1959 年，在一篇论文《量子机械半导体发生器和电磁振荡放大器》中，就提出了半导体激光器，尽管它的实现要晚得多。

----

① 皮秒（picosecond，符号为 ps），1 皮秒等于一万亿分之一（即 10^{-12}）秒。——译者注

到了 20 世纪 60 年代末，苏联已经完全投入到"激光竞赛"之中，因此，研究成果很快问世。扩大现有激光器的波长范围是一项重要的任务，这为科学和工业带来了新的机遇。

1971 年，巴索夫的团队，包括尤里·波波夫和弗拉基米尔·丹尼利切夫在物理研究所展示了一种全新的激光器——准分子激光器。里面的工作介质还不是稀有气体和卤素的混合物，而是纯氙气二聚体 Xe_2。波长为 172 纳米，是当时世界上波长最短的激光器。

新方案立即被国外科学家采用，并开始了其他类型准分子激光器的开发。这一方向最著名的成果在 1975 年出现，当时阿夫科 - 埃弗里特（Avco Everett）研究实验室、桑迪亚（Sandia）国家实验室、诺斯洛普（Northrop）技术研发中心以及美国海军研究实验室（U.S. Naval Research Laboratory）的 4 个研究小组都独立提出了将惰性气体与卤素混合的概念。前 3 个实验室研制出了氪 - 溴准分子激光器，第 4 个实验室研制出了氙 - 氯准分子激光器。如此密集的产出证明"激光竞赛"不仅在各个国家之间进行，而且在各实验室之间进行。

准分子激光器的应用

为什么准分子激光器如此重要？

首先，它们是现代显微外科最重要的工具之一。几乎所有的生物组织都能很好地吸收紫外线辐射，并且吸收率随着波长的减小而急剧上升。因此即使紫外线辐射穿透组织的深度非常小，也可以将光脉冲的全部能量传递给薄层（准分子激光器能量非常大）。于是，几乎瞬间就可以将一个极小的部分加热到高温，其组织被破坏，破坏的产物蒸发。所有这些都发生得如此迅速，如此局部，以至于热量和破坏组织后留下的产物都无暇扩散到邻近的组织区域，仍然完好无损。这个过程称为激光烧蚀。不会让人感到任何疼痛，且可以在不影响周围组织的情况下去除表皮和碎片。1988年，IBM 的一批美国物理学家：兰加斯瓦米·斯里尼瓦桑（Rangaswamy Srinivasan）、塞缪尔·布鲁姆（Samuel Blum）和詹姆斯·韦恩（James Wynne）获得了准分子激光器此种用途的专利（US4784135）。他们的专利与口腔手术有关，但后来准分子激光开始用于皮肤病领域，例如去除牛皮癣和白癜风，也用于心脏外科手术。

准分子激光在眼科手术中的使用尤为常见。如果您听到"激光视力矫正"这个词，那么很有可能我们正在谈论准分子激光。例如，正在广泛应用的激光角膜磨镶术，在通过特殊程序计算出的适当位置使一层薄薄的角膜汽化来矫正角膜的屈光度（该手术也被称为 LASIK）。

准分子激光器广泛用于微电子领域。早在 1982 年第一个医学专利出现之前，它们就开始在微电子领域使用。特别是准分子激光器在现代光刻机中用于制造微电子芯片。它们通常是氪－氟激光器和氩－氟激光器，波长分别为 248 纳米和 193 纳米。

许多人都听说过摩尔定律："集成电路芯片上的晶体管数量每 24 个月翻一番。"该定律于 1965 年提出，本来很快就应失效，因为物理对象（晶体管）的体积无限缩小是不可能的。而在过去的 20 年里，正是准分子激光器为这项定律提供保障。

"激光竞赛"今天仍在继续。每年都会出现新型激光器及其单个元件（特别是谐振器），而且对此类发明的描述通常听起来十分奇特。例如，2016 年，一个德国—苏格兰研究小组开发了一种基于由某些水母物种产生的增强型绿色荧光蛋白（eGFP）的生物材料的激光器。就其类型而言，它属于极化激元激光，一种特殊类型的半导体器件。

第十九章

三进制计算机

我们已经习惯了计算机基于二进制逻辑的事实:"0"和"1","是"和"否","真"和"假"。这种二元逻辑是任何计算机器的核心——从最早的"灯箱"到最新的超级计算机。但早在 1840 年,英国发明家托马斯·福勒(Thomas Fowler)就用木材制造了一台以三进制系统运行的机械计算机,100 多年后,世界上第一台三进制计算机在苏联建成。

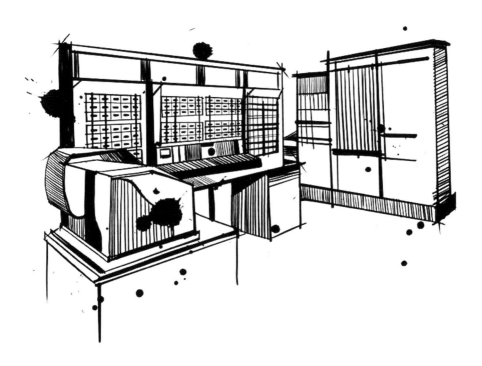

三进制逻辑是多值逻辑的一个特例。在三进制逻辑中，一个要素被赋予的值，可以是三种状态，而不是两种。存在具有单一值（例如，0，1，2或 -1，0，+1），也存在其中一个、两个或全部三个值都是不确定（例如，"真""假"和"不确定"）的三进制逻辑。

最著名的三值逻辑是由美国数学家斯蒂芬·科尔·克莱因（Stephen Cole Kleene）提出的，最早应用于数学模型的三值逻辑则是 1920 年由波兰哲学家和逻辑学家杨·卢卡西维茨（Jan Lukasiewicz）提出的（其中第三种含义为"中立的"）。请注意，这比福勒建造机器的时间要晚得多：福勒基本上不依赖理论，而是为纯粹实用的计算目的设计了一种机制。

应该指出，卢卡西维茨并不满足于三元逻辑的创立，通过引入已经提到的多值逻辑的概念将自己的理论推向了绝对，其中可接受值的数量可以是无限的。他最著名的著作是《亚里士多德的三段论》，该著作发表于1951 年，1956 年卢卡西维茨去世后多次再版。

这里还有重要的一点。多值逻辑是一种复杂的工具，用于解决特定的逻辑问题，例如在自动控制理论中，或者有点奇怪的是，在语言学中。在实践中多值逻辑的机制很难实现，更重要的是，它并没有比我们习惯使用的二进制系统带来更显著的优势（更准确地说，多值逻辑的优势与其在现实生活中使用相关的困难相比不值一提）。

也许这条规则的唯一例外是三值逻辑，它仍然在现实世界中得到了应用。

从福勒到计算机

1952 年 4 月，在约瑟夫·布鲁克（Иосиф Брук）[1] 的领导下，苏联科

---

[1] 此处应为作者笔误。根据相关资料，此处应为伊萨克·布鲁克（И.С.Брук）。——译者注

学院能源研究所电气系统实验室开始研制继 MESM（МЭСМ）小规模电子计算机和 M-1 之后的第三台苏联电子计算机——M-2。与此同时，其他研究中心正在建造另外两个电子巨人——科学院的 BESM-1（БЭСМ-1）和苏联设计局 KB-1（КБ-1）[现为科研生产联合公司"阿尔马兹"（Алмаз）] 的"箭"的前期制作。M-2 原计划安装在莫斯科国立大学力学与数学学院的计算数学系，但到 1955 年机器完成后，组装在 4 个机柜中并进行调试时，领导层的计划发生了变化，计算机被一直放在电气系统实验室，在长达 15 年中解决了来自不同机构的问题。

尽管如此，莫斯科国立大学确实需要自己的计算机：已经为它准备好了空间，几位工程师已经接受了调试机器的初步培训。据推测它应该会由苏联机械工程和仪器仪表部（现为电子计算机科学研究中心）的 SKB-245（СКБ-245）实验室研发，"箭"计算机正是在这里研发。但这些工作持续的时间可能会超过一年，而该系的负责人、著名数学家谢尔盖·索博列夫（Сергей Соболев）有一个聪明的想法：不依靠高高在上的权力，自己建造机器。顺便说一下，不久之后，索博列夫便在该系创建了一个计算中心，即如今莫斯科国立大学研究计算中心。

该项目的负责人是莫斯科国立大学设计局的年轻有为的工程师尼古拉·布鲁先佐夫（Николай Брусенцов）。布鲁先佐夫浑身上下燃烧着创新的火苗，第一件事就是排除了建造电子管计算机的想法。这听起来是进步的：第一台无电子管计算机刚开始在苏联和世界出现。但有一个问题是，当时半导体元件的情况很糟糕，特别是在晶体管方面。在所述的 M-2 设计中，除了电子管外，还使用了 KWMP-2-7（КВМП-2-7）二极管，而在无电子管设计中，需要的正是晶体管，当时苏联唯一可用的类似物是铁氧体二极管元件。

开发此类元件的苏联先驱是苏联科学院精密机械与计算技术研究所电气模拟实验室负责人列夫·古腾马赫尔（Лев Гутенмахер）。布鲁先佐夫被允许接触古腾马赫尔的工作，这位年轻的工程师只用两个元件就设计出了他自己的铁氧体二极管。顺便说一下，不久之后，古腾马赫尔完成了苏联第一台无电子管计算机 LEM-1（ЛЭМ-1）的研发。

但布鲁先佐夫并没有就此止步。他提议走一条与其他实验室完全不同的道路——不开发二进制计算机，而开发三进制的。这个想法很不寻常，甚至是革命性的：没有人建造过三进制计算机，一个世纪前福勒的机械计算器无法考虑在内。世界上所有的计算机，当时几乎只有几十台，都是用二进制工作的。

布鲁先佐夫认为，排除第三种含义限制了计算的可能性，因为人类的思维不限于"是"和"否"，还有更多的变化。因此，基于三进制逻辑的计算机更容易接近人类，布鲁先佐夫将之视为对人工智能的一种渴望。

他的推理很合理。三进制计算机与二进制计算机反向兼容[①]，可以在二进制模式下工作并运行稍作修改过的程序。同时，三进制逻辑也提供了一些优势。布鲁先佐夫建议使用所谓的对称三进制系统（-1，0，1），它既简单又实用。在这样的系统中，没有必要将所有数字的符号标记出来。如果其最高位为负，则为负，反之亦然，并且通过简单地将最低位归零来完成四舍五入。系统的实用性在于，相同的字符数下，它比其他任何逻辑都能记录更多的数字。您可以自己判断：在十进制中，30 个字符可以写入0—999 个数字（即 3 个数位，每个数位有 10 个值），二进制可以写 0—32767，三进制可以写 0—59048！

在其他方面，三进制计算机与二进制计算机类似。一个信息单位（一个三进制数位）称为三进制位（俄文：трит；英文：trit）[二进制系统中的称为二进制位（俄文：бит；英文：bit）]，6 个三进制位构成一个三元组（俄文：трайт），可以取 729 个值，而一个字节（英文：byte）只能取 256 个。

---

① 反向兼容，即更高级的版本支持旧版本中可用的进程。例如，Microsoft Word 2016 不仅可以创建和打开 .docx 格式，还可以创建旧的 .doc 格式。——原文注

机器是如何制造的

布鲁先佐夫的团队没有专门的资金来源，所以他团队的工程师们只能被纳入莫斯科国立大学的预算。大多数工作设备都是他们亲手制作的，此外，他们还获得了写有索博列夫事后补签名的示波器和其他设备。实验室一开始只有 4 个人，后来逐渐壮大到 20 个人。部分原因是因为这台机器的建造时间很长：工作始于 1955 年，但是第一次测试在 1958 年 12 月份才进行。这些年来有很多官僚问题，特别是在莫斯科大学的研发工作的紧张时刻，国家无线电电子学委员会的一名审计员出现在莫斯科国立大学，以浪费资金为由停止了研发工作。得益于索博列夫的人脉，他得到了苏共中央委员会的接见并获得了开发许可，当天便在中央国防工业部工作人员的陪同下返回了大学。

当时，布鲁先佐夫已经在几个国际会议上做了演讲，他从兄弟共产主义国家捷克斯洛伐克那里得到了出售技术资料的提议，以便在布尔诺开始生产计算机。但苏联官员拒绝了他们。

这台计算机以莫斯科河的支流"谢通"（Сетунь，Setun）命名。计算机的主要设计部分完成后，又花了一年半的时间改进，1960 年在一个跨部门委员会面前进行测试，委员会中包括多家机关的代表：计算机研究所、机电研究所、数学与力学科学研究所等。试验进行顺利，"谢通"受到好评，并被 1960 年 4 月 29 日的一项特别法案提议进行批量生产。

问题就在这里出现了。一直以来，计算机都是由非常专业的技术团队研发的，所有的工程师将大部分方案保留在草稿、草图甚至自己的脑海中，"谢通"根本没有正式的生产资料！

结果这些资料是由另外一个完全不同的组织编写的，即乌克兰科学院计算中心［现为格卢什科夫（В. М. Глушков）控制论研究所］，10 年前苏联第一台计算机 MESM（МЭСМ）正是在这里诞生。完全不成熟的成果（正如布鲁先佐夫后来说的那样，图纸根本没有经过检查，由它们制成的零件彼此不匹配）被送到喀山数学机器厂，该工厂刚刚掌握了当时苏联最强大的 M-20 计算机的生产。时间飞逝，1961 年秋天第一台样品应该送到苏联国民经济成就展进行展览。此时已经来不及将借鉴了 M-20 的部分资料草图提交到展览版本中。这就是为什么"谢通"的第一个版本与后来的版本不同：它是根据修正过的原始图纸建造的，是布鲁先佐夫在莫斯科亲自安装了这台机器。

在展览中，"谢通"取得成功并获得了金牌。大约在同一时间，喀山数学机器特别设计局或多或少将其资料改进成正式的工作版本，1962 年 11 月，改进后的"谢通"通过了国家跨部门测试，这是批量生产前的最后一次检查。参加展览的第一个样品在 1962 年中期消失了，它很可能按照苏联的"良好传统"被送往了废金属厂。

"谢通"计算机的计划生产进展顺利：1962 年生产了 7 台机器，1963 年生产了 13 台，1964 年生产了 20 台，1965 年生产了 5 台，加上样品机总共有 46 台。但随后发生了些怪事。"谢通"收到了很多订单，包括来自对外贸易的，也就是说，国外对这台机器也很感兴趣！但所有这些订单都被拒绝了，1965 年接到了上级的命令：停止生产"谢通"。这种决定的逻辑或经济背景尚不清楚，当时，"谢通"是一台现代化的、满足所有要求并表现很好的计算机。最有可能的是，机关里有人对这样一个事实感到恼火，即该系列是由一些计算机爱好者在没有得到许可和命令的情况下开发的，这种事情在苏联通常是被禁止的。停产的官方原因从未公开。

"谢通"之后

当然，布鲁先佐夫并没有放弃，尤其是很多实验室已经在从事三进制逻辑领域的工作，有新的研究，进展没有停滞不前。因此，布鲁先佐夫的团队着手打造新一代机器——小型三进制计算机"谢通"-70。主要的开发人员之一是西班牙裔专家（出生在苏联）何塞·拉米尔·阿尔瓦雷斯（Xoce Рамиль Альварес），他从准大学生时代便开始在"谢通"项目工作，后来可以说是苏联顶尖的程序员和软件开发人员之一。阿尔瓦雷斯至今仍在莫斯科国立大学工作，尽管他的年龄已经很大了（他出生于 1940 年），但他仍可以告诉学生很多关于这些作品的信息。

但是，仍然没有人对三进制机器提出需求。强烈支持布鲁先佐夫小组的索博列夫于 1957 年前往新西伯利亚，担任苏联科学院西伯利亚分院数学研究所的负责人。在"谢通"停产后，布鲁先佐夫的实验室就几乎立刻被转移到了阁楼上，莫斯科国立大学力学与数学学院的第二个"谢通"样品也被拆除并摧毁了（只有操纵台被送到了理工博物馆）。

因此，1972—1974 年建造的"谢通"-70 是一项有趣的实验。所有从事这项工作的专家都在莫斯科国立大学任教，他们出版了关于各种编程方法、计算机开发等的专著和手册，但这都是理论。1974 年春天，布鲁先佐夫甚至与他的学生以"谢通"-70 测试的数值分析为主题举行了学术讨论会。这台机器一直在莫斯科国立大学工作，直到 1987 年。

值得注意的是，即使相比二进制计算机没有显著优势，三进制计算机失败的原因之一也是苏联体制。苏联的"私人"发明家只有一种途径——通过请愿向跨部门委员会的高级领导层和上级官员收集签名，有时需要收集数年才能完成。如果"谢通"出现在一个市场经济的国家，它的创造者可以将自己的想法提供给几十家公司，从惠普到 IBM，或者自己创业。在这种情况下，也许他不一定会取得成功，但至少他会有更多的机会。在苏联，当发明家被唯一的客户——国家拒绝时，一切都结束了。

布鲁先佐夫于 2014 年去世，享年 89 岁，未看到自己的想法被广泛传播。尽管如此，他还是拥有一系列编程领域的成果，从第一个苏联计算机学习系统"导师"（Наставник）到结构化编程对话系统（ДССП）——一种基于三进制逻辑的特殊编程语言。

国外有没有尝试过构建三进制计算机？是的，有，但水平较低。例如，1973年，纽约州立大学布法罗分校编写了 TERNAC 程序，该程序在Burroughs B1700 二进制机器上模拟三进制逻辑。模拟实验表明，三进制逻辑在性能或计算速度上都不逊于二进制逻辑，但他们并没有更进一步的结果。2008年，美国加利福尼亚州州立理工大学的一组研究人员开发并构建了三进制系统 TCA2——它成为继"谢通"和"谢通"-70 之后历史上第3 个实现三进制逻辑的实际尝试，虽然机器从未出过实验室。2009年，量子计算机的三进制方案被提出，其中信息单元不是二进制量子比特，而是三进制的，能够同时具有不是两种而是三种不同的状态。然而，距离该模型的实际落地还有很长的路要走。

三进制计算机会在未来找到属于自己的位置吗？我不知道。如果布鲁先佐夫那时能突破官僚主义的障碍，他就有机会。从那时起，再也没有人愿意将自己的一生献给三进制逻辑。如果多年后布鲁先佐夫的想法被实现（很可能在量子计算机中），我将会非常高兴。

第二十章

实验室生活

事实上，在那些由苏联政府支持和资助的科学领域，在鼎盛时期（也就是高油价时期，自然国家收入也会增加）和不太顺利的时期，比如改革重建期间，都取得了明显的进步。本书无法一一列举苏联创造的大量"实验室"发明——科学研究方法、仪器、设备。因此，最后我决定写一个小章节，专门介绍属于上述情况的几个显著的工作。

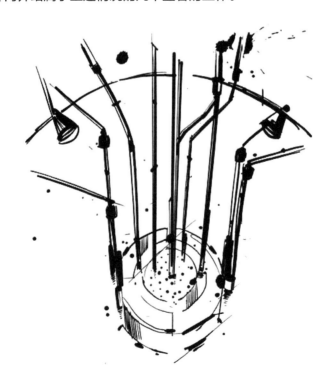

选择起来确实非常困难。在苏联，对科学和技术有重大影响的狭义的"实验室"发明非常多。在本章节中我决定把它的数量限制在 3 个。所以不要因为这样的抉择而严格批判我（如果你认为我的选择没那么明智的话）——于我而言这 3 个发明是其中最重要且有趣的。

故事一：切连科夫探测器

许多人都听说过"切连科夫探测器"这个词，各种电视节目都经常提到它。我将尝试简要地告诉您切连科夫（Черенков）是谁，以及为什么以他名字命名的探测器对全世界的科学都如此重要。

1934 年，帕维尔·切连科夫（Павел Черенков），一位 30 岁的物理学家，在谢尔盖·瓦维洛夫（Сергей Вавилов）的实验室工作，研究伽马射线照射下液体的发光。在这个过程中，他发现了一种无法解释的蓝光现象；随后的实验表明，辐射存在于所有透明液体中，且不是荧光现象。这种现象被称为瓦维洛夫－切连科夫效应。3 年后的 1937 年，伊戈尔·塔姆（Игорь Тамм）和伊利亚·弗兰克（Илья Франк）对这种效应给出了理论解释。

有这样一个概念，相速度，即电磁波的恒定相位沿其传播方向的速度。让我们来看一下插图。

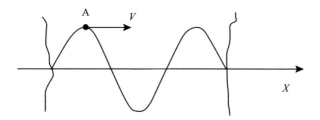

现在想象一个波，电磁波，或者，如果对你来说更容易的话，想象一个浪波。图中最高点为 A，该点以速度 V 移动。实际上，V 就是我们所说的相速度。

因此，光在介质中的相速度取决于该介质的折射率，它等于真空中的光速除以折射率。换句话说，光在介质中的相速度可能明显低于真空中的光速。如果带电粒子（如电子或正电子）进入介质，以接近真空中光速的速度移动，那么事实证明它的移动速度比光还要快！想象一架飞机以超音速飞行并在前面产生冲击波，或者一艘快艇在水面上留下向两侧发散的波浪。带电粒子的活动也与此相同：穿过介质时，它"推动"[①]光并引起受激辐射，这种辐射以锥体的形式传播，其中顶点是粒子本身（船或飞机），轴是其运动方向。这就是瓦维洛夫–切连科夫效应，关于这个效应最有名的是水池中的光，总喜欢在参观核电站时展示给大家：来自乏核燃料[②]的伽马辐射将电子从水分子原子中撞出，这些电子以近光速在水中移动，产生蓝绿色的切连科夫辐射。

切连科夫辐射的方向（即圆锥顶点的角度）取决于速度，所以取决于粒子的能量。这一特性使得构建切连科夫探测器成为可能，一种记录在介

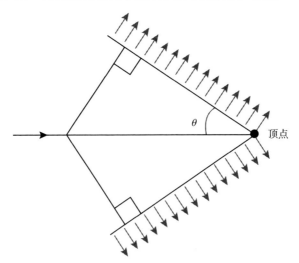

θ

顶点

---

① 关于这个类比，我和科学编辑已经改了很多版。从物理学的角度来看这是不准确的，但同机械波相比是非常清楚的。请把这个类比视作作者的自由。——原文注

② 乏核燃料一般指乏燃料。乏燃料又称辐照核燃料，是经受过辐射照射、使用过的核燃料，通常是由核电站的核反应堆产生。——译者注

质中移动速度超过光相速度的高能粒子的数量、速度、能量和其他指标的设备。此类探测器已成为获取各种粒子定性和定量信息的重要研究工具。特别是，所有中微子探测器都使用切连科夫辐射，当这些粒子从原子中击出电子时就会发生这种辐射。这种相互作用的低概率被探测器的巨大尺寸所补偿（中微子望远镜的体积能够覆盖几立方千米的冰或水）。

1958 年，切连科夫、弗兰克和塔姆因发现和研究切连科夫辐射而获得诺贝尔物理学奖。

故事二：离子的电子冷却

我已经在第十三章中介绍了很多关于电子粒子加速器的内容。但是，并不是所有内容，这个话题既庞大又复杂。加速过程本身并不仅仅与加速器相关，还需要配备大量设备的整个实验室来进行碰撞光束的实验。这些实验室是现代技术的重点，是最复杂的综合体，是投入了数千名专家的知识和劳动来创造的。离子冷却只是建造加速器所需解决的许多问题之一。

很容易猜到，为了在加速器中进行离子的有效碰撞，必须达到粒子束的最大密度。如果它们太稀疏，碰撞就会很少，发生的反应将不足以记录结果。所以聚焦离子束从一开始就是一个问题。

1965 年，苏联物理学家安德烈·米哈伊洛维奇·布德克尔（Андрей Михайлович Будкер）[实际上是格什·伊茨科维奇·布德克尔（Герш Ицкович Будкер）]提出了一种新的方法，而且实践表明，是一种非常有效的聚焦光束的方法。当时他正在领导 1958 年在新西伯利亚的阿卡德姆戈罗多克①成立的核物理研究所，并指导了最早的正负电子对撞机之一——VEPP-2（ВЭПП-2）的开发。该研究所已经拥有了一台电子对撞机

①"阿卡德姆戈罗多克"在俄语中为"Академгородок"，意为"学术小城"。——译者注

ВЭП-1（VEP-1），此机器于 1962 年启动。

当一束带电粒子在加速器中运动时，粒子不仅具有纵向速度，还具有由热运动引起的横向速度。粒子的温度越高，横向速度就越高，因此光束在横向上逐渐扩展。要聚焦光束，您需要从字面意义上冷却它，即让粒子释放热能。

对于电子等轻粒子，这个操作相对简单。当电子在循环加速器中移动时，它们会发出同步辐射，迅速失去能量，从而冷却。冷却后，它们的横向速度降低，光束停止扩散并聚焦。用离子做到这一点要困难得多：它们比电子重数千倍，并在几十万亿电子伏的能量下才能产生同步辐射（作为比较：大型强子对撞机中一束光束的最大能量为 7 万亿电子伏，而在 20 世纪 60 年代这样的能量只存在于人们的幻想中）。布德克尔建议人工冷却，从字面意思上说，是将它们与已经冷却并在轨迹的某个部分加速到相同纵向速度的电子"混合"。在这种情况下，离子通过电磁力与电子相互作用，将能量传递给电子，进而使自身冷却。

为了测试这个想法，1971 年在研究所里建造了一个特殊的装置。事实证明，这并不是一件容易的事情：研究加速器—冷却器的团队三年都没有获得任何期待的结果（顺便说一下，达摩克利斯之剑悬在科学家的头上——这些年来他们没有发表任何研究成果）。但在 1974 年，功能性存储设备纳普 -M（НАП-М）终于建成，并取得了第一个实用成果。"时代"（ЭПОХА，EPOCHA）（安装有用于冷却反质子的电子束）成为该设备的核心。后来事情变得顺利了许多：到 1976 年，团队在试验装置上发现了快速电子冷却现象，并进行了大量研究，发表了许多文章。

不幸的是，格什·布德克尔并没有看到这一天，他于 1977 年去世。如今，世界各地的许多实验室都在使用电子冷却技术。此外，在这项技术的帮助下，他们不仅学会了减少粒子的分散并聚焦光束，而且还学会了高精度地改变其轮廓。许多外国实验室的电子冷却器（顺便说一句，还有大型强子对撞机）都是由苏联和后来的俄罗斯科学家——技术先驱们开发的。例如，安装在科西（COSY）研究中心（德国尤利希）的冷却器是由俄罗斯科学院西伯利亚分院核物理研究所根据德国订单建造的。

然而，这个关于我们首要地位的故事有其美中不足的地方：今天在德国有 4 个用于离子电子冷却的装置，而在俄罗斯一个都没有。另一件事是，在我写这些的同时，正在杜布纳建造一个新的加速装置"尼卡"（NICA）（基于核子加速器的离子对撞机设施）。2015 年秋季，在此项目内安装了离子电子冷却装置。

故事三：量子点

最近，量子点发光二极管（Quantum Dot Light Emitting Diodes，QLED）技术使得量子点显示器和电视机正在兴起。许多人认为这是 21 世纪 10 年代的一个新发明，但是实际上，量子点早在 1981 年就被苏联物理学家阿列克谢·叶基莫夫（Алексей Екимов）和阿列克谢·奥努申科（Алексей Онущенко）发现了。

一般来说，量子点是导体或半导体的微小碎片。无论电荷的载流子是电子还是空穴，它们在三个维度上都是有限的，也就是说，它们本质上是微小方块。它们的尺寸是如此之小，以至于量子效应开始显现。

解释这一点的最简单方法是举个例子。当电子跃迁到较低能级时，会发射光子。半导体晶体（也就是量子点）越小，其能级之间的距离就越大，通过改变晶体的大小，我们就可以改变发射光子的能量，也就是它的颜色！换句话说，量子点能够发射光谱中任何可见部分的光，这取决于它的大小。被称为人造原子的量子点（因为它自身的反应方式和人造原子非常相似）的尺寸范围从几纳米到数百纳米不等。

直到 21 世纪 10 年代初，量子点仍然是一种纯粹的实验室现象。有人提出了一系列使用它们的方案：在场效应晶体管、光电管、二极管器件中，但并没有实践。2011 年出现了实际的突破：三星公司推出了史上第一款量子点显示器，就是应用了 QLED 技术，2013 年索尼率先推出了一系列类似的设备。今天，许多制造商都有这些显示器和电视；它们以惊人的色彩准确度和最小的失真而著称。

在 21 世纪 10 年代，发现了量子点的另一个实际应用方式——太阳能电池（尽管在 1990 年便曾首次尝试建立这样一个节能系统）。从那时起，制造了许多试验样品，美国能源部国家可再生能源实验室和华盛顿大学的开发人员创造了量子点电池 13.4% 的效率。这仍然不算高效，现代电池的效率可以超过 30%，但研究工作仍在继续。

在发现量子点时，阿列克谢·叶基莫夫和阿列克谢·奥努申科在瓦维洛夫国立光学研究所工作。叶基莫夫是科学界著名的物理学家，1976 年他的系列研究"半导体中电子和原子核自旋的光学定向相关新现象的发现与研究"获得苏联国家奖。在美国，同样的工作是由哥伦比亚大学化学教授路易斯·布拉斯（Louis Bras）进行的——几年后的 1985 年，他独立发现了量子点。

2006 年，叶基莫夫和布拉斯因光学领域的杰出成就而分享美国光学学会的伍德奖（R.W.Wood Prize）。叶基莫夫成为第二位获得该奖项的俄罗斯科学家。第一个是著名的尤里·杰尼修克（Юрий Денисюк），他是光学全息术的创始人之一（本书中还有一章是关于他的）。

第三部分

普通人的生活

看看周围。你看到了什么？可能是冰箱、电视、智能手机、电源插排、吸尘器……在厕所里有马桶和卫生纸……搅拌机、厨房多功能机、空调，还有很多很多……不过，这并不重要。你所看到的一切，你每天使用的一切，都不是苏联发明的。我们生产的物品——没有任何新奇之处，大多数都是西方国家发明的复制品。

有这么一个无趣的笑话："第一个飞上太空的人，直到生命的最后一刻还在用牛蒡叶擦身子。"事实上，这并不完全正确，加加林（Гагарин）是苏联的精英之一，可以享受西方文明的好处，他甚至被允许从法国带回一辆马特拉跑车，政府很可能也会提供芬兰卫生纸给他。

笑话讲完了，那就开始讲真相吧！加加林于 1968 年去世，苏联的第一张卫生纸于 1969 年开始生产。如果我们将古代中国的卫生纸排除在外，那么美国商人约瑟夫·盖耶蒂（Joseph C.Gayetty）于 1857 年已经发明并开始生产现代意义上的卫生纸（方形餐巾纸）。但直到 19 世纪 90 年代，卫生纸还没有普及，很长一段时间里，"盖耶蒂"品牌仍然是市场中唯一的品牌。然后出现了第一批卫生纸分配器，人们开始猜测纸会是成卷生产的。1890年，斯科特（Scott）纸业公司参加了造纸比赛，开始了大规模的商业化生产。从那一刻起，卫生纸在几年内征服了整个世界。嗯……几乎整个世界。因为无论是沙皇俄国，还是苏联，都对这种世俗的事情不感兴趣。

直到 1968 年，列宁格勒地区的夏西斯基制浆造纸厂才购买了两台英国生产卫生纸的机器。1969 年 11 月 3 日，机器开始工作。距其发明已过 112年。起初，人们不买卫生纸，因为他们不明白卫生纸有什么用（请原谅我的细节，那时使用报纸便后清洁是习惯）。厂家不得不开始放映广告，甚至在电影放映之前循环播放有关使用新事物好处的短片。卫生纸，就像几乎所有的必需品一样，很快变得稀缺，最火爆的时候被"抛售"到市场上，一个人只能分到几卷。

事实上，以前在苏联的某些地方也有过卫生纸，它是从国外购买的，但普通人对此一无所知。

我用卫生纸作为极端的例子。112 年是我发现的世界上的新技术在俄罗斯出现所存在的最大时间间隔。现在让我们看看我们还落后了什么。

后　来

你必须明白，一个普通的法国人或意大利人可以买到任何国家的电器，意大利、法国、美国、英国、德国都可以，但是普通的苏联人只能买苏联制造的商品。不过，有时在社会主义阵营国家如民主德国、波兰或捷克斯洛伐克制造的东西会被"抛售"到苏联市场上，但这种情况很少且不稳定。还有一段时期，由于石油价格高，苏联在欧洲采购了一些餐具和其他生活用品（例如，我祖母买了一套非常漂亮的英国餐具），但这些情况非常罕见。在满足日常需求方面，苏联人只能依靠国内生产。让我们看看各种家用电器和家居用品是什么时候出现在苏联的。

第一台家用电冰箱是 1913 年由美国商人弗雷德·沃尔夫（Fred Wolf）发明和生产的，到 1920 年这个行业已经有几十家竞争公司，比如，"北极"电器（Frigidaire）、"开尔文纳"（Kelvinator）、"伊莱克斯"（Electrolux）等。在苏联，1935 年才考虑制作冰箱的事。由弗拉基米尔·巴明（Владимир Бармин）（是的，未来的火箭工程师）率领的工程师代表团[①]前

---

① 实际上，苏联日常生活的制造项目都始于类似的国外商务旅行，主要是去美国。在 1936 年的一次旅行中，苏联食品工业人民委员阿纳斯塔斯·米高扬（Анастас Микоян，1895—1978）将所有技术以成品生产全流程的形式全部带到苏联，如冰淇淋的制作技术，以及他最喜欢的香肠的生产设备，这种香肠因此在苏联获得了"博士"的称号。——原文注

往美国，带回了有关家用和工业制冷机的各种文件。"二战"前，他们只有时间测试一些由经过修改的样品而制成的实验模型；1936—1937年，由列宁格勒制冷工业研究所开发的"哈尼特"（ХАНИТ）-30-6-38型号系列生产了250台冰箱。"二战"后才开始大规模生产，但"哈尼特"仍然可以被认为是第一台苏联冰箱。这方面的差距是26年。

1905年，英国发明家沃尔特·格里菲思（Walter Griffiths）制造了第一台家用便携式吸尘器，一年后，"柯比"（Kirby）品牌和其著名的家用Cyclone系列吸尘器问世；10年之内，家用吸尘器在全世界打开了销路，虽然其价格不菲。"二战"前，苏联只生产了两种系列型号的吸尘器。第一个是雅罗斯拉夫尔工厂"红色灯塔"（Красный маяк）吸尘器，它于1935—1936年生产了约1000台。在1937年，此系列发行了"艾普尔"-1（ЭПР-1，EPR-1）型号——总共发行了大约5000台，在首都可以用3个月的平均工资买到它。在这个领域我们滞后了30年。

手摇式洗衣机自17世纪就已众所周知，但第一批成熟的电动洗衣机于1904年同时由多家制造商推出。据统计：1928年，美国销售了91.3万台电动洗衣机！1937年，隶属于联合企业阿夫柯（Avco）的"本迪克斯"家用电器（Bendix Home Appliances）推出了第一台自动可编程洗衣机。第一台苏联洗衣机名为"爱家"-2（ЭАЯ-2，EAYA-2），由里加电机制造厂生产；此机型于1950年推出，但它是半自动的，所以说不清楚我们滞后了多少年——46年还是13年？

你会说那段时间发生了一场革命、一场战争，所以我们落后的原因很明显。但事实上，也并非如此，让我再给大家举更多的例子说明在和平富足的岁月里我们仍然落后。

以录像机为例。美国安培公司在20世纪50年代推出了磁带录像机，但我并不将它列入考虑范围；1963年，英国诺丁汉电动阀门公司（UK Nottingham Electronic Valve Company）推出了第一台家用录像机Telcan。它是单色的，一次只能录制不超过 20 分钟的录像，但到 1965 年，具有生产更广泛功能的录像机能力的竞争对手——美国和日本出现了。苏联第一台录像机电子 BM-12（Электроника ВМ-12，Electronics VM-12）于 1982 年上市销售，是 1975 年开始生产的日本松下 NV-2000 录像机的未加修改的、未经许可的复制品。当时该款机器在日本因为过时而停产。在这方面，我们看到了 7 年的滞后。

也许我们可以举点更简单的例子？例如，1982 年，索尼和飞利浦联合推出了一种新的音乐媒体——音乐光盘，即 CD。仅仅两年，光盘就征服了世界：1984 年，美国已经售出 40 万台 CD 播放器，到 1988 年，全世界销售的 CD 数量超过了整个历史上销售的黑胶唱片数量！苏联注意到了这项新技术并迅速想办法利用了它：在未经许可的情况下，苏联在早先从夏普"奥托尼卡"系列（Sharp Optonica）窃取而来的"爱沙尼亚"-010（Эстония-010）中添加了从飞利浦 CD-100 复制而来的上部装置。该设备被命名为"爱沙尼亚"-LP-010- 立体声并活在传说中：没有人见过它，因为所有样品（50 份或 100 份）都给了特定的单位。

"爱沙尼亚"播放器于 1985 年问世，但直到 20 世纪 80 年代末，苏联才生产和进口 CD，也就是说它对普通群众毫无用处。1987 年 11 月，在机械制造展览上展出了第一张在苏联发行的实验光盘。随后旋律（Мелодия）公司从国外购买了录音设备，相关人员也去国外进修以丰富自身经验，1990 年第一张苏联"发行"的 CD 隆重出场，里面有两首音乐作品［伊凡雷帝的《莫斯科和全俄罗斯都主教彼得之死》第一节和罗迪恩·谢德林（Родион Щедрин）的《俄罗斯千禧年的洗礼节》］。几乎在同一时间又发行了另一张 CD，里面有柴可夫斯基芭蕾舞团的组曲《天鹅湖》和《胡桃夹子》，目前不清楚这两张 CD 哪个出现的更早。带有柴可夫斯基的唱片的序列号较小，但在带颂歌的唱片的封面上写着"第一"。在这方面，苏联总的滞后只有 8 年，总体来说还不错。

总之，我们的落后无处不在，无论你拿什么举例。事实上，唯一比其他国家更早出现在俄罗斯的家用技术是加热电池——它是由弗朗茨·卡洛维奇·圣加利（Франц Карлович Сан-Галли）发明和推广的，我在《俄罗斯帝国发明史》一书中谈到过。但那是在 19 世纪中叶！

但如果我们没有为日常生活发明任何东西，能否说我们在其他方面做得很好？

工业上的剽窃行为

并不是，我们一直都有质量问题，这一点难以否认。当然，冰箱"济尔"（ЗИЛ）或"第聂伯河"（Днепр）已经在很多人家里工作了几十年，但大多数苏联的家具、电器和织物，特别是自 20 世纪 60 年代以来，质量低劣，磨损快，故障频繁。我必须说，直到 1955 年左右，这些物品质量都非常不错。例如，这可以在书籍印刷中看出：20 世纪 50 年代在精美涂层纸上的版本和 20 世纪 70 年代在廉价"报纸页"上印刷的版本。

但质量问题并不是主要问题。苏联设计局专门从事家用电器和家居用品设计的工程师到底在做什么，这对我来说是个谜。这些东西绝大多数都是未经西方同行们许可便抄来的复制品，就像上文中提到的音响和播放器一样。

我现在举几个典型的例子。在为这部分收集材料时，我只是随便拿了一个苏联制造的物品并检查：这里存在抄袭吗？90% 的结果是：是的，存在抄袭。有些物品被完全复制，有些被简化。

例如，相同的吸尘器。"莫斯科"（Москва）吸尘器（1954 年）是美国"莱维特"40 型（Lewyt Model 40）吸尘器（1947 年）的复制品，"第聂伯河"-2（Днепр-2）吸尘器（1954 年）是德国"进步"7 号（Progress 7）吸尘器（1939 年）的复制品，"卫星"（Спутник）吸尘器（1962 年）是美国

"霍弗星座"（Hoover Constellation）吸尘器的复制品（1955 年）。我个人最爱的是"海鸥"（Чайка）吸尘器（1963 年），而这是瑞摩珂（Remoco）公司和艾瑞斯（Erres）公司生产的"伊托尼亚"（Eatonia Vacuum Cleaner）吸尘器的复制品（1939 年）。你能相信吗？苏联这款型号在发布时已经过时了 24 年！而吸尘器抄袭的滞后纪录保持者是"第聂伯河"1 号（Днепр-1）吸尘器（1952 年），从瑞典"伊莱克斯"V 型（Electrolux Model V）吸尘器（1924 年）复制而来，整整差了近 30 年！

　　同样的事情也发生在摄影技术领域。例如，苏联的"费得"（ФЭД，FED）系列照相机（1934 年）是德国"徕卡"Ⅱ（Leica Ⅱ）照相机（1932 年）的精准复制品；此外，1948 年，在克拉斯诺哥尔斯克开始制作另一个版本的徕卡Ⅱ照相机，名为"佐尔基"（Зоркий）照相机。这一系列的照相机一直生产到 1960 年，几乎没有修改。费得系列的其他机型也没有改进很多。例如，"费得"-C"指挥官"（Командирский）照相机对标"徕卡"Ⅲ C 照相机，费得"微米"（Микрон）照相机对标柯尼卡（Konica）的"眼睛"（EYE）照相机，费得"微米"-2（Микрон-2）照相机则对标"柯尼卡"C35 照相机。还有，"基辅"-35（Киев-35）照相机对应的是"米诺克斯"（Minox）35 照相机，"基辅织女星"（Киев-Вега）对应"美能达"-16（Minolta-16）照相机，并且"佐尔基"-10（Зоркий-10）照相机和"佐尔基"-11（Зоркий-11）照相机都是 1964 年从日本"理光"（Ricoh）35 型照相机复制的，此款日本相机于 1960 年生产，并于一年后型号升级为 35V。爱立康自动变焦（Эликон Автофокус）照相机也是抄袭了柯尼卡的 C35AF 照相机。"礼炮"-C（Салют-C）照相机（1972 年）是一款更大更专业的相机，从瑞典的"哈苏"（Hasselblad）1000F 照相机（1948 年）复制而来。

　　录音技术领域的情况也类似。例如电子管收音机"星星"（Звезда）-54（1954 年）是法国"艾克塞西尔"（Excelsior）52 收音机（1951 年）的翻版，区别仅在于机身和铭牌的颜色。"爱沙尼亚"-010 收音机（1983

年）是日本夏普"奥普托尼卡"系列（Optonica）RP-7100 收音机（1981年）的复制品。那么录音机呢？也是复制！卷轴式录音机"旋律"MG-56（**Мелодия МГ-56**）（1956 年）全比例复制了"根德"（Grunding）TK820录音机（1955 年），甚至铭牌的位置都一样。事情通常是这样的：某位领导出国出差，在那里买了一台新的录音机，并下达了在国内制作同样录音机的任务，工程师就去执行。

我已经写过，苏联第一台录像机"电子"BM-12（1982 年）是松下（Panasonic）NV-2000 录像机（1975 年）的精确复制品。苏联的录像机根本没有自己的设计，都是复制品。例如，"电子"VMC-8220 录像机是"三星"（Samsung）VX-8220 录像机（1987 年）的复制品。甚至更早的专业版"电子"-501- 录像机也是"索尼"（Sony）DV-3400 录像机（1969年）的克隆品。

电熨斗也不是我们的原创。例如，苏联生产的"乌埃"-4（**УЭ-4**）电熨斗（1967 年）——其来源是"克莱姆"旅行熨斗（Clem Traveling Iron）（1956 年）；或者更大胆的突破："雅乌扎"UT-100（**Яуза УТ-100**）电熨斗（1989 年），是模仿飞利浦"瓦利塔"HD1120（Walita HD1120）电熨斗（1971 年）。

计算器也是一样。"电子"BZ-04（**Электроника Б3-04**）计算器（1974年）——"夏普"EL-805 计算器（1973 年）的复制品。工程计算器"电子"MK-85（**Электроника MK-85**）（1986 年）则是"卡西欧"（Casio）FX-700P 计算器（1983 年）的复制品。例子还不止这些。

缝纫机"图拉"（**Тула**）是德国"聪达普"（Zündapp）缝纫机的精确复制品。经典双筒望远镜 **Б-8**（1935 年）是卡尔·蔡司耶拿（Carl Zeiss Jena）的"德林特姆"（Deltrintem）8×30 望远镜的复制品，后者自 1920 年投产。剃须刀"理想"（**Идеал**）（1970 年）复制了吉列"胖男孩"剃须刀（Gillette Fatboy）（1958 年）。电动剃须刀"阿吉德尔"-M

（Агидель-М）（1967 年）是荷兰飞利浦 SC 8010（1965 年）的复制品。

当然，还有玩具。1971 年春，苏共第 24 次代表大会决定增加儿童玩具的生产量，自然而然，大会的决定执行起来非常简单：苏联代表向拥有相应设备和经验的西方公司提出合作。苏联与英国的一家大型公司邓比 - 康贝克斯 – 马克斯公司（Dunbee-Combex-Marx）签订了合同，就在几年前，美国著名制造商路易斯·马克斯公司（Louis Marx Company）收购了该公司（因此该公司名称中出现了"Marx"一词）。1975 年共签订了 12 份许可生产简易玩具的合同。

因此，1976 年，顿涅茨克玩具厂获得了第一批路易斯·马克斯公司模具的所有权，这些模具设计用于制造塑料士兵玩具。是的，你没有听错——苏联儿童最喜欢的塑料士兵是在美国设计的，苏联只是把模具所有权买了回来。共有 11 套模具：7 套用于生产 54 毫米 ×60 毫米的小型士兵（"印第安人""牛仔""维京人""罗马人""埃及人""海盗"和"骑士"），4 套用于生产 150 毫米的大型士兵 ["瓦良格人"（实际上是"维京人"）、"尼安德特人"、"哨兵"和"步兵"]。说明一下，"海盗"士兵玩具和"印第安人"士兵玩具是路易斯·马克斯公司 1953 年开发的，而 1956 年的"维京人"士兵玩具和"罗马人"士兵玩具——也不过是我们买来的很不错的旧玩具。还有一个美中不足的地方：美国原版中的许多系列都涂有不同的颜色，而在我们国家这些玩具则只有一种颜色。

但在这种情况下，至少苏联购买了许可权。大多数苏联玩具都是简单的复制品。比如"电子"（Электроники）游戏系列就完全是从"任天堂"（Nintendo）游戏与手表系列复制过来的。"哎，等等!"（Ну，погоди!）游戏（1984 年）是"任天堂鸡蛋"（Egg）游戏（1980 年）的复制品，而"海洋秘密"（Тайны океана）游戏（1987 年）是"任天堂章鱼"（Octopus）游戏（1981 年）的复制品，"快乐的厨师"（Весёлый повар）（1989 年）是"任天堂"FP-24"厨师"（FP-24 Chef）（1981 年）的复制品等。总的来说，

"电子"系列的所有游戏都是模仿品，并且不仅仅是这个系列。苏联就没有自己独立开发的游戏。

电子游戏就算了！但 1984 年出现在苏联货架上的"香芹菜（Петрушка）"拖拉机游戏是 1967 年"汤卡"拖拉机游戏的精确复制品，并进行了简化，没有拖车。或者还记得游戏"杂耍者（Жонглёр）"（1986 年）吗？玩家必须通过按下按钮将水泡扔进一个扁平的水族箱，然后从上面将小圆圈降下来并让它们落在杆上，这是 1976 年美国"多美"（Tomy）游戏公司的"水中投环"游戏（Waterful Ring-Toss）的精确复制品。

所有苏联孩子的传奇梦想，"电子"IM-11 登月车玩具（1985 年），无非是美国玩具公司米尔顿·布拉德利（Milton Bradley Big Trak）的"Big Trak"游戏（1979 年）的翻版。或是男孩们非常喜欢的"金属设计师"（металлический конструктор），这种玩具由许多工厂制造 [1969 年第一次发布，带有彩色零件，也被称为"小金属设计师"1 号（Конструктор металлический маленький No.1）]，这是未经英国麦卡诺（Meccano）公司许可的克隆品，后者自 1908 年以来一直生产，具有无与伦比的复杂性、原创性和更好的质量。

也许可以说说苏联的游戏机。还记得"经典的海战"（Морской бой）游戏机吗？它发行于 1974 年，和 1970 年开发的"海妖"（Sea Devil）游戏机做得一模一样。

我只列出了一小部分物品，这些物品完全不存在自己的设计，细节也没有任何变化。改变了其中一些设计的模仿案例甚至更多。我相信（但我不敢肯定地说）苏联 95% 的家用电器和家居用品都存在不同程度的模仿。例如，著名的可发射圆盘的塑料手枪是 1988 年从美国玩具"示踪枪"（Tracer Gun）复制而来的，"示踪枪"是为了纪念 1966 年的《星际迷航》电视剧而发布的！苏联的射击圆盘手枪的设计改变了，但本质没有改变。或者例如列宁格勒光学机械协会生产的相机："共青团员（Комсомолец）"

相机（1946 年）是基于德国的福伦达的"小百灵"（Voigtländer Brilliant）相机（1931 年），"时刻"（Момента）相机（1952 年）是基于"宝丽来兰德"95（Polaroid Land 95）相机（1948 年）。至于拖拉机和汽车的生产，也多为模仿。

你可以找到很多当事人关于这些事情的回忆。例如，工程师亚历山大·茹克（Александр Жук）描述了一个典型的方案："1985 年，我在研究所工作了 4 年后，在里加非标准设备厂的设计局工作了一个半月。所以，有一个普遍的做法：他们把一些外国东西带到设计局，我们测量它的尺寸并投入生产。我记得当时有带马达的儿童车和锯齿形剪刀等。"

公平地说，苏联确实有一些自己成功开发的家用物品。例如，反光相机"运动"（Спорт）是世界上第一款适用于 35 毫米胶片的小型相机。1934 年，一批大约 200 个的"运动"相机的样品问世，3 年后开始生产，一直持续到战争爆发。总的来说，在苏联的胶片相机中，有相当多的原创和成功的设计。

另一个有趣的苏联发明是单声道电子琴"波利沃克斯"（Поливокс）（Polivoks），由斯维尔德洛夫斯克电气自动化工厂［现为"Вектор"（Vector）］的首席工程师弗拉基米尔·库兹明（Владимир куэьмин）和他的妻子奥林皮阿达（Олимпиада）设计。该电子琴于 1982—1990 年连续生产。"波利沃克斯"听起来很不寻常，因此不仅在苏联广受欢迎，取代了难以超越的乐器品牌"雅马哈"（Yamaha）和"穆格"（Moog），而且在西方也很受欢迎。"波利沃克斯"随后甚至被拉姆斯坦（Rammstein）集团使用。但是我们自己设计的高质量和原创设备的总量是很少的，比工业发达国家要少很多。

不幸的是，这一切都证明，就日常生活而言，苏联始终在技术思想方面远远落后于西方。复制品不仅在发行的时候已经过时，而且质量也很差。网络上有人比较了苏联吸尘器"第聂伯河"系列及其原型的壁厚，我们的壁厚是它们的两倍！苏联的技术不允许制造又薄又坚固的塑料，所以苏联的产品更重。此外，在仿制时，厂家总是试图降低生产成本，更换材料，因为并非所有西方国家的复合材料在苏联都可以使用。所有这些都形成了非常低劣的生产文化，当然，我们也缺乏市场竞争。苏联的家居用品尽管很糟糕，但是人们还是会购买，因为没有竞争，就别无选择。

如何购买汽车

好吧，关于落后和模仿我们都讲清楚了。但是所有这些物品都可以很方便地买到吗？不，当然不是。这里得举一个购买汽车的例子。

第一个问题是：我们随机选择一年，例如 1972 年，普通苏联人可以获得多少新的（非二手车）汽车？以下便是答案：

　　ВАЗ 的三种型号：ВАЗ-2101，多用途汽车 ВАЗ-2102 和现代化的 ВАЗ-2103；

　　ЗАЗ-966 "扎波罗热人"（Запорожец）汽车；

　　ГАЗ-24 "伏尔加"（Волга）汽车、多用途车 ГАЗ-24-02，还有越野车 ГАЗ-69；

　　ЛуАЗ-969 "风笛"（Волынь）汽车和前轮驱动版本 ЛуАЗ-969В 汽车，УАЗ-69 汽车（当年它取代了 ГАЗ-69）；

　　"莫斯科人"-408（Москвич-408）汽车、"莫斯科人"-412（Москвич-412）汽车、"莫斯科人"-426（Москвич-426）汽车和"莫斯科人"-427（Москвич-427）汽车。

没了，总共只有 14 辆车型——但实际上只有 7 款车型，其他都是经过改装的。苏联人买不起大轿车或卡车，像"海鸥（Чайка）"这样的豪华轿车也不卖给普通人。从国外进口汽车是不可能的〔政府成员和尤里·加加林（Юрий Гагарин）是例外〕。

现在让我们看看同时期一名普通的美国人有多少型号可挑选。这里的数字是近似值，因为不可能精确计算所有内容。

1972 年，仅美国福特公司就生产了 12 款轿车："平托"（Pinto）、"马弗里克瑞克"（Maverick）、"托里诺"（Torino）、"卡斯腾"（Custom）、"卡斯腾" 500（Custom 500）、"银河" 500（Galaxie 500）、LTD、牧场休闲旅行车（Ranch Wagon）、"乡赛"（Country Sedan）、"乡绅"（Country Squire）、"雷鸟"（Thunderbird）和 "野马"（Mustang），每款都有不同的发动机和配件供选择。雪佛兰生产了 10 款小轿车："织女星"（Vega）、"诺瓦"（Nova）、"蒙特卡罗"（Monte Carlo）、"舍韦勒"（Chevelle）、"比斯坎"（Biscayne）、"贝尔艾尔"（Bel Air）、"英帕拉"（Impala）、"卡普里斯"（Caprice）、"科迈罗"（Camaro）和 "克尔维特"（Corvette），这还只是针对美国市场，雪佛兰还有十几款车型用于出口。庞蒂克（Pontiac）公司推出了 11 款车型："阿斯特拉"（Astra）、"文图拉" Ⅱ（Ventura Ⅱ）、"勒曼"（LeMans）、"卡特琳娜"（Catalina）等。

那一年，美国总共有 200 多个汽车品牌，其中大约有 20 个十分活跃的厂商。他们总共生产了大约 500 种不同的型号，更别提之后还对型号进行了数千种修改。如果你考虑到一个普通的美国人有权购买任何卡车、大轿车或外国汽车，那么可以再增加几百个品牌和几千个型号——总共，我估计这个数字可以达到 2000—3000（很可能，还有更多）。所以在 1972 年，美国人的平均选择是苏联公民的 200 倍，或者可以说 400 倍，因为如果考虑到苏联的 "瓦兹"-2101（ВАЗ-2101）、"瓦兹"-2102（ВАЗ-2102）和 "瓦兹"-2103（ВАЗ-2103）（其他工厂的车也类似），它们都只是改装，而不是不同的车型。

但少得可怜的选择并不是最大的问题。你知道在苏联是怎么买车的吗？

从 1948 年开始，苏联才允许私人购买汽车。然而，这种许可在某种程度上可以称为虚假的。

首先，公民必须先登记，然后排队取车。在 20 世纪 50 年代，排队必须等待 3—4 年，而自 20 世纪 60 年代以来，平均需要 7—8 年。这段时间有必要存好钱。终于，经过漫长的排队，等待已久的通知单才会到达邮箱。苏联人带着通知单去汽车经销店（在大城市才有），在那里他还要继续排好几个小时的队，之后带着账单一起去商店附近的储蓄银行，在那里再次排队，付好账，回到商店，继续排队——要拿取货单。然后前往仓库，在那里交取货单并终于可以取到自己的汽车。选择颜色是不可能的——给你什么颜色，就开走什么颜色的车，所以苏联人的汽车往往是自己手工重新粉刷的。

大家都知道，这一切烦琐的流程都可以通过行贿来规避，即支付 2—3 倍的钱。退伍老兵一生中有一次权利无须排队购买汽车。在 20 世纪 80 年代，由于出口生产过剩，有足够多的汽车可用于国内销售，因此有一段较短的自由销售汽车时间。在此让我提醒一下大家，美国人可以随时去商店买车，并且驾驶着自己喜欢的汽车离开汽车经销店。

最后，关于汽车价格。1972 年的"戈比"（Копейка）（ВАЗ-2101）型轿车售价 5500 卢布，"莫斯科人"-412 汽车售价 4990 卢布，ГАЗ-24"伏尔加"（Волга）汽车的售价高达 9200 卢布。普通人的月均工资大约是 200 卢布，也就是说，一辆汽车的平均价格是月平均工资的约 30 倍。在美国，当时的平均工资为每月 750 美元，而汽车平均价格为 3800 美元，只是月工资的 5 倍。

当然，吸尘器或电视机的情况就简单多了——至少购买它们的排队时间不是数年，而是数小时（如果设备原则上可以销售，但情况并非总是如此）。

因此，在日用品领域的发明似乎从来没有被鼓励过。所以这可能是整本书中最无从下笔的部分。

第二十一章

人与乐器

　　我决定用单独的一章来介绍这个人。他仿佛是从 19 世纪走出来的，在那时一个发明家可以同时在 10 个不同的领域工作，他发明过乐器、窃听设备和车辆。他成功地移民过，但后来又返回了他的国家。他的名字是列夫·捷尔缅（Лев Термен）。

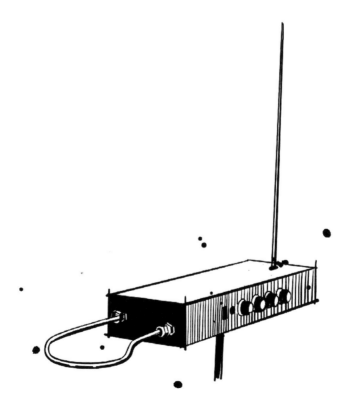

几乎所有普通人（其受教育程度足以知道捷尔缅）所听过的有关捷尔缅的故事都是传奇。并不是说这些事情都没有发生，只是关于他的故事总是被传奇的光环所包围着。例如，1991 年，也就是苏联解体前几个月，95岁的捷尔缅加入了苏联共产党，当被问及为什么这样做时，他回答说："我答应过列宁。"他确实答应过——并信守诺言，但不幸的是，这样的故事掩盖了他真正的技术成就和与之密切相关的波折经历。不过，从记者的角度来看，捷尔缅的一生似乎确实是一个连续不断的传奇：他是一位享有特权的苏联工程师，也是一位美国商人，在苏联家喻户晓。让我们按时间顺序谈谈他的一切。

物理与音乐

每个父母都试图将孩子送到尽可能多的不同的兴趣班中。我认为这种方法是正确的，孩子获得的信息越多，他的总体发展就越好，重要的是，这些兴趣班和课程是发现孩子的天赋和为其未来职业奠定基础的机会。

我们的英雄出生于 1896 年，正如这 120 年来丝毫未变的传统，列夫·捷尔缅的父母也是这样做的。他的父亲是圣彼得堡一位富有的律师，一位贵族。在年轻的列夫面前有许多道路，他主要从事（并且喜欢）两件事：大提琴演奏和物理学，特别是在天文观测方面，他的父母在别墅里为年轻的列夫建造了一个小型天文台。在父母的支持下，孩子的爱好发展为他未来的职业：中学毕业后，捷尔缅进入了彼得格勒帝国大学（现为圣彼得堡国立大学）的两个系学习：天文系和物理数学系。同时也进入了音乐学院！

他于 1916 年从音乐学院毕业，大学二年级应征入伍。一直以来，捷尔缅都对物理和电气工程感兴趣，他完成了军官的电气工程课程，并在该国最大的皇村广播电台工作。革命结束后，他成了广播电台的领导。

这决定了捷尔缅的未来。虽然他没有从大学毕业，但凭借他的才华、智慧和发明潜力，他的职业生涯始终走在上坡路上。这条道路上最成功的一步是著名物理学家、当时的国家 X 射线和放射研究所（现为俄罗斯放射学和外科技术科学中心）物理和技术部门负责人阿布拉姆·约飞（Абрам Иоффе）的邀请。实际上，该研究所本身是在一群科学家的倡议下于 1918 年成立的，约飞也在场。1919 年约飞邀请了捷尔缅这名新的年轻员工来加入，后者接受了这个提议，他们实现了双赢。

虽然在物理技术实验室中捷尔缅主要从事理论和实验科学，但他花了很多时间自己"动手"。有些人认为科学是生命，有些人认为科学是工具[这里你可以回忆一下尼古拉·特斯拉（Nikola Tesla）——他经常被称为科学家，尽管他只是一名实践者、工程师和发明家]。就这样，在 1920 年，列夫·捷尔缅做出了他最著名的发明——捷尔缅琴（又称"特雷门琴"）。令人惊讶的是，他发明了许多不同的设备和系统，而且更有实用价值，但让他成名的是乐器。也许是因为正是在乐器上，捷尔缅融合了他的两个主要爱好——物理和音乐。

电子旋律

捷尔缅琴是苏联较早（但不是第一台）的电子乐器之一。与其他 99% 的电子乐器相比，无论是传统的还是现代的，捷尔缅琴都具有非常惊人的简单性。这种简单性加上其小巧玲珑的体型，使捷尔缅琴成为第一个在音乐会上广泛使用的电子乐器，而它的前辈仍然停留在实验设计阶段。

事实上，捷尔缅琴由两个电振荡发生器组成。其中一个是基准波，产生频率恒定的波。另一个的振荡频率是可变的，可以人为变换。来自两个发生器的频率进入阴极继电器（混频器），在那里它们被混合并相互削弱；产生的频率在声波段内，它被放大并变成声音，变成音乐。

在约飞那里，捷尔缅从事测量不同条件下气体的介电常数的工作，并为此制作了一个试验台，在其中用气体充当电路的一部分。在实验过程中发现，当产生的电波到达一定范围时，就会出现人耳能听到的声音，而且该设备非常灵敏，即使用手接近它，电容也会发生变化。捷尔缅通过设计一个产生声音的设备来增强和系统化这种效果。

从另一方面来看，本发明的偶然性似乎是显而易见的，但如果没有发明家的初步准备，捷尔缅琴不太可能诞生。据捷尔缅回忆，他在1918年设计了第一个这样的系统，但没有物质基础来发展它。早些时候，在中学学习期间，他在特斯拉线圈的基础上建造了一个音乐装置，当接近感应管时，它会发出不同高度的声音；在捷尔缅的指导下，他的同学们演奏了《伏尔加河船夫曲》。事实上，这是历史上第一次非接触式音乐创作的经历。

从表演者的角度来看，经典的捷尔缅琴是这样工作的。该设备有两个金属天线。当手靠近或远离垂直天线时，声音的频率（即音调）会发生变化，而水平天线可改变音量。在经典版的捷尔缅琴中，手离垂直天线越近，声音越高，离水平天线越近，声音越小。有趣的是，在最初的模型中，音量是使用表演者脚下的踏板控制的，也就是说，演奏时仍然存在接触。

总的来说，捷尔缅琴无论是在声音方面还是在演奏的外部美学方面都很漂亮。音乐家在空中移动他的手，好像在指挥，没有接触乐器本身。看看网络上演奏捷尔缅琴的视频，是一种审美享受。这位发明家将他的乐器定位为一场真正的艺术革命，后来外国报纸写道："捷尔缅成功地完成了托洛茨基（Троцкий）未能做到的事情——进行了一场世界革命，但仅限于音乐方面。"

捷尔缅很幸运。那是20世纪20年代，当时还没有管制个人的发明创造。否则，结果就会和AHC（ANS）合成器① 一样（在第24章中将具体

---

① 为纪念俄罗斯著名作曲家、钢琴家亚历山大·尼古拉耶维奇·斯科里亚宾（Александр Николаевич Скрябин，1872—1915），穆尔津以其名字的首字母"AHC（ANS）"为自己的合成器命名。因此，本书中均为"AHC（ANS）合成器"。——编者注

介绍），制造过程花费了 20 年，但问世的时候已经没人需要它了。1920 年 11 月，在一次纪念维克多·基尔皮切夫（Виктор Кирпичёв）教授的力学会议上，捷尔缅首次在公共场合演奏了他的乐器。两年后，他有机会亲自向列宁演示了捷尔缅琴。在第八届全俄电气技术大会上，该琴的演奏取得了巨大的成功。

列宁会定期接待发明家，他对他们的工作很感兴趣，有时甚至为各种项目提供资金。他喜欢捷尔缅琴［当时称其为埃捷罗顿电子琴（этеротон）］，捷尔缅给列宁上了一节音乐课，教他演奏简单的旋律。有这样一个传闻：列宁在没有捷尔缅帮助的情况下演奏了作曲家格林卡（Глинка）的《云雀》。这纯属夸大其词，我自己参加了为期 4 天的捷尔缅琴课程，我向你保证，你不会马上成功的。它虽然是一种成熟的乐器，但是演奏起来并不容易，你至少需要有优秀的音感才能正确地演奏它。像在吉他指板上一样的品和品格点是没有的，您必须仅仅依靠声音和动作。所以列宁那时只是简单的动了动手，从某种意义上来说是"尝试"了捷尔缅琴，并试图自己完成演奏。捷尔缅回忆说，列宁或多或少地算是成功了。

与列宁的相识带来了许多进展，特别是在 X 射线和放射研究所成立了一个物理技术部门，捷尔缅在那里继续他的工作。

大约在这个时候，他在工作中又开辟了很多其他研究方向，特别是电视（更准确地说，监视器）。他连续发明了一些东西，从自动门到感应灯。但几乎所有这些东西要么无人需要，要么立即被官方保密，因此他唯一"公开"的名声来源仍然是捷尔缅琴，也是捷尔缅琴带他去了美国。

秘密电视

捷尔缅并没有在电视领域获得成功。尽管 20 世纪 20 年代是电视蓬勃发展的年代。事实上，在 10 年内，它便从一个理论方案变成了一个工作系统。1925 年，苏格兰人约翰·洛吉·贝尔德（John Logie Baird）在他的实验室中第一次完整地进行了电视转播，不是抽象的轮廓，而是真正会动的图像。一年后，他展示了从伦敦到 700 千米外的格拉斯哥的视觉信息传输。有数十名发明家和工程师在美国工作，其中包括俄罗斯移民兹沃雷金（Зворыкин）、菲洛·法恩斯沃斯（Philo T.Farnsworth）和匈牙利人卡尔曼·季哈尼（Кальман Тихани）。在当时也有许多相互竞争的体系，首先是机械电视，然后是电子电视。

在苏联，列夫·捷尔缅走在进步的最前沿。他对电视的兴趣源于 1924—1926 年在约飞的建议下写的一篇论文，主题是"在没有电线的情况下远距离传输动图"（有趣的是，已经积极活跃在教学一线的捷尔缅在那个时候还没有完成高等教育）。事实上，为了获得文凭，他基本上成功开发了一种称为"远视"的远程监控系统。

他在 1926 年 6 月进行了答辩，他的研究引起了科学界的极大兴趣。该系统的工作原理与贝尔德的机械方案类似，在演示中，捷尔缅将人体手臂的运动图像传输到了远处。发明者开始改进这个系统。在最完整的第三个版本中，图像被投影到一个巨大的 1.5 米 × 1.5 米规格的屏幕上，有 64 行扫描。苏联媒体对这一成果赞不绝口。也正是从这里，捷尔缅开始不走运了。

他的研究引起了劳动和国防委员会——苏联负责边境保护的最高机构的兴趣。该委员会提议捷尔缅根据自己的发明制造一种用于边境服务和监视的设备。这个提议立刻就被高度机密化了。1926 年，他们向谢苗·布琼尼[①]展示了改进后的系统：街上安置一个摄像头，布琼尼和测试人员在大楼里，通过屏幕上的图片可以识别从外面经过的人。但是没有人谈论继续研发给普通人用的电视：它后来出现在英国、美国和其他国家，然后苏联又购买了兹沃雷金为美国广播公司开发的技术。

---

① 谢苗·米哈伊洛维奇·布琼尼（俄语：Семён Михайлович Будённый，1883—1973），苏联元帅、骑兵统帅、国内战争和卫国战争的著名英雄。——译者注

美国往事

捷尔缅幸运的地方在别处。他在法兰克福举行的国际音乐展上展示了捷尔缅琴，取得了惊人的成功，因为在那些年里，电子乐器是一种时尚的新奇事物，世界上从来没有人见过像捷尔缅琴这样的东西，更不用说捷尔缅本人的表演技巧了。他收到了许多来自国外的邀请——包括举办音乐会和工作旅行。他在巴黎歌剧院、柏林爱乐乐团、伦敦阿尔伯特音乐厅演出，最后接受邀请前往美国。

在那里，他获得了捷尔缅琴的专利，更准确地说，是终于完成了这项手续，因为该申请是在 20 世纪 20 年代从苏联提交的。捷尔缅开发了一个用于批量生产的设备版本。他将生产权卖给了通用电气和前面提到的美国广播公司，并成立了自己的公司"遥触"（Teletouch）。此公司从事各种电子系统的开发，尤其是电容报警器。捷尔缅为著名的阿尔卡特拉斯监狱和新新监狱，以及诺克斯堡的仓库设计了警报，这是一项政府命令，使他的企业能够在美国"大萧条"中幸存下来。该公司还制作了捷尔缅琴并保留了录音室，但如一些消息所写的"数千捷尔缅琴"仍然是子虚乌有的：这种乐器是专业的，无法带来太多利润。在纽约，捷尔缅租了一座六层的大楼，并在美国各地设立了多个销售办事处。他举办音乐会并广受欢迎，许多著名的人物都曾拜访过他，例如格什温（Gershwin）和梅纽因（Menuhin），还有卓别林（Chaplin）和爱因斯坦（Einstein）。捷尔缅还尝试了轻音乐：在作曲家亨利·考威尔（Henry Cowell）的建议下，他开发了第一个节奏电琴（Rhythmicon），一种可以根据演奏的音符生成图案的光电机器。顺便说一下，此机器被认为是世界上第一台节奏机器并且大大超前于鼓机的原型。

捷尔缅琴有一种特殊延伸，即特普西顿琴（терпситон）。你可以自己想象一下这样一个平台，演奏者通过跳舞来操作，他的舞蹈控制着音乐。

1932 年在卡内基音乐厅演出的第一个特普西顿琴独奏者是克拉拉·洛克莫尔（Клара Рокмор）——未来的捷尔缅琴演奏家。许多芭蕾舞团都尝试与特普西顿琴合作。为了其中一个节目，捷尔缅邀请了一群非裔美国舞者，其中包括拉维尼娅·威廉姆斯（Lavinia Williams）。他于 1936 年与她相爱并结婚（捷尔缅与他的第一任妻子凯瑟琳在搬到美国后不久就离婚了）。这件事后，在他面前所有的机会大门都关闭了：20 世纪 30 年代的美国，种族隔离如火如荼，他和拉维尼娅的婚姻在苏联大使馆登记，不被美国当局承认，捷尔缅娶了一个黑人妇女，顿时变得无人接近。在此背景下，他的工作遭受重创，捷尔缅失去了各种关系，于 1938 年返回苏联。

"沙拉什卡"和公共公寓

捷尔缅发现苏联与 10 年前离开时完全不同。没有人再需要他的音乐。1939 年 3 月，他因在 1934 年通过使用来自美国的神秘无线电波束在普尔科沃天文台激活傅科摆中的爆炸物而企图杀害基洛夫①的捏造案件被捕。那一年天文台没有傅科摆，但这并没有让任何人感到异样。

他在马加丹附近的一个营地待了一年，然后在 1940 年，他作为一名有才华的工程师被调到沙拉什卡，首先是跟着图波列夫②，然后是跟从另一个专门从事无线电系统的人。捷尔缅设计了无线电控制系统、信标、间谍微型发射器等。

最著名的间谍发明是"金唇（Златоуст）"监听设备。它是一种不需要

---

① 谢尔盖·米罗诺维奇·基洛夫（Сергей Миронович Киров，1886—1934），苏共中央政治局委员。——译者注

② 安德烈·尼古拉耶维奇·图波列夫（Андрей Николаевич Туполев，1888—1972），苏联著名飞机设计师、苏联科学院院士。——译者注

任何电源的空腔谐振器。它可以从旁边大楼里接收频率大约为 1800 兆赫兹的无线电信号，当有人在房间里讲话时，声音会引起谐振器薄膜的振动，这种震动可通过一个小的无线电信号天线调制出可再发射的信号，该信号由附近的特殊接收器记录。

1945 年 8 月 4 日，阿泰克的少先队员代表团向美国驻苏联大使埃夫里尔·哈里曼（Averell Harriman）赠送了嵌有"金唇"监听设备的、由珍贵木材制成的美国国玺的复制品。直到 1951 年，英国大使馆的一名无线电操作员在检测广播时，不小心捕捉到了窃听设备的再发射信号。但即便如此，工作人员还是花了整整一年的时间才发现它。在此之前，苏联特务部门 7 年来一直在倾听美国大使办公室发生的一切。在英国文学中，这个设备被称为"The Thing"（那个东西），在 1960 年联合国峰会上此设备一经展示便声名远播。

监听设备的下一个版本"暴风雪"（Буран）可以通过窗户玻璃的震动来窃听房间内的谈话。在这项工作之后，苏联当局对捷尔缅的态度终于软化了。1947 年，捷尔缅还在"沙拉什卡"的时候便成了一级斯大林奖的获得者（秘密地），不久之后他被释放并获得了一套两居室的公寓。同年，他迎来了第三次婚姻。

直到 1964 年，捷尔缅在秘密的设计局担任工程师，负责各种跟踪设备的研发，退休后他领导莫斯科音乐学院的声学实验室。事实是，捷尔缅在1938 年时就被国外认为已经死亡。1967 年，来音乐学院工作的美国音乐评论家哈罗德·查尔斯·勋伯格（Harold Charles Schonberg）发现了他还活着，于是西方媒体上出现了耸人听闻的文章，称"著名的捷尔缅还活着"。结果他工作的实验室被立即关闭，他的所有设备都被摧毁。70 岁的捷尔缅在莫斯科国立大学的声学实验室找到了一份机械师的工作，在那里他一直工作到去世。

20 世纪 80 年代，人们对捷尔缅琴重新产生了兴趣。已经 90 多岁的捷尔缅得到再次出国旅行的机会，作为嘉宾在法国参加了一个音乐节，然后飞往了久违的纽约和荷兰。美国导演斯蒂芬·马丁（Stephen Martin）制作了一部关于他的纪录片《列夫·捷尔缅：电子奥德赛》，并于1993年8月25日举办了首映式，同年11月，这位著名的发明家与世长辞，享年97岁。

如果捷尔缅90%的发明和设计精力不必用于秘密开发，他留给我们的遗产可能是巨大的。因此，尽管发明了无数的无线电系统、电视、窃听器和警报器，但他对世界文化的主要贡献是电子乐器，其中主要是捷尔缅琴。顺便说一句，在英语中它被称为"Theremin"，这就是他的姓氏"Термен"的法语拼写。

今天捷尔缅琴仍然活跃着。有众多表演者演奏并举办音乐会、在舞台上和电影中很多作曲家使用这种乐器。列夫·捷尔缅的曾孙彼得·捷尔缅继续着他的工作：他领导着俄罗斯和欧洲唯一的捷尔缅琴学校。该乐器在日本特别受欢迎，在那里他们开发了自己的品种——"马捷尔缅琴"，是音量不可控的捷尔缅琴。最大的现代捷尔缅琴制造商是穆格（Moog）公司，由美国电子音乐普及者、发明家和企业家罗伯特·穆格（Robert Moog）于1951年创立。不过，出于列夫·捷尔缅本人之手的乐器仍被公认为黄金标准。

第二十二章

基尔扎高筒靴的历史

　　一方面，基尔扎是苏联军队的救星，它是一种廉价、耐用的棉织物，其大规模生产使成千上万的士兵有鞋可穿。另一方面，这也是一种惩罚，基尔扎高筒靴很重，不舒服，而且从审美的角度来看，很难找到比基尔扎高筒靴更丑的东西。尽管如此，基尔扎的发明历史及其生产技术值得独占一章。

出人意料的是，基尔扎诞生了两次。俄罗斯发明家和博物学家米哈伊尔·波莫尔采夫（Михаил Поморцев）甚至在革命之前就开创了不使用橡胶生产防水织物的技术。现代的基尔扎与波莫尔采夫无关——事实上，为解决类似问题而创造的完全不同的材料被赋予了相同的名称。它是在20世纪30年代被发明并投入批量生产的。

第一部分：波莫尔采夫的基尔扎

我在《俄罗斯帝国发明史》一书中简短而清楚地介绍过米哈伊尔·波莫尔采夫。但是，为了不让读者再费时间去翻开另一本书，我将简要地再讲述他的故事。

米哈伊尔·波莫尔采夫于1851年出生在大诺夫哥罗德附近的一个炮兵家庭。他追随父亲的脚步，在军队中度过了自己的整个职业生涯：他曾就读于下诺夫哥罗德军校，然后在圣彼得堡炮兵学校学习，作为炮兵少将服役、工作并在1907年退休。但除了军事，波莫尔采夫还酷爱科学与技术，并不受任何特定方向的限制。他从事电气工程领域的工作，研究气象，在军事测量学和地形学方面做了大量工作，尝试建造飞行设备、火箭发动机，撰写了多部空气动力学著作，研究化学和气体动力学，等等。

在某种程度上，他如此发散的兴趣起到了消极作用。波莫尔采夫获得了许多特权和专利，拥有许多已实现的技术项目并在上级领导层中享有良好的声誉，但事实上，他从未成为任何情况下的第一人。让我引用《俄罗斯帝国发明史》一书中的一段话："据说他在19世纪90年代发明了第一个测云器（Иефоскоп，Nephoscope），一种确定云层速度的装置，但是实际上瑞典工业家、发明家和气象学家卡尔·戈特弗里德·芬曼（Karl Gottfried Fineman）早在1885年便推出了镜面测云器，到19世纪90年代这种设备已经在俄罗斯使用。还有一种观点认为，波莫尔采夫发明了第一个气压高度计。然而事实上，在 1875 年的巴黎国际地理大会上，德米特里·伊万诺维奇·门捷列夫（Дмитрий Иванович Менделеев）的差分气压计（也被称为高度计）被授予金牌，当时 24 岁的波莫尔采夫甚至没有考虑过航空学……"因此，波莫尔采夫的名字最常与基尔扎联系在一起。

波莫尔采夫的基尔扎是发明过程中的经典实现方案"遇到问题——找到解决办法"。问题是当时俄罗斯没有种植橡胶植物。俄罗斯领土上最重要的橡胶植物——著名的橡胶草（кок-сагыз，kok-sagyz），在 20 世纪 30 年代之后才开始用于工业，在革命之前，俄罗斯和苏联的橡胶工业完全依赖进口（特别是巴西橡胶树，以及来自海外殖民地的植物，比如英属马来和荷属东印度群岛）。整个世界生产防水织物的技术正是基于橡胶的使用。1818 年，苏格兰外科医生詹姆斯·塞姆（James Syme）发现了橡胶防水的能力，几个月后，化学家兼企业家查尔斯·麦金托什（Charles Macintosh）获得了生产防水织物的专利。1824 年，麦金托什公司的第一件雨衣售出，他的姓氏家喻户晓。

1904 年，经过几周的实验，波莫尔采夫成功地获得了不使用橡胶的防水织物。为了做到这一点，他用蛋黄、松香和石蜡的混合物浸泡在呢绒上，得到了粗糙的、坚硬的、但不透水的材料。随后，波莫尔采夫对浸渍剂的成分进行了改进，并发明了这种材料，即基尔扎的工业生产方法。

但波莫尔采夫并不幸运。一方面，波莫尔采夫获得了俄罗斯最高军衔，因此他的发明受到了关注。防水基尔扎连续两次参加世界博览会——1905 年在列日和 1906 年在米兰，随后在俄罗斯的主要展览和会议上展出，基尔扎还应用到了外套和其他军用装具的小规模批量生产中，且在日俄战争前线使用。但波莫尔采夫用基尔扎制作鞋子的提议因经济上的劣势而告吹：基尔扎价格便宜，在从皮革过渡到基尔扎的情况下，制造商从军队合同中获得的利润将下降数倍。所以波莫尔采夫从未成功将基尔扎应用于靴子，他在 1916 年去世了，基尔扎似乎成了历史。

顺便说一句，"基尔扎"一词在苏联时期并没有出现（它与基洛夫工厂无关），甚至不是波莫尔采夫创造的——它可以在 19 世纪 80 年代出版的词典中找到。事实上，自 15 世纪以来，斜纹织布卡拉泽亚（каразея）便从英国进口到俄罗斯。这个词由英国村庄的名字克尔赛（Керси，Kersey）演变而来，从 13 世纪开始，他们就制作这种布料。俄罗斯很快采用了这项技术，并将其名字改为"卡拉泽亚"，到 19 世纪末，它被简化为"克尔扎"（керза）。在 19 世纪下半叶，字母"E"让位于字母"И"——并且出现了"基尔扎"（кирза）这个词。"真正的"基尔扎，即合成橡胶，是后来创造的。

第二部分：合成橡胶

不仅只有俄罗斯受到天然橡胶短缺的困扰。19 世纪 90 年代，欧洲开始兴起自行车热潮，橡胶的需求量成倍增长，当时有限的生产规模无法应付。许多实验室试图获得合成的橡胶类似物。1909 年出现了突破性进展：由弗里茨·霍夫曼（Fritz Hofmann）领导的团队在德国埃尔伯费尔德的拜耳实验室中获得了有史以来第一种人造橡胶——合成的异戊二烯。

一年后，德国人的成就被俄国人追上并超越。1910 年，俄罗斯化学家谢尔盖·列别杰夫（Сергей Лебедев）获得了一种基于丁二烯的合成橡胶，这种材料为大规模生产奠定了基础。1913 年，出版了《双乙烯碳氢化合物聚合方面的研究》一书，这是第一部描述人造橡胶的科学著作，实际上也是生产合成橡胶的技术指南。橡胶生产的实际试验在"三角（Треугольник）"工厂进行，工厂实验室负责人鲍里斯·贝佐夫（Борис Бызов）直接参与。早在第一次世界大战期间，俄罗斯就建立了用于军事需要的列别杰夫—贝佐夫丁二烯橡胶的生产（顺便说一下，这是当局对波莫尔采夫的发明完全失去兴趣的原因之一）。

20 世纪 20 年代，各国科学家都在研究合成橡胶，试图获取新型材料，建立橡胶制品的生产——总的来说，这项技术已"走向世界"。在列别杰夫研究的同时，伊万·奥斯特罗米斯连斯基（Иван Остромысленский）也在潜心研究，在《双乙烯碳氢化合物聚合方面的研究》出版的同时也出版了《橡胶及其类似物》一书，其中描述了他个人发明的用于生产丁二烯橡胶的16 种方法（他总共获得了 20 多项与该领域相关的专利）。奥斯特罗米斯连斯基有自己的实验室，他的工作进展也很顺利，但在革命后的 1921 年，他通过拉脱维亚移民到美国。在那里，在为联合碳化物公司（Union Carbid Corporation）工作期间，他实际上成了美国合成橡胶之父。合成橡胶领域的其他重要人物是朱利叶斯·纽兰（Julius Nieuwland）、华莱士·卡罗瑟斯（Wallace Carothers）（杜邦首席化学家和尼龙的发明者），以及提出大分子概念的赫尔曼·施陶丁格（Hermann Staudinger）。

在苏联时期，我们已经熟悉的谢尔盖·列别杰夫和鲍里斯·贝佐夫继续研究合成橡胶。1926 年，国民经济最高委员会举办了一项获得橡胶材料的最佳途径的竞赛，列别杰夫以乙醇生产橡胶的方法赢得了这场竞赛。1930 年他们建立了试生产设施，1931 年使用列别杰夫方法生产了第一块260 千克的橡胶块，1932 年在雅罗斯拉夫尔开设了苏联第一家生产合成橡胶的工厂。列别杰夫的方法是这样的：从乙醇中提取丁二烯，然后在金属钠的参与下聚合。有趣的是，工厂选址受到此技术的影响：酒精是由土豆制成的，而当时雅罗斯拉夫尔所在的伊万诺沃工业区拥有该国最大的土豆田。与此同时，鲍里斯·贝佐夫发明了一种略有不同的技术，随后根据他的方法也生产了人造橡胶。不幸的是，两位科学家都在 1934 年突然去世，时至今日，这仍然会引起各种阴谋论者的质疑。

第三部分：苏联基尔扎

但是橡胶就是橡胶，基尔扎仍然只是织物。20 世纪 30 年代初期，红军发现自己处于相当困难的境地：弹药、制服和鞋子都不够。大多数问题都出在鞋子上：没有人在乎鞋子的防水性和耐用性，没有人关心士兵们脚上穿着什么材质的鞋子。正在那时，有人在档案中发现了波莫尔采夫在棉织物浸渍过程中防水成分方面的工作。

但那时，人造橡胶已经存在了，没有必要再将蛋黄和松香混合。莫斯科工厂"科日米特"（Кожимит）在总工程师亚历山大·霍穆托夫（Александр Хомутов）和中央科学研究院邀请的化学家伊万·普洛特尼科夫（Иван Плотников）的领导下，开始开发一种将波莫尔采夫的想法与用人工代替自然浸渍的想法相结合的技术。

1939 年，生产出第一批由苏联基尔扎（"基尔扎合成橡胶"）制成的靴子。当时的技术还很不完善：靴子防水，但是又重又硬，在严寒中它们通常会冻硬并且……会破掉！因此，与人们的误解相反，生产再次缩减，直到更好的时机到来。到了 20 世纪 30 年代末，国家的经济形势有所好转，军队或多或少地得到了满足，而在继续开发基尔扎的同时，对基尔扎的迫切需要也消失了。

但随后战争爆发了！人们立刻意识到了士兵鞋子的问题——关注度如此之高，以至于甚至颁布了一项关于生产……草鞋的法令，以便在夏季内陆地区的士兵有鞋可穿。1941 年 8 月，伊万·普洛特尼科夫代替霍穆托夫（他去了中央科学研究院研究皮革替代品，也就是他们互换了位置），被任命为科日米特工厂的总工程师，并立即下令完善制造防水织物的技术。普洛特尼科夫的团队在 6 个月内解决了这个问题，1942 年就在基洛夫工厂启动了基尔扎的大规模生产，这在接下来的 70 年里几乎毁了应征入伍者的生活。1942 年 4 月 10 日，霍穆托夫和普洛特尼科夫被授予斯大林奖金二等奖，到战争结束时，大约有 1000 万士兵已经穿上了臭名昭著的基尔扎高筒靴。

基尔扎靴防水且坚不可摧，但非常不舒服。在基尔扎靴里无法穿袜子——只能穿裹脚布。随后，一些社会主义阵营国家（特别是民主德国）

以及芬兰开始生产基尔扎靴，但早在 20 世纪 60 年代，全世界都开始关注到军队要有舒适的鞋子，主要是指及踝靴，所以德国人在 1968 年放弃了基尔扎靴，而芬兰人在 1990 年放弃了。

在俄罗斯，士兵们在 21 世纪中叶才开始从基尔扎靴中解放出来。今天，俄罗斯的作战部队也使用踝靴——更灵活、更舒适、更耐穿的鞋子。然而，在 2019 年，基础建设工程队仍然穿着基尔扎靴和裹脚布。

如果要为基尔扎靴进行辩护，那么可以说它在 20 世纪 40 年代初期的确解决了问题。穿着皮鞋在欧洲作战的美国士兵遭受了很多痛苦：不管怎么预防，鞋子总会进水，在战斗条件下，因进水而扑哧扑哧地响的鞋子是导致腿部风湿病的直接原因（"二战"期间约有 12000 名美国士兵被诊断出患有这种疾病）。但早在 20 世纪 70—80 年代，技术就改进了很多，已经可以用高品质舒适的鞋子代替基尔扎靴。不幸的是，当时在苏联没有人考虑过这一点。

今天，基尔扎被用来为那些在潮湿条件下长时间艰苦工作的人制作鞋子（农民和工人特别喜欢基尔扎靴）、包装材料和防护服。总体而言，该材料在某些行业仍有需求。

第二十三章

地址中的数字

　　从"发明"这个词的字面意义上来看，很难把这项工作完全归为发明。但事实依然是事实：正是在苏联，人们首次使用邮政编码系统用于优化包裹和信件的交付，比英国、美国、德国和其他以其邮政服务的速度和质量著称的国家都要早。

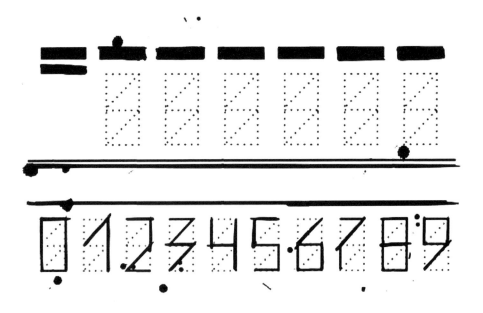

如今，邮政编码几乎是任何一个地址的基本要素。即使地址是"到你祖父的村庄"，也有一个数字定位村庄，尽管其中街道或房屋的号码也许根本不存在。不同的国家有不同的邮政编码格式，其中大多数是数字，包括3—6位字符。英国、加拿大和其他几个国家（地区）的邮政编码是由字母和数字组成的，有6—8位字符。也有几个国家（主要是非洲国家）没有使用邮政编码，但这主要是由于社会和技术落后，而不是他们自主的选择。

要了解为什么邮政编码出现在苏联，首先需要回顾一下邮政的历史。

编码出现之前

直到1857年，世界上都不存在地址编码。而且全世界的地址书写规则都是一团糟。寄件人可以写"给伦敦的罗切斯特先生"，邮局也会接受这种信件。而邮件是否能到达，仅取决于对这位罗切斯特先生的描述是否准确——也就是说是否指出了他的姓名、地址或者外貌特征——这种情况确实发生过！

当然，当时的世界邮政模范是英国。罗兰·希尔（Rowland Hill）的改革及其成果——革命性地采用邮票作为支付手段更是一桩重举。因此，1857年伦敦成为世界上第一个根据邮政部门的文件被划分为10个区域以进行通信的城市不足为奇。这一措施是由于城市规模巨大，无法在许多地区集中分发邮件。当时，在寄往英国首都的信封上，不仅要注明城市，而且要注明收件人的地区编号。1864年，利物浦也采取了类似的方式。在伦敦进行"试点项目"时，正是罗兰·希尔领导着英国邮政。

随后，大城市的分区措施不仅遍及整个英国，而且还走出了英国国界，扩展到包括美国在内的原殖民地。但是，无论城市分区看起来多么先进，都无法使我们准确地定位到收件人。首先，它仅在城市中有效；其次，这种分区是十分粗略的，即使将伦敦一分为十，每一部分也仍然非常巨大。

同样应用了此种方法的纽约面积比伦敦更大。

总而言之，使用编码进行更精细分区的想法浮出水面。而在这方面，英国失去了领先地位。

试点项目

1931 年 3 月 30 日，阿列克谢·伊万诺维奇·雷科夫（Алексей Иванович Рыков）被任命为苏联邮电人民委员。他的经历很特殊：对他来说，这个职位不是晋升，而是惩罚。在此之前，他曾任苏联人民委员会委员长。但他反对新经济政策的收紧和集体化的实行，因此被派去领导邮电部。

雷科夫急于得到赏识并重获往日威信，在巨大的压力下也开始了新的工作。早在 1932 年 1 月，邮电人民委员会就更名为通讯人民委员会，而雷科夫开始改革和发展这一行业，其中最有趣的项目便是引入邮政编码。

显然，该系统是如此新颖和有原创性，以至于不可能立即将其引入庞大的联邦领土。因此苏联决定先在其中一个加盟共和国中试点编码系统，最终选择了乌克兰苏维埃社会主义共和国。因为它的面积足够大，同时也相对靠近首都。遗憾的是，今日我们已无法确定是谁制定了乌克兰苏维埃社会主义共和国的邮政编码方案及其使用原则，但很可能是由一个"创作团队"完成的，雷科夫也参与其中。

那么，苏联的编码到底是什么样的呢？

乌克兰的地址

该项目始于 1932 年 12 月。为了向民众宣传，共和国的所有邮电支局

中都印制了乌克兰语的海报和特别制作的明信片。明信片有 4 种类型：3 种
售价 3 戈比和 1 种售价 10 戈比的，它们用不同的词汇表达了相同的含义：
如果正确地写明了收件地的编码，邮件将又快又准地送达。实际上，当时
也是首次使用了"编码"（"индекс"）一词，并用引号将其引了起来。

　　编码由数字和代号组成，例如 12У1、24У11、22У1。字母"У"代表
"乌克兰"。每个苏维埃社会主义共和国都有自己的字母，因为当时加盟共
和国数量很少，只有 7 个：俄罗斯、乌克兰、白俄罗斯、外高加索、土库
曼、乌兹别克和塔吉克。

　　代码前面的数字表示主要位置，代码后面的数字表示主要位置中更
精确的地方。编号从 1 到 10，分配给乌克兰苏维埃社会主义共和国的首
府哈尔科夫（划分为 7 个区，外加 3 个备用数字），从 11 到 20 是基辅，
从 21 到 29 是敖德萨，等等。其余的两位数数字分配给尼古拉耶夫、第
聂伯罗彼得罗夫斯克、扎波罗热、斯塔利诺（顿涅茨克）、马里乌波尔
和该共和国其他的大城市用于划分区域。如果在"У"前面有三个数字，
则该编码指的就是区域中的小城市、乡镇或农村，例如：101 被分配给
日托米尔州的奥列夫斯克地区，奥列夫斯克地区又被划分为 39 个邮政区
域。因此，奥列夫斯克地区的村庄索引如下：101 У 37。邮政分区的数
量差距悬殊，从老克列缅丘格地区（马里乌波尔地区）的 9 个到哈尔科
夫的 130 个。

　　为了将所有地区的情况弄清楚，乌克兰的各个邮局都有 268 页的手册，
其中列有所有的代码和分区。每本手册的上半部分包含按字母顺序排列的
城市列表以及相应的代码，第二部分是从 1 У 1 到 486 У 53 的字母数字列
表，并标明了对应的居民点。该系统总共包括超过 25000 个单独的邮件递
送点！为了找出收件地的编码，发件人会联系邮局的工作人员，让他在目
录中找到相应的代码。

短暂的成功

遗憾的是，好景不长。1936 年 9 月 26 日，阿列克谢·雷科夫被撤职，1938 年 3 月 15 日被枪杀。

自然，雷科夫任职期间的活动后续引起了很多批评。乌克兰苏维埃社会主义共和国的邮政编码系统虽然奏效，但他们并不急于将其部署到整个广阔的国家，而且，在雷科夫被撤职后，没有任何人捍卫这个系统。

1939 年，战争的气味弥漫在空中，以至于该系统被清除很可能是出于战略原因：对间谍来说，这是很好的情报。贴有"22У1"（去往敖德萨）的最后的已知信件的日期是 1939 年 6 月 25 日。

历史的车轮照常向前滚动。德国在 1941 年成为世界上第二个引入邮政编码的国家，接着是 1958 年的阿根廷，然后是 1963 年的美国和 1964 年的瑞士。英国于 1959 年在诺里奇启动了类似于当年在乌克兰的试点项目，但在 20 世纪 70 年代中期才正式将该系统覆盖整个国家，处于落后者的行列。

那苏联呢？直到 1971 年，我们才重新引入了邮政编码系统，正是那个我们很熟悉的并且仍在俄罗斯、白俄罗斯、吉尔吉斯、土库曼和塔吉克使用的相同的六位数编码系统（其他共和国后来更改了编码系统）。编码规则很简单：前三位数字定义联邦主体，其他三位数字定义其内部的邮政区域划分。也就是说，该系统总体类似于 1930 年代的乌克兰的系统。

总的来说，苏联早应该可以成为优化邮政行业的第一个国家，而且还可以为整个世界树立榜样。遗憾的是，事情并未这样发展。虽然如此，雷科夫仍然是杰出的人才，应该被历史铭记。

第二十四章

电子音乐

有一个传说，第一台合成器是在苏联发明的，发明人是莫斯科工程师叶甫盖尼·穆尔津（Евгений Мурзин）。为什么是传说？因为穆尔津并不幸运，在其他时间和其他地方，他一定会让整个世界天翻地覆。

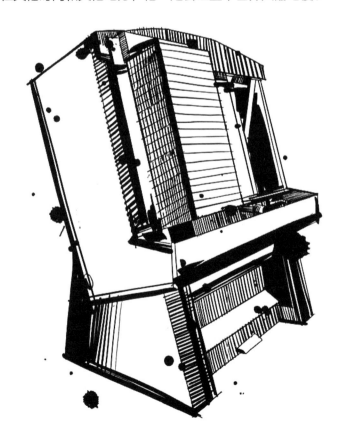

正如我在本章的引言中所写的那样，为苏联普通民众所创造的简单发明，基本可以说什么都没有。即使苏联的民众积极强调苏联在家用领域的罕见突破。但好一点的情况是，家居用品从西方样品中复制而来，但在此过程中被削减一些功能，坏一点的情况是，它们根本不被生产。如果捷尔缅琴或阿巴拉科夫冰洞是我们的同胞独特发明并传遍世界的东西，那么穆尔津的 AHC（ANS）音乐合成器的故事对于苏联发明家来说是非常典型的：你创造了一些有趣的东西，但是社会建设和计划经济根本就不允许你进一步做任何事。即使电影制作人和作曲家使用了您的发明，您仍将继续领微薄的薪水，并住在公共公寓中。

现在就来讲这样一个故事。

军事工程师

公平地说，穆尔津的发明即使过了多年，但仍被投入应用了。虽然是相当狭窄的应用范围，而且几乎没有给发明者带来什么好处——但仍然算是得到了应用。在我们国家，尚未实现的发明项目要多出数千倍。

叶甫盖尼·穆尔津于革命前三年，即 1914 年 10 月 25 日（或根据新历为 11 月 7 日）出生在萨马拉，中学毕业后前往萨马拉土木工程学校学习，后就读于莫斯科市政建设工程师学院。1941 年，就在战前，穆尔津研究生毕业。他选择了参军，从事军事仪器研究。战争期间在科学研究所 -5（现莫斯科仪器自动化研究所）研究高射炮火装置和其他火炮系统。总的来说，按照苏联的标准，穆尔津的工程师生涯是成功的。到 1951 年，他成为"白蜡树"2 号综合式制导系统的首席设计师，事实上，这是大多数苏联防空系统的核心。

但是穆尔津有一个"小缺陷"。在军事界，发明家的确可以开创一番事业——这方面政府既不遗余力，也不吝啬金钱。但事实上，穆尔津对与他的职业不相干的东西更感兴趣：音乐。而且，他对电子音乐很感兴趣，这完全不适合苏联军官。

电子音乐

在 19 世纪下半叶，人们首次尝试使用电子设备来提取声音。1876 年，美国工程师伊莱沙·格雷（Elisha Gray），发明电话的先驱之一，发明并获得了"音乐电报"的专利。他发现了原始隔膜振动时产生的声音效果，并设计了一种可以使发出的声音更高或更低的装置。格雷系统被认为是历史上第一个音乐合成器。

19 世纪末 20 世纪初出现了一系列电子乐器——相对简单，且通常相当笨重；离优雅的捷尔缅琴还有很长的路要走。例如，1897 年，美国工程师撒迪厄斯·卡希尔（Thaddeus Cahill）发明了第一台电子管乐器——电传簧风琴。首台试制的电传簧风琴重达 7 吨，随后的两个版本每个重达 200 吨！电传簧风琴使用一百多台电动机产生声音，然后通过电话线将其即时传输给广大用户。除了电话广播（让我提醒您：在那个年代，无线电还不能传输声音，只能传送电报码），在电报厅还举办了几场"现场"音乐会。但在 1906 年，一个巨大的突破出现了：工程师李·德弗雷斯特（Lee de Forest）发明了真空三极管，随后带来了有声无线电的迅速普及。到了 20 世纪 10 年代，当无线电广播无处不在时，没有人需要电传簧风琴了。

随后出现了许多重要的电子乐器，其中一些可以归为合成器：列夫·捷尔缅的捷尔缅琴（1920 年）、莫里斯·马特诺（Maurice Marteno）的马特诺音波琴（1928 年）、弗雷德雷奇·特劳特温（Friedrich Trautwein）的特劳特温琴（1928 年），当然还有著名的哈蒙德（Hammond）电子琴（1935 年）。

12 年的工作

从 1946 年到 1958 年，穆尔津用了 12 年，在工作之余建成了 AHC（ANS）音乐合成器。他和妻女住在科学研究所提供的下属兵营小区里的一个小房间里。作为一名卓越的工程师，穆尔津的收入非常可观，但他把所有钱都花在了合成器的组件上。他还最大限度地从主业中挤时间：他手下的钳工负责磨削零件，穆尔津在一旁开发电路；利用出差之便，穆尔津在民主德国订购了非苏联生产的高质量光学器件。后来穆尔津一家搬进了别墅，将笨重的设备生产机器转移到了那里。

AHC（ANS）合成器的基础技术叫作光学录音技术。它在电影中被广泛使用：声音与图像记录在同一胶片上，以具有不同曝光密度的交替区域的形式展现。录音时，声音通过改变胶片上的曝光密度调制光通量，而在播放时，则发生相反的过程，即合成。为此，光线通过记录的胶片到达光电管，在光电管上改变电流，然后信号被放大并输出到扬声器上。

AHC（ANS）合成器的"心脏"——是 4 个透明的圆盘—调制器（穆尔津亲手设计了一个特殊的机器来制作它们），上面印有图案。每个圆盘被分成 144 个区域，具有不同的阴影组合：因此，该设备可以合成同一音符的 576 种"音调"。

另一张涂有颜料的圆盘记录着乐谱，上面会有按照规定方法被划开的"小窗口"。光通过这个圆盘，经过圆盘－调制器后，就会被光电管捕获。乐谱圆盘上的"小窗口"决定了音符的长度、高度，以及音量，圆盘－调制器的位置决定了声音的特性。穆尔津合成器上的任何旋律都可以变成真正的太空音乐 [①]。

---

① 因其带有强烈的科幻色彩，可为宇宙题材的电影配乐，也可为苏美的太空竞赛"伴奏"，故称之为"太空音乐"。——译者注

1958 年，叶甫盖尼·穆尔津完成了该设备的研制工作，他面临着所有发明家（不仅仅是苏联发明家）都会遇到的主要问题：下一步怎么办？

下一步怎么办？

首先，穆尔津与斯克里亚宾 ① 故居博物馆馆长塔季扬娜·沙博尔金娜（Татьяна Шаборкина）达成了一项协议，将巨大的、占了半个房间的合成器搬到博物馆的一个房间里。这至少让发明家的生活轻松一些。

此外，这也为他的发明带来了名声。斯克里亚宾故居博物馆曾是莫斯科最重要的文化中心，于 1922 年 7 月 17 日开放，也就是这位伟大的作曲家去世 7 年后。斯克里亚宾的公寓是幸运的：卢那察尔斯基（Луначарский）② 亲自为音乐家斯克里亚宾的遗孀颁发了安全证书，这使得她避免与人共享房子或者将其分成公共房间。1941—1984 年的 40 多年中，塔季扬娜·沙博尔金娜（Татьяна Шаборкина）担任博物馆馆长，此外，直到 1957 年，斯克里亚宾的女儿玛丽亚一直在博物馆担任研究助理。她被父亲的"光之交响曲"的想法所吸引——音乐作品的可视化以及光与音乐和谐的对应关系。斯克里亚宾本人首先在音乐《普罗米修斯——火之诗》中意识到了这一点，为此他写了一个单独的"光"部分，称为"卢斯"（Luce）。玛丽亚也用此概念打动了塔季扬娜·沙博尔金娜。因此，穆尔津的合成器及其光学音响系统与斯克里亚宾的房子可谓是相得益彰。

1957 年 6 月 24 日，穆尔津申请了一份发明证书（这绝不是他的第一份发明证书，但他的大部分发明都在秘密军事领域），两年后他收到

---

① 亚历山大·尼古拉耶维奇·斯克里亚宾（Александр Николаевич Скрябин，1872—1915），俄罗斯作曲家、钢琴家。——译者注

② 阿纳托利·瓦西里耶维奇·卢那察尔斯基（Анатолий Васильевич Луначарский，1875—1933），苏联文学家、教育家、美学家、哲学家和政治活动家。——译者注

了 579459/26 号文件。在此，我想提醒您注意一个事实：在此之前，电动和光电乐器已在苏联获得专利。在 20 世纪 40 年代，工程师因萨罗夫（Инсаров）和其他发明家获得了一些此类设备的发明证书。但是，首先，所有这些系统仍然只是蓝图，其次，在现代意义上，它们并非是能以不同方式调制声音的成熟的合成器。

　　在斯克里亚宾博物馆，AHC（ANS）合成器找到了自己的定位。出现在这里的莫斯科音乐家们对它产生了兴趣，事实上，苏联的第一个电子音乐实验室也开始围绕该仪器形成。未来的世界音乐巨擘，尤其是前卫音乐领域的，都与该合成器合作过：阿尔弗雷德·施尼特凯（Альфред Шнитке）、埃杜阿尔特·阿尔捷米耶夫（Эдуард Артемьев）、安德烈·沃尔孔斯基（Андрей Волконский）、爱迪生·杰尼索夫（Эдисон Денисов）、索菲亚·古拜杜林娜（София Губайдулина），等等。值得注意的是，国家层面对于电子音乐并不支持，从本质上讲，这仿佛是一种"经典地下活动"，后来在 20 世纪 70—80 年代发展为俄罗斯摇滚乐。许多苏联前卫作曲家移居国外（前文列出的音乐人中只有阿尔捷米耶夫留下），古拜杜林娜和杰尼索夫被列入"赫连尼科夫① 七人组"名单中，即 1979 年在第六届作曲家联盟大会上被猛烈抨击的音乐家名单，并被禁止从事这一事业。但这一切都发生在后来。

　　似乎一切都好了起来。1960 年，在研究所里表现出色、人缘好的穆尔津"突破"了部门委员会，该部门表示会考虑他的仪器，并推荐其进行批量生产。国家电子委员会指示研究所组织一个专门的实验室，以准备系列 AHC（ANS）合成器，并任命穆尔津为负责人。对于穆尔津来说，这是一

---

① 吉洪·尼古拉耶维奇·赫连尼科夫（俄语：Тихон Николаевич Хренников，1913—2007），苏联作曲家、音乐活动家，曾执掌苏联作曲家协会长达数十年，1948 年带头对普罗科菲耶夫、肖斯塔科维奇等人进行批判，众多作曲家在此事件中被指责为"形式主义"从而遭受了各种程度的迫害。数十年后他作为作曲家协会的领导又公开批评 7 名年轻作曲家，并封杀他们的作品，这 7 人中包括了古拜杜丽娜和杰尼索夫。——译者注

次降职，研究所的领导带着敌意将合成器命名为"巴拉莱卡琴[①]"。自 1967 年以来，穆尔津全身心地投入 AHC（ANS）合成器生产中，而合成器的工业生产图纸早在 1961 年就已经准备好了。

有不少人在实验室工作，但特别值得一提的是两位"作曲家工程师"，这个职位的名称就是如此。他们分别是上文中提到过的埃杜阿尔特·阿尔捷米耶夫和斯坦尼斯拉夫·克赖奇，后者至今仍然是穆尔津合成器的永久监管人和守护者。1966 年，莫斯科电子音乐实验工作室正式在格林卡博物馆开幕，并且在里面有一个使用 AHC（ANS）合成器的球形音乐会大厅。

令人惊讶的是，穆尔津得到了苏联音乐界两大巨头的支持：苏联作曲家协会第一书记吉洪·赫连尼科夫（Тихон Хренников）和俄罗斯联邦作曲家协会第一书记德米特里·肖斯塔科维奇（Дмитрий Шостакович）。最有可能的是，他的成功与党内路线向"太空"的转变有关：加加林、星星、飞船，还有"太空音乐"。AHC（ANS）合成器可以为"太空竞赛"的音乐伴奏。

合成音乐在电影中的应用相对广泛，特别是在塔尔科夫斯基（Тарковский）的电影中（《日光浴》《镜子》《潜行者》），但也出现在大众电影中，比如《钻石手》。

1968 年，穆尔津被派往意大利热那亚参加苏联工业成就展。在展览上用 AHC（ANS）合成器表演了阿尔捷米耶夫的作品并获得了巨大的成功，因为世界上几乎没有人听到过这样的声音。穆尔津开始收到该设备的报价。穆尔津相信它在苏联的未来，但事实证明，这是最后的辉煌。

悲剧发生在 1969 年。穆尔津从病重到离世不到一年，1970 年 2 月 27 日去世，享年 55 岁。由于整个 AHC（ANS）项目完全基于其权威性和创新性，在穆尔津去世的同年，博物馆的实验室和电子音乐工作室都关闭了。

---

① 俄罗斯民间一种三弦的三角琴。——译者注

　　最初由穆尔津在家里建造的 AHC（ANS）合成器，从博物馆中消失得无影无踪。在研究所"预生产"的 AHC（ANS）首先被搬到莫斯科国立大学，在那里被用来模仿海豚"讲话"，然后被搬到俄罗斯国家音乐博物馆（克雷伊奇至今仍然从事着合成器的工作，你可以听到这种特殊乐器的原始声音：不是 576 个，而是 720 个纯音调的变化）。前卫作曲家实际上失去了国内唯一适合他们实验性作品的地方，后来他们彻底失去了一切。

　　几个月后，这个充满希望和创新的项目成了历史，尽管在 20 世纪 70 年代，AHC（ANS）合成器仍录制了音乐［1990 年旋律公司发行了第一张含有 AHC（ANS）音乐的苏联前卫作曲家的唱片］。随后，在俄罗斯时期，用 AHC（ANS）合成器创造音乐作品的有外国的乐队和音乐项目——线圈（Coil）乐队和坏扇区（Bad Sector）项目。

是第一个吗？

　　有两个最重要的问题：穆尔津真的制造了第一个合成器吗？它给世界带来了什么？

　　1955 年，美国无线电公司（Radio Corporation of America，RCA）推出了"马克"I 号（RCA Mark I）声音合成器，这是有史以来第一个可编程电子合成器。由该公司声学领域的权威专家哈里·奥尔森（Harry Olson）研发。"马克"I 号设计的核心是 12 个振荡器，每个振荡器负责一个基本的八度音程。奥尔森为这个系统"拧上"了很多附加组件——各种调制器、谐振器、分频器和滤波器，这使得获得非常特别且具体的声音成为可能。合成器的演示非常震撼：公司的代表们展示了如何通过键盘来获取任何声音。

　　然后，在 1956 年，美国前卫作曲家雷蒙德·斯科特（Raymond Scott）完成了为期 6 年的光学合成器"克拉维沃克斯"（Clavivox）的研发工作。

他以他的朋友——一位 16 岁的少年罗伯特·穆格（后来的穆格将成为世界上最大的捷尔缅琴公司的所有者）自制的捷尔缅琴作为基础。克拉维沃克斯合成器只能合成 3 个八度内的音符［第一台 AHC（ANS）合成器可以合成 8 个，第 2 台可以合成 10 个］，但另一方面，它具有现代合成器应有的许多原始功能：颤音、振幅变化等。

　　一年后，美国无线电公司推出了历史上第一款可编程电子合成器的第二代——"马克"Ⅱ号（RCA Mark Ⅱ）声音合成器，由赫伯特·贝拉尔（Herbert Belar）和上文提到过的哈里·奥尔森共同开发。与第一代不同的是，此合成器具有复调音乐功能，它可以同时产生 4 个不同的变化音符！1959 年，纽约哥伦比亚大学从美国无线电公司购买了合成器，它至今仍然矗立在该大学计算机音乐中心主任布拉德·加顿（Brad Garton）教授的办公室里。

　　也就是说，在 AHC（ANS）合成器之前，至少诞生了 3 个成熟的合成器，分别于 1955 年、1956 年和 1957 年出现。此外，其中两个来自美国无线电公司的合成器最初不是光学的，而是电子的，也就是说，它们同现代系统更加匹配。当然，穆尔津更早地构思并更早地开始准备他的设备，但却"在错误的地点和错误的时间"。如果莫斯科音乐学院在 1938 年支持穆尔津，合成器将首先出现在苏联，然后我们也许将领先全世界 20 年。但历史的发展是，当他完成工作时，他已经不再是第一个了。

　　1964 年，罗伯特·穆格发布了他的第一个合成器，现在被称为穆格模块化合成器（Moog modular synthesizer）。它是第一款现代类型的合成器——带有键盘，结构紧凑，适合音乐会使用。因此，当 AHC（ANS）合成器或多或少地被前卫作曲家积极采用时，它已经过时了。

第二十五章

氧气鸡尾酒

原则上，氧气鸡尾酒是一种医疗发明，而不是日常发明。但是，随着时间的推移，它从纯粹的治疗手段变成了一种饮料，比如说，在一个带有生态关怀的音乐节上就可以买到，因为氧气鸡尾酒很好喝。

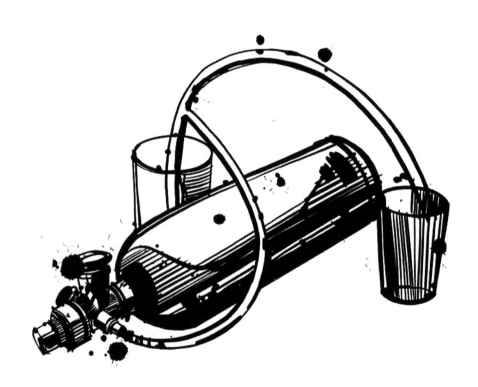

我要指出的是，在俄罗斯和国外，人们对氧气疗法的态度，特别是对氧气鸡尾酒的态度，是完全不同的。事实上，在欧洲和美国，氧气鸡尾酒并不为人所知，比起普通的饮料，它更像是《世界各国人民的奇妙习俗》一书中关于俄罗斯一章的材料。更不用说用它来治疗或恢复身体了。

另一方面，在西方，有氧酒吧或多或少可以说是很流行的，酒吧会用一些设备使饮料里充满氧气，也就是说，实际上他们制作的东西跟氧气鸡尾酒很接近。本章将讨论技术之间的差异、对含氧液体医疗益处的怀疑以及生理学家西罗季宁（Сиротинин）的工作。

不只是氧疗法

氧气疗法是真实的、非欺诈性的、应用广泛的医学疗法，它可以用于多种情况：一氧化碳中毒、缺氧、丛集性头痛和各种肺部疾病等。一些疾病，例如严重的慢性阻塞性肺病，需要持续的氧疗，否则患者就会死亡。

有多种方法可以为患者的身体补充氧气。最常见的是鼻导管，您可能已经在电影中看到过它们，这是在医院真实使用的东西。它们是透明的管子，被插入到患者鼻子里。医院还会使用面罩、氧气罩和其他吸入装置。

顺便说一句，不是将纯氧提供给患者，因为这会引起氧中毒，不要忘记空气中的氧气含量只有 1/5 多一点，人的身体根本不适应 100% 的氧浓度。因此，供应的气体是氧气与二氧化碳、氦气、氩气甚至乙醇的混合物（这是通过所谓的鼓泡作用，即让气体通过液体来实现）。

还有更复杂的技术，例如高压氧合，即在压力下供应氧气，或肠道氧合，氧气被供应到胃部并通过胃壁吸收。

实际上，所有这些类型的治疗都有相同的效果：增加血液和器官中的氧气含量，旨在消除疾病引起的缺氧。简单地说，补足氧气。因为氧疗可以使循环系统和呼吸系统的活动正常化。出于同样的目的，登山者在超高海拔的地方使用氧气——这可以避免肺部因无法适应过于稀薄的空气而导致的缺氧。

当然，也有想代替医生的"活动家们"，到处都有。各种江湖骗子声称氧气可以治愈癌症、艾滋病或阿尔茨海默病。有很多替代的做法，比如，把氧气压入肛门或阴道。有一次我看到一个公告，发布者承诺可以将治疗性氧气泵入耳朵来恢复听力。所有这些都是有害的，而且是十分危险的做法。

除了医疗用途，还有一个完整的娱乐用氧行业。在俄罗斯这种情况并不常见，但在国外经常可以找到所谓的氧气酒吧。这是加拿大的一项发明——世界上第一个氧气水疗酒吧（O_2 Spa Bar），于 1996 年在多伦多开业。它至今仍然在营业。

这些酒吧的服务非常简单。普通空气含有 20.9% 的氧气，而他们为顾客提供更高浓度氧气的特殊吸入器，按时付费，顾客享受呼吸氧气的过程，而不是为酒保的服务付费。由特殊吸入器产生的氧气在提供给顾客之前会先通过一个注入器——一个带有可更换的芳香胶囊的装置，因此顾客可以选择自己最喜欢的气味：带有覆盆子或草莓香味的氧气。甚至还有一个特殊的职业——调氧师。他是为注入器混合香气的专家，为顾客创造不同的香味。

顺便说一句，同样是开办氧气水疗酒吧的那群加拿大人从 1998 年开始销售各种氧气外卖产品，尤其是液氧滴。自然，此类工作受到严格监管，因为并非每个人都可以使用更高剂量的氧气。顺便说一句，消防员总是密切关注氧吧，原因显而易见。

最让我吃惊的是，这个庞大的行业实际上并没有使用已经存在了半个世纪的生产"美味氧气"的技术——西罗季宁氧气鸡尾酒。

甜甜的空气

著名的病理生理学家、医学博士、苏联医学科学院院士尼古拉·尼古拉耶维奇·西罗季宁（Николай Николаевич Сиротинин）是一位杰出的科学家，但正如大家所说，他仅在狭小的圈子里广为人知。原因很简单。引用他的经典传记中的一句话："研究了过敏时血液中主要代谢和谷胱甘肽含量的变化，以及网状内皮系统阻断对过敏的影响。"医生都知道，这些都是非常重要的研究，但外行对此并不了解。有限的知名度是许多专业研究者的命运。此外，西罗季宁还编写了许多参考书和指导手册（特别是他在1934年出版的《过敏》手册，是苏联医学史上第一本此类出版物），他培养了100多名副博士和科学博士。总的来说，他在自己的领域是一个杰出的人。20世纪30年代，他开始从事登山运动，准备攀登厄尔布鲁斯山、卡兹贝克山和苏联其他山脉。

20世纪60年代初，年事已高的西罗季宁是基辅实验生物学和病理学研究所的教授，他研究了胃的呼吸功能。如上所述，通过胃肠道供氧的技术路径是存在的，它被称为肠氧合作用，在19世纪被发现。平均来说，小肠中的氧气以每小时0.15毫升/厘米^{2}的速度被吸收，而大肠中的氧气以每小时0.11毫升/厘米^{2}的速度被吸收。该技术的主要研究者是M.H.斯佩兰斯基（М.Н. Сперанский），他在1923年出版的第一本书中描述了自己的研究方法和结果。

肠道氧合的问题是需要通过患者的嘴插入供氧管——那些不得不吞下一根长橡胶管的人很清楚这是多么不愉快。西罗季宁提出了简化其过程并保证疗效的办法（对于某些疾病，如肝功能衰竭，其疗效明显高于吸入氧气）。

西罗季宁的团队（当然，他不是一个人工作）发现，可以往患者的食道里注入通过发泡剂获得的充满医用氧气的泡沫。泡沫进入胃内而不会伤害消化道，其效果与通过供氧管直接供氧的效果完全相同。1963 年，67 岁高龄的西罗季宁在乌克兰卫生部的一次会议上作了报告，与其说这项技术引起很大的轰动，不如说它开启了医疗和食品行业的新方向。

随着时间的推移，医生已经改进了这项技术。事实是，当氧气供应给身体时，会使它经过的通道变干，无论是食道还是呼吸道。因此，医生们将其通过博布罗夫装置（一个装有液体的玻璃容器）进行加湿处理。氧气通过一根管子进入液体，上升到表面并被另一根位于液体上方的管子吸进去。下一步是将发泡剂直接添加到博布罗夫设备中——在这种配制下，输出的不是气体，而是泡沫。

经过一段时间后，科学家得出结论，即使不将泡沫导入胃中，只是简单地用勺子吃下它，也有一定的效果。当然，在这种情况下，进入的氧气量比插管时要少得多，但这个过程是很愉快的。

吃氧气泡沫开始被作为一种养生和预防疾病的方法。1968 年，它已经成为一些医疗机构的标配，并开始在泡沫中加入各种味道。两年后，第一代名为"健康"的氧气泡沫机开始批量生产，至今仍在以相同的品牌名称生产，西罗季宁的发明逐渐征服了整个庞大的联盟。这位科学家继续从事研究，并不沉湎于荣耀的光芒中，于 1977 年与世长辞。

如今的鸡尾酒

制作鸡尾酒的技术非常简单。您只需要一个氧气源（一个小气瓶、一个浓缩器）、一种可以使氧气通过的调味剂（从苹果汁到益母草剂都可以）和一种发泡剂。

在 20 世纪 90 年代，随着苏联解体，氧气鸡尾酒的生产和使用几乎消失了，但仅在 10 年后就开始复兴，更多的是用于娱乐而不是医疗目的。尽管如此，在 2005—2006 年，俄罗斯医学科学院儿童健康医学中心对与使用氧气鸡尾酒相关的肠道吸氧技术进行了全面研究。结论是，该方法不适用于需要主动供给大量氧气的疾病的治疗，但氧气鸡尾酒非常适合改善新陈代谢和睡眠、缓解疲劳、促进呼吸和循环系统的工作。

如今，您可以购买家用制氧机（俄罗斯和国外的都有）并在家制作氧气鸡尾酒。您甚至可以在这个领域创业，氧气鸡尾酒在游乐园和公共活动中很受欢迎，因为即使医疗效果不是非常理想，它们却仍然很美味。

第二十六章

登　山

　　苏联的登山运动是一项发展得很好且很受欢迎的运动，尽管苏联工厂生产的设备和装备无法与进口的相提并论。许多登山者被迫成为发明家，需要亲手制作一些国内尚未生产或质量很差的东西。最杰出的登山者发明家是维塔利·阿巴拉科夫（Виталий Абалаков）。主要是因为他不是业余爱好者，他在工程和体育领域工作了多年。

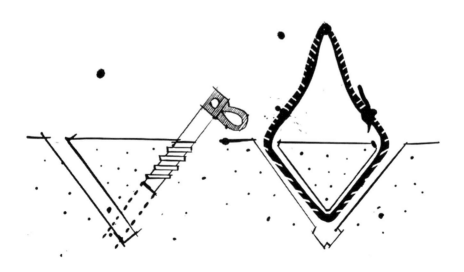

在这本书的引言中，我强调了苏联的创新之路非常狭窄，而且经常陷入死胡同。如果一个人发明的东西与他的主要工作或教育经历无关，他就没有机会以任何方式推广他的创意。国家仍然是唯一的客户和制造商，总体来说不鼓励个人主动性。

阿巴拉科夫是一名体育器材设计师，他的许多发明在游客和登山者中广泛传播，后来还传到了国外。他的一些设计并没有投入生产，但最终还是沿着"民间路径"进入了登山界。如果阿巴拉科夫住在美国、英国或法国，他将成为百万富翁和名人。

苏联的登山运动

与许多其他运动不同，苏联的登山运动通常是幸运的。它被列入鼓励的休闲类型运动的名单中。

革命前，俄罗斯登山运动的成功与失败都是零星的。因为主要是研究人员、地理学家、地质学家以科学为目的从事登山活动。不过，当时世界各地的情况都是如此——登山还没有被视为一项运动。第一次世界大战后情况开始发生变化：人们开始以体育和娱乐为目的登山（也并未取消科学任务）。1924 年，登山运动被正式列入第八届奥运会的冬季运动周，即第一届冬季奥运会。

在新成立的苏联，登山运动也以类似的方式发展。首先，登山活动出现在格鲁吉亚——也许是该国山区最多的原因。梯弗里斯大学副教授格奥尔吉·尼古拉泽（Георгий Николадзе）可以被称为"苏联登山运动之父"。1923 年 8 月，他组织了由 18 名学生组成的小队攀登卡兹别克山，可以说，这是苏联第一次正式的集体登山活动。卡兹别克山之前曾被多次登顶，包括在革命之后，但尼古拉泽带领的小组掀起了一股潮流。不久之后，由季坚布利泽（Дидебулидзе）教授带领的另一个来自梯弗里斯大学的小队也登顶此山。部分原因是 1923 年，第一个负责苏联人民体育文化的国家机构，即最高体育委员会，作为全俄中央执行委员会下属的常设委员会成立。

一年后，尼古拉泽成为格鲁吉亚地理学会山区分会主席，这是苏联第一个登山协会。随后，山区分会的成员攀登了卡兹别克山、厄尔布鲁士山和高加索地区的其他山峰。

此后，登山运动得到进一步发展。20 世纪 20 年代，山区分会开始出现在全国各地。1923 年成立的俄罗斯旅游协会被改组为共青团中央领导下的旅游局，山区分会开始出现在旅游和游览界中。在这个阶段，苏联的登山问题已经很明显了：完全没有登山设备和装备——是真的"完全"没有。除了绳索之外，所有东西都必须自己亲手制作。山上的基地也并不存在，只有登山者自己建造的小屋，而且大部分是在革命之前建成的。

因此，在 1929 年，苏联无产阶级旅游和游览协会（ЦС ОПТЭ）提出了任务：培养登山向导，编写文献，建立物质基础。总的来说就是发展登山运动，使其从半业余活动转变为苏联旅游业的强大分支。1930 年，第一本以山区旅游为主题的书出版了，作者是记者瓦西里·谢苗诺夫斯基（Василий Семеновский），未来的运动大师。谢苗诺夫斯基曾一度成为苏联登山界的头号人物。事实是，他曾在瑞士和奥地利学习，1907—1917 年住在阿尔卑斯山，是一名有欧洲教育背景和该领域知识的专业山地教练。革命后，他回到俄罗斯从事外交工作，先是在维也纳，之后在 1931—1935 年担任苏联驻汉堡的副领事。与此同时，谢苗诺夫斯基成为苏联无产阶级旅游和游览协会山区分会的成员，并于 1935 年组织了第一次全苏工会中央理事会的全苏登山运动（在此之前，1933 年曾在厄尔布鲁士地区举行过军事登山训练）。总体而言，大规模登山活动后来成为苏联登山运动的显著现象之一。

1937 年，在对帕米尔高原进行另一次探险后不久，谢苗诺夫斯基因"建立一个由游客和登山者组成的反革命恐怖组织"被捕。但他的事业还在继续。

现在让我们一起来看看细节。

阿巴拉科夫的兄弟

第二届全苏登山运动（1936 年）已有 400 多名登山者和 180 多名训练有素的专业教练参加。他们的人数像滚雪球一样增长，甚至在战争之前就已经达到了数万人。最杰出的登山者之一被认为是阿巴拉科夫兄弟——维塔利（Виталий）和叶甫盖尼（Евгений）[①]。他们来自克拉斯诺亚尔斯克附近（分别出生于 1906 年和 1907 年），但他们在莫斯科学习并留在那里。一生中 [②]，叶甫盖尼攀登了 50 多座山峰并拥有一系列重大的首攀：特别是，他是第一个攀登斯大林峰的人，这座山峰又名共产主义峰、伊斯梅尔·索莫尼（Исмоил Сомони）峰——苏联最高的山峰（现为塔吉克斯坦领土）。登顶斯大林峰后，小阿巴拉科夫（叶甫盖尼）享誉全国，并获得了一定的奖金奖励。

维塔利也是一名出色的登山者，但他有自己的喜好，他的教育背景在这方面有很大影响。叶甫盖尼毕业于莫斯科国立艺术学院，师从穆希娜（Мухина），是一名雕塑家和艺术家。他最著名的作品是雕塑《登山家们》（Альпинисты），也被称为《男登山家和女登山家》（Альпинист и альпинистка），被安放在苏联国民经济成就展览的"体育与运动"陈列馆。2012 年，由于天气原因和疏于保护，雕塑严重受损，后在叶甫盖尼之子阿列克谢（Алексей）的领导下被完全修复，并于 2016 年 6 月 24 日重新隆重开放。该雕塑的复制品被安放在卢日尼基体育场。

[①] 还有第 3 个兄弟，米哈伊尔，但他对登山并不感兴趣。——原文注

[②] 叶甫盖尼·阿巴拉科夫于 1948 年 3 月 23 日至 24 日晚上在他的朋友格奥尔基·别利科夫的莫斯科公共住宅因家用煤气中毒去世。——原文注

而维塔利毕业于另一所大学，以门捷列夫命名的莫斯科化学技术学院。他总是被技术和工程工作所吸引，他也将这种倾向投入他的主要爱好中。他留在学院从事工程教学工作，并开始不断攀登，主要是高加索地区的山峰。

1936 年，全苏工会中央理事会登山队从汗腾格里峰下山时遭遇了可怕的风暴。维塔利活了下来，但失去了几根手指指骨和半只脚。1938 年，他因尼古拉·克雷连科（Николай Крыленко）案被捕。克雷连科是苏联党内的重要人物，非常喜欢登山，曾到过帕米尔高原，担任过探险队领队，是一位值得称道的登山大师。

维塔利在内务人民委员部的地牢中度过了漫长的两年。在1940年2月，他出人意料地被无罪释放。

在无罪释放和恢复权利之后，维塔利·阿巴拉科夫前往该国唯一一个他能够充分展示他的工程才能的地方——中央体育文化科学研究所，在那里他成为一名卓越的运动器材设计师。

1942 年，维塔利成为当之无愧的体育大师，从 1945 年开始经常出国担任国际会议的讲师和代表，1957 年被授予列宁勋章。他经常登上各种各样的山峰，并领导一支由登山协会"斯巴达克"中登山能手组成的团队。他完成了许多首攀，包括传说中的天山胜利峰（现在位于吉尔吉斯斯坦境内）。

但让他更为出名的是作为一名工程师。

阿巴拉科夫的发明

阿巴拉科夫从 1940 年开始设计各种运动器材，直到 1986 年去世。他主要从事登山和旅游设备的研发工作，但在他一百多项发明中，还有用于受伤后康复的综合设施，即医疗性质的设备。阿巴拉科夫国际水平的杰出发明是 1980 年奥运会期间使用的可变形体操器。

在苏联最流行的发明是阿巴拉科夫背包，它有幸进入量产（只有少数阿巴拉科夫的设计获得批准）。1947 年设计的阿巴拉科夫背包具有特殊的内部结构，以均匀分布背部的负荷，宽大的顶盖覆盖了整个背包以及侧袋。这款背包在某种程度上已成为 20 世纪 60 年代苏联旅游业的象征。直到 20 世纪 90 年代初，阿巴拉科夫背包仍在生产。

更广为人知的发明是阿巴拉科夫环，全世界都知道这项发明。这是一种特殊的且非常可靠的保障攀冰安全的方法。登山者使用冰钻在垂直冰壁上钻两个孔，使之与表面成 45° 角，彼此相距约 20 厘米——以便它们在冰内"相遇"。在一个特殊的钩子的帮助下，登山者将一根绳索穿过 V 形通道，从外面用一个结固定；之后将弹簧钩固定在它上面。这样，您可以将绳索牢牢地固定在完全平整和光滑的表面上。世界上所有登山者都使用这种方法。2009 年，戈登·史密斯（Gordon Smith）和斯蒂芬·艾伦（Stephen Allen）进行的一项研究证明，垂直放置的阿巴拉科夫环比水平放置的可以承受更大的负载。

阿巴拉科夫的另一项重大发明是阿巴拉科夫偏心轮或称阿巴拉科夫凸轮，不幸的是，它仍然是苏联登山运动的私密财产（后来在西方被"重新发明"）。这件发明背后有一个有趣的故事。

阿巴拉科夫凸轮的曲线以对数螺旋的形式制成，并经过数学计算，如果将其放置在岩石缝隙中，之后尝试将其拉出，它将紧紧地嵌在里面。并且，你最后只能将其与一块岩石一起拉出来。第一个这样的偏心轮是由阿巴拉科夫在 20 世纪 60 年代设计的，后来被苏联登山者相对广泛地使用。

事实上，阿巴拉科夫发明了一种新的登山装置，现在被称为偏心轮装置。在美国，一种类似的紧固件被称为三凸轮（Tricam，"Cam"在英文中的意思是"凸轮"），1973 年由登山者格雷格·罗威（Greg Lowe）独立发明，他是旅游装备制造公司罗威·阿尔卑斯（Lowe Alpine）的老板。三凸

轮也有一个对数螺旋形式的表面，但总体结构略有不同；罗威公司于 1981
年开始生产三凸轮。

　　不久之后，在 1978 年，另一位美国发明家和登山运动员雷·杰登
（Ray Jardine）获得了弹簧式凸轮装置（spring-loaded camming device）
的专利，并开始以品牌"朋友"（Friend）推向市场。阿巴拉科夫凸轮和
罗威的三凸轮，连同止动器、六爪和其他一些器械，都是被动嵌入式设备
（即不是嵌入岩石，而是被埋在裂缝中）。但"朋友"凸轮装置是一种主动
嵌入且相当复杂的安全装置，由两个或多个由弹簧拉紧的凸轮钩组成。此
外，"朋友"凸轮装置有一根细绳，如果你拉它，弹簧会压缩，凸轮会聚在
一起。在这种状态下，设备可以放置在岩石缝隙中。如果松开绳子，凸轮
会分散并抓住"朋友"凸轮装置，而附着在其上的绳索的张力会提高抓夹
的稳定性①。

　　在某种程度上，由于苏联环境的封闭，特别是由于苏联缺乏市场经济
模式，阿巴拉科夫的偏心轮装置没有得到商业推广，凸轮装置的想法是从
罗威和杰登走向了世界。

　　在阿巴拉科夫的发明中，还有一种特殊的绳索制动器，一种简单的钢
丝结构，类似于"鸠玛尔"上升器（英语：JUMAR，俄语：жумар）。在
苏联登山者中，这种东西叫"阿巴拉兹"（абалаз）。"阿巴拉兹"不需要工
厂生产，登山者可以自己用粗铁丝制作。"阿巴拉兹"是一种夹具，会将
从其底部穿过的绳索弯曲 90°，从而防止其滑动。顺便说一句，"阿巴拉
兹"是"无鱼之时的发明"②的一个例子：1958年，阿道夫·朱斯（Adolph
Jüsi）和沃尔特·马蒂（Walter Marti）发明的"鸠玛尔"上升器更可靠、

---

① 请注意，在 1975 年，同一位格雷格·罗威获得了最初设计的第一个弹簧式凸轮装置的
专利 US3877679。但他的系统并没有像"朋友"装置那样普及。——原文注
② 引申自苏联谚语"无鱼之时，视虾为鱼"，意思为在没有较好、较符合条件的物品时，
只要有能用的即可。——译者注

更有效；但是 1973 年开发的阿巴拉兹只会在苏联出现，因为苏联的"鸠玛尔"上升器质量问题非常严重。除非有人从国外带回来，"鸠玛尔"上升器在苏联根本不存在。然而，1977 年，阿巴拉科夫获得了可沿钢丝绳上移动的凸轮制动器的专利，可以说是"苏维埃鸠玛尔上升器"。

阿巴拉科夫的版权证书包括各种类型的冰爪、夹子、登山扣、绑扎带，还有各种类型的运动器材、滑雪道人造表面等。他的大部分发明都只是版权证书，从未付诸实践。尽管如此，阿巴拉科夫对登山的贡献是无价的，他的一些发明甚至穿越了"铁幕"。

第四部分

太空时代

　　如果说苏联在日常生活和家用技术等领域的生产境况堪忧，那么，在太空领域则完全别样。苏联航天科技倾举国之力，一度位居世界科技发展前列。所以说，正是航天领域的科技成就和太空飞行等研究向世界展示了苏联的科技实力，展示了其作为超级大国的国际地位。

　　在第四部分的各个小节中，我会系统梳理苏联宇航史。与前一部分的写法有所不同，在引言部分将不赘述内容。

　　简单来说，苏联为了强调和平意图，利用航天工业展示国力。甚至可以说，航天工业的发展在某种程度上推动了苏联对外交流的进程。诚然，我们无法制造出质量过硬的家电、汽车和重型器械，但是我们会造飞机！苏联人民迫切需要建立一种非政治化的、真正有趣而鲜活的、振奋人心的信仰。而航天事业则恰逢其时，成为苏联人民转移信仰的载体。

　　此外，航天工业的发展还具备诸多优势。

　　第一，航天工业依托于军事技术，在发展初期与其并驾齐驱。因此，即使在经济最困难的年月里，航天工业的发展也获得了国家财政的支持。另外，航天工业主要源于弹道导弹技术的发展，只是把用于军事目的的弹道导弹略加调整，其摇身一变，成了用于和平目的的航天系统。航天工业的发展可谓源远根深。

　　第二，苏联的航天工业虽然对外宣传搞得沸沸扬扬，但对技术手段却高度保密。国内各个媒体，甚至国际各大媒体都大肆宣扬第一颗人造地球卫星发射成功和加加林太空飞行，但不论是普通的苏联公民还是外国间谍，都无从知晓发射技术的具体细节。

　　第三，当时的太空是人类向往和平的空间。人们厌倦了战争、政治高压和任何危险，无论是像20世纪30年代那样到处抓间谍、揪革命敌人的恐怖意识形态，还是像20世纪40年代那样击退侵略者的胜利情愫，都无法胜任人民新信仰的角色。但是，一句在太空研究领域流行的简洁明了的口号"苏联——走在世界前列"，一下子承载了苏联人民的新信仰。更重要的是，事实也的确如此。这种实事求是的宣传在苏联宣传史上可谓绝无仅有。

第四，航天事业的发展带动诸多科研领域和军事技术取得重大进步，诸如物理学、化学、生物学等基础科学以及气象卫星和通信卫星的建造等。可以说，所有基础科学和军事技术都伴随着航天事业的发展前行。这真是令人感叹。

第五，在航天事业发展中亦有竞争。我们可以在相对透明而公开的太空竞赛中拔得头筹。

无论如何，我们的航天事业都和平发展且高度发达，我们可以也应该为之感到骄傲。闲话不多说，言归正传！

第二十七章

对抗压力

　　说来也怪，早在美苏太空竞赛正式拉开序幕乃至航天工业正式形成之前，苏联就已经在太空竞赛中领先一步了。因为在 20 世纪 30 年代，诸如齐奥尔科夫斯基（Циолковский）这样才华横溢的浪漫主义者梦想着去世界各地旅行的时候，在苏联出现了世界上第一套高空代偿服——航天服的雏形。

登山运动员爬得越高，空气中的氧气含量就越低。因此，为避免缺氧，需要在爬到一定高度之前提前进行适应性锻炼。方法很多，大致可以归为以下几点：在一定的海拔高度上休整一段时间，比如待一晚上，让身体器官能够适应氧气含量逐渐降低的环境。如果不这样做，就有可能出现高原反应——缺氧、失温、疲倦、紫外线灼烧等极其不适和危险的情况。一旦出现高原反应，需要立刻返程下山。

为保证肺部正常的气体交换，肺泡内的吸入气氧分压[①]（约100毫米汞柱）应高于静脉血氧分压（约50毫米汞柱）。

地球表面存在一系列大气边界层（数值会在约200米范围内波动）。一个人可以在毫无准备、不做任何适应性锻炼的情况下爬到3500米的高度。确切来说，会在人毫无察觉的情况下发生，因为身体健康的人会在行进途中逐渐适应气压变化。当人体对外部环境产生适应性（适应期长短取决于个人的身体功能情况）后，即使在7000米的高度，也可以在不额外吸氧的情况下长期生活，就像青藏高原地区的人们一样生活。想要爬到9500—10000米的高度，人就必须要吸氧了，且氧气瓶内的气压条件应与所处高度气压相对应（诚然，珠穆朗玛峰的高度只有8848米，所以只有在飞行条件下才会出现更高海拔的情况）。通常有不同氧浓度的气体混合物乃至纯氧以供呼吸使用。

但当海拔上升到12000米以上时，外部气压为150毫米汞柱，即使纯氧也难以维持呼吸。所以超过这一界线时，需要在高于周围环境压力的情况下供以纯氧人才能正常呼吸，以保证肺部压力也可以提升至150毫米汞柱。但是，肺是一个很薄的组织，如果一味向肺里灌气，与此同时体外的压力较小，那么当压差达到70—100毫米汞柱时，就有可能爆肺。所以，

① 气体分压指的是气体混合物中某一组分的压力。气体混合物的总压力等于各组分的分压力之和。比如，空气的压力就是氧气、氮气、氩气、二氧化碳及其他成分的分压之和。——译者注

为了保证人们可以在海拔 12000 米以上的高度正常工作，不仅需要保证呼吸混合气中的氧气含量，还需要人为挤压身体以模拟平衡外部气压——而这正是高空代偿服的作用。

现代的高空代偿服是一种连体衣，里面满是张紧装置——胶管和胶囊。胶囊内的空气由特制的自动调压器供给，当空气不断填充时，胶囊不断增大、代偿服衣面拉紧。这样一来，高空代偿服就会把飞行员的身体紧紧包裹起来，并对人体表面施加与其肺部相应的代偿压力，以保证其不受外界气压变化的影响。此外，带有供氧系统的密闭头盔也是代偿服不可或缺的一部分。现代的高空代偿服可以保障飞行员在 25000 米的高度活下来。

航天服正是从高空代偿服发展而来。

纪录之争

航天服发明的优先权是一个极具争议性的问题。目前尚无法确定其发展的最早阶段。比如，太空时代到来之前，乘坐平流层气球时所穿的飞行套装也属于宇航服的一种，只不过相较于太空行走的航天服，它更接近于飞行服。美国的海军"马克"- Ⅳ宇航服是为了"水星"计划的飞行而研发的，其试飞历史可以追溯到 1958 年，比苏联的 SK-1 航天服还早了两年。另一方面，SK-1 是首套真正完成其直接任务的航天服——尤里·加加林（Юрий Гагарин）就曾穿着它遨游太空。但如同彼时所有其他类型的航天服一样，SK-1 的独立运行能力不足以支持宇航员开展舱外活动——直到1964 年，"金雕"舱外航天服正式问世。

所以，在我看来，航天服的发明和收音机、白炽灯的发明一样，是一个循序渐进的过程。不存在哪一件特定的航天服，可以作为世界上第一件航天服被展出在博物馆。航天服是在高空代偿服设计的基础上不断修改而来，虽然代偿服的设计称不上完美，但其意义却十分重大。

　　一切还要从这样一段故事讲起。1901 年 7 月 31 日，航空家阿尔图尔·别尔松（Артур Берсон）和莱因哈特·久林柯（Райнхард Зюринг）乘坐着带有开放式吊舱的"普鲁士"号（Preußen）热气球飞至 10800 米的高度。他们用氧气瓶中的氧气来维持呼吸，并被认为是第一批抵达平流层的人。在随后的 25 年，他们创下的纪录都无人能破。

　　随后，纪录之争便开始了。1923 年 10 月 30 日，法国著名飞行员约瑟夫·萨迪－莱库安（Жозеф Сади-Лекуан）驾驶着他的 Nieuport NiD.40R 飞机飞至 11145 米，值得一提的是，他没有穿高空代偿服，飞机的座舱也是敞开的。次年，另一位法国飞行员约翰·卡利索（Жан Каллизо）飞抵 12066 米的高度。然而，这些飞行纪录并没有保持太长时间：1927 年 11 月 4 日，美国空军[①]大尉霍桑·格赖（Хоуторн Грей）乘坐一个平流层气球的开放式吊篮飞至 13222 米高度后死亡，很显然，是因为他的氧气耗尽了。次日，人们在坠毁的气球吊篮中找到了他的尸体，而他的这一纪录也被随航的高度计记录了下来。但是，关于这一纪录还存在一些争议，有可能他在抵达最高点之前就已经死亡了。

　　其他国家也陆续加入了这场竞赛。1931 年 5 月 27 日，格赖颇具争议的纪录被瑞士著名发明家奥古斯特·皮卡德（Auguste Piccard）和保罗·基普弗（Paul Kipfer）打破，他们发明制造出一个密封的铝制气球吊舱，搭乘其升至 15781 米的高度。一年后，皮卡德和另一位助手马克思·科津斯（Макс Козинс）打破了自己创下的纪录。1933 年 9 月 30 日，苏联飞行家们乘坐平流层气球"苏联"1 号再次创造了世界纪录，此后，美国"百年进步"号气球、苏联的"奥萨维亚基姆"1 号气球（飞行员在气球下降过程中牺牲）、美国的"探索者"2 号气球先后创下世界纪录，后者的

---

① 平心而论，我发现，那时还没有美国空军——因为美国空军成立于 1947 年，而格赖那时是美国陆军航空兵部队的大尉，随后在美国军队重组时结束了其在陆军的服役生涯。——译者注

纪录维持了长达 20 年之久。

　　总体而言，20 世纪 30 年代的成果十分丰硕。同时，由于彼时飞机驾驶舱大多是开放式的，和配有密闭吊舱的气球完全不可同日而语，因此气球的飞行纪录在这一领域独占鳌头，且几乎每年都会被刷新。无论如何，在计划飞行阶段，很显然的一点是，在没有压力代偿的情况下，人不可能乘坐开放式吊舱的气球飞到那样的高度。当然，气球的密闭吊舱也并非万能，也存在一定的漏气风险。

　　1936 年 8 月 14 日，法国飞行员乔治·德特雷（Жорж Детре）搭乘波泰 506 型双翼机爬升至 14843 米的高度，创下了最后一项无高空代偿服保护的飞行纪录。他是如何做到的，我们尚不清楚。但很显然，他有着超乎常人的身体素质，其他人在那个高度都必死无疑。

　　但所有的这些纪录，除了彰显国际声望外，还有更加实际的目标。特别是平流层气球的超高空飞行使人们有可能飞抵此前一直无法进入的大气层，同时纪录创造者 ① 所收集的数据可用以优化飞机的设计。总之，20 世纪 30 年代初期，高空代偿服的研发环境已十分成熟，只待第一个吃螃蟹的人出现。

"奥萨维亚基姆"的到来

　　1930 年，高空气球研发作为单独一项被列入列宁格勒航空技术局国防及航空化学建设促进会的工作计划中。该项工作由安德烈·波格丹诺维奇·瓦森科（Андрей Богданович Васенко）提出并担任首席设计师。瓦森科是一名航空工程师，他迫切希望打破世界纪录并搭乘着苏联平流层气球抵达世所未见的高度。气球的吊舱和生命支持系统研发由苏联航空医学科

---

① 纪录创造者是指专门创造纪录的竞技者。比如，赛车纪录创造者很少参加传统公路赛。他们的任务就是在直线竞速赛中不断开出最高时速。——译者注

学研究所（今为航空航天医学国家科学研究所）的工程师叶夫根尼·切尔托夫斯基（Евгений Чертовский）负责。

这个想法从诞生到落地实施又隔了很长一段时间。事实上，直到著名的党派人物尼古拉·斯佩兰斯基（Николай Сперанский）提出的"苏联"1号平流层气球项目获批后，瓦森科才真正获得了财政支持。"苏联"1号项目由国家采购，研发主体为空军及科学家群体，紧扣苏联科学目标，装配有大量的测量和导航设备，并终于在1933年9月30日创下新的世界飞行纪录——18501米。

因此，在"苏联"1号项目获批后，瓦森科分得部分资金，但到1932年年底，该项目又因"奥萨维亚基姆"1号（又名OAX-1号，原名VA-1号）项目研发工作启动而被延后。而OAX-1号创造飞行纪录的时期又与其"竞争对手"所预期的一样——1933年9月30日。

因此，1930—1932年，"苏联"1号项目的未来尚不明晰，瓦森科团队也不具备研制平流层气球的物质基础。但时不我待，工程师队伍做了各类准备性的计算、筹备和研究工作。正是在这些工作的基础上，叶夫根尼·切尔托夫斯基研制出了历史上第一件高空代偿服。

从CH-1号到OAX-1号

1931年，切尔托夫斯基展示了第一款高空代偿服，理论上可以在机舱失压的情况下延长飞行员的寿命。他的设计理念和现在的高空代偿服完全一样：当外部气压降低时，空气进入气动系统，通过挤压人体以达到内外部气压平衡。彼时，这款高空代偿服还没有被正式命名，后来它被称作CH-1号。

当时谁也没有设计高空代偿服的经验，所以，切尔多夫斯基在最初的设计中犯了一系列幼稚的错误。比如，当向CH-1号开始供气时，高空代偿服对飞行员的挤压力度过大，以至其四肢无法弯曲。到了第二代产品 CH-2 号研发时，就在其肘部和膝盖处增加了铰链。此外，高空代偿服的用料也招致质疑：CH-1 号由双层皮革剪裁而成，夹层中间铺满像锁甲一样的钢丝网，看上去和改装过的普通飞行服没什么两样。

碰巧的是，直到 OAX-1 号气球飞行前，CH-1 号和 CH-2 号都没能达到顺畅运行的程度。"苏联" 1 号高空气球飞行成功后，它的总设计师格奥尔基·普罗科菲耶夫（Георгий Прокофьев）就立即发表声明，称其团队可以在冬季完成超高空飞行。瓦森科的朋友、OAX-1 号飞行筹备负责人帕维尔·费多谢延科（Павел Федосеенко）向奥萨维亚基姆中央委员会提交了一份报告，希望在 1933—1934 年冬季试飞，尽管 OAX-1 号平流层气球起初没有为此类测试做设计（OAX-1 号的设计错误实在太多，我不再赘述）。比如，OAX-1 号的压舱剧降系统投扔 1 吨压载物需要一个多小时，而 "苏联" 1 号气球只需要两分钟。飞行前，OAX-1 号并没有进行全面的检查，只检查了个别结扣，莫斯科派来的委员会也对飞行器的设计表达了不满，但即便如此，1934 年 1 月 30 日，OAX-1 号仍旧开启了它的第一次也是最后一次飞行。

当 OAX-1 号飞抵 21946 米的创纪录高度后，它开始释放气球中的气体，准备下降——但气球却没有按计划响应。下降过程中，当气球温度达到平流层环境中的温度时，气球升力急剧下降。由于压舱物投扔速度不够，即便拧掉了 12 个螺栓（没有设紧急剧降防护措施），飞行机组仍无法逃离气球吊舱而逃生，到 2000 米的高度时，吊舱脱离气球，最终三位飞行员皆因猛烈撞击地面而失去生命。

事故发生后，有关部门对此进行了彻查，并传唤了所有有关人员，在斯大林和雅戈达的私人信件中也曾提及 OAX-1 号气球，但总体而言，这起事故并没有产生严重的政治后果。斯大林、伏罗希洛夫和莫洛托夫亲自捧着英雄飞行员的骨灰盒，将其安葬在克里姆林宫的城墙边。

代偿服之路

与此同时，切尔多夫斯基继续研发高空代偿服，并在 1936 年秋研发出第三代高空代偿服——CH-3 号。其材质为 A 型高级密织薄纱，即一种用钢缆加固的橡胶棉织物。CH-3 号高空代偿服安装有保障四肢弯曲的铰链和头盔，头盔上配有由双层纤维玻璃制成的透明面罩，夹层间填充循环热气以避免面罩起雾。代偿服外可以套一件连接到飞机机载系统的电热飞行服，即便机舱外温度低至 -60℃，工作服内温度也能保持相对舒适。

1937 年 3 月开始气压舱实验，5 月开始试飞。但 CH-3 号有诸多问题：穿戴需要 40 分钟；虽然有铰链，但飞行员穿着它仍然难以行动，也无法够到一些操作手柄；代偿服内温度过高（一次飞行可使飞行员减重 1 千克），飞行员不得不先用花露水擦拭身体以减少出汗；而且整套代偿服重达 70 千克！即便如此，CH-3 号已经形成了工作体系，随后，下一个型号 CH-4 号于 1938 年开始小批量发行，共计 10 套。切尔多夫斯基研发的最后两款高空代偿服 CH-6 号和 CH-7 号完成于 1940 年。战后，切尔多夫斯基投身宇航服研发等工作。自 1937 年起，中央空气流体动力学研究院开始从事高空代偿服研发，他们的 TsAGI SK 系列研发大获成功，并成为加加林所穿 CK-1 号航天服的奠基之作。

我们是第一吗？

20 世纪 20 年代，苏格兰生理学家约翰·斯科特·霍尔丹（Джон Скотт Холдейн）发表了多部关于人体机体适应极端条件，特别是缺氧和失温环境的重要医学著作。也是他首次提出了可通过超压模拟大气压的理论（顺便说一句，霍尔丹的作品广为人知，被译成多种语言向世界推广，毋庸置疑，切尔多夫斯基也读过他的著作——毕竟作为一名工程师，他不太可能研究出这些生理学理论基础）。1931 年，痴迷于创造平流层气球飞行世界纪录的美国人马克·里奇（Роберт Дэвис）找到了年迈的霍尔丹，请求他制造一套代偿服。这项工作吸引了著名的潜艇救生设备研发者、发明家罗伯特·戴维斯（Роберт Дэвис）参与其中。里奇－霍尔丹的代偿服与 CH-2 号较为相像；里奇在压力舱对该代偿服进行了气压舱实验，一直测到了高度抵达 15 千米，但后来由于经费用尽，研发难以为继。但最终，戴维斯为英国空军制造出了类似的代偿服。

1935 年，为创造开放式吊篮平流层气球的飞行世界纪录，西班牙军事工程师、医生埃米利奥·埃雷拉·利纳雷斯（Emilio Herrera Linares）上校设计出平流层代偿服，并对其进行了测试。飞行计划原定于 1936 年，后西班牙内战爆发，计划被全盘打乱，他设计的代偿服也落得无人问津的下场。

利纳雷斯设计的代偿服是双层的。内层由乳胶丝制成（利纳雷斯在自己的浴室对其密封性进行测试），表层是金属材质，带有可移动的手风琴式接头。铰链的设计使得飞行员可以轻松坐立，四肢的肩关节、肘关节、膝关节、手指关节得以活动。利纳雷斯上校还研制出带有紫外线过滤器和防雾系统的三层玻璃防护面罩，甚至还一度加设了电热装置，后因无用而卸载。利纳雷斯设计的代偿服是欧洲研发的第一代代偿服——几乎与切尔多夫斯基的 CH-3 号代偿服同时诞生，但明显晚于其第一代代偿服。

美国也有自己的“切尔多夫斯基”——著名的飞行纪录保持者威利·波斯特（Wiley Post），他曾两度完成环球飞行，震惊全球。1931 年，波斯特和领航员哈罗德·加蒂（Гарольд Гатти）搭档，打破了环球飞行的世界纪录（用时 8 天 15 小时 51 分），并于 1933 年完成了世界首次单人环球飞行。其间，他曾多次降落于莫斯科、伊尔库茨克、哈巴罗夫斯克及沿线其他苏联城市加油。

1934 年，波斯特决定不仅要飞得更远，还要飞得更高，在高空完成洲际飞行。他向古德里奇轮胎厂提出研发高空代偿服的想法，并与工程师罗塞尔·柯雷（Рассел Колли）共同设计研发了一个类似的系统。波斯特对于高空代偿服的第三次改装大获成功：1934 年 9 月 5 日，波斯特穿着自己设计的代偿服飞抵 12500 米的高度，有几次甚至上升到接近 15500 米的高度，遗憾的是，这一纪录并没有被正式记录下来。波斯特设计的代偿服共有三层——内层是保暖层，中层是带安全带拉紧装置的橡胶层，外层是涂胶层。头盔由铝和塑料制成，内置耳机和传声器。

由于飞机的机械故障，波斯特的第一次洲际飞行没能成功，他也没有等来自己的第二次飞行。1935 年，在执行一次飞行任务——经阿拉斯加开辟从美国到苏联的航空邮政线路时，波斯特不幸遇难。

总结起来很简单。实际上，高空代偿服应该出现于 20 世纪 30 年代。平流层气球和飞机已经可以飞抵人类无法生存的高度，解决这一问题的方案在生理学领域。所以，切尔多夫斯基、里奇、波斯特、利纳雷斯和许多其他发明者都在正确的时间做了正确的事情。虽然美国更早将高空代偿服投入实际应用，但切尔多夫斯基的工作在 TsAGI 航天服设计中得以延续——这意味着他的工作比其他人更早开始，且并非徒劳无功。

1961 年，叶夫根尼·切尔托夫斯基逝世。除了作为工程师的故事，他的另一项成就也应当被铭记。他首次将潜水术语潜水服用于高空设备（利纳雷斯晚些也做了同样的事）。而在英语中，航天服被称为 "space suit"，亦即"太空服"。

第二十八章

太空之门

现在让我们再往前走 25 年——来到著名的太空竞赛时期。20 世纪
50—70 年代，正是太空竞赛推动了太空行业的发展，使之在科学技术领
域达到了前所未知的高度。我接下来要说的，就是苏联在太空竞赛中取得
的第一个胜利——拜科努尔航天发射场。

虽然名义上的太空竞赛开始得稍晚一些——开始于 1957 年 10 月 4 日，第一颗人造地球卫星发射之时。但是，1955 年世界上首个航天发射场的启用，一定程度上也可以算作两个超级大国太空竞赛的起点。而这也成了太空时代的开端。

严格来说，第一个抵达太空边界的火箭是 V-2 火箭。1944 年 6 月 20 日，A4 测试火箭（是 V-2 火箭的第四代变种）进行了垂直发射 MW18014 的试验，最终升至 176 千米高度，突破了位于海拔 100 千米、被认为是太空边缘的卡门线。所以，V-2 火箭的发射场——佩内明德试验场可以算得上是第一个航天发射场。另外，佩内明德试验场并非用于太空发射——只是一个研究中心和试验场，彼时 V-2 火箭的发射也并非意在太空，而是另有所图。

不过我们对此暂不做讨论，还是聊聊拜科努尔发射场吧。

绝　密

当然，拜科努尔发射场起初并非是作为通往和平太空的门户而建造的。1950 年 12 月 4 日，苏联部长会议颁布了一项注定要改变世界的决议，下令进行"射程 5000—10000 千米的、弹头重量 1—10 吨的各类型远程导弹制造前景研究"，即研制洲际弹道导弹。1954 年 5 月 20 日，部长会议在听取设计小组建议并掌握初步研究成果后，决定正式开启洲际弹道导弹研制工作。对此，我将会在第 41 章详细介绍。

但当时也面临着很现实的问题，没有地方可以对具有战术技术性能的导弹进行测试。卡普斯京亚尔试验场此前做过类似的实验，但其位于苏联欧洲部分，早在 20 世纪 50 年代就已经被西方特勤部门盯上了。这主要是因为，"二战"后从德国带到苏联的科学家曾在试验场工作，他们就是泄密的源头。1953 年 8 月，在他们的指引下，英国情报部门开展了一次精彩的情报行动。英国情报部门对英制电气"堪培拉"PR7 侦察机进行了改装——加长了机翼，扩大了控制台油箱容量，并配置了专门用于航拍的相机。"堪培拉"PR7 侦察机从吉贝尔施塔特军用机场（FRG）升空，成功飞越苏联边境，在海拔 20 千米的高度沿贝加尔湖畔飞行，最终抵达卡普斯京亚尔试验场，在拍摄了试验场内几乎所有保密设施后，成功甩掉追踪它的米格战斗机，飞越里海并在伊朗降落。卡普斯京亚尔试验场完完全全地暴露了。

最新的洲际弹道导弹测试地点必须另择他处，最好能够远离彼时的战略竞争对手。于是，在 1954 年，为此专门成立的勘址委员会对诸多符合要求的地区进行了考察。

首先，新的试验场与位于堪察加半岛的库拉试验场距离不应小于 7000 千米——因为试验期间发射的导弹弹头预计会掉落在那里，导弹飞行过程中不能途经大城市，试验场附近应有淡水水源和货运铁路线。此外，由于最初设计的 R-7 洲际弹道导弹装配有无线电电子控制系统，因此需要在特定点位（森林和沼泽地除外）设置 3 个无线电基站（一个设置在其飞行路径中距试验场 300—500 千米处，另外两个分设在试验场左边和右边，设置在距试验场 150—200 千米处）。总的来说，虽然苏联幅员辽阔，但符合要求的地方却寥寥无几。

最终，位于哈萨克苏维埃社会主义共和国克孜勒奥尔达州的沙漠成了唯一一个满足所有技术要求的地方。那里不仅有水源，还有铁路（莫斯科—塔什干线），周围数百千米都是人烟稀少的沙漠地带。1954 年 12 月，第一批研究人员抵达那里，开始建立发射场，并开辟出了一个临时机场。1955 年 1 月 12 日，第一列满载工作人员的列车抵达秋拉—塔姆站，这也是距离发射场最近的火车站。

后来，拜科努尔试验场在各类文件中被称作"苏联国防部第 5 号科学研究试验场"（NIIP-5 of the Ministry of Defense of the USSR），它还有一个缩写代号——"泰加"试验场。为什么取名叫"泰加"？就是为了避免别人猜到。

此外，"拜科努尔"这个名字也是为保密而取。拜科努尔村位于距离航天发射场 325 千米的地方，和发射场完全不是一个地方。当初，在建设试验场的同时还建设了一个类似场景的地方，以迷惑外国的情报部门，避免"堪培拉式"的事件重演。到 1961 年前，航天发射场一直被称为"泰加"或"秋拉 - 塔姆"，但关于加加林飞行的报道铺天盖地，必须给发射场正式命名了，于是当局决定用它的假名来命名，以延续"盗版航天发射场"的传说。随着时间的推移，到 20 世纪 70 年代，拜科努尔的秘密公之于众时，原本偏远村落的名字就被分给了航天发射场。但其实美国情报部门早在 1957 年 8 月 5 日就获知了这一消息，当时洛克希德 U–2 侦察机曾 24 次在苏联领空进行高空侦察飞行，并在一次飞行过程中成功拍摄到了真正的航天发射场。但苏联情报部门很晚才意识到这一点。

生日快乐！

官方记载，拜科努尔航天发射场诞生于 1955 年 6 月 2 日。当天，总参谋部下达指令，批准第 5 号科学研究试验场入编并在试验场建立了第 11284 部队。实际上，这个日子选的很奇怪。未来航天发射场的建设正如火如荼地进行：5 月，列宁斯克（现拜科努尔）的第一批主要建筑落成，数以千计的工程师、技术人员、工人、军人，乃至很多人都是带着家眷投身于项目的工作。可以说，所有与之相关的重要日期都可以作为航天发射场的"生日"。比如，1955 年 7 月 20 日，开始建造发射台。1957 年 5 月 5 日，发射综合体竣工并由国家委员会验收。1957 年 5 月 15 日，试验场发射首枚 R-7 洲际弹道导弹，虽然发射失败，但同年 8 月 21 日，R-7 弹头在堪察加试验场溅落，标志着洲际导弹第一次成功发射。

但还有一个更重要的日子——1957 年 10 月 4 日。正是在那一天，拜科努尔真正从洲际导弹试验场变成了航天发射场。那一天，我们所熟知的 R-7 洲际弹道导弹经过改装，将整个太空时代最重要的运载物——第一颗人造地球卫星"斯普特尼克"1 号（PS-1）送入地球轨道。对此我将在下一章进行讨论。

今天的拜科努尔航天发射场位于哈萨克斯坦境内，但其仍主要由俄罗斯经营。截至 1997 年，位于他国境内的拜科努尔航天发射场一直由俄罗斯军队管辖，后逐步移交至民营组织——俄罗斯航天局管理。驻扎在拜科努尔的最后一支俄罗斯军队于 2011 年撤出。目前在拜科努尔航天发射场共有 6 个发射台，自其建成以来先后有过 16 个发射台。隶属于发射场的还有克拉伊尼和尤比列伊内两个机场。第一个用于常规航空，主要服务于俄哈两国各城市间的客运航班和货运航班。第二个主要服务于特异飞机：在这里运送各类太空飞船各类配件，1988 年"暴风雪"号航天飞机曾降落于此。

不难猜到，世界上第二个航天发射场正是位于卡纳维拉尔角的美军空军基地。其成立于 1948 年，从时间上来说，早于拜科努尔航天发射场，但其在 1958 年年初之后才首次成功完成轨道发射，即朱诺一号 RS-29 运载火箭发射，在火箭上还搭载着美国第一颗人造地球卫星"探索者"1 号。需要注意的是，此前卡纳维拉尔角空军基地曾经历过一系列的发射失败，还进行过几次试验和不进入轨道的发射测试。

自 1957 年以来，共有 31 个航天发射场成功进行过轨道发射，其中 23 个至今仍在运行。其中共有 4 个航天发射场曾成功发射载人宇宙飞船，分别是拜科努尔航天发射场、卡纳维拉尔角空军基地（美国）、肯尼迪航天中心（美国）和酒泉卫星发射中心（中国）。每隔几年都会有新的航天发射场投入使用，近几年新建的有东方航天发射场（俄罗斯）和文昌航天发射场（中国）。除美国、俄罗斯、中国和哈萨克斯坦外，法属圭亚那、日本、印度、以色列、伊朗、朝鲜和韩国都拥有了自己的航天发射场，此外，还有航天发射场建在了中立水域。

正如 20 世纪 60 年代科幻小说中曾写道，或许有一天，一艘太空飞船将从地球上某个航天发射场起飞，将殖民者带到遥远的外太空。到那时，我们不必再称为"航天发射场"，而是"太空港"。其实，在英语里已经有"太空港"这种说法了。

第二十九章

第一颗人造地球卫星

1957 年 10 月 4 日是宇航学的诞生之日。就在这一天，"联盟"号 M1-PS 运载火箭（是改进过的 R-7 洲际弹道导弹）搭载着"斯普特尼克"1 号（PS-1）人造卫星从拜科努尔航天发射场 1 号发射台发射升空。但相比于第一颗人造卫星发射的信息，其诞生之事更令人称奇。

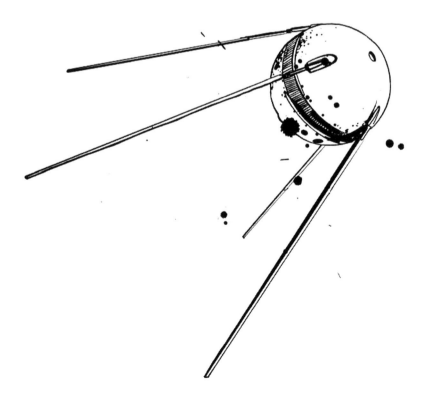

　　卫星的成功发射离不开深厚的技术积淀。这个想法产生于 1954 年 5 月 27 日，当时著名设计师谢尔盖·科罗廖夫（Сергей Королёв）向国防工业部部长德米特里·乌斯季诺夫（Дмитрий Устинов）提出了这个轰动一时的想法。从前，苏联所有的导弹研发都意在军用上（主要是与美国冷战期间的洲际导弹研发）。但科罗廖夫却提出，在当时看来已经是高度现代化的 R-7 弹道导弹不仅能储藏在发射井中备战第三次世界大战，还可以服务于和平的目的——将科研设备送入地球轨道。这一想法在当时之所以能被采纳，原因很复杂：科罗廖夫的权威角色、科学发展的必要性、技术军用的可能性，还有一个最重要的原因——能够以绝对和平的成就战胜美国。这个想法绝对是"有利可图"的。

　　但是，将科罗廖夫称为"卫星研发第一人"是不对的。因为在当时的情况下，科罗廖夫提出这一设想时，他更多是作为一名政治家，而非一名工程师。苏联斯 PS-1 号卫星研发技术也比科罗廖夫的提案更早些，其发起人是另一位杰出的苏联导弹设计师——米哈伊尔·克拉夫基耶维奇·吉洪拉沃夫（Михаил Клавдиевич Тихонравов）。

　　1948 年 7 月 14 日，苏联国防部第 4 科学研究所副所长、主要从事复合（多级）导弹问题研究的吉洪拉沃夫在俄罗斯导弹及炮兵学院做《实现远距离射程的方法》报告。报告期间，他提出火箭可以实现无限距离飞行，必要时可将人造卫星发射到轨道上。其报告不仅在飞行器设计界引起了轩然大波，在政界也引发了意料之中的轰动：短短几天之内，吉洪拉沃夫就从研究所副所长降为了"科学顾问"，其所在部门也被解散了。正是在这时，科罗廖夫的作用第一次显示了出来：他在政界颇有威望，也了解吉洪拉沃夫想法的前景，因此他为吉洪拉沃夫及其彼时已被解散的团队拿下了政府批文，让他们可以继续研究"远程复合制导的可能性和可行性"，即多级制导。

　　所以，1949—1953 年，依托这份"秘密的全权委托书"，吉洪拉沃夫获得了资金，招募到了所需的人员，研究得以顺利开展。1954 年 5 月 27 日，科罗廖夫将这些成果整理为《关于人造地球卫星》的报告，并在其写给乌斯季诺夫的报告中将吉洪拉沃夫的研究成果呈报了上去。

在上层的文件书信中尚未提到 R-7 制造的内容。但其实，从 1950 年开始，就已经开始绘制 R-7 导弹的草图并进行理论计算。在苏共中央"关于发展洲际弹道导弹"的正式决议颁布一周后，乌斯季诺夫提出和平利用导弹的建议。吉洪拉沃夫团队的成果终于没有付诸东流，而是成了研制卫星的重要基础。同时，苏联当局相信，卫星可以带来切实的军事优势，未来，此类设备还可用于无线电通信和探测。

总的来说，1955 年冬天，在完善改进火箭的同时，大型"目标 -D"卫星的研发工作也正式启动——从其技术设计的角度来说，这是一颗重达 1000—1400 千克、最高承载量可达 300 千克的大型科研和观测设备。字母"D"代表安装在卫星上的设备型号（军事"配套代码"，特别是核弹头的代码为 A、B、C、D）。

"小儿科"

1956 年 1 月 30 日，苏共中央正式颁布研发"目标 -D 卫星"的决议。但很显然为时过早：R-7 火箭原计划于 1957 年年初进行测试，而且想要在原始火箭上再额外悬挂重达一吨的设备绝非易事，这一点在其设计过程中已经非常明确了。

1957 年 5 月 15 日，R-7 火箭首次发射败北。升空 98 秒后，其中的一个引擎熄火；103 秒后，所有引擎熄火，最终火箭坠落在距拜科努尔发射场 300 千米处。第二枚火箭的试射结局与之大致相同：起初，由于发动机故障导致火箭自动起飞装置失效，而后花了整整一个月修改调试，虽然火箭成功发射了出去，但由于火箭控制系统短路，导致火箭偏航后自毁。

时年夏末，R-7 火箭的研发成功解决了这些"小儿科"问题，8 月 21 日，火箭成功发射。确切来说，只是取得了一定的成功：一切照计划进行，直到火箭抵达预计路线终点——堪察加试验场（更多细节详见第二十八章），但只有火箭的头部在稠密大气层中烧毁。这意味着其强度设计出现了问题：的确，R-7 火箭可以正常飞行了，可是它的头部却无法交付。但他们并没有立刻意识到这一点：当火箭坠落在试验场时，他们花了很长时间去找"早已飞离火箭"的头部。总的来说，当时的设计非常粗糙。

与此同时，"目标 -D"卫星的发射工作也在推进，虽然所有人都明白，1957 年是不可能成功发射出去，从而完成这个成熟的地球物理实验。不仅仅是因为火箭的问题，还因为研究设备造价高昂且技术不成熟，所有的设备不仅需要能装进一个狭小的箱子里，还需要确保可以在太空平稳运行。最终，"目标 -D"卫星变成了"卫星"3 号，并在 R-7 火箭高度完善、反复测试后，于 1958 年 5 月 15 日实现成功飞行。其重达 1327 千克，携带有诸多测量仪器。

事实上，如果不是基于政治考量，苏联的卫星发射不会早于 1958 年中期。

从多到少

1957 年 7 月 1 日，所谓的国际地球物理年到来。那一年，全世界有 67 个国家按照协议计划开展地球物理研究。1957 年年初还有消息称，美国的一项计划也涉及人造地球卫星，且发射时间最迟不晚于 1958 年中期。

彼时，政府迫切需要一个崭新的旗帜、一个全新的符号。

"苏联发射了第一颗人造地球卫星"的口号是崇高的。所以，从思想上来说，没有什么比成为第一更重要了。就连和美国的冷战也退居次位，因为赫鲁晓夫执政以来，两国关系短暂升温，1959 年访美之后，赫鲁晓夫对艾森豪威尔热情称赞。但一码归一码，两国在军备领域的对抗仍在继续（R-7火箭继续以洲际弹道导弹完善改进）。我们只需要抢先发射卫星，不仅早于美国，而且一定是世界第一。谁是第二个无所谓，哪怕是新西兰也没关系。

所以，研发工作更要快马加鞭。为了赶在他国之前，1957年2月15日，官方决定发射一颗最简易的卫星。这一次，在考虑火箭头部绝热问题上又犯了同样的错误，导致弹头在稠密大气层中烧毁。设计师们匆忙解决了这一问题，但这也耗费了至少半年的时间。而要将卫星送入轨道，火箭无须在稠密大气层中长时间飞行，所以最终R-7火箭尽管尚不完善，也足以执行这项任务。

终于，在1957年9月22日，第六枚R-7火箭抵达拜科努尔发射场，确切来说，是它的改进版本8K71PS（M1-PS火箭）。这枚火箭高度简化：所有用于精确控制的无线电设备（好吧，毕竟不需要引导火箭抵达固定轨道）、遥测设备均被移除，并将所有的系统减重至最低，最后火箭总重竟减去了7吨！

与此同时，从1956年年底开始，在科罗廖夫的倡议下，苏联已经着手研制简易版的卫星，研制出的代号为"PS-1"的卫星，是一个直径为58厘米的球体，其中配有无线电发射器、电池、热控制系统和各类传感器。卫星重83.6千克，其中50多千克来自供电装置。值得一提的是卫星的无线电发射器：由于PS-1号卫星具有巨大的"面子价值"，因此它的信号必须被无线电爱好者所捕捉到，不仅面向苏联，更面向全世界。1957年1月，在《无线电》杂志有过这样一段话："如果能动员无线电爱好者接收卫星发送的无线电信号该多好……"随后几期的杂志中刊文介绍了接收卫星信号的技术及信号可能出现的轨迹，在杂志的7月刊中，苏联科学院向无线电爱好者发出正式的号召。所有人当时都应该知道卫星。顺便提一句，PS-1卫星里有两个发射器：一个发射频率是20兆赫，另一个是40兆赫。

　　1957 年 10 月 4 日，PS-1 号卫星从秋拉 – 塔姆试验场（当时还不叫拜科努尔发射场）被成功送入太空。314.5 秒后，卫星脱离运载火箭，抵达远地点 947 千米、近地点 288 千米的椭圆轨道。几乎在卫星进入轨道运行一圈后，塔斯社就第一时间向全国报告了这一消息："在科研机构和设计局的不懈努力下，世界上第一颗人造地球卫星造出来了。"

　　在接下来的三周里，世界上所有的无线电爱好者都捕捉到了来自太空的无线电信号（信号很简单——有节奏的"哔哔"声）。92 天后，第一颗人造卫星在绕地飞行 1440 圈后，失速并自燃于稠密大气层中。

　　这有什么科学意义吗？当然有。卫星以两种不同频率发射无线电波，不仅让无线电爱好者颇为惊喜，而且让人类有可能继续探索电离层上层的奥秘。当然，其政治意义和心理效应更显著。对于很多人来说，卫星的成功发射是喜悦，是希望，是一条通往未来的路（卫星让无线电爱好者感到欣喜若狂，毕竟他们第一次接收到了来自太空的信号）。此外，苏联也向全世界展示出其高超的技术水平和潜力。

　　在卫星发射前，美国从未将苏联视为其在卫星技术领域的竞争对手——世界上几乎所有的出版物在谈及未来的卫星发射时，都无一例外地认为美国会是第一。但 1957 年 10 月 4 日，一切都在一夜之间被倾覆：美国政府和航天工业受到了抨击，而国外顶级的刊物上都开始一边倒地宣扬苏联卫星的成就，而且是以绝对肯定、和平的口吻——这在之前几乎从未发生过。

　　同年 11 月 3 日，第二颗人造地球卫星"卫星"2 号发射升空，其上载有一只名叫"莱卡"（Лайка）的小狗（更多介绍详见第三十章）。直到 1958 年 2 月 1 日，美国"探索者"1 号卫星才被送入轨道，其携带的设备与 PS-1 号卫星大致相同，但由于使用的电池更为先进轻薄，因此比 PS-1 号卫星轻了不少。顺便说一下，PS-1 号卫星的残骸唯一保留至今的是一个金属钥匙，由于阻断了发射器电源电路，它在发射前就被去掉了。现在，这把钥匙保存在隶属于史密森学会的美国国家航空航天博物馆华盛顿分馆。事情大抵就是这样。在太空中，没有国界之分。

顺便讲个有趣的事实：对于国外和苏联的公众而言，吉洪拉沃夫乃至科罗廖夫都不是"卫星之父"——在他们的有生之年，他们的名字都是严格保密的，全无个人声誉。而在媒体上被广为报道的物理学家列昂尼德·塞多夫（Леонид Седов）其实和火箭的研发并无关系，只是由他首次正式公开宣布卫星的成功发射。

第三十章

太空动物

按照发展逻辑，太空探索的下一步是将载人航天器送入太空。但在 20 世纪 50 年代，谁也不知道在大气层之外，在失重和真空条件下人体会作何反应。理论计算表明，太空飞行并不会对人产生致命威胁，但这需要试验。所以首先进行了动物试验。

俗话说得好："打铁需趁热。""斯普特尼克"1号卫星虽然发射成功，但正如研究人员随后对其发射数据进行分析所得，距离发射失败仅有半步之遥。比如，在紧急发射中止系统被触发的关键前1秒，"G"单元发动机才开始运转；飞行16秒，燃料控制系统失灵，导致耗能增加，中央发动机提前关闭，但火箭竟然奇迹般地达到了第一宇宙速度。由此可见，这次成功是多么的走运。

在火箭飞行条件下，结构较复杂的生物能否生存？围绕这一主题的研究已经进行了很长时间。早在1949年，苏联医学科学院就拟定了第一批将狗送入运载火箭进行飞行试验的文件，直至1951年7月22日，在科罗廖夫的领导下，R-1V地球物理火箭搭载着一个特殊的盒子从卡普斯京亚尔试验场发射升空，盒子里面装着两只流浪小狗——"德齐克"（Дезик）和"吉普赛人"（Цыган）。此次试验的主要目的是了解在过载、振动、运动功能减退、辐射暴露等影响下，动物体内会发生何种变化。这两只小狗是从流浪狗中经过严格挑选的：年龄在2—6岁，体重在6—7千克，身高不超过35厘米。发射前，这两只小狗像普通宇航员一样接受了训练，比如离心机和振动台训练等。

"德齐克"和"吉普赛人"被用皮带固定在盒子里的特制托盘上，它们面前还安装有一个电影摄影机。在上升过程中，狗承受的重力增至原来的4倍多，心跳也快了好几倍。火箭上升到了距离地面101千米的高度，也就是卡门线位置。最终，搭载小狗的火箭头部成功着陆——两只狗都没有受伤，"吉普赛人"只是肚皮有一点轻伤。这是有史以来人类第一次将结构较复杂的生物送至如此之高的地方。

但此时，距离"莱卡"的飞行还有很长的一段路，犬类的亚轨道飞行试验还在继续。1周后的1951年7月29日，"德齐克"在与它的搭档"丽莎"的第二次飞行中不幸死亡。相比而言，"吉普赛人"则更为幸运一些，它在时任苏联炮兵科学院副院长阿纳托利·布拉贡拉沃夫（Анатолий

Благонравов）的家中安度余生。发射试验曾多次成功，比如，和"莱卡"
同时接受训练的小狗"阿尔宾娜"（Альбина），到 1957 年已经经历了两次
亚轨道飞行，算得上是"一个经验丰富的宇航员"了。而在"莱卡"飞行
之前，共有 36 只小狗完成了 29 次亚轨道飞行，其中有 15 只死亡。

美国人曾进行过类似的实验。1947 年 2 月 20 日，他们首次将结构较
简单的生物——果蝇送入亚轨道飞行。但最初他们将哺乳动物送入太空的
试验却并没有成功：1949 年 6 月 14 日，一只名叫"艾伯特二世"（Альберт
II）的恒河猕猴乘坐着 V-2 型火箭上升至 134 千米的高度，但在返回过程
中由于降落伞失灵撞地身亡。随后，在 1950 年 8 月 31 日，这一飞行纪录
（137 千米）被一只名为"艾伯特五世"（Альберт V）的老鼠打破，它同样
死于硬着陆。因此，"德齐克"和"吉普赛人"是第一批进入太空并成功返
回的幸存者。

有阴谋论称，亚轨道飞行计划还包括载人飞行（BP-190 项目），但官
方消息显示，早在"东方"号飞船的研发启动之前，这一想法就被淘汰了。

总之，在生物体的第一次轨道飞行中，有足量数据记载了小狗在火
箭发射期间和太空中的体征。万事俱备，接下来就是要把犬送入太空轨道
飞行。

"莱卡"是谁？

总体而言，选择一只狗作为第一位动物宇航员和此前研究中的选拔方
式别无二致。备选者有很多，从其中只挑出来了三只——"莱卡""穆哈
（Myxa）"和"阿尔宾娜"。后者因为怀孕被淘汰，而穆哈又不是很上镜……
毕竟，还是希望这次将小狗送入轨道飞行可以像第一颗人造地球卫星发射
时一样，是耀眼的、公开的，所以报纸的照片上需要是一只漂亮的狗。但
考虑到所有的备选小狗都是流浪狗，所以想找到一只漂亮的狗并非易事。

顺便说一下流浪狗：之所以选择它们，是因为在街上经过"自然选择"的狗通常被认为更有耐力。

但这个实验本身是独具特色的。特别是此前任何一次亚轨道飞行的持续时长都不超过一小时（通常为 15—20 分钟），而在轨飞行则意味着人必须在轨道上停留相当一段时间。所以，首要任务便是为小狗在太空停留一周做足准备。至此，很多问题就涌现出来了：如何保障动物的饮食？如何保障其自由移动？如何处置其排泄物？就更不用提打造一个一周不间断运行的生命支持系统有多难了。和"卫星"2 号的研发计划相比，斯普特尼克1 号的设计简直就是小菜一碟。

碍于篇幅限制，对于苏联专家"卫星"2 号在研发过程中的技术解决方案我将不再过多赘述。仅举一些好玩的例子，其余部分大家可以大胆脑补，也可以去读一读专业文献［有一本不错的书推荐给大家——卡西扬·伊万（Касьян И.И.）的《迈向太空的第一步》[①]］。

比如，喂食系统其实是一个封闭的容器，里面装有果冻状的营养物质。它会一天两次、在预设的时间打开，以保证小狗可以进食。废物容器实际上是一个袋子，单独安置在狗的橙色宇航服上（废物量是根据小狗一周的饮食计算出的，只有很小的余量）。小狗的所有生理指标——脉搏、呼吸、血压、心电、体温——都由机载生理仪器系统 KMA-01 来记录。此外，卫星上还配备了与动物无关的科研设备：用于测量太阳辐射的光度计、遥测发射机。此外，准备过程中还要时刻关注一个重要问题：此类飞行需要训练有素的狗。小狗必须明白，它不能错过进食时间，必须能够适应封闭空间长期无法动弹的状态，且不会感到惊慌，等等。犬的调驯工作交由瓦莲京娜·涅纳霍娃（Валентина Ненахова）来完成。据同事反馈，她出色地完成了调驯工作。这些小狗的表现堪称完美，它们经受住了无数次的训练、

---

① 该书于 1985 年由莫斯科的知识出版社出版。——原文注

实验，坚韧不拔，而且还非常喜欢涅纳霍娃。

准备的最后阶段，只有 3 只被挑选出来的小狗——"莱卡""阿尔宾娜"和"穆哈"参加，在全真的模拟飞行中：小狗被放在和卫星驾驶舱类似的小空间里，训练他们进食和饮水，还进行了卫星震动和过热的情况下的模拟。

最后只有小狗"莱卡"通过了测试。

第一个重担

飞行前，人们给"莱卡"做了一次小手术，将呼吸和心跳传感器植入它的身体。"莱卡"的最后一组训练直接在驾驶舱内进行——它身穿航天服，航天服上装配有排污装置和每天两次打开的喂食器。可以说，虽然它身处地球，但已经进入飞行状态了。

1957 年 10 月 31 日，"莱卡"的飞行准备正式开始，11 月 2 日，伴随着火箭上相机的安装结束，准备工作告结。起飞前几小时——卫星内各项设备调试完毕，小狗独自待在其中，等待升空。大概凌晨 1 点左右，驾驶舱门短暂打开，给小狗补充水分。1957 年 11 月 3 日，R-7 火箭从秋拉—塔姆试验场成功发射，并将"卫星"2 号送入轨道。

总体而言，科学家们的计算一切正确：小狗的心跳没有超过上限值，状态很放松，也能够轻松应对超重状态。但设计师们仍犯了一个错误：他们忘记了给驾驶舱散热。"卫星"2 号中没有设计这样的温度控制系统，所以发射 6 小时后，当舱内温度升至 40℃时，莱卡因过热和窒息死亡。这一悲剧发生在绕地轨道飞行的第 4 圈，所以这只小狗可以算得上"第一个真正的宇航员"。

而此时，发射成功的消息已经见报，不可能再报告飞行失败了。于是，在接下来的 7 天时间里，塔斯社照常播报第一只太空犬在飞行轨道上的生活——虽然它当时已经死亡。到了第 7 天，报道声称，出于人道主义考量，它被实施了安乐死。"卫星"2 号最终完成绕地飞行 2370 圈，并于 1958 年 4 月 14 日在大气层中烧毁。

但是，卫星研发人员并没有考虑到这一项目的伦理问题，在塔斯社的报道中也从未提到"莱卡"将无法返回地球的事实，所有的报道都回避了这个敏感问题。因此，"莱卡"安乐死的消息首先引起了外国刊物的强烈不满、争议和批评（好在没有人知道真相）。

投入飞行准备的医护人员和科研人员也对此感到不满。尔后，在相关材料揭秘后，很多人接受了采访，他们无一例外地表达出对"莱卡"和所有因实验死亡的小狗的缅怀。这也让人们明白了做此类实验的必要性："莱卡"的飞行提供了大量的信息，让人类向太空又迈近了一步。

致"贝尔卡"和"斯特雷尔卡"

考虑到因"莱卡"的死，媒体、大众对于太空计划的批评声此起彼伏，因此就没有再进行单程飞行的实验，研究期间动物死亡的消息也没有再对外公开。

"卫星"3 号和"卫星"4 号没有再搭载任何生物飞行，而"卫星"5 号则成为载"狗"计划的延续。为了研发出卫星将乘客送回地球的技术，花了将近 3 年的时间。彼时，基础的 R-7 火箭已经被新一代"月球"号（8K72）系列运载火箭所取代。1959 年 1 月 2 日，新型火箭首次发射成功："月球"1 号星际探测器发射升空，成为一颗人造太阳行星（下一章会详细介绍）。

1960 年 7 月 28 日，8K72 火箭（被称为"东方"1K 号）搭载着"卫星"5 号升空（为避免与另一个成功的案例混淆，下文将其改为"卫星"5 号 -1），其驾驶舱内依次坐着"小海鸥（Чайка）"和"小狐狸（Лисинка）"

两只流浪狗。不幸的是，发射后 19 秒，火箭的一级助推器"G"损毁，火箭坠落，两只小狗"宇航员"不幸遇难。此次飞行产生的直接后果是：工程师们开始积极研发火箭发射阶段的机组救援系统（此前从未涉及）。

最终，1960 年 8 月 19 日被送入太空的两只小狗——"贝尔卡（Белка）"和"斯特雷尔卡（Стрелка）"成功返回地球，它们的飞行也成为苏联航天事业新的里程碑。在"贝尔卡"和"斯特雷尔卡"（当然，还有"小海鸥"和"小狐狸"）的发射过程中，设计师们充分考虑了"莱卡"生命支持系统研发时所犯的诸多错误，特别是，飞船是专门为他们一整天的飞行所设计的——这样，无须建立复杂的喂食系统、清洁排污设施和热交换系统，也能很好地记录下来小狗在轨道上的活动。

总之，所有的这些系统飞船上都有——在一天的飞行当中，需要对小狗进行安抚，并给其喂食、补水。除了"贝尔卡"和"斯特雷尔卡"，太空舱还有一个装有各类小生物的容器，包括 12 只老鼠、昆虫、植物以及各种种子和微生物培养基。吸取了"小海鸥"和"小狐狸"死亡的教训："卫星"5号的太空舱变成了可弹射的，也就是说，不论发生任何故障，它都会通过弹射来保护小狗。此外，飞船驾驶舱的弹射舱外，还放了 28 只小鼠和 2 只大鼠作为对照。

1960 年 8 月 29 日，卫星在轨飞行 17 圈后，从地球上发出开启制动引擎的指令。飞船开始减速、脱轨并在距离计算点 10 千米处坠落，几乎是完美着陆。两只小狗承受住了巨大的压力，但总体感觉良好。

如果"莱卡"的飞行证明了人类可以进入太空，那么"贝尔卡"和"斯特雷尔卡"的飞行则说明我们可以返回地球。

在美国，太空计划则有着不同的方案——非轨道飞行。美国人并没有尝试将动物送入轨道，而是继续围绕 15 分钟短距离弹道轨道飞行作文章。在此过程中，松鼠猴"戈尔多（Гордо）"，另外两只猴子"亚伯（Эйбл）"和"贝克（Бейкер）"成了第一批太空飞行幸存者。其实，苏联当时也开展了一项非轨道飞行项目：先后使用小狗"勇士"（Отважная）、"小雪花"（Снежинка）、"珍珠"（Жемнужная）、"棕榈树"（Пальма）等，以及兔子"玛尔富莎"（Марфуша）（它是在太空中的第一只兔子——于 1959 年 7 月 2 日升空）进行试验。所有飞行均以成功告结。

直到1961年11月29日，美国才成功将第一只动物[1]送上轨道飞行——此时，加加林和蒂托夫已经完成了他们的太空飞行。美国媒体以非常谦虚的态度对此进行了报道，因为在载人飞行之后，美国航天与苏联航天已不可同日而语。时至今日，还流传着这样一种说法"太空中的第三个原始人"。太空三杰也就是：加加林、蒂托夫和黑猩猩"伊诺斯"（Энос）。

---

① 这是第一只绕地球转的猩猩，是第二只前往太空的猩猩。第一只进入太空的猩猩为"汉姆"，仅在太空有短暂的停留。——原文注

第三十一章

登　月

太空研究最重要的领域变为了对地球天然卫星——月球的研究。在这一领域，苏联也曾长期处于领先地位，直到美国宇航局成功完成了人类登月任务。那么我们对月球计划了解有多少呢?

最终，在月球竞赛中，我们输了，我们没能将苏联宇航员送上月球轨道，更不用说登月了。载人登月计划有很多，最早可以追溯到1959年，但最终都因经济原因被砍掉了。如果说非载人登月，那么苏联在这方面确确实实远远领先美国。但我们却白白浪费了这么明显的优势，实在是有些遗憾。

从某种程度上来说，月球探索是比第一颗人造地球卫星发射，甚至人类进入太空更具价值的计划。因为不论是人造地球卫星，还是载人航天，都带有明显的军事目的，而月球探索从诞生起就被认为是纯粹的科学研究。当然，有人提出了建立月球军事基地的问题。但这纯属异想天开——有别于那些早年被制造出来、并在轨飞行了几年的军事卫星。所以，月球仍然是太空中的和平角落。

成功与失败

苏联的月球计划从1957年一直持续到1977年，这一时期成败参半：16次发射成功，17次发射失败。"月球"号系列无人探测器对月球、近太空、地球辐射带等研究做出了巨大贡献。它们成了首批人造太阳行星、首批人造月球卫星，还曾将两辆"月球车"送达目的地，采集到月球土壤的第一批样本，传送回来月球背面的第一张照片，等等。

苏联航天事业两项瞩目的成就——人造地球卫星的发射和小狗"莱卡"生命体的在轨飞行，在登月计划中都得到了延续。这是一个了不起的时代，科学进步和官方宣传目标一致、携手并进。因此，不论从科学发展还是从政党建设的角度来看，月球探索都十分重要。

1957年年末，在小狗"莱卡"的飞行之后，科罗廖夫立即提出研制月球探测器。这项工作立即启动，其复杂性也是显而易见的：要将设备送到月球，需要达到第二宇宙速度并克服地球引力——从未有人这样做过。和这项任务比起来，载人飞行似乎显得有些微不足道，因为至少工程师知道载人飞行要怎么做。

1958 年 1 月，科罗廖夫作了《关于探月计划》的秘密报告，3 月，他同吉洪拉沃夫一起向苏共中央提交了一份名为《开发外层空间的远景计划（月球、火星和金星探索的主要阶段）》的备忘录。科罗廖夫再次展现出自己过人的才能，特别是政治家的卓越才能，3 月 20 日，苏共中央和苏联部长会议发布了《关于向月球发射航天器有关工作》决议。该项目代号为"E"——一切开始出现了转机。

这项工作从两个方向同时推进。其一是研制无人月球探测器、成套的仪器和采样器等，其二是研制能够达到第二宇宙速度的运载火箭。其基本模型与 R-7 系列火箭大致相同，但现在火箭有了第三级，也就是所谓的助推器 E。

运载火箭的代码是 GRAU-8K72，民间将其称为"月球"号火箭。第三级火箭的发动机——RD0105 是在设计师谢苗·科斯贝格（Семён Косберг）指导下，由位于沃罗涅日的化学自动化设计局研制出来。起初，运载火箭也犯了一些"小儿科"的低级错误，结果证明它的确不够完美——加加林升空时乘坐的 8K72K"东方"号宇宙飞船已经是非常现代化的飞船了。但这不足为奇，最终，"月球"号运载火箭成为世界上第一个三级运载火箭！

尽管"月球"号运载火箭的前期测试结果远非完美，但研究人员必须抓紧时间，特别是在 1958 年中期 E-1 系列无人探测器已经准备就绪的情况下。E-1 系列无人探测器只携带了极少的设备，其主要目的是登陆月球表面——很明显，这个目标更具政治性，而非科学性。此外，探测器上还配有磁力计、离子阱，甚至还有一个发射人造彗星飞行路径跟踪设备。

E-1 系列无人探测器的 1 号、2 号和 3 号的发射（现称"月球"1A、"月球"1B、"月球"1C）分别于 1958 年 9 月 23 日、10 月 11 日和 12 月 4 日进行。

它们都以同样的方式宣告结束——运载火箭损毁，前两个是由于振动过强，第 3 个则因燃料箱爆炸。一直以来，研究人员都在努力完善"月球"系列探测器，直到 1959 年 1 月 2 日，E-1 系列第 5 个探测器（也就是现在所说的"月球"1 号探测器）终于升空。需要说明的是，1959 年 6 月的第 5 次发射也以运载火箭发生事故告终。总而言之，前 5 个无人月球探测器中只有一个实现了成功飞行。

当时还有一个很有趣的故事。无人月球探测器未能完成其使命。尽管所有的系统均运行良好，但在设计中却出现了一个失误：工程师在计算飞行周期时，并没有考虑到第三级分离指令从地球传输到航天器所需的时间。结果，探测器在错误的时间点脱离了运载火箭，虽然它达到了第二宇宙速度，而且"月球"1 号探测器也成了历史上第一个成功脱离轨道的航天器，但它根本没有飞向月球。

但最终，"月球"1 号探测器仍旧完成了多项科研任务：历史上首次捕捉到地球外辐射带、测量出太阳风参数、制造出人造彗星——从地球上看是一片钠云，而且在抵达距月约 6000 千米的位置后，成了第一颗人造太阳行星探测器（当时报纸上进行了声势浩大的报道）。

最终，E-1A 系列 7 号探测器（现在所说的"月球"2 号探测器）成了第一个抵达月球表面的航天器。在前面 5 次发射 4 次失败的情况下，这一成就着实令人感到喜出望外，而伴随着"月球"2 号探测器的出现，一切开始变得顺利起来。虽然 1959 年 9 月 9 日的首次发射因自动装置被触发而被迫取消，但在 1959 年 9 月 12 日，"月球"号运载火箭成功将"月球"2 号探测器带离了地球引力区，两天后，"月球"2 号探测器以每小时 12000 千米的速度飞向月球表面并最终坠毁。"月球"2 号探测器上装配有闪烁计数器、辐射计、磁力计和两面颇具象征意义的三角旗。三角旗上有一个很有趣的装置：上面有很多五角形金属球，里面藏着炸药，每个小球上都刻着苏联国徽和飞行的日期。这样，当其表面被撞破后，炸药引信即被触发，碎片散向四面八方——如此一来，我们至少可以期待一些碎片能存留下来，留于月球的尘埃之中。这样即使无一幸免，我们的目标也实现了：第一个人造装置抵达了月球表面。

从拍摄到软着陆

月球计划的下一个目标是拍摄月球背面的照片。令人惊喜的是，一如"月球"2号探测器的飞行，这个任务的首飞几乎没有任何障碍，但其实这项任务十分艰巨，其难度不亚于使火箭获得第二宇宙速度。

难点在于，仅仅将无人探测器送上月球是远远不够的，还需要它沿着既定轨道绕着月球拍摄到尽可能清晰的月球照片。著名院士姆斯季斯拉夫·克尔德什（Мстислав Келдыш）和助手们共同完成了轨道的计算——其实，从一开始他就非常积极地参与月球计划。计算极其复杂，需要极大的聪明才智：为了能够转弯，总重逾1.5吨的第三级无人探测器还借用了月球引力。"月球"3号的飞行轨道不是月球轨道，而是地球轨道——事实上，它的飞行轨道是一个拉长的椭圆形，这样才能捕捉到月球，而其与地球的最远距离可达480000千米。

除了常见的研究设备，"月球"2号无人探测器配备的最重要设备是——AFA-E1相机。相机出产于克拉斯诺戈尔斯克机械厂，对相机的技术指标——质量、尺寸特性等要求都非常高，其中最为严峻的任务就是要保护胶片免受辐射侵扰。有趣的是，AFA-E1相机使用的35毫米胶片是美国产的，苏联胶片的质量和强度全都不符合要求，因此，设计师只好拿出了几年前从坠落的侦查气球中拆除的相机胶卷，并重新制作了摄像孔。直到很多年以后，AFA-E1相机的研发负责人、设计工程师加林娜·巴拉什科娃（Галина Барашкова）才讲出了这段故事。换胶片这件事也是瞒着苏联高层而秘密进行的。

AFA-E1 相机有两个镜头（长焦和短焦）由列宁格勒广电研究所研制，是"叶尼塞"电视传真系统的组成部分。顺便说一下：电视传真系统是一种以照片作为中间媒介的慢扫描电视。这样一来，即使在发射器信号很微弱的情况下也可以传输大量信息——借助摄像传真系统，便可以将宇宙中捕捉到的所有图像都传回地球。整套系统非常复杂：拍完照片后，还需进行图像显影、打印、扫描和传输！所以"月球"3号探测器的内部空间几乎被这台相机占满了。

在"月球"号系列运载火箭的帮助下，E-2A（"月球"3号）无人探测器于1959年10月4日成功发射，并在10月7日向地球传回来了有史以来第一张月球背面的照片。虽然照片非常模糊（人们说，克尔德什当时非常生气），但却让苏联在太空竞赛和太空探索进程中取得了巨大飞跃。而且，"月球"3号无人探测器所捕捉到的图像中，月球背面所有的大型物体都立即得到了苏联领导人的命名。如此一来，苏联向全球科学界献礼：不仅以罗巴切夫斯基（Лобачевский）、库尔恰托夫（Курчатов）和门捷列夫（Менделеев）的名字给发现的陨石坑命名，美国的爱迪生（Эдисон）、法国的帕斯特（Пастер）和其他外国名人也都得到了以他们名字命名的陨石坑。苏联的月球探索事业也飞得越来越远。

软着陆

1960年，苏联又进行了两次以拍摄为目的月球无人探测器发射（这两次命名分别为"月球"号4A号和"月球"4B号），但两次发射都失败了，原因我们已经再熟悉不过——运载火箭故障。顺便说一句，如果你在上一章读到过小狗"小海鸥"和"小狐狸"的故事，那么你应该知道，他们也同样死于这样的意外。在这个问题上，小狗"贝尔卡"和"斯特雷尔卡"是幸运的。

无论如何，"月球"号系列运载火箭是失败的。而它的改进版本8K72K "东方"号系列运载火箭的表现则要好得多：13 次发射中只有 2 次失败。也正是 8K72K 火箭将 6 个"东方"号载人宇宙飞船送入轨道——这些飞船搭载过从加加林到捷列什科娃等多位宇航员。但"东方"号宇宙飞船没有设置脱离地球轨道的任务，所以在设计上，它与"月球"号系列运载火箭也有所不同。因此，需要研发一种新型火箭代替"月球"号系列运载火箭完成月球探索任务，最终这个任务落在了 8K78 "闪电"号运载火箭身上。有别于"月球"号运载火箭和"东方"号运载火箭，"闪电"号运载火箭共有四级，最初是为了向金星和火星发射无人探测器而设计的。1960年 10 月 10 日，搭载着"火星 1960"号无人探测器的"闪电"号运载火箭首次发射，以失败告终，实际上，苏联的火星计划也失败了——直到 1971年，"火星"2 号才首次成功完成任务。但在登月任务中，"闪电"号运载火箭大显身手，并从 1963 年起取代了"月球"号系列火箭。

苏联航天的下一个目标是实现月球软着陆——研究月球表面（不能让无人探测器碎成渣）并实施载人登月计划。但是 E-6 型系列的月球探测器试验好像并不是很成功。

E-6 二号（"月球"4C 号月球探测器）进入近地轨道后，由于火箭助推器故障，它一直留在近地轨道上，很快就在大气层中燃烧殆尽。由于运载火箭第三级的陀螺仪故障，E-6 三号（"月球"4D 号月球探测器）甚至没有进入轨道。E-6 四号（"月球"4 号月球探测器）总算进入既定轨道并被发往月球，但其导航程序错误导致飞船偏离航向，最终停留在了距离月球 8500 千米处，成了太阳的又一颗人造"行星"。

但科研人员并没有轻易放弃，花了将近两年的时间不断修正运载火箭的设计（不得不承认，美国已经紧随其后，苏联在运载火箭方面的问题使其先前积累的优势荡然无存）。1965 年 3 月，E-6 五号月球探测器发射，E-6 二号月球探测器的问题再次上演——火箭助推器故障。尽管如此，媒体还是对此次发射成功进行了报道，虽然 5 天后，该探测器就脱离飞行轨道并在大气层中燃烧殆尽，不过它也获得了一个官方名称"宇宙 60 号"，其人造地球卫星发射任务也正式宣告成功。4 月，由于第三级火箭发生事故，E-6 八号月球探测器丢了——它也没有任何其他的名字。

E-6 十号月球探测器让研发团队看到了希望：这一次运载火箭终于按照指令运转，将探测器成功发射到月球。但这一次，E-6 十号探测器的核心功能——软着陆系统又发生故障了。由于制动系统没有开启，"月球"5 号探测器最终坠毁在云海区。随后，E-6 七号探测器启动（它早就被研制出来了，但发射时间较晚），但同样与月球失之交臂。E-6 十一号（"月球"7 号探测器）和 E-6 十二号（"月球"8 号探测器）相继坠毁于月球表面。

事实上，从 1959 年拍摄到月球背面首张照片后，一直到 1965 年，苏联月球计划经历了一系列失败。11 个月球探测器要么损毁，要么无法完成任务。虽然在其他太空项目中取得了一些成就，但苏联在这一领域的优势已经所剩无几（我将会在之后的章节进行介绍）。在当时的月球竞赛中，美国已经要迎头赶上了。

终于，在 1966 年 1 月 31 日，升级版的 E-6M202 号（"月球"9 号探测器）无人探测器启程发往月球，实现了人类历史上在其他天体上的首次软着陆。E-6M202 号由几个部分组成：校正制动推进系统（KTDU）、控制系统舱、"木星"天文定向系统、高空无线电高度表和自动月球探测器（ALS）。"月球"9 号的原始质量为 1583 千克。根据设想，着陆时总质量为 312 千克的天文定向系统会弹射到月球表面，随后减震器充气，校正制动推进系统启动。到达约 260 米的高度时，校正制动推进系统引擎关闭，而后探测器以伞降模式——慢速垂直降落到月球表面。当探测器即将抵达月球表面，在月球表面上方 5 米左右的高度时，重约 100 千克的探测器就会被弹出。最终，"月球"9 号探测器于 1966 年 2 月 3 日成功登月——期间没有出现任何故障。

　　"月球"9号探测器完成了人类历史上月球表面全景图的拍摄任务并将其传回地球，且在一天的不同时间点拍摄了多张图片。关于这次拍摄，还有一件趣事：全景图的传输信号被射电天文学家伯纳德·洛弗尔（Бернард Ловелл）截获，彼时其就职于英国曼彻斯特附近的乔德雷尔班克天文台，在西方媒体高效、开放的工作节奏助攻下，他成功地抢先于苏联官方报道，将照片发布于《泰晤士报》。直到 2 月 5 日，包括苏联在内的世界其他各国媒体才头条刊登了这张全景图，因为 2 月 4 日克尔德什才将打印出来的照片送到塔斯社。但这已经无关紧要了：因为洛弗尔并没有隐瞒照片是苏联空间站拍摄的事实，冠军之位毋庸置疑。同年 6 月，美国航天器"勘测者"1 号月球探测器首次在月球表面实现软着陆。

月球竞赛结束

　　第一颗人造月球卫星发射成为苏联在月球竞赛中的最后一次胜利。为此研发的一系列月球无人探测器被称作 E-6C 系列月球探测器（字母"C"表示"卫星"）。E-6C 系列第 204 号月球探测器于 1966 年 3 月 1 日发射，由于助推火箭故障而发射失败，同年 3 月 31 日的第二次发射则获得成功。

　　1966 年 4 月 3 日，E-6 系列第 206 号无人月球探测器（"月球"10 号探测器）进入月球轨道，在轨飞行 56 天，共进行 219 次通话、460 圈绕月飞行。E-6C 无人探测器的科研任务非常典型：卫星上装配有电离辐射计数器、离子阱、磁力计——总之，探测器的任务就是收集周围的一切信息。但它还有更重要的政治意义：必须要赢回苏联因运载火箭问题而失去的领先优势。此次发射的主要任务在于用事实证明人造物体可以进入月球轨道，此外，还获得了月球的引力和磁场数据。有趣的是，美国人却没有把制造月球卫星列入其"勘测者"计划之中——而是将全部的精力都投入到载人飞行计划中。其重大突破在于——"勘测者"6 号探测器（1967 年 11 月发射）

在月球着陆后又重新启动了本已关闭的引擎，升到月球表面上空，向一侧飞行 2.5 米后成功实现二次着陆——这也证明了在月球表面起飞是有可能的。此外，值得注意的是，虽然"勘测者"号系列探测器出现得晚些，但其研发并未赶工，整体上更为先进，相比于苏联的探测器，其向地球传回的照片数量更多、质量更好。"勘测者"6 号探测器也创下了传输纪录：共传回 30027 张照片。

1966 年，在月球计划的大背景下，苏联成功发射多颗探测器。特别是，E-6LF 系列探测器在轨运行时拍摄到了月球表面——完成了历史上的首次拍摄。

但在 1969 年 7 月 20 日，搭载着两名宇航员的美国"阿波罗"11 号宇宙飞船降落在太平洋海域，这一下子就超过了苏联取得的所有成就。尼尔·阿姆斯特朗（Neil Armstrong）和巴兹·奥尔德林（Buzz Aldrin）不仅成了首次登上月球的人类，而且完成了史上首次月球土壤采样，一次性采集了 21.55 千克；苏联随后也采集到了土壤标本，根据记载，"月球"24 号探测器于 1976 年采集到了 170 克土壤标本。美国人还采集了第一批月球表面高质量彩色照片，最终，美国一个箭步夺得了月球竞赛的胜利。

作为回应，1970 年 11 月 17 日，人类历史上第一辆月球车——苏联的"月球车"1 号无人驾驶月球车登月，虽然这一回应显得很微弱，但其在科技方面的成就仍然非常令人瞩目。关于这一点，我会在之后的章节单独讨论。

归根结底，重要的是要理解太空竞赛的意义，比如，太空竞赛中的独立篇章——月球竞赛，虽然其拥有巨大的政治影响，但同时也给科学发展带来了极大的益处。苏美两国科研人员、学者、工程师、技术人员所取得的成就，在人类发展史上也具有里程碑式的意义。

第三十二章

加加林，我爱你

写到这一章时，我一度不知如何下笔：关于加加林的故事，所有可写的内容，很久以前就写过了。他生平的每一分钟、世界上第一艘载人飞船研发的每一阶段，在文献中都可以找到详细的叙述——我没什么可补充的，也不想再重复写那些事儿！但既然我决定对苏联航天工业的主要成就和领先成就进行梳理，那么我也不能对第一次载人轨道飞行避而不谈。

从前几章可以看到，苏联太空探索中的每一步胜利都是有迹可循的。在载人飞行计划实施之初，设计师就已经意识到"月球"号系列运载火箭存在的"小儿科"问题，并在此基础上进行改进，有了后来的"东方"号运载火箭；在将结构较复杂的生物，如狗、兔子、老鼠送入太空后，所有必要性的调研已全部完成。太空载人飞行似乎是一项重要的技术难题，但从某种程度上来说，这也是一个老生常谈的话题了，对于那些板上钉钉的问题，必须要给出明确的解决方案。

1957年，R-7运载火箭第一次试验成功后，第一设计局几乎立刻就将载人航天器项目提上了日程。科罗廖夫最初提出这个项目时的想法是在飞机机体中设置一个回收舱，而国家航空技术委员会256设计局则在帕维尔·齐宾（Павел Цыбин）的领导下正致力于建造这样的飞船。但彼时，由于技术缺陷，航天器的轨道飞行计划还无法执行。直到将近25年后，才出现了第一艘能够实现此类功能的飞船——美国的航天飞机。所以这个概念便自然而然地融入了回收密封舱的设计中。

其研发由康斯坦丁·费奥克蒂斯托夫（Константин Феоктистов）主持——他是科罗廖夫和吉洪拉沃夫的同事、年轻的设计师，更是未来的宇航员（费奥克蒂斯托夫后来成为第一个进入太空的人）。球形太空舱的设计则更为方便，彼时PS-1卫星已经进入太空，因此在其设计中的部分计算结果可以运用至载人航天器的研发中。

1958年6月，飞船完成初步设计——其工程项目代号为"OD-2"。9月15日，科罗廖夫签署了题为《关于研制载人航天器的初步研究材料》的著名报告书（在当时是严格保密的），并致函苏联科学院及一些其他的科技组织。出乎意料的是，载人航天器和侦察卫星项目展开了研发优先权的竞争，后者的计划于1958年提交至同一个总设计师委员会——并最终败下阵来！这是有史以来第一次民用项目战胜了军事项目。

1959年5月22日，苏共中央正式颁布关于研制宇宙飞船的决议，12

月 10 日，又增发另一文件——《关于发展太空研究》，其中提及了将人送入太空的任务。不能说从那之后这项工作就如火如荼地展开了，因为它一直都在热火朝天地开展着。

卫星和运载工具

很明显，将人送入轨道本身就充满了困难。但相对于将狗送入太空，载人飞行有时会更容易些。比如，不需要将宇航员固定在一个位置，也不需要为他研制专门的机械喂食器，甚至不需要将所有系统都设为自动化操作，宇航员可以自行完成一系列在轨任务并解决相应的问题。

另一方面，人比狗的体重更重、体积更大，而且最重要的是——价值更高。失去一条狗的确很糟糕，但失去一个人，特别是训练有素的飞行员，其损失程度完全不可同日而语。123 个组织曾先后参与飞船的研发工作——有科研院所、专门设计局、工厂，到 1960 年 4 月，"东方" 1 号飞船设计草案完成。其首席设计师是另一位杰出的苏联工程师奥列格·伊万诺夫斯基（Олег Ивановский）。

当然，医生也发挥了很重要的作用。自 1958 年以来，他们让选拔出的飞行员在转动的离心机中进行失重和耐热训练，并详细记录其身体各项指标。从某种程度上来说，正是根据医生获得的数据，才推测出飞船的球形设计是极佳的选择。

1960 年 5 月 15 日，被媒体称为 "卫星" 4 号的宇宙飞船飞入太空。实际上，这就是 "东方" 1KP 宇宙飞船——首个载人航天飞船的试验模型。其重达 4540 千克，由 8K72 运载火箭送入轨道，亦即发射失败的 "月球" 号运载火箭。飞船的太空之旅虽然开了个好头，但是结局却并不完美：在脱离轨道时，飞船定向系统发生故障，没有飞入大气层，而是飞到了更高的轨道上，也正是因此，它在太空中又悬挂了两年多，直到 1962 年 9 月 5

日才在美国威斯康星州坠毁。我现在说的是飞船的返回舱——其助推器到1965年10月才脱离轨道。"东方"1KP宇宙飞船可以说是首批太空垃圾之一。

关于这艘飞船有很多传言。比如，在其系统中安装有一个预先录有人声的录音机。工程师们想测试宇航员与地面控制中心对话的可能性。这一信号不仅被拜科努尔发射场的工作人员捕获；还在1960年11月28日被意大利无线电爱好者朱迪卡－科迪格利亚（Юдика-Кордилья）兄弟［阿什利（Акилле）和基安·巴蒂斯塔（Джованни Баттиста）］捕捉到。根据听到的声音，兄弟俩编造出一套阴谋论，说加加林不是第一位宇航员，并扬言苏联已将多名宇航员送上太空且再无归途（该阴谋论被称为"失踪的宇航员"）。兄弟俩多次在广播、电视宣扬其阴谋论的说法。因此，1965年苏联不得不公开了关于1960年那段声音的秘密，对"卫星"4号宇宙飞船的任务和预先录制的声音予以部分解密（详见4月7日"莫斯科说"广播节目）。但他们的阴谋论说法仍在传播。

"卫星"5号飞船将"贝尔卡"和"斯特雷尔卡"送入轨道，证明了生物从太空重返地球的可能性——这个我前面已经讲过了。"卫星"6号飞船搭载着小狗"小蜜蜂（Пчёлка）"和"穆哈"，以及各种大鼠、小鼠成功进入轨道，但其开始下降的区域却超出了研究人员的推算范围，为避免其坠毁或降落于外国领土，"卫星"6号飞船及其内所有生物均被炸毁。"卫星"7-1号飞船（后来才有的名字，彼时还没有编号）由于运载火箭故障未能进入轨道，但其搭载的小狗"彗星"（Комета）和"舒特卡"（Щутка），得以在其返回舱的保护下幸存下来，最终返回舱在雅库特平缓着陆。这是"东方"号的最后一个试验模型，其在8K72运载火箭的助推下发射进入轨道上。彼时，"闪电"号运载火箭研发工作已经完成。

发射时间因弹射系统的研发而耽搁了。此前，正是由于弹射器发生了故障——系统没有将其所在的分离舱弹出，所以在太空舱里待了4天的小狗——"彗星"和"舒特卡"才得以幸存下来。要知道，当时雅库特地区的气温有 -40℃，如果弹射器运转正常，那么几小时内小狗就会冻僵。1961 年年初，弹射器研发完成，并装配于 3 月 9 日发射的第一艘"真正的"飞船"东方"3KA 号上，配置方式和加加林乘坐的飞船类似。飞船上搭载着小狗"切尔努什卡（Чернушка）"和"宇航员"伊万·伊万诺维奇（Иван Иванович）——一个按照体重 72 千克、身高 164 厘米的人按照 1:1 比例制作的全尺寸人体模型。"伊万·伊万诺维奇"这个名字不单指这个模型——而是所有在飞行和太空计划中用到的人体模型的统称。"伊万·伊万诺维奇"并不是一个空心模型——其内部对人体主要器官的位置进行了模拟。整个飞行过程毫无障碍、十分顺利：所有系统都按照设定工作，"伊万·伊万诺维奇"和小狗"切尔努什卡"均平安返回地球。3 月 25 日，"东方"3KA-2 号宇宙飞船进行第二次飞行，试验条件和结果与此前一致，只不过这次的小狗叫"小星星（Звёздочка）"。值得一提的是，除了狗之外，所有的飞船上还都放置了许多其他的生物，比如：种子、种苗，各种类型的果蝇，装有细菌培养菌的试管，人体组织、卵子，乃至青蛙的精子。

只剩最后一步——将人送入太空。

加加林：太空第一人

1960 年 3 月 7 日，12 人入选苏联首个宇航员编队（正式点说，空军第一编队），6 月，宇航员编队正式组建——由 20 名年轻的飞行员组成，他们都是空军部队、防空部门和海军航空兵中最优秀的飞行员。宇航员的选拔始于 1959 年夏，过程十分严格：最初挑选了 3461 人作为候选，后根据其体能参数、医学指标、工作特点、个人能力和生理极限情况进行了筛选。主要要求如下：年龄不超过 35 岁，身高不超过 175 厘米，体重不超过 75 千克，表现优异。经过初步筛选后，留下了 347 名候选人进入面试环节。

面试的主要问题（各种资料表述不同）现已广为人知："你想尝试新的飞行技术吗？"虽然太空计划是保密的，但所有人都很清楚在做什么——选拔目的已经是公开的秘密。除去那些请辞（很多人不想长时间与家人分开并失去开飞机的机会）和没有通过体检的人，还剩下 154 个人。之后的选拔我就不再赘述了，直接说结果，有 29 人通过了所有阶段并获得了特训资格。遗憾的是，关于最后 20 名宇航员是如何选拔出来的，我没有找到更多详细信息——这是和每位未来宇航员相关的秘密决定。例如，候选人瓦连京·卡尔波夫（Валентин Карпов）在最后一刻亲笔写下了拒入编队的申请。

1960 年夏，从前 20 名候选人中选出了 6 人小组，优先教授其新专业"宇宙航行员"。1961 年 1 月，6 人均通过测试，委员会确定了 6 人的推荐飞行顺序，依次为：尤里·加加林、赫尔曼·蒂托夫（Герман Титов）、格里戈里·涅柳博夫（Григорий Нелюбов）、安德里亚·尼古拉耶夫（Андриян Николаев）、瓦列里·贝科夫斯基（Валерий Быковский）和帕维尔·波波维奇（Павел Попович）。然而，这个顺序最终不得不进行修改。因为在 1962 年 5 月，加加林的第二替补格里戈里·涅柳博夫在离心机训练后出现健康问题；而后，1963 年 4 月，他与阿尼基耶夫（Аникеев）和菲拉季耶夫（Филатьев）喝醉后与一支军事巡察队发生了冲突，3 人均被宇航编队除名。冲突由宇航员们挑起，但与普通的巡察员相比，他们是非常有价值的人，国家在他们身上投入了大量的精力和资金。阿尼基耶夫和菲拉季耶夫级别较低，而作为未来的 3 号宇航员涅柳博夫则被要求给巡察队道歉。但他两次拒绝道歉：第一次，还是在巡察队队长提交报告之前（如果他道歉了，那么报告可能根本呈不上去，这件事就能瞒天过海）；第二次纯粹是因为他的个人原因和骄傲自满。

于是，尼古拉耶夫成了顺位第三的宇航员，紧随其后的是波波维奇和贝科夫斯基。

1961 年 1 月 25 日，前 6 位候选人均被正式任命为宇航员。几乎同一时间，该队在训练中经历了唯一一次人员伤亡：瓦连京·邦达连科（Валентин Бондаренко）死于压力室中。在为期 10 天的"孤独与沉默"试验中，到了最后一天，他用酒精棉擦拭传感器布点后将其扔掉。酒精棉恰巧落在电热板线圈上被点燃，于是在压力室氧气浓度极高的情况下火势瞬间蔓延。最后，邦达连科死于烧伤。

5 月 23 日，尤里·加加林被任命为宇航员首席教官，此前，他于 4 月 12 日完成了著名的太空飞行。他的替补，赫尔曼·蒂托夫于 1961 年 8 月 6 日完成第二次太空飞行，并成为首个在轨道上停留超过一天的人。

技术细节

另外，值得一提的还有航天服。总的来说，加加林第一次太空飞行用到的几乎所有东西都是专门为此次任务研发的——原因很简单，一个人需要很多东西才有可能在太空中舒适地生活，而想要实现这一点则所有系统都必须量身定制。也就是说，不仅仅是大气再生装置和航天服——就连太空食品最初也是为了加加林的这次飞行而专门研制、包装的。

顺便说一下，航天服的研发也并非一切顺利。飞船研发团队建议尽可能减少宇航员的负重。所以，有人建议使用防寒飞行服来代替笨重的航天服——在他们看来，生命支持系统可以内置于太空舱中。由于争议不断，航天服的设计虽然始于 1959 年，但在 1960 年 2 月到 6 月期间却一直处于停滞不前的状态：谁都不确定，要不要在航天服上装配这一系统。事实上，最后是在科罗廖夫的个人授意下，航空工业部 918 工厂的专家们才开始重新着手研制航天服，因为在他看来，航天服上安装生命支持系统是有必要的。

SK-1 航天服的研发并非从零开始——而是基于"沃尔库塔"飞行服设

计的，其曾小批量生产并应用于"Yak"-25RV 高空侦察机和"图"-106机的飞行。航天服的生命支持系统并非安装在飞船上，而是锁在弹射椅内。航天服自身有两层——拉芙桑织物层（动力层）和橡胶层（密封层）——再加上一层橙色外衣，这样一来，如果宇航员恰巧降落在西伯利亚的大森林里，就更容易被找到。航天服以下还有一件隔热工作服，通过软管连接到驾驶舱进行人工通风。头盔独立于防护服其他部分密封：用橡胶防护罩环绕颈部来使头盔密封。

1960年12月，SK-1航天服已经准备就绪，并在"伊万·伊万诺维奇"身上做了测试，也包括太空测试，为加加林、蒂托夫和被开除的涅柳博夫分别量身定制了几套。航天服可以在太空舱失压后，支持宇航员存活5个小时，同时头盔会自动关闭（以防宇航员突然失去意识）。

由于加加林的飞行时间很短——只有1小时48分钟——并不需要特殊的长期生命支持系统以及很多食物。但是他的第二次飞行计划就达到了一天之久，于是加加林得到了三管食物——两管肉和一管巧克力——这样他就有可能尝试在飞行轨道上进食，并讲出他的感受。事实证明，这种管状饮食对于失重状态下的进食确实很方便，但从蒂托夫那里，专家们收集到了有关太空饮食更为重要的数据。蒂托夫的饮食中既有汤也有糖渍水果，但根据计算，其一日三餐的食物量仍难以支持25小时的飞行。事实证明，在太空中一个人平均消耗的能量更多，这就意味着，其饮食量也会显著增加。

顺便说一下，蒂托夫成为历史上第一个患上太空适应综合征的人——这是一种类似于晕船的疾病，是前庭器官和身体其他系统在适应失重环境过程中产生紊乱造成的。蒂托夫也是公认的第一个在太空飞船上将太空食物吐出的人（这对于研究人员来说是件好事：从蒂托夫那里得到的信息，将有可能给太空医学和营养学带来重大突破）。总之，应该指出的是，从一开始苏联的太空食品就比美国的好得多。美国科研人员根据人体所需的蛋白质、脂肪、碳水化合物和能量，以无味的管状食物和干粮作为宇航员的太空饮食。结果，宇航员多次将地面的食物带上飞机，引发了紧急状况。而苏联的太空食品则是土生土长的土豆、鸡肉等，与地面上食物唯一的不同，就是它被装在了管子里。

第一次飞行

1961 年 4 月 12 日 9 时 06 分 59.7 秒，"东方 8K72K" 运载火箭搭载着"东方" 1 号宇宙飞船从拜科努尔航天发射场发射升空。但这里有一个经常被混淆的地方——实际上，这艘飞船是"东方" 3A 号的改装版，也是"东方" 3 号的升级版。"东方" 1 号飞船首次飞行搭载于"卫星" 9 号（和小狗"切尔努什卡"），而后搭载于"东方" 3 号航天飞船（和小狗"小星星"）完成飞行。之所以会混淆，是因为航天飞船的型号专有名称和专有名字发音相同，但说的并不是型号名称。为了便于记忆：从第一艘到第六艘（即从加加林乘坐的"东方" 1 号到捷列什科娃乘坐的"东方" 6 号）载人航天飞船都统称"东方" 3A 号。

加加林的飞行是实验性的、示范性的，并被最大限度地简化了。在此，科学发展和政治宣传的目标再次交汇。科学发展要求第一次载人飞行简单、安全，以确保为后续的发射收集到必要的数据。政治宣传则同样要求：宇航员必须返回地球并登上世界各地小报的封面。

太空飞行虽然只有 108 分钟和 1 个轨道——但宇航员尤里·阿列克谢耶维奇·加加林却成了永远的传奇。他身边几乎所有的东西，他的一举一动，都成了传奇。比如，他在行前的那句话"出发！"，并非常规话术"机组人员，准备起飞！"。据说，这个说法是加加林从宇航编队指导老师马克·加莱那里学来的。

关于第一位宇航员头盔上的"苏联"一词也有一个有趣的传说。据传，

1960 年 5 月 1 日，弗朗西斯·加里·鲍尔斯（Фрэнсис Генри Пауэрс）驾驶着美国 U-2 侦察机在苏联上空被击落。鲍尔斯成功逃下了飞机。后来，在 1962 年，鲍尔斯作为俘虏与苏联特工鲁道夫·阿贝尔（Рудольф Абель）进行了交换。

1961 年，被击落的间谍的故事仍被人们铭记于心。而首位宇航员的宇航服上也没有任何标识可以确定他是否为苏联人。直到起飞前的几个小时，研发人员才意识到了这一点，所以，在加加林已经穿上宇航服后，航空工业部 918 工厂工程师维克托·达维扬茨（Виктор Давидьянц）才用红色油漆写下了"苏联"一词——这样，宇航员不论降落在祖国广袤土地的哪一处，也不会被误认为是间谍。

但这只是传说，溯其本源，出自上文提到的马克·加莱 1958 年出版的《与宇航员同行》一书。词的确是维克托·达维扬茨手写的，但绝不是在最后一刻，而是在宇航服的准备过程中——"星星"科研中心（航空工业部 918 工厂）的设计师也证实了这一点，该工厂曾为太空计划生产并仍在生产航天服。从签字上可以看出来，它涂得非常整齐，几乎是比着模板涂出来的，很显然不是在 5 分钟内，也不是人穿上之后涂的。顺便说一句，加加林随身携带了飞行证书——这份文件比他头盔上的文字还要有说服力。

对于加加林来说，这次的飞行既美丽又有趣——他用铅笔做记录，吃饭，望向地球并将他的感受传回地面指挥中心。下降过程比起飞过程可怕得多：座舱升温、破裂，熔融金属沿着窗户流下，承受比自重超 10 倍的压力。此外，返回舱无论如何无法与推进舱分离，在进入大气密集层前就开始翻滚。但加加林活了下来——也难怪他能通过如此严格的选拔。

返回舱掉落在萨拉托夫斯梅洛夫卡村一带，在距离地表 7 千米左右被弹出的加加林平缓降落在波德戈尔诺耶附近。根据官方的说法，附近军事单位的指挥官艾哈迈德·加西耶夫（Ахмед Гассиев）少校乘坐着普通的军用卡车第一个抵达着陆点。但计划之外的是：一个搜救小组从恩格斯市乘坐直升机出发前往着落点，寻找加加林。但当他们到达时，加加林已经出舱，被接到了部队。"恩格斯"2号空军基地的负责人布罗夫科（Бровко）中将通过专线亲自向赫鲁晓夫报告了这一成功，次日，加西耶夫将相关技术细节以报告形式呈送给了苏联国防部部长。

这段历史还有一个非官方版本：当加西耶夫抵达着陆点时，现场已经有一个带着小女孩的妇女，也就是当地森林管理员的妻子和孙女——阿尼哈亚特（Анихаят）和鲁米娅·塔赫塔罗娃（Румия Тахтарова）。加加林和她们聊了会儿天，阿尼哈亚特后来还给他寄来了一张明信片。当然，在官方报道中并没有提及这两名女性。

飞行的意义

加加林的飞行颠覆了世界。这已经不单单是展示苏联技术优势的问题——所有人都明白，一两年之内美国人必定会迎头赶上。关键在于，加加林的飞行证明了太空飞行的可能性。他为数以百万计的人打开了一个全新的世界，让他们对无尽的外太空、其他行星、恒星充满遐想。那个儒勒·凡尔纳（Jules Verne）和康斯坦丁·齐奥尔科夫斯基（Константин Циолковский）心心念念的梦想。

之后，加加林被授予少校军衔，成为世界级偶像。

加加林一生游历了30多个国家（对于一个苏联人来说，除非他在外交使团工作，否则这是绝对不可能的），他在英国、美国、加拿大、巴西等地都受到热烈欢迎，英国女王伊丽莎白二世（Елизавета II）主动要求与他合影。他成了和平大使。与此同时，他也在继续自己的工作，主管宇航员编队，担任宇航员训练中心副主任，甚至筹划第二次太空飞行。作为不幸去世的宇航员弗拉基米尔·科马洛夫的替补，加加林原本极有可能在20世纪60年代末期成为新型"联盟"号宇宙飞船的宇航员。但不幸的是，1968年

3 月 28 日，他驾驶米格 -15 战斗机进行飞行训练时，在弗拉基米尔地区的新谢利耶附近不幸遇难。

1962 年 2 月 20 日，约翰·格伦（John Glenn）成为美国历史上第一位宇航员——他搭乘着"阿特拉斯"6 号飞船绕地球轨道飞行三圈。与加加林和蒂托夫不同，落地时格伦并没有从降落舱中弹出：该设计意在让飞行员乘太空舱着陆。此外，格伦当时已经 41 岁（加加林飞行时 27 岁；蒂托夫 25 岁，当时他是历史上进入过太空的最年轻的宇航员）。有趣的是，多年后，格伦创造了一项独一无二的纪录（甚至可以说是两项纪录）：1998 年 10 月 29 日，格伦完成了第二次飞行任务。因此，两次太空飞行间隔 36 年成了创纪录的一笔。彼时，格伦本人也已经 77 岁高龄——他也因此成为历史上年龄最大的宇航员。

苏联在这一领域的另一个第一是 1963 年 6 月 16 日瓦莲京娜·捷列什科娃（Валентина Терешкова）的飞行——她是历史上首位女性宇航员，而且时至今日，她也是唯一一位单独完成绕轨飞行的女性。捷列什科娃的飞行也可以称为"科罗廖夫计划"——其主要目的是政治宣传，虽然科研目的也很明确：需要研究太空对女性身体的影响、女性对相同负荷的承受力等问题，特别是飞行周期对于女性月经的影响。捷列什科娃在轨道上飞行了 3 天，完成 48 圈绕地飞行。顺便说一下，她最后嫁给了苏联第三位宇航员安德里扬·尼古拉耶夫，尼古拉耶夫也是第一个在飞行过程中对飞船进行手动控制的宇航员。

总的来说，这确实是史上首次。

第三十三章

在外太空

　　第一批进入太空的苏联首个宇航员编队所有成员都以这样或那样的方式成为传奇。正如前文所述，其中的第一人便是加加林。而第二个当之无愧的传奇人物，则是在太空竞赛的背景下，于 1965 年连续完成 11 次在轨飞行的宇航员阿列克谢·列昂诺夫（Алексей Леонов）。他也成为世界上第一个进入外太空的人。

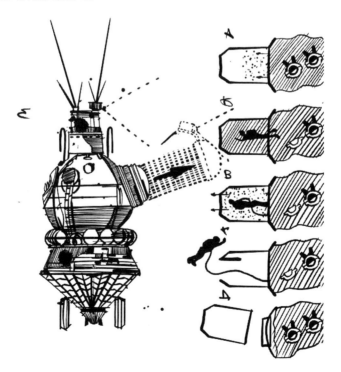

SK-1 航天服仅用于紧急救援——确切来说，是在飞船失压的情况下维系宇航员的生命。从理论上讲，SK-1 航天服可以在外太空中服役一定时间，但实际上，还没有人对其性能进行过测试。为了完成如此重要的任务（即在太空竞赛的另一阶段领先美国），新一代航天服"金雕"应运而生。

下面我们来一个一个介绍。

新型飞船

瓦莲京娜·捷列什科娃是苏联历史上最后一位乘坐单座舱型宇宙飞船"东方"号的宇航员。总的来说，"东方"号宇宙飞船已经完成了它的任务：单人试飞收集到大量数据反映了人在太空中的行为、健康状况、个人需求和诸多问题，以及在轨设备运转情况，乃至放射性环境和太阳风。总之，一切尽在掌握之中。而这一切看上去都是全新的、未知的、令人惊诧的。

下一步则是实现让两名乃至多名宇航员同时在轨飞行，以进行更复杂的协作试验。因此，苏联的第二代飞船"上升"号采取了多座设计。

值得一提的是，"上升"号宇宙飞船返回舱在技术层面上与"东方"号相差无几。为了节省空间，原本为一位宇航员设计的空间不得不塞进几位宇航员。弹射座椅装置被去掉，返回舱在降落伞系统和额外的制动引擎帮助下完成降落（彼时美国人已经采用"返回航整舱"降落）。这样一来，飞船里就有了可以容纳两名穿着宇航服或三名不穿宇航服的宇航员的空间。人常说，这样的设计经济实惠。能容纳三位宇航员的改装设计被称作"3KV"，容纳两位宇航员的被称为"3KD"。同时搭载三名宇航员的要求是赫鲁晓夫亲自提出的：如果不是上级的强制性指令要求，科罗廖夫断不会做出如此危险、冒失的方案。

实际上，"上升"号宇宙飞船是一艘极其危险的飞船。不仅如此，三座的设计并没有给宇航员留下穿戴航天服的可能。去掉弹射器则意味着，在发射过程中发生任何意外，宇航员都必死无疑。为了让飞船内能够容纳三人，宇航员们不得不旋转身体至与仪表盘呈90°角的位置，这就意味着，宇航员只能从侧面看到仪表盘上的内容，加大了飞船的操控难度。

其实，那时已经在积极研发下一代飞船——经过深思熟虑、设计更趋完美的飞船。但在其第一次测试前不到一年的时间里，太空竞赛愈演愈烈，飞船发射刻不容缓。因此，由"东方"号宇宙飞船改装升级的"上升"号宇宙飞船成了苏联航天中的领航宇宙飞船。

1964年4月13日，当局颁布了关于研发多座位舱型飞船的法令，同年10月6日，载有3个人体模型的"上升"号飞船进行首次无人驾驶发射（现在被称为"宇宙"47号）。这次飞行绝对顺利，没有任何障碍，所以决定第二次飞船发射也就是让"上升"号宇宙飞船三座位舱改装版进行第二次载人飞行尝试。与之相关的有两个不同寻常的故事。其一，"上升"1号于1964年10月13日成功发射——在首次也是唯一一次试验成功后的6天后便发射了。其二，这艘飞船除了搭载着军事飞行员——宇航员科马洛夫和叶戈罗夫外，还有苏联历史上第一位平民宇航员、参与飞船研发的设计工程师康斯坦丁·费奥克蒂斯托夫，我们在前文已经说到过他。可以说，他身先士卒，在用自己做试验。

尽管存在上述风险，此次飞行仍顺利完成。苏联比美国抢先一步成功发射了第一个多座位舱航天器，从而在太空竞赛中再下一城。苏联随即开始为下一场胜利做准备——人类的第一次太空行走。

气闸舱和航天服

苏联工程师们不得不分秒必争：美国多座位舱飞船"双子座"号已在研发，为美国在太空竞赛中创造了巨大优势。时间也证明，他们的争分夺秒并非杞人忧天：早在1965年6月，美国宇航员爱德华·怀特（Edward

White）就在"双子座"号飞船的第二次飞行中完成了太空行走——但仅位列第二。

　　一方面，"上升"2号飞船中不一定要容纳3名宇航员，这在一定程度上简化了飞船改版的流程。另一方面，需要在飞船上安装太空行走使用的气闸舱，并研发与此相匹配的航天服。

　　气闸舱的研发工作落在了一个非同寻常的人——盖伊·伊里奇·谢韦林（Гай Ильич Северин）肩上。谢韦林最初是一名职业高山滑雪运动员，之后成为国家队队员，20世纪40年代他两次斩获全苏冠军。同时，他曾就读于莫斯科航空学院，毕业后他放弃职业体育人的发展路径，成为一名工程师。1964年，在太空行走准备工作开始前的几个月，38岁的谢韦林被提拔任命为航空工业部918工厂（现为星星科技生产企业）首席设计师。此前，在"东方"号宇宙飞船弹射座椅的研发工作中他已经充分证明了自己的实力。而第一批SK-1航天服也正是诞生于此。

　　事实上，刚刚履新高位的谢韦林肩负着两个颇具战略意义的重任，其中任何一项的失败都可能断送掉他的职业生涯。气闸舱的主要问题在于，由于空间不足无法将其建在飞船内部，但也无法将其置于飞船外部，这不仅会影响飞船起飞，而且需要对飞船外形进行全新设计，包括设计新的整流罩，这样，很容易让美国捷足先登。所以谢韦林建议制作软式充气气闸舱。

　　科罗廖夫热情地采纳了这一想法，并很快就研发出了气闸舱。其工作原理相对简单：在飞行第一阶段，飞船一旦进入飞行轨道，一名宇航员就需要着手准备出舱，另一名宇航员负责给气闸舱充气。准备工作完成后，气闸舱就进入了工作状态。这样一来，气闸舱将位于飞船船壁和整流罩间隙，既不会占用飞船内部空间，在启用过程中也不会违反空气动力学原理。

　　1965年2月22日，研发工作开始尚不足9个月，为测试气闸舱性能，对无人驾驶的"上升"2号宇宙飞船（又名"宇宙"57号）进行了试飞。气闸舱自动充气性能良好，这一过程被安装在飞船上的摄像机记录了下来。画面也即刻被转播给勃列日涅夫，工程师们大受鼓舞。直到飞行第三圈才开始出现问题：飞船突然开始下降，为避免其坠落在他国领土，飞船启动了自毁系统。事实证明，罪魁祸首就是气闸舱：飞船系统错误地识别了气闸舱的一个控制指令，因为它同时收到来自地面两个指挥所NIP6和NIP7的指令，两个指令信号产生了交叉。飞船收到两个一样的42号指令，即下降指令（亦即5号指令），而在飞船自毁系统判断出飞船可能落在他国领土后，便启动了自毁程序。随后这一错误被纠正，3月7日的二次试飞获得成功。

一直以来，航空工业部918工厂都在从事航天服研发。但这对于设计师来说并非易事，因为在航天服研发过程中，各种技术要求时常会互相矛盾。一方面，航天服需要保持内部的高压条件以保护宇航员。另一方面，航天服又必须柔软、紧实，从而为宇航员创造在真空中活动的自由，同时还要能装进空间有限的"上升"号太空舱。

设计师成功找到了一个折中的解决方案，最后研发出了"金雕"航天服——这是第一个也是唯一一个为太空行走和宇航员紧急救援而设计的多功能航天服。它具有两层密封层和特殊屏蔽真空热绝缘层，几乎完全阻断了人与周围环境间的热交换。但由于制作匆忙，且为了节省空间，航天服最终并未配备氧气再生系统：宇航员呼出的空气直接进入外太空。这极大地限制了宇航员在飞船外的停留时长（不超过30分钟），但当时也并不需要宇航员在舱外做任何艰难的任务：只需要记录下出舱这一事实，赶在美国之前即可。

因此，事实上，"金雕"航天服在实践中仅使用一次——就是在1965年3月18日那次令人难忘的飞行中。

内部和外部

　　"上升"2号宇宙飞船的两名机组成员帕维尔·别利亚耶夫（Павел Беляев）和阿列克谢·列昂诺夫都曾入选首个宇航员编队，并与加加林、季托夫等人一起受训。所有这些都是由一个专业团队来完成，事实上，他们中的任何一个都可能成为进入外太空的第一人，只不过列昂诺夫多了几分幸运（或是不幸——如果考虑这件事的危险性）。

　　列昂诺夫时年30岁，和别利亚耶夫一样，都是第一次太空飞行。在时间非常有限的情况下，他们尽可能在最短时间内为列昂诺夫做好充足的准备。他在"图"-104LL飞行实验室做了12次模拟起飞，进行从气闸舱中出舱并在人工模拟的失重状态下返航演练。顺便说一句，这里的确发现了一些问题：宇航员离开航天器上进入太空时，身体就会旋转——这已经经过实验验证。但如果系在航天服上的拉绳太长，那么当它被完全拉紧后，宇航员就有可能旋转180°，最终背对飞船。这样一来，宇航员就很难移动进入气闸舱。由于时间有限，这种卡滞很可能是致命的。所以，拉绳最后被缩减至5.35米。这样一来，安装在飞船上的相机就可以完美地捕捉到列昂诺夫的身影，但即便如此，他也不能顺利地转变方向。除了在"图"-104LL飞行实验室的模拟飞行，列昂诺夫还在"上升"号飞船模型上进行了出舱模拟。

　　1965年3月18日上午10点，"上升"2号宇宙飞船发射。一切进展顺利，飞行第一阶段别利亚耶夫打开了气闸舱，列昂诺夫钻了进去并在那里待了将近一个小时，等待飞行进入第二个阶段以进行常规的出舱，随后顺利离开了飞船。从那一刻起，麻烦事接踵而至，一直到宇航员返回飞船才暂告一个段落。问题并非是由于技术错误或计算错误而造成的。要知道，这也是历史上第一次建造这种极其复杂的系统，所有的知识都来自纯粹的推理，没有任何实验依据。在太空中遇到的所有麻烦事都不是坏事，恰恰相反：基于此获得的经验，成了工程师此后修改飞船设计、完善飞船系统的依据。

列昂诺夫在外太空停留了 12 分 9 秒。他说，难以想象的寂静和无尽的空虚感令他感到异常惊讶。他 5 次把绳子完全松开，再重新把自己拉至飞船边。但是，宇宙星空的浪漫很快被不可预见的问题所笼罩。起初，列昂诺夫血压急剧上升，出现轻微的心动过速，体温升至 38℃，盗汗，虽然不是很舒服，但还可以忍受。船上安装的两台摄像机，以及安装在航天服中的 C-97 摄像机都记录下了列昂诺夫进入外太空的过程。但他没能拍到飞船侧面的照片——他有一台微型相机"Ajax"，快门由起放线控制，但由于进入外太空后航天服变形，列昂诺夫无法拉到起放线（也有说法称起放线由于种种原因被锁住了）。

更多的麻烦出现在返回太空舱的过程中。

第一个问题是，在真空环境中，航天服膨胀变形，为了进入内径只有 1 米的气闸舱，列昂诺夫不得不放出航天服内三分之一以上的气体混合物，这是相当危险的：如果航天服内部压力下降过快，宇航员的血液中溶解的氮气足够多，氮气就会开始形成气泡，使血液起泡（即出现减压病）。好在列昂诺夫在航天服里已经吸了一段时间的纯氧，所以当他返回飞船时，他血液中的氮气几乎已经没有了。

第二个问题是，在返回气闸舱时列昂诺夫采取了头部先进的策略。有人认为，列昂诺夫是慌乱之中出了错，其他人则坚信，这是不得已而为之，因为在航天服膨胀的情况下，实在无法按照规程让脚先进入气闸舱。但想让头先进入船身是不可能的——舱口盖向内开，这就已经占据了三分之一的空间，列昂诺夫不可能再转身关闭身后的舱口盖。因此，他不得不在直径 1 米、长 2.5 米的气闸舱内转身，这个操作难度非常大。此外，在气闸舱空气充足前，列昂诺夫就迫不得已打开了头盔，他的脸已被汗水浸湿，什么也看不见。

后来又出了问题。气闸舱弹开后发生了热变形，飞船密封性遭到破坏，于是生命维持系统开始额外供氧，宇航员在一段时间内（一直到泄漏自行消除）都面临着火灾的威胁，哪怕只有一丝火花。此外，由于自动导航系统故障，别利亚耶夫只能手动操纵着陆，最终，"上升" 2 号宇宙飞船降落在距离彼尔姆西北 180 千米处的荒野大森林中——宇航员的营救也变得非比寻常。

所有这些意外情况为工程师提供了大量宝贵的信息。但仔细想来，列昂诺夫每分每秒都在冒险。他可能会在真空环境中失去知觉，可能无法进入气闸舱，在释压过程中面临着火灾的威胁，手动操作着陆也可能会演变成一场事故。

但我们的宇航员们成功化解了这些难题，即使最后精疲力尽。几个月后，也就是 1965 年 6 月 3 日，美国人爱德华·怀特进入了外太空。他在太空中停留了 20 分钟，那次飞行也并非没有问题。比如，怀特沉醉于太空之美（很显然，他当时感觉良好），这也就是为什么他比规定时间多待了 5 分钟，最后在飞船指令长詹姆斯·麦克迪维特（James McDivitt）劝说下才返回飞船。怀特返回船舱后，飞船内舱口却在关闭时被紧紧卡住——宇航员花了好几分钟才关上，此后就不敢再打开它了。

比较列昂诺夫和怀特的影像资料是件很有意思的事儿。苏联的宇航员没有拍照，只有电视摄影，所以列昂诺夫带回来的图像质量很低。詹姆斯·麦克迪维特则用反光相机多次捕捉到怀特的身影且照片质量很好，后被刊载于世界各大报纸的社论上。但列昂诺夫可以说是一位了不起的艺术家，他绘制出许多宏伟画卷，来展现他在外太空看到的绝美景象。

第三十四章
对接问题

航天器对接是最重要的航天作业之一。通过对接可以搭建空间站，实现在其他天体的登陆，比如登陆月球。不同的航天器都可以与空间站对接，甚至可以把世界各地的航天员聚集在那里，联合开展工作。苏联在航天器对接领域工作中取得了许多有趣的"第一"。

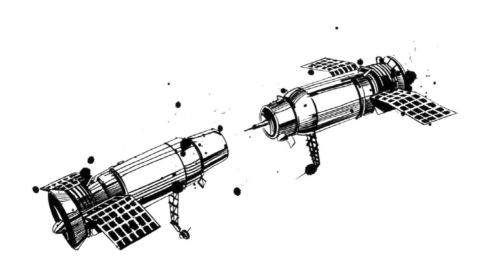

　　1962 年 8 月 11 日和 12 日，仅一日之隔，苏联两艘载人飞船——"东方"3 号和"东方"4 号相继发射升空。这是历史上首次两艘飞船联合飞行，这次飞行也让工程师们产生了一个天真但又非常自然的想法：飞船可以在太空相遇并对接吗？苏联和美国都对此开展了先期工作。1963 年，著名宇航员巴兹·奥尔德林（Базз Олдрин）围绕这一主题撰写论文《控制航天器的在轨接近》并完成答辩。

　　美国"双子座"号飞船在设计时已经考虑到了手动对接的可能性。第一次对接试验是由美国宇航员詹姆斯·麦克迪维特和爱德华·怀特完成的，我们在上一章中已经讲到过他们。正是在这次飞行中，怀特执行太空行走任务时，麦克迪维特曾尝试将他们所搭乘的"双子座"4 号飞船与专门为此留在轨道上的"大力神"2GLV 号运载火箭最后一级进行对接。但由于种种原因，对接失败。比如，飞行员没有雷达或其他精准对接设备；当麦克迪维特估计对接距离为 150 米左右时，怀特却认为，航天器的间距为 60 米——在距离对接火箭最近的点时，宇航员们却产生了很大的分歧。换句话说，一切都是目测完成的，但是目测是很不准确的。经过几次徒劳的尝试，计算出完成这项任务所需的燃料量后，麦克迪维特放弃了。

　　虽然如此，美国还是完成了史上第一次对接，在这一阶段的太空竞赛中获得胜利。1965 年 12 月 15 日，飞行员瓦尔特·施艾拉（Уолли Ширра）驾驶着"双子座"6A 号飞船行至距离同一型号在轨飞船"双子座"7 号飞船 30 厘米——两艘飞船均未配备对接设备，但施艾拉仍展示出了在既定条件下进行精准对接的可能性。1966 年 3 月 16 日，在尼尔·阿姆斯特朗（Нил Армстронг）的指令下，"双子座"8 号飞船实现了与"阿金纳"（Agena）目标飞行器交会对接，该飞行器是专门为此次实验研制的，在飞船升空之前便已发射。总而言之，"阿金纳"目标飞行器——是美国航天事业发展中一个独特有趣的阶段，在苏联没有类似的产物。从根本上来说，这是一艘专门为对接技术测试而发射的火箭。1956—1966 年，共有 7 架类似的无人驾驶飞行器被送入飞行轨道，其中两架未能成功发射。

但这只是单纯的实验，首次航天器真正对接还是由苏联专家完成的。

苏联对接

两艘"东方"号飞船相继发射后，对接系统的研发工作随即启动：1962 年年末，科罗廖夫来到第 648 号科学研究所（现精密仪器科学研究所）建议着手研发飞船交会对接设备。这项任务非同小可——以前从未有人参与过此类项目，且该研究所主要从事巡航导弹制导系统研发。苏联著名制导技术专家尼古拉·维克托罗夫（Николай Викторов）害怕遇到困难，拒绝科罗廖夫的要求，该项目最终由叶夫根尼·坎道罗夫（Евгений Кандауров）所领导的部门独立承接。坎道罗夫记得，维克托罗夫曾一字一句地对他说："如果你想自毁前途——那是你的事儿。"

但是，在这一领域也有竞争。与科罗廖夫的合作不仅会有困难和危险，还有希望获得奖金、晋升和国家订单。这也就是为什么很快就有 3 个机构表示出对提案很感兴趣，分别有：第 158 科学研究所、中央地理物理学设计局和莫斯科动力工程学院特别设计局。但订单还是交给了第 648 科学研究所。经过 3 年的艰苦努力，1965 年终于研制出了"伊格拉"针推式对接系统的首个原型机。这项工作由该研究所所长阿尔缅·姆纳察卡尼扬（Армен Мнацаканян）亲自主持。

时至今日，"伊格拉"对接系统的飞船的设计图仍堪称经典。其中将两艘飞船分为了"追踪飞船"和"目标飞船"。前者装配有"伊格拉"1 号设备，后者——"伊格拉"2 号，二者间差异肉眼可见。目标飞船上只有一根响应天线，追踪飞船看起来则像一只刺猬（科罗廖夫称之为"测距应答天线"）：其上有 3 组不同的天线——用于 30 千米范围内进行提前搜索的天线、用于根据目标飞船应答进行追踪的螺旋稳定天线、用于系留目标飞船的天线。另外，其上还挂有一个"屋顶"，用于保护其免受太空碎片和小行星的冲击。

计数装置、遥测装置、发射器、数据处理器等均藏在天线之下。系统会在飞船发生物理接触时自动关闭。

首次无人驾驶自动对接计划于 1966 年 11 月实施——但科罗廖夫同年 1 月已经溘然长逝，看不到飞船对接的盛况了。11 月 28 日，全新系列"联盟"号飞船的首艘试验飞船"联盟"2 号（7K-OK 2 号）发射——失败的"东方"号飞船被取而代之。飞船本应与随后发射的"联盟"1 号（7K-OK 1 号）飞船对接。由于一个令人遗憾的设计错误，在飞船在轨飞行的第一阶段，"联盟"2 号飞船的停泊和定向发动机燃料用尽，因此对接工作根本没有开展。工程师试图让飞船脱离轨道以测试其下降控制和着陆系统，但由于制动冲量不够准确，无法保证其坠落于苏联领土。最终，飞船自爆系统被触发，该系列所有无人驾驶飞船都配备了该系统。官方报道中从未提及这一飞船，这次发射通常被称为"宇宙"133 号卫星发射入轨。

"联盟"1 号飞船就没那么幸运了。"联盟"2 号飞船试验失败后，原计划于 1966 年 12 月 14 日发射的飞船，在发现点火装置的火药点火器存在问题后被停止发射。发射小组派出技术人员前往发射台检查火箭，此时紧急救援系统被触发，引发了火灾，随即"联盟"1 号飞船爆炸、发射台被摧毁，导致 1 人死亡。

下一轮自动对接试验就轮到了有人驾驶的飞船。这其中也受到了意识形态的影响："东方"号飞船计划失败，第二次试飞即宣告终止，但"联盟"号飞船研发工作仍在进行中，所以苏联有整整一年时间没有进行过载人飞船的发射，而美国的"双子座"系列飞船研发工作正在热火朝天地进行。1967 年 4 月 23 日，新的"联盟"1 号飞船从拜科努尔航天发射场起飞（这里再次出现编号混淆问题，其实这已经是另一艘"联盟"1 号了），船上搭载了一名宇航员弗拉基米尔·科马罗夫。原计划将在第二天发射"联盟"2 号飞船，搭载贝科夫斯基、叶利谢耶夫和赫鲁诺夫（Хрунов）3位宇航员，并在隔天进行飞船自动对接。

但是"联盟"号飞船的设计显然是不完美的：由于不断催促工程师赶工，因为苏联看上去开始落后于美国了，结果，"联盟"1号飞船一进入轨道就开始接二连三地出问题。特别是，太阳能电池板有一部分没有打开，导致飞船电力不足。于是，"联盟"2号飞船发射被取消，同时决定"联盟"1号飞船于次日，即4月24日返回地球。但在着陆过程中，飞船制动减速伞失灵，飞船返回舱以50米/秒速度撞向地面——没有给科马罗夫留下任何逃生的机会，他成为史上第一位执行任务期间牺牲的宇航员。

直到第三次试飞时，才成功实现了自动对接。说来也怪，这次成功纯属偶然。10月27日，"联盟"号计划的另一艘无人驾驶飞船——"宇宙"186号飞船进入轨道。其上搭载的系统设计实际是为了完成"联盟"1号飞船没来得及做的防空难试验。3天后，"联盟"号计划的另一艘飞船——"宇宙"188号飞船发射。殊不知，虽然两艘飞船可以相互对接，但起初并没有计划进行对接测试："宇宙"186号是追踪飞船，而"宇宙"188号是目标飞船，于是负责叶夫帕托里亚的管理小组提议进行对接；事实上，他对指挥中心说："为什么不试试呢？"——就这样，中心同意进行对接。

在相距24千米时，"伊格拉"对接系统遥测天线捕捉到了"目标飞船"，54分钟后，两艘飞船按照规定通过金属夹紧装置固定在了一起。虽然插塞接头没有完全接上，电路也没有连通——但这并不重要，两艘飞船都有各自独立的电路。但在这一天，1967年10月30日，开启了一个崭新的时代——航天器在轨对接时代。

科马罗夫事故后"联盟"号飞船的改装和测试耗时一年半。在1968年10月，"联盟"3号飞船上载着格奥尔吉·别列戈沃伊（Георгий Береговой）进入太空。在执行任务期间，别列戈沃伊本应与5天前发射的"联盟"2号无人飞船对接——这就是美国手动对接阶段的做法。但在3次尝试失败后，别列戈沃伊强制完成了测试，用尽了用于对接的所有燃料。后来发现，由于轨道黑暗部分的能见度低，别列戈沃伊犯了一个错误——他倒着接近了"联盟"2号飞船！

1969年1月16日8点20分，两艘载人飞船首次对接。它们是"联盟"4号［搭载弗拉基米尔·沙塔洛夫（Владимир Шаталов）］和"联盟"5号［搭载鲍里斯·沃利诺夫（Борис Волынов）、阿列克谢·叶利谢耶夫（Алексей Елисеев）和叶夫根尼·赫鲁诺夫（Евгений Хрунов）］。执行飞船是"联盟"4号，当飞船之间的距离达到100米时，沙塔洛夫和沃利诺夫开始手动控制飞船：任务是进行手动对接，尽管设备可以自动对接。

根据历史记录，阿列克谢·埃利谢耶夫和叶夫根尼·赫鲁诺夫从"联盟"5号进入了"联盟"4号，完成了有史以来的第一次太空转移，并将新一期的报纸交付给了沙塔洛夫，该报纸是在"联盟"4号飞船起飞后出版的。而这一刻被许多人误解了：就像国际空间站的纪录片中显示的那样，宇航员从一艘飞船穿过一条狭窄的圆形走廊。但在20世纪60年代后期，通过对接接头进行转移是不可能的：它更像是火车车厢上的挂钩。对接接头只是把飞船连在一起，里面没有走廊。

于是叶利谢耶夫和赫鲁诺夫通过"联盟"5号气闸舱进入外太空，在真空中飞行数米后，进入"联盟"4号气闸舱。这是历史上第一次有两个人同时在外太空。当然，这并非没有问题：赫鲁诺夫发现身上的通风系统出现故障，如果没有这个系统，他会有麻烦！事后证明是虚惊一场，在忙乱和兴奋中，宇航员只是忘记打开开关了。整个行动耗时37分钟，并在苏联电视上进行了直播，总体来说取得了成功。

1969年7月20日，仅仅6个月后，美国人在太空竞赛中取得了他们的第一次重大胜利。这次胜利并没有掩盖苏联第一颗人造卫星和加加林的飞行成就，但是盖住了所有其他苏联太空探索的成就——他们成功地将人类送上了月球！正是在那次任务中，7月24日，他们成功地进行了对接，宇航员从登月舱进入指令舱——不是通过外太空[①]，而是直接通过对接装置。当离开月球时，就需要"鹰"号登月舱与"哥伦比亚"号指令舱实现对接，然后尼尔·阿姆斯特朗和巴兹·奥尔德林才可以返回"阿波罗"11 号飞船。这是有史以来第一次实际应用中的对接，不是为了展示可能性，而是为了宇航员返回地球而进行的必需操作。

1971 年 6 月 7 日，苏联进行了第一次实际对接，"联盟"11 号飞船与历史上第一个空间站——"礼炮"号对接。这艘飞船有一个新的对接系统，即对接和内部转移系统（SSVP），通过它可以进入另一艘飞船，而不必通过外太空。此外，SSVP 被用于国际空间站的一些模块上，以连接俄罗斯运输工具。

现代对接

事实上，在对接领域已经有了许多不同的突破。今天，在苏联 / 俄罗斯、美国，特别是航天正在迅速崛起的中国，都开发了多种对接系统。"伊格拉"对接系统及其升级版在 20 世纪 80 年代中期已经完成使命，让位于更先进的系统，特别是库尔斯系统。但对接领域的一个重大突破是异体同构周边式对接系统（APAS）的创建。

当时存在的所有对接系统，无论是伊格拉还是美国的设计，都有一个严重的缺陷。它们是不对称的，即它们在任何情况下都意味着配备了不同单元的主动和被动航天器的对接。如果只是同一个国家的对接，也就是说不需要国际合作的情况下，不存在任何问题，因为对接是由同一个中心统筹安排的。不同国家的航天器怎么对接呢？1970 年，美国宇航局局长托马

[①] "阿波罗"11 号飞船由两部分组成："哥伦比亚"号指令舱和"鹰"号登月舱。当飞船到达月球轨道后，经过一系列调整，开始登月，两名宇航员进入登月舱，另一名宇航员留在指令舱。——编者注

斯·佩恩（Томас Пэйн）提出了苏联和美国联合太空飞行的想法——首先是在与姆斯季斯拉夫·克尔德什的通信中，然后是在 4 月组织的与阿纳托利·布拉贡拉沃在纽约的专门针对此事的专题会议上。最终，在 1972 年，苏联和美国签署了一项关于和平太空合作的协议，"联盟"号飞船和"阿波罗"号飞船的联合飞行和对接将是此次合作的主要部分。

1970 年 10 月在莫斯科举行了关于合作的第一次技术会议。问题比比皆是：由于美国和苏联的太空计划是完全独立发展的，一切都不一样，就连航天器内的压力和气体成分都不一样！但最重要的问题（技术上而不是政治上）是对接。

美国工程师考德威尔·约翰逊（Caldwell Johnson）建议沿袭以往的做法，继续使用被动飞船和主动飞船的对接系统，苏联的工程师们持同样的见解。但这一解决方案在技术上和政治上都存在缺陷。在政治方面，我认为，一切都很清楚，尽管这似乎很荒谬：没有人愿意承担"被动"的角色，而且很多时间都花在争论哪艘飞船将是主动的，哪艘飞船是被动的（公平地说，我注意到这些争论并没有书面证据）。客观的问题是，由于苏联和美国的对接系统有天壤之别，因此其中一艘船必须进行大幅修改，重新进行空气动力学的计算。此外，此次飞行开启了一项长期的合作计划，需要找到一个通用的解决方案。

1970 年 10 月，自动控制系统的著名专家鲍里斯·彼得罗夫（Борис Петров）院士提出了采用对称对接装置的想法，该装置可使飞船与任何其他飞船连接。其要点是，该系统具有通用性，每艘航天器都按照统一的某个标准独立运动，无论其伙伴如何，遇到意外时都可以独善其身，大大提高了安全性。

两个小组在上述方案上并行工作——由美国航空航天局的考德威尔·约翰逊和威廉·克雷西（Уильям Кризи）领导的美国小组，以及由弗拉基米尔·瑟罗米亚特尼科夫在中央实验机器制造设计局领导的苏维埃小

组。苏联和美国的工程师交换了想法、图纸和概念，到 1972 年，天平最终
向苏联的方案倾斜了。

APAS-75 系统是一个可修改的机制，究竟是主动方还是被动方，取决
于其所处的位置。每个单元由一个固定的主体和一个可移动的缓冲器组成。
在对接之前，主动飞船的缓冲器被向前拉到工作位置，而被动飞船的缓冲
器则相反，缩回并固定在船体上。主动缓冲器与被动缓冲器接触，传感器
被激活，对接成功。

事实上，就技术发展而言，美国和俄罗斯对联盟－阿波罗项目的贡献
大致相等。当苏联在设计一个异体同构周边式对接系统时，美国正在开发
一个气闸舱，该气闸舱最初是专门附在"阿波罗"号飞船上的——苏联的
APAS 系统应该与之对接。正如我之前所说，区别首先在两艘飞船内的气
体：苏联宇航员呼吸的气体成分与地球空气相似，美国宇航员呼吸的几乎
是纯氧，压力比地球上低 65%。因此，简单地连接"联盟"号飞船和"阿
波罗"号飞船是不可能的：混合气体会导致两个飞船的系统失效。此外，
苏联宇航员甚至不能通过气闸舱登上"阿波罗"号飞船，因为他们的宇航
服在纯氧环境中会有火灾危险。

总的来说，设计了一个特殊的气闸舱用于过渡，能够同时保持"美国"
和"苏联"的气体环境，并根据谁去哪里而改变它们。特别是为了这个项
目，美国人略微增加了舱内的压力，而苏联人则降低了舱内压力，此外，
还在苏联的飞船船舱中加入了氧气。在过渡之前，宇航员们必须在气闸舱
中待上大约 3 个小时，以适应新的气体环境。

1975 年 7 月 17 日 19 时 12 分，美苏飞船成功对接。宇航员们在这种
状态下度过了 46 小时 36 分钟，在此期间，他们 4 次从一艘飞船转移到另
一艘飞船。

随后，弗拉基米尔·瑟罗米亚特尼科夫的团队努力改进 APAS 系统，
以跟上不断迭代的技术发展。为了传说中的"暴风雪"号航天飞机，他们

开发了 APAS-89 系统，但由于该项目从未投入使用，除了一次试飞之外，它被用于美国航天飞机与苏联"和平"号空间站的对接。它随后被修改为 APAS-95 系统，在这种形式下，它仍然被用来对接国际空间站的俄罗斯部分，以及对接俄罗斯航天器和美国航天器。

2010 年制定的现代对接系统国际标准（MCCC）就是根据异体同构周边式对接系统，并且主要基于该系统研发而来的。然而，重要的是，要了解这不是一个标准的方案：尽管各国在太空中合作多年，美国、俄罗斯、中国或欧洲诸国都没有建成一个统一的对接系统，仍然使用转换器。另一件事是，他们中的大多数所使用的异体同构周边式对接系统，是弗拉基米尔·瑟罗米亚特尼科夫和他的团队的功劳。

第三十五章

空间站

在月球竞赛中输给美国后，苏联于 1971 年 4 月 19 日，将第一个长期空间站"礼炮"1 号发射到地球轨道。

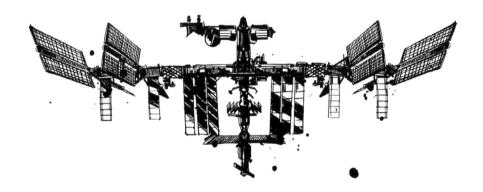

空间站也是一艘宇宙飞船。但是，与传统航天器不同的是，空间站是为长期停留在地球轨道上而设计的——它可以自主运行数月甚至数年，内部有足够的空间来进行科学实验和宇航员的休闲活动。第一个空间站"礼炮"1号在轨道上运行了175天，尽管宇航员实际上只在空间站停留了22天，他们的探险以悲惨的方式结束——我会在下文告诉大家更多相关信息。但是"礼炮"1号空间站是一个单模块站，而现代多模块站的使用寿命几乎是无限的。国际空间站的第一个模块是在1998年送入轨道的——也就是说，当我写这一章的时候，第一个模块已经在轨运行20年了！

现在让我们继续讨论第一个空间站诞生的历史。

太空战争

可以说，这个故事始于1963年12月10日。当天，美国宇航局正式宣布启动载人轨道实验室（MOL）计划。NASA之前也有过轨道站项目，但仍停留在草图和初步想法的层面，更没有人为此类项目划拨大量资金。MOL计划由道格拉斯飞机公司执行，项目预设有两名工作人员在轨常驻，需要在轨道上停留40天。实际上，MOL计划的主要目的不是科学研究，而是间谍活动：该站配备了摄影、无线电情报和其他类似行动的设备。

苏联几乎立刻就获知了MOL计划，早在1964年，在弗拉基米尔·切洛梅（Владимир Челомей）的个人领导下，OKB-52（即切洛梅设计局）就开始对美国的行动予以回应——建成了"阿尔马兹"（Almaz）军事空间站。该项目雄心勃勃，在我看来，它使用20世纪60年代的可用技术设施似乎非常不靠谱。

宇航员的"家"是生活隔舱——他们必须在那里睡觉、吃饭和度过闲暇时间（虽然很少有闲暇）。紧随其后的是工作舱，里面装有各种导航设备，以及专门为该计划开发的巨大的2.5米望远镜相机"玛瑙"1号

（Agat-1），当时是世界上同类仪器中最强大的。事实上，它使得对地球表面进行侦查成为可能，类似于谷歌地图的现代图像。今天仍然可以看到"玛瑙"1号望远镜相机，2017年，它被从机械工程中央设计局的封闭基地中取出并转移到奥斯坦金诺的航天博物馆。空间站的第三个舱是发动机舱。它还装有稳定系统：鉴于其侦察目的，空间站必须不断地观察地球。

补给船（即"联盟"号飞船）可以停靠在"阿尔马兹"空间站的末端，如果空间站的船员由3人组成，那么随着来访船员的到来，它最多可容纳6人。空间站还配有两个返回舱，此外，还配备有武器平台，可以摧毁敌方卫星，甚至轰炸地面目标！

该空间站的武器不仅停留在设计阶段，而是已经开始制造。苏联在研制军用航天器方面有一些经验，但并没有真正的设计过，如"联盟"-R（侦察项目）、搭载导弹的"联盟"-PPK、多座研究型飞船"联盟"7K-VI。作为"阿尔马兹"的主要武器，他们采用了由亚历山大·努德尔姆（Александр Нудельман）和阿伦·里希特（Арон Рихтер）设计的系列航天机炮HP-23（英文代号为"NR-23"），生产于1948—1956年。

HP-23被重新设计用于真空发射，并被命名为盾牌-1（后来还有"盾牌"-2用于另一个军事项目）。它每分钟可以发射950发200克的微型炮弹，能够将几千米射程内的任何东西变成废铁。他们想把它紧紧地安装在飞船船腹上，通过转动整个空间站以使其瞄准目标。一个棘手的问题是如何保持空间站在承受发射后坐力之后的稳定——计划用发动机的额外推力来抵消后坐力。即使纯粹从理论上讲，"阿尔马兹"空间站不会也不可能主动攻击任何目标：空间站重达近18吨，瞄准速度非常慢，因此，该炮主要用于防御。该武器的地面试验获得了成功，但并未在太空进行测试。

但这一切都没有投入实践。由切洛梅领导的机械工程中央设计局没有创建轨道飞行系统的经验。此外，当时的技术发展水平还不允许进行如此复杂的项目。研发一拖再拖，每解决一个技术问题，就会出现 10 个技术问题等待解决。事实上，到 20 世纪 60 年代末，该项目仍然处于完全原始阶段。我注意到，美国的情况也好不到哪里去：开支越来越大，耗时越来越长。而在 1969 年，当人们发现无人观测卫星的侦察能力不比宇航员携带相机拍照的效果差时，MOL 计划也就随之终止。

1967 年，"阿尔马兹"空间站计划的初步设计获得批准，并于 1968 年开始制造第一批配件，特别是船舱的主体。但即便如此，每个人都明白，"阿尔马兹"空间站进入轨道，不会早于 20 世纪 70 年代中期。就在这时，实验机械制造中央设计局（前科罗廖夫设计局）的工程师出现了。实验机械制造中央设计局在太空研发领域的经验比 OKB-52 多得多，专家们根据同事的经验，提出了一个更可行的项目——一个不带军用设计、简单的能在短时间内完成的科学且经济实用的空间站。这个提议得到苏共中央书记德米特里·乌斯季诺夫的认可，工作开始如火如荼地开展。顺便说一句，切洛梅对发生的一切都非常不满：事实上，这个几乎完成的项目被人从他的眼皮底下拿走了，同时使用了全部的研究成果。

"和平"号空间站

后来的"礼炮"号空间站被命名为 DOS（俄语"长期轨道空间站"的首字母缩写），而由空间站和补给船组成的整个综合体被称为 DOS-7K。1969 年 12 月，政府收到了建设该站的初步技术建议，并于 1970 年 2 月 9 日下达了研制该综合体的批示。切洛梅满怀军事主动精神继续工作，但逐渐边缘化了。

空间站确实是在最短的时间内建成的——这得益于有现成东西可以直接用："阿尔马兹"船体和"联盟"号补给飞船。此外，不需要考虑运载工具的问题——切洛梅的 OKB-52 下属的 OKB-23（现赫鲁尼切夫国家航天科研生产中心）在 1965 年之前已经着手研发了一款新的"质子"号运载火箭，此火箭最初是为"阿尔马兹"飞船设计的。1965 年 7 月 16 日，"质子"号（其两级改进型 UR-500）火箭首次发射，将一颗重型科学卫星"质子"1 号送入轨道。自此，该系列火箭一直沿用"质子"号的名称。

空间站使用"质子"-K 运载火箭的改进版发射，这是该计划中最大规模和最成功的运载工具之一：从 1967 年到 2012 年，"质子"-K 运载火箭累计发射 310 次！这也是该计划中最成功的一点。它是一个三级（可选择增加第四级）重型运载火箭，是为苏联绕月计划设计的。它在 1967 年 3 月 10 日进行了首次飞行，当时根据探测计划建造的"宇宙"146 号实验卫星被发射入轨。奇怪的是，"质子"-K 火箭的前 21 次发射中有 15 次失败，其余 289 次发射中只有 18 次失败，这使得该火箭成为同类火箭中最可靠的代表。

"礼炮"1 号空间站的设计显然是以"阿尔马兹"空间站整体为基础。它由 3 个不同直径的圆柱体组成。最大的是综合舱，它容纳了修正引擎——改装自"联盟"号飞船以及一个带有太阳能电池板的动力装置。接下来是生活或工作舱，部分参考了"阿尔马兹"空间站的设计，可供 3 名宇航员进行实验、拍照、睡觉、吃喝、休息，并保障其正常太空生活。最后，直径最小的圆柱体作为对接空间站的传送舱。

"联盟"10 号飞船于 4 月 23 日从拜科努尔发射场起飞，载有 3 名宇航员：弗拉基米尔·沙塔洛夫（Владимир Шаталов）、阿列克谢·埃利谢耶夫（Алексей Елисеев）和尼古拉·鲁卡维什尼科夫（Николай Рукавишников）。埃利谢耶夫和鲁卡维什尼科夫都不是军人；鲁卡维什尼科夫毕业于国立核能研究大学 - 莫斯科工程物理学院（MEPhI），在空间站的 3 个星期，他需要处理工程问题并做科学实验。但是发生了一个意外。飞船和空间站的汇合和对接都很成功，飞船"主动方"的销钉被固定在空间站"被动方"的锥体上（顺便说一下，这是第一次使用 SSVP 对接系统），但事实上，设计者没有预见到需要将"联盟"号的停靠和定位控制引擎关闭，于是在对接时，该引擎试图纠正航天器的运动，完全不顾空间站的对接，使对接变形。由于变形，接头无法从"礼炮"号空间站节点中退出来，虽然本可以将接头处切割开来，但那样它就会留在"礼炮"号空间站的对接装置内，其他的飞船再也没有办法与空间站对接了。五个半小时后，在经历了一系列的困难之后（宇航员不得不手动组装一个替代的电路来使对接脱离），飞船和空间站才总算分离成功。当天，"联盟"10号飞船返回家园，顺便完成了它有史以来的第一次夜间着陆。

谁能想到，麻烦才刚刚开始。

1971年6月6日，第二组宇航员乘坐改装后的"联盟"11号飞船前往"礼炮"1号空间站。机组成员与此前类似：来自军方指挥官——格奥尔基·多布罗沃尔斯基（Георгий Добровольский）中校，飞行工程师弗拉迪斯拉夫·沃尔科夫（Владислав Волков）和研究工程师维克多·帕萨耶夫（Виктор Пацаев）。起飞后的第2天，"联盟"11号飞船成功与"礼炮"号空间站对接。在现场发现空间站的通风系统损坏，将其修好后，宇航员在飞船上又等一天，等待进入"礼炮"号空间站的机会。

宇航员们进入"礼炮"号空间站之后，马上开始了工作。该站配备了7个位置来控制各种系统：1号位——中央控制，2号和6号位——控制天文导航，5号位——控制安装在空间站上的"猎户座"望远镜，其余位置用于科学和医学实验。医学实验显得尤为重要，尤其是对心血管系统的研究。宇航员在放松和压力状态下的生理参数均被测量并记录下来。此外，在飞行过程中，其血液样本也被采集用以分析，分析数据被实时传回地球。由于在轨时间较长，这些数据发挥了至关重要的作用。此前，从没有人在地球轨道上待过三周。停留时间最长的是美国执行登月任务的"阿波罗"12号飞船，而那次飞行也不过10天多一点。

还有一些别的问题，1971年6月16日，宇航员觉得有什么东西着火了。他们想提前结束任务，在关掉了一些设备后，燃烧的气味消失了。6月29日，宇航员封闭空间站并为下一次太空探索做完准备后，船员转移到"联盟"11号飞船，正常脱离坞站，第二天该船开始下降。在大约150千米的高度，当返回舱被分离时，通风阀突然打开了，在几秒钟内，宇航员所处的舱内压力下降到生命无法承受的水平。据推测，由于返回舱在分离过程中，爆管的冲击波将打开阀门的爆管引爆了，进而震开了阀门。如果宇航员穿着航天服，他们就有可能活下来。其中一人，可能是多布罗沃尔斯基或是帕萨耶夫曾试图解决压力泄漏问题，但徒劳无功：缺氧和急性减压会让一个人在几分钟内处于可怕的疼痛、鼓膜破裂和意识模糊的状态。返回舱正常降落，但救援人员抵达降落地点后，只在里面发现了三名失去生命的宇航员。

本来"联盟"11号飞船的原三名宇航员包括阿列克谢·列昂诺夫、瓦列里·库巴索夫（Валерий Кубасов）和彼得·科洛金（Пётр Колодин）。但是在发射前两天，在库巴索夫肺部的一次例行体检中，医生发现他的肺上有一个结核点，三名宇航员都被换掉了（"三驾马车"一起搭档）。肺结核的疑似诊断后来被证明是误诊，却救了列昂诺夫、库巴索夫和科洛金的命。

悲剧发生后，"礼炮"号空间站也停止工作。苏联进行下一次太空发射已是两年多以后了，该站于1971年10月脱离轨道。在27个月的时间里，"联盟"号飞船系统进行了重大修改：改变了通风方案以避免悲剧重演，调整控制杆的位置使得宇航员无须从椅子上站起来就可以接触到其中的任何一个。"火烧了眉毛才知道着急"，说的就是这种情况。控制器的位置不合理的问题不止一次被指出，但赶上和超越美国比研究人体工程学更重要。也许，如果控制杆的位置靠近一点，多布罗沃尔斯基就有时间关闭它们。

此外，灾难发生后，苏联宇航员必须穿着航天服飞行，并且两人一组：第三名机组人员的位置被一个带有额外氧气供应的生命支持系统所取代。

"礼炮"计划继续进行。先河已开,接下来,民用和军用的空间站也将进入太空。"礼炮"3 号空间站在 1974—1975 年飞行了 213 天,尽管两次探险中只有一次成功——第二次,飞船无法停靠。然后是"礼炮"4 号、"礼炮"5 号、"礼炮"6 号和"礼炮"7 号,每个新站都创下了在近地轨道上飞行时间和宇航员停留时间的纪录。该项目的巅峰纪录由"礼炮"7 号创造:它在轨道上运行了 3216 天,也就是将近 9 年!其中,816 天——也就是两年多——空间站有人居住,总共有 6 组常驻宇航员进入其中。第 3 组宇航员〔尤里·马利舍夫(Юрий Малышев)、维克多·萨维尼赫(Виктор Савиных)和瓦列里·波利亚科夫(Валерий Поляков)〕创造了人类在太空停留时间的最长纪录——236 天 22 小时 49 分钟。

直到历史上第一个多模块空间站——"和平"号空间站出现后才打破了这一纪录。

给世界——"和平"!

著名的"和平"号空间站是第一个多模块轨道站,是"礼炮"号空间站的直接"继承者"。此外,"和平"号空间站的首个舱段被称为"曙光",最初被称为"礼炮"8 号。

1976 年,"礼炮"5 号空间站(它的任务是摄影和电视监控,即侦察)被秘密发射。发射后,在实验机械制造中央设计局基地,刚刚成立的科罗廖夫能源火箭航天集团开始讨论研发一个更为复杂的空间站:它由多个模块组成,被分别送入轨道与空间站本体对接,被称为"高级长期空间站"。当时提出两个概念:"礼炮"7 号(DOS-7)和"礼炮"8 号(DOS-8)。结果,"礼炮"7 号成为单模块空间站并于 1982 年进入轨道,而"礼炮"8 号则成了"和平"号空间站。

1978 年空间站完成初步设计,1979 年 2 月开始建设主舱和基础模块。

但该站有点不走运：1976 年，当第一次谈论"多模块长期空间站"（DOS）时，德米特里·乌斯季诺夫已经确立了"可重复使用飞船"开发的技术要求。原因很简单：1976 年 9 月 17 日在南加州，数百名记者看到了第一架可重复使用的航天飞机——著名的"企业"号航天飞机。很明显，美国在太空竞赛中取得了巨大的飞跃，远远领先于苏联——我们甚至还没有开始研发这种飞船（也许在内部会议上讨论过，但仅此而已）。"追赶超车"的目标再次浮出水面。

所有的行业专家绝对都参与了苏联航天飞机的研发，这就是为什么许多有前途的项目放慢了速度，后来，在"暴风雪"号航天飞机研发的最后阶段，这些有前途的项目完全停止了。未来的"和平"号空间站也因此而搁置。在设计和建造第一架"暴风雪"号航天飞机的同时，空间站的工作至少还在继续，但在 1984 年飞行模型出现并开始测试后，轨道空间站（DOS）项目被搁浅。而且，正是在这方面，苏联不需要追赶美国：我们带着优势继续前进，多模块站可以很好地对航天飞机项目进行回击。而美国的第一个也是唯一一个空间站——"天空实验室"在 1973—1974 年只进行了 3 次试飞，被闲置了很长时间后，最终在 1979 年坠落到地球上。

挽救局面的是……苏共中央书记，但不是已经卸任的乌斯季诺夫，而是格里戈利·罗曼诺夫（Григорий Романов）。罗曼诺夫亲自下令继续空间站的工作并禁止将其停止——后来证明，他的选择是正确的。此外，罗曼诺夫还给工程师们设定了任务：在定于 1986 年 2 月 25 日举行苏共第二十七次代表大会前完成空间站的所有工作。换句话说，轨道空间站项目应该在"暴风雪"号航天飞机之前完成！

空间站的研发工作如火如荼地展开，一如几年前设计"可重复使用太空船"时的情形。来自 280 个机构的专家投身于研发工作，但空间站主体还是由科罗廖夫能源火箭航天集团在大家已经熟悉的"礼炮"号空间站的基础上研发。

"和平"号空间站的主体有 6 个扩展坞——在当时是一个难以置信的数字。其中 5 个位于所谓的过渡隔间中，一个位于空间站上较大圆柱体的末端，通向设备舱。总体而言，"和平"号空间站继承了"礼炮"号空间站的特征，但更多继承了"阿尔马兹"空间站的特征。3 个圆柱体——一个大的设备舱，一个中间的生活舱，一个最小的过渡舱（一个直径 2.2 米的球体）带有 5 个对接节点，可以由此进入外层空间（也就是说，它还具有气闸的功能）。

1986 年 2 月 20 日，也就是苏联共产党代表大会召开前 5 天，质子 -K 运载火箭成功地将主舱送入轨道（然而，并非没有瑕疵——轨道因弹道错误，不得不进行修正）。一年后，即 1987 年 4 月 9 日，实验型天体物理实验舱"量子"号与主舱对接，将"和平"号变成了一个成熟的多模块空间站。随后，又有 4 个舱体被送往空间站："量子"2 号设备舱（1989 年）、"晶体"号对接技术舱（1990 年）、"光谱"号遥感舱（1995 年）和"自然"号地球观测舱（1996 年）。飞船可以通过三个节点停泊在最终的主体上：一个是主舱的对接舱，一个是"晶体"号舱（专门用于"暴风雪"号航天飞机），另一个在"量子"号舱。两个坞站配备了"层"系统，一个配备了"针头"系统。

"和平"号空间站上的第一批宇航员是"联盟"T-15 号机组人员列昂尼德·基齐姆（Леонид Кизим）和弗拉基米尔·索洛维约夫（Владимир Соловьёв），当时，"和平"号还只有一个舱。他们的船采用"针头"系统，因此，无法在空间站的前部停靠，只能停靠在通往设备舱的空间站尾部。但总的来说，这是一次令人难以置信的飞行。"联盟"T-15 号飞船停靠在"和平"号上，宇航员使空间站进入工作状态，一个半月后，他们脱离停靠并飞往"礼炮"7 号空间站。他们又在"礼炮"7 号空间站上度过了一个半月，之后回到"和平"号空间站！事实上，这是历史上空间站（或空间基地——随便你怎么称呼）之间的首次飞行。

"联盟" T-15 号飞船航线就像科幻作家所写的那样。但"和平"号空间站本身的前景仍然存在问题。苏联解体后,"和平"号空间站缺少两个研究型舱体——"光谱"号遥感舱和"自然"号地球观测舱,由于缺乏资金,加之受到整体政治环境影响,它们的研发工作被叫停。1991 年,世界上第一个多模块轨道空间站(DOS)的国际化时代终于开始了。"光谱"号舱和"自然"号舱由美国宇航局资助建设(因此,"和平"号实际上成了一个国际空间站)。这从根本上改变了"光谱"号舱的目的。它最初被称为"Oktant",由切洛梅设计局研发,是一种配备拦截导弹的防御舰艇。

1992 年,随着冷战的结束,美国机构资助了该项目,因此其军事目的已被抛之脑后,该舱体变为纯粹的研究型舱体。此外,1995 年 11 月,"亚特兰蒂斯"号航天飞机将第 7 个舱体送至"和平"号空间站——一个对接设备舱——用于对接航天飞机。它附载在"晶体"号对接技术舱上,"晶体"号也成为美国飞船的主要入口。"晶体"号最初是为"暴风雪"号航天飞机设计的,这就带来了很大的便利:因为航天飞机有类似的布局和参数。从 1995 年到 1998 年,航天飞机总共飞往"和平"号 8 次,其中"亚特兰蒂斯"号航天飞机 6 次,"奋进"号航天飞机和"发现"号航天飞机各 1 次。

最初,"和平"号空间站设计的运行周期为 3 年或 5 年(这两个数字都可以在不同年份的技术文档中找到),但到 20 世纪末,它已经运行了 15 年。从技术上讲,修理破旧的空间站、重建和更换舱体等是完全可行的。但俄罗斯没有办法:在 20 世纪 90 年代,航天资金来自外国宇航员的商业飞行和卫星发射的利润,而这些钱是远远不够的。另一方面,该站的状况非常糟糕——破旧的系统不断出现故障,发生火灾、通风故障、导航中断等。1997 年 6 月 25 日,"进步" M34 号货运飞船撞上"光谱"号,完全失灵,由于"光谱"号拥有面积最大的太阳能电池板,提供了高达 40% 的空间站能量,其损失几乎无法替代。因此,在之后几年,即使是"和平"号空间站的科研工作也几乎没有开展。

2000 年 6 月 16 日，最后一支探险队〔谢尔盖·扎廖廷（Сергей Залётин）和亚历山大·卡莱里（Александр Калери）〕从"和平"号空间站返回"联盟"TM-30 号飞船。11 月 16 日，当时的尤里·科普捷夫（Юрий Коптев）建议坠毁"和平"号空间站。经过一系列讨论，主要是出于政治考虑，他的提议被采纳并作为行动指南。2001 年 3 月 21 日，该站脱离轨道，几个小时后，其最难熔的部分到达了地球表面并掉入了新西兰附近的太平洋。

客观地说，继续维护该站真的毫无意义。在轨道上度过了 5511 天后，它完全耗尽了分配给它的资源，维护在轨道上摇摇欲坠的 140 吨巨物不仅非常昂贵，而且危险。在 15 年的工作中，该站进行了 30000 多次科学实验，来自世界 12 个国家的 104 名宇航员访问了它（而且，有趣的是，美国的宇航员比俄罗斯和苏联的还多）。宇航员瓦列里·波利亚科夫（Валерий Поляков）在"和平"号空间站的一次飞行中创造了在太空停留时间的纪录——437 天 18 小时，美国的香农·路西德（Щэннон Лусид）也创造了类似的女性纪录（188 天，但这一纪录后来被打破）。由废弃过时的"和平"号空间站而腾出的钱可以用于国际空间站俄罗斯部分的维护，旧站的保留将严重阻碍国际空间站的建设。从某种意义上说，不仅因为俄罗斯没有足够的资金来建造新的部分，而且在技术方面，"和平"号空间站定期丢失的部件成为太空垃圾，而且在临近空间存在另一个大型人造天体的情况下，计算飞往国际空间站的飞船轨道变得更加困难复杂。

最主要的是，"和平"号空间站完成了最重要的心理任务。它的存在证明了在地球轨道上建造复杂的多模块复合天体是可能的。国际空间站的第一部分于 1998 年 11 月 20 日发射进入轨道，在某种程度上已经成为"和平"号空间站的继任者，"和平"号空间站已经度过了最后几年。国际空间站项目起源于里根在 1984 年宣布的"自由空间站"项目，但空间站计划实施的开始是俄罗斯加入该计划：当时俄罗斯工程师在建造复合空间站方面经验最丰富。除了他们，没有人有过这样的经历。

当下，两个多模块空间站正在轨道上运行——国际空间站本身是由 15 个部分组成，其中 5 个是俄罗斯的。另一个多模块空间站是中国的"天宫"号，拥有 3 个模块。

第三十六章

漫步月球

　　在整个太空探索的历史中，只有 13 辆星球车：7 辆登陆了月球，4 辆登陆了火星，另外 2 辆登陆了 162173 小行星"龙宫"。如果我们按国籍来划分，那么其中 7 个是美国的，2 个是苏联的，2 个是中国的，2 个是日本的。但正是苏联的太空工程师开启了星球车时代。

如果你读过第三十一章，想必已经对苏联登月计划了如指掌。让我简单回顾一下：1959 年 9 月 12 日，苏联的无人探测器"月球"2 号成为历史上第一个到达月球表面的人造装置。之后，又有几辆月球车被送往月球，他们都成功着陆月球表面，进行探测并向地球传输信息，但无法移动。

苏联还有另一个苏联登月计划——载人飞行。关于这个计划我并不想细谈，因为在月球探索竞赛的这个阶段中，苏联彻底输给了美国。该计划于 1964 年启动，当时苏联已经明显落后于美国，资金也非常有限，再加上 1966 年科罗廖夫去世、联盟 1 号飞船的灾难和其他一些麻烦的打击，结果，一开始就定下的任务——1968 年 6 月载人航天器登月——不仅没有按期完成，而且几乎一直处于萌芽状态。当"阿波罗"11 号宇宙飞船登陆月球表面时，苏联完全赶不上美国了，我们已经没有一张王牌可出了。

但是，我们造出了月球车，这虽然对于提升国家地位意义不大，但对科学研究而言却意义非凡。

制造星球车：开端

星球车计划在名义上与之前所有的无人探测器属于同一个月球计划（如您所知，它们被编号为 E-1、E-2 等）。月球车的项目编号则为 E-8。

"星球车"的想法是科罗廖夫 ① 第一设计总局在 1960 年提出的，不过这一想法在 1960 年之后才付诸实施。1960 年是实施"月球"计划过程中最失败的一年，这一年苏联损失了两个月球探测器（"月球"4A 号和"月球"4B 号）和两个火星探测器（"火星"1960A 号和"火星"1960B 号）。

---

① 全名谢尔盖·帕夫洛维奇·科罗廖夫（1907 年 1 月 12 日至 1966 年 1 月 14 日），苏联宇航事业的伟大设计师与组织者，第一颗人造地球卫星运载火箭的设计者、第一艘载人航天飞船的总设计师。——译者注

所以在这一年应当先完善标准体系，而不是幻想制造出月球车。而且，20世纪60年代初期最重要的任务是把人送入太空。

因此，月球车项目就被搁置了，直到1963年，当一些资源可用时，才成立了一个由米哈伊尔·吉洪拉沃夫①领导的工作组。一年后，即1964年8月，苏共中央和苏联部长会议发布了第655-268号法令"关于探索月球和外层空间的工作"——月球车计划被放在首要地位并得到资金支持。从此，便开始了**紧锣密鼓的研究工作**。

最初预想的是，月球车将由N-2重型运载火箭运送到月球，N-2是N-1的轻型版本，这个N-1号可是个充满传奇色彩的运载火箭，它原本的任务是将苏联宇航员送上月球。但是到1964年时，科罗廖夫设计局只是完成了N-1号的设计草图。直到1969年才进行了N-1号第一级火箭的第一次测试发射，但这一次以及之后的几次测试发射都以失败告终。而早在1965年时，切洛梅设计局研发的质子号运载火箭就已经准备就绪。同年3—4月，为运载火箭N-2准备的所有项目都匆忙转至"质子"号运载火箭上。一开始，"质子"号运载火箭的表现并不尽如人意（这个我在上一章讲过），但至少它已经准备就绪，甚至还经受住了考验。

月球车的技术设计经过了多次修改。1963年中的最终版设计是这样的：重900千克，最高时速为4千米/小时，仪表容器直径1.8米，额定功率0.25千瓦。月球车的探测任务在当时看来很有意思，因为那会儿载人登月计划才刚刚开始，月球车计划就紧随其后：月球车被任命为"侦察员"。设想是这样的，月球车会探测其第一次探险着陆区的地形，帮助月球着落舱选择着陆点，然后月球车的软着陆系统及装置的各个部件将在此基础上运行。此外，在宇航员执行月球任务的时候，月球车还要在附近从侧面给他

---

① 全名米哈伊尔·克拉夫基耶维奇·吉洪拉沃夫，苏联宇航科学家。曾任喷气推进研究小组组长、喷气技术研究室主任、国际星际航行研究院通讯院士。20世纪50年代成为苏联太空计划的主要参与者之一。——译者注

们拍照。月球表面的科学探测也是月球车的任务之一，但那是所有任务中最靠后的，因为主要任务放在了宇航员身上。

　　月球车的底盘本来应该是履带式的，所以底盘委托列宁格勒的全俄汽车制造科学研究所（现全俄汽车制造科学研究股份有限公司）制作。该企业之前一直从事坦克的底盘研究，因此其工程师有一定的专业经验。这里有段趣史：该项目由亚历山大·克穆尔吉安（Александр Кемурджиан）负责，他当时是新动力原理研究部门的负责人。他的这个部门彼时正忙着制造外号叫"爬行者"的760工程坦克，这是一种轻型两栖气垫坦克。航天部门的这个命令来得太突然——他们从来没有做过月球车的底盘，也从来没有想过要做。他们从事的领域就是坦克和装甲侦察车！但42岁的克穆尔吉安年富力强，热心投身于未知领域之中，而且事实上还成为全球太空运输机械制造学校的创始人，他从此深深地爱上了遥远的太空，并把此后的余生都用来研究月球车，成就了一番事业，所以今天他的名字只与航天工业有关。但在40岁之前，克穆尔吉安从来没有想过这样的事情，也没有想过会进入航天和火箭弹研发等相关领域，他"掉入"太空的世界纯属偶然。人生就是这样……

希望以及希望的破灭

　　在从前途无量的E-2运载火箭过渡到真正的"质子"号运载火箭之后，月球车的设计工作也转移到了另一个机构——拉沃契金飞机制造厂。飞机制造厂怎么突然变成航空制造厂了？事实是，在20世纪50年代初期，该工厂与许多其他飞机制造企业一样，开始从事导弹武器的研发工作，并于1962年移交给切洛梅管理，成为切洛梅设计局下属的一个分支机构。1964年，被划归苏联通用机械制造部旗下——但在切洛梅接手期间，该工厂就已经完全改变了所从事的领域。

拉沃契金飞机制造厂的专家们接手月球车项目后，立即开始着手从头开始制造月球车。他们做的第一件事情是，否决用履带做底盘的方案，转而使用轮子（不过履带工程师克穆尔吉安依然留在这个项目）。这是因为那时通过"月球"9号月球车传达给地面的信息，得知了月球土壤的成分，轮子看来是更合适的移动装置。

E-8号月球车由两部分组成：8EL车主体部分和KT着陆组件。月球车重756千克，大小为4.42米×2.15米×1.92米。它最引人注目的元素是带有翻盖的椭圆形（或者更确切地说，截锥形）容器主体，各种用于机器运行的服务设备和测量设备都位于其内部。月球车有足够多的装置：2个用于控制的电视摄像机、4个远距光度计（全景摄像机）、1个用于分析土壤化学成分的X射线光谱仪、1个X射线望远镜、1个宇宙射线探测器、1个激光角反射器和里程计（车轮转数计数器）、速度计和针式五分仪（一种用于穿透表面并确定其物理特性的装置），容器盖内侧有一块太阳能电池，可以根据所需角度翻转盖子，以使月球车尽可能有效地吸收太阳能。

1969年2月19日，苏联月球车发射任务开始执行。这应该是太空竞赛的又一次胜利：苏联是第一个向月球发送自主移动探测器的国家。运载火箭是我们很熟悉的"质子"-K号，着陆组件减速调整装置将确保月球车软着陆。月球车从月球轨道下降到月球表面大约需要6分钟，分为几个阶段：首先，制动系统在离月球表面2300米的高度将速度降至零，开始自由落体减速到700米/时，之后启动发动机调整装置，将着陆器保持在离月球表面2—3米处。最后，舷梯会从着陆器中伸出到月面，月球车顺着舷梯平稳登上月球。

顺便说一下，很多人认为"月球车"1号是系统自动控制的。当然不是：有专家组在地面进行操作的——包括指挥员、驾驶员、飞行工程师、导航员和天线操作员等。也就是说，它的整个机务组成员比一个飞船的还多！

在一切准备就绪后，1969年2月19日莫斯科时间9点48分，"质子"-K

号（8K82K）火箭搭载着 E-8（201）号月球车飞向太空。在飞行的第 52
秒，由于振动导致火箭整流罩松弛并脱离，其碎片沿着火箭进入了火箭第
一级，在第 53 秒火箭爆炸。我之前已经写过，"质子"-K 号火箭头几年的
发射有一半都是失败的。这只是 300 多枚新型运载火箭中的第 11 次发射，
前 10 次有 4 次成功，很多月球车发射失败。

但最主要的是，这次事故是太空竞争，尤其是月球竞争中一个重要转
折点。如果我们的月球车那一次（也就是 1969 年 2 月）真的成功到达了月
球并在那里运行一段时间，世界各地的报纸肯定都会对此大肆宣传。当然，
之后，美国安全无误地将宇航员送上月球，这似乎是一个更重大的成就，
但这毕竟是在我们先发射了月球车之后美国做出的回击。也就是说，对立
的两国各扳回一局。但在 1969 年 7 月 21 日，尼尔·阿姆斯特朗踏上月球
表面——这使得苏联当时还未能成功登月的月球车显得毫无政治意义。

从客观现实的角度来看，月球车那次发射失败成为了之后一连串事件
的重要一环，导致后来苏联彻底结束了无用的载人登月计划，转而开始了
和美国联合的"联盟号－阿波罗号"行动。

终究无法放弃——月球车

当然，没有人打算就此放弃月球车计划，而且此时最主要的是科学目
标，而不是为了争霸——这已经没有意义了。因此，工作的激情减弱，节
奏也放缓了，没有必要绞尽脑汁，急于求成。

首先，在经历了几次失败后，苏联完成了"质子"-K 号火箭的改造。
其次，在不紧不慢的工作状态下，苏联顺利研制出了第二版月球车 E-8
（203），你可能会问：那 202 编号去哪了？202 代号被分配给了当时仍在开
发中的"月球"19 号无人探测器。

周密的筹备工作终于换来了成功。1970 年 11 月 10 日——距离第一次

发射时隔一年半之久，E-8（203）号月球车搭载"质子"-K 号火箭从拜科努尔发射场上空起飞。11 月 15 日，月球车进入了高度为 85 千米 ×141 千米的月球轨道。次日下降到了离月 19 千米的高度，并于 11 月 17 日成功降落在月面雨海区域。"月球车"1 号——从今以后它一直沿用这个名字——踏上了月球表面并开始探测工作。

"月球车"1 号上的能源本来预计支撑 3 个月，但它实际的工作时间要长得多，从 1970 年 11 月 17 日一直到 1971 年 9 月 15 日，将近一年。它的任务依然包括探测载人航天器的着陆区域，但这不再是其主要使命。在301 天的运行中，月球车 1 号航行了 10540 米，传输了 211 张月球全景图和 25000 多张照片，在 537 个点测定了月球土壤的物理特性，在 25 个点位进行了化学分析。月球车没有以最大时速 2 千米行驶，不过这也不是必需的。还有一件有意思的事：1971 年 3 月 8 日那天，操作员操控月球车车轮在月球表面画下了数字"8"，而且还画了两次。

"月球车"1 号停下来不是因为设备磨损。它只有两种能源——太阳能电池板和钋 -210 放射性同位素燃料，后一种燃料的作用是，当月球车处于背阴处时，钋 -210 的衰变能够使月球车的装置升温。1971 年秋天，钋的储量耗尽，"月球车"1 号无法承受住月球上夜晚零下 150 度的低温而停止了运行。

除了前面描述的那些之外，"月球车"1 号还有另一个有趣的细节——那就是由 14 个角反射器，或者说反光镜组成的面板，可以帮助其准确地确定从地球上的光源到月球车的距离，也就是地球表面到月球表面的距离。从地球上的天文台发射到月球车的激光会精准地按原路线反射回地球（这也是反射器的设计原理），然后通过测量激光从发出到返回的总时间即可推算出地月距离。在月球车运行期间，总共进行了 20 次这样的测量。

有趣的是，正是得益于反射器的帮助，使得在月球表面探测到已经失联 40 年的月球车成为可能。在汤姆·墨菲（Tom Murphy）的带领下，加利福尼亚大学圣地亚哥分校的物理学家研究了美国航天器在月球上留下的反射器，这些反射器的坐标是准确已知的。基于相对论原理，他们测量了地球到月球的距离。他们多次使用苏联"月球车"2号的反射器，这个反射器也从未失联过。但在2010年3月，在美国月球勘测轨道飞行器的其中一张照片中，发现了失联已久的"月球车"1号的反射器在闪烁，而在3月22日，墨菲的团队在新墨西哥州的阿帕奇点天文台特意将激光束瞄准了照片上所显示的位置。令人惊讶的是，"月球车"1号角反射器响应的光束竟然比"月球车"2号被灰尘半覆盖的反射器反射的光束还要亮！从那一刻起，墨菲将"月球车"1号反射器纳入了研究计划，由此确定了历史上第一辆月球车的确切坐标。

月球车之后

1971年，美国"阿波罗"15号飞船将第一辆载人月球车——著名的月球漫游车（Lunar Roving Vehicle，LRV）送上月球。两天零18个小时里，美国宇航员驾驶着LRV行驶了27.8千米，打破了苏联"月球车"1号的纪录。一年后，"阿波罗"16号和"阿波罗"17号分别又运载着载人月球车到达了月球——后者的行驶里程达到了35.74千米。

当时苏联的载人登月任务进展缓慢。1974年5月22日，中央机械制造实验设计局（今叫能源科研生产联合公司）的首席设计师瓦西里·米申（Василий Мишин）被免职——主要是由于他所带领的载人登月项目并没有成功。而新的负责人瓦连京·格鲁什科（Валентин Глушко）接手后，首先停掉了这个项目，以避免将资金浪费在一个不可能实现的项目上。

与此同时，E-8系列月球车计划继续进行。1973年1月16日，月球车2号被送到月球，它只工作了4个月（仍然比预计的时间长），但在此期间，它在月球表面行驶了创纪录的39千米。第三次发射，即E-8（205）

号月球车的发射，本计划于 1977 年进行，但该计划最终被取消了。已经准备就绪的"月球车"3 号至今仍留在地球上，可以在拉沃契金科研生产联合博物馆看到它。此外，在莫斯科航天博物馆还可以看到"月球车"1 号的精确运行模型。有意思的是，还在月球上的"月球车"2 号在 1993 年在苏富比拍卖会上以 68500 美元的价格卖给了美国企业家和太空游客理查德·加里奥特（Ричард Гэрриот）。

许多年后，火星车的新时代开始了。1997 年，美国人向火星发送了重量只有 10 千克的小型火星车"旅居者"号（或称"索杰纳"号），它在火星上移动了 100 米。2004 年，美国国家航空航天局（NASA）的两架全尺寸火星车"勇气"号和"机遇"号登陆火星，后者一直工作到 2018 年年底，行驶距离为 46.16 千米。2012 年，美国宇航局向火星发送了更大、更先进、技术更完善的"好奇"号漫游车——这辆火星车收集的关于火星的信息，比以往所有研究加起来的都多。2013 年，中国向月球发射了自己的第一辆月球车"玉兔"号——它间歇性进行工作，完成了部分科学项目，总共行驶了 112 米。

如今，还有几辆月球车发射升空：印度的"月船"2 号（2019 年）、中国的"嫦娥"四号（2018 年）等。这里需要指出的是，苏联在 1971 年的"火星"2 号和"火星"3 号任务中已经发射了两辆火星车 PROP-M（航道探测器－火星）。但是第一辆在硬着陆时坠毁，第二辆在 14.5 秒后陷入沙尘暴并与地球失去联系，所以苏联的火星车并没有成功。20 世纪 80 年代中期，也有过 XM-VD-2 金星漫游车的项目，但都无果而终。

尽管如此，苏联还是可以为"月球车"1 号感到自豪，正是苏联的轮式月球车第一个到达了遥远的月球。

第三十七章
太空货运飞船

今天，没有人会再对无人驾驶的运输飞船感到惊讶——正是这些能够实现自动控制的货运飞船向国际空间站运送一切必需品。这些包括美国埃隆·马斯克（Elon Musk）的"龙"飞船，中国的"天舟"飞船，当然还有俄罗斯的"进步"号飞船，在四十多年前它是第一艘货运飞船。更准确地说，不是"进步"号本身，而是其前身 TKS 运输补给飞船。

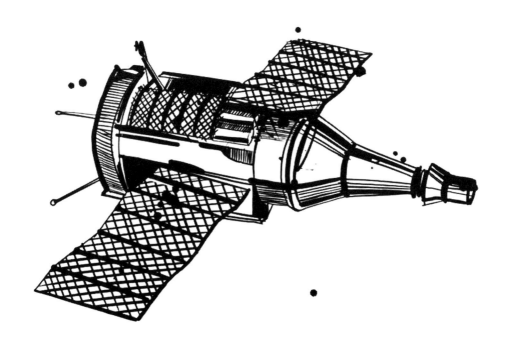

1964 年，"阿尔马兹"空间站的工作开始之后，立即出现了如何向其运送设备和维护"太空家园"的问题。"东方"号飞船、"日出"号飞船甚至"联盟"号飞船的改装都不合适：它们不是作为货运飞船来设计的，只能向轨道运送非常有限的货物；且完全不能将任何东西送回地球——下降舱只能负担起几千克的东西，而大量材料和资源有上吨重。很明显，这样一个项目需要专门的、独立开发的飞船。

1966—1969 年，切洛梅（Челомей）主管下的第 52 特种设计局提出了一些运输补给飞船（TKS）的设计草案——首先使用"联盟"号飞船的一些元素，然后再自行创新。如果你读过第三十五章，记得 1969 年发生的事情，就会知道：第 52 特种设计局显然没能胜任工作，空间站设计实际上被移交给实验机械制造中央设计局（ЦКБЭМ）的专家，而在中央政治局中央委员会书记德米特里·乌斯季诺夫（Дмитрий Устинов）的调整之下，"阿尔马兹"军事侦察空间站被改成了"礼炮"号科研空间站。由于我们必须赶上并超过美国，运输补给问题被推迟了：在美国人正在开发的"天空实验室"（Skylab）被送入轨道之前，发射"礼炮"号空间站似乎更为重要。

1970—1973 年，TKS 飞船的工作不仅被停止或冻结——没有为其分配资金，只有少数工程师在业余时间继续完善其草图设计。苏联只有在完成了"追赶和超越"的任务后，才开始认真对待货运飞船。

TKS 飞船是如何建造的

尽管"和平"号空间站是由实验机械制造中央设计局负责的，但 TKS 飞船的开发仍然是切洛梅手下工程师的地盘，以下便是他们的成果。

TKS 飞船由两个主要的结构部分组成：返回舱（VA）和车身，即功能货运舱（FGB）。这两个模块都有自己的发动机，能够独立飞行，基本上是两个独立的飞船。

然而，TKS飞船并非只能无人驾驶：返回舱可以作为一个额外的货舱，也可以作为机组人员的机舱。它可以容纳3名宇航员和50千克从空间站带回的材料，如果是在自动模式下飞行，甚至可以容纳500千克的材料！值得注意的是，它还是一个可重复使用的航天器——在热防护罩更新后，它可以与一个新的功能货运舱对接，并再次被送入太空，如此反复使用，最多10次。

功能货运舱有效载荷为5.2吨，是一个直径2.9米的圆柱体，其中一侧可延伸达4.1米（其总体积为49.88立方米）。返回舱与延伸部分对接，在TKS的各部分之间有舱口，允许船员从生活舱移动到货舱部分。对接站和对接控制板位于功能货运舱的另一端——就在接近空间站之前，宇航员将移至货舱，并从那里驾驶飞船。

实际上，几乎所有这些元素都已经在1969年的草图版本中出现过，所以在1973年，设计很快被确定下来，并制作了几个原型用于测试。此外，为了发射TKS，还开发了"质子"号运载火箭的特殊版本，即UR-500K-TKS的改进版，其不同之处首先在于没有头部整流罩。返回舱就是空气动力元件，它具有截顶锥体的形状，被设计用来穿过大气。

测试开始于1976年。

此时的实验机械制造中央设计局

实验机械制造中央设计局也没有浪费时间。当第52特种设计局的工程师们在为神话中的"阿尔马兹"空间站研究运输飞船时，他们的主要竞争对手正在为民用的"礼炮"系列空间站设计运输飞船，其设计也是取自切洛梅。起初，他们的项目被称为"GK"（货运飞船），以"联盟"号飞船的设计为基础。

　　GK 飞船最初也被设计为无人驾驶。这一限制使得飞船无法从空间站向地球运送返程货物，但一般来说这种货物很稀少，因此决定放弃这一功能。GK 飞船的所有参数的选择是为了使大部分的元件和系统与已经存在的"联盟"号载人航天飞船相对应。这不仅使得设计和制造航天器更简单，而且操作成本也更低。由于这种相似性，飞船的概念设计在创纪录的时间内完成——从 1973 年夏天到 1974 年 2 月。此外，GK 飞船项目正式成为"礼炮"计划的一部分，因此当时也不乏财政支持，相比 TKS 飞船，这也为 GK 飞船增加了额外分数。

　　到 1976 年中期，设计工作已经完成，第一批原型机已经制造出来，1977 年 11 月，第一个飞行模型已经准备就绪。拥有 10 年领先优势的第 52 设计局已经失去了优势，尽管他们的 TKS 飞船已经经历了两次成功的发射，一次是试验的，一次是正式的。

　　GK 飞船比 TKS 飞船要轻得多，也更简单。它只能运载 2.315 吨货物，比 TKS 飞船运载量少 2.5 倍，但这被认为是一个优点。非军用空间站不需要 5 吨的补给：没有必要携带"阿尔马兹"空间站需要的超重望远镜和武器。GK 飞船能够完全满足"礼炮"系列空间站的需求。此外，GK 飞船没有重返大气层的能力——在交付货物后，它将解体并进入自由的太空中，变成垃圾，然后从轨道中坠落，在大气层中燃烧殆尽。这大大简化了它的设计。此外，GK 飞船（尽管我们已经习惯于以更熟悉的方式称呼它——"进步"号飞船）是借助"联盟"-U 号运载火箭发射的，这是一种中型运载火箭，比"质子"号运载火箭便宜得多。

　　因此，在 1978 年 1 月 20 日，"进步"号飞船向"礼炮"6 号空间站出发，两天后成功对接。运载货物不多，主要目的是测试所有的系统；这是当时空间站的工作人员格奥尔基·格列奇科（Георгий Гречко）和尤里·罗曼年科（Юрий Романенко）的任务。测试是成功的。

　　以"进步"号为基础的航天飞船仍在工作。它的第一个代表，"进步"MS 01 飞船于 2015 年 12 月 21 日启程前往国际空间站。在 160 次发射中,"进步"号飞船只有 2 次失败! 2015 年和 2017 年各 1 次。这使其成为太空探索史上最可靠的航天器。

让我们回到 TKS 飞船的故事。

航行的 TKS 飞船

之后,1976 年 12 月 15 日,"质子"UR-500 号火箭将两颗 TKS 质量惯性模型——"宇宙"-881 号和"宇宙"-882 号卫星送入轨道。两个模型都绕地球飞行了一圈,并在计划区域内成功着陆。

1977 年 7 月 17 日发射的已经不是模型,而是成熟的 TKS 飞船,即现在的"宇宙"-929 号。飞船在轨道上分离,返回舱在那里停留了一个月,然后成功脱离轨道,而功能货运舱则绕地球飞行了 6 个月。有趣的是,当时没有计划进行对接,因为在切洛梅监管下的 TKS 飞船仍在为未叫停的"阿尔马兹"空间站计划而建造。也就是说,甚至早在 1977 年,他们就可以将 TKS 飞船与"礼炮"5 号空间站在轨道上对接来进行全面的测试,但他们决定不这样做,因为他们在等"阿尔马兹"空间站(同时也因为"礼炮"是由竞争对手开发的,并且还有自己的 GK 货运飞船)。但无论如何,这是有史以来第一次无人驾驶飞船的飞行——"进步"号和"龙"飞船的前身。

两周后又进行了一次发射,但这次没有成功,运载火箭在发射时爆炸了。工程师们又回到了大规模的模拟模型上,在接下来的两年里又推出了 4 个"宇宙"系列飞船:编号分别为"宇宙"-997 号、"宇宙"-998 号、"宇宙"-1100 号和"宇宙"-1101 号。

到 20 世纪 80 年代初,人们终于明白,"阿尔马兹"空间站不值得等待。1978 年,载人空间站的所有工作正式停止,两颗无人卫星"宇宙"-1870 号和"阿尔马兹"-1很晚——分别在1987年和1991年才被送入轨道。TKS飞船只剩下一个用途：为"礼炮"系列轨道空间站供货。TKS飞船的悲剧性未来就在这里："进步"号飞船已经为"礼炮"系列空间站提供常规服务，在1981年就成功完成了12次任务。

1981年4月25日，第二艘TKS飞船（"宇宙"-1267）被送入太空。两个月后，它成功与"礼炮"6号空间站对接；两年后的1983年3月2日，TKS飞船完成了第一次真正的工作飞行任务：它向"礼炮"7号运送了2.7吨货物和3.8吨燃料。"宇宙"-1443飞船作为空间站模块之一运行了几个月，然后它的返回舱返程，将350千克货物送回地球。

但正如我之前所说，TKS飞船是被过度设计的。苏联是世界上唯一拥有发射空间站的长期计划的国家。此外，苏联还学会了如何在不危及人类生命的情况下，通过无人驾驶的飞船向空间站提供额外的燃料和材料。但在这场游戏里没有两个玩家。如果美国的空间站开始工作了，且有更复杂的军事轨道系统，那么TKS飞船有效载荷高、可以返回地球的优点就会受到追捧。但它运气太差！

然而，TKS-4飞船仍然在1985年秋天飞向了"礼炮"7号空间站。它向该站运送了4.3吨设备、消耗品以及1.5吨燃料。在作为空间站模块运行时，功能货运舱将额外的动力传输给"礼炮"号空间站，并以牺牲自己的燃料供应为代价进行操作——这大大延长了空间站的续航力。但随后这一切就走到了尽头。

无人驾驶机器的未来

正如第三十五章所讨论的，在20世纪80年代，许多项目因为"暴风雪"号航天飞机而被放弃或冻结，包括TKS飞船项目。剩下的飞船被重建和改装。重新准备好的功能货运舱被用于其他航天器的建造。例如，1987

年被送往"和平"号空间站的"量子"号，就是利用重建后与其对接的功能货运舱携带了大量货物（设备和燃料）。功能货运舱设计也以各种方式用于"和平"号空间站的其他舱——"量子"2号、"晶体"号、"光谱"号和"自然"号。

失败的原因之一是被迫放弃了载人版本的TKS飞船——这部分计划早在1982年就已停止。官方认为原因是"质子"号运载火箭使用了高毒性燃料，因此该运载火箭只适用于无人驾驶发射。但客观地说，这个问题在技术上是可以解决的，因为"质子"号运载火箭是用戊基和庚基燃料飞行的，与其他运载火箭差不多。最有可能的原因是，这个国家试图停止太空竞赛。此外，TKS飞船的工程师们无法忍受来自实验机械制造中央设计局的激烈竞争。

有人曾试图重新启动该项目。除了"量子"号舱，功能货运舱还是国际空间站两个模块的基础——首个舱段"曙光"号舱，以及尚未发射的"科学"号舱（截至本书出版时尚未发射）。

返回舱则一直没有找到用途。由于着陆器是可重复使用的，因此有相当多的飞行器幸存下来，包括那些从未飞入太空的飞行器和那些一直在轨道上的飞行器。在俄罗斯，只有一个重返大气层的返回舱是公开展示的，在全俄展览中心（ВДНХ）的太空展馆，经过长时间的翻新后重新开放。另一个返回舱在1993年卖给了美国，现在在华盛顿史密森学会的国家航空航天博物馆里展出。

其他幸存的舱体则更难看到。其中几个被俄罗斯－英国公司王剑钻石^①（Excalibur Almaz）买下，该公司计划在其基础上建造一艘用于太空旅游的飞船，但在2015年，这家几年来一直在筹集资金并向投资者提供精美草案的公司消失得无影无踪。有传言说，机械制造科学生产联合公司（НПО

---

① 一家英国的私人航天公司。——译者注

машиностроения）、动力机械制造科研生产联合公司（НПО《Энергомаш》）和赫鲁尼切夫国家航天科学生产中心（ГКНПЦ имени Хруничева）仍拥有几份返回舱的复制品，但目前无法自由获取。

有趣的是，2014年5月，在比利时伦佩尔茨（Lempertz）拍卖行的拍卖会上，一个独特的返回舱浮出水面，它曾两次进入太空。它正是第一个被送入轨道的TKS飞船的返回舱，作为"宇宙"-929任务的一部分，它还参加了一年后的测试飞行（"宇宙"-998）。它的起拍价为50万欧元，最终被一个不愿透露姓名的人以100万欧元的价格买下。最有可能的是，它是最初王剑钻石公司购买的返回舱之一。

如今，除了"进步"号货运飞船，还有3种类型的无人驾驶飞船飞往国际空间站。两个是美国的，太空探索技术公司（SpaceX）的"龙"（Dragon）飞船和轨道ATK公司（Orbital ATK）的"天鹅座"（Cygnus）飞船；一个是日本宇宙航空研究开发机构（JAXA）公司的HTV飞船。还有中国的"天舟"号，用于向中国空间站运送货物。2014年7月29日，欧洲航天局发射货运飞船ATV-5，为国际空间站运送物资。

总结一下：我个人对TKS货运飞船感到遗憾。一个好的项目被推迟，后来又由于各种政治和经济原因而失败，这些全与技术无关。

第三十八章

火箭发动机

　　作为世界上两个领先的航天国家之一，苏联在火箭发动机领域取得了一系列突破性进展。在这里，我试图收集在我看来苏联在这一领域最重要的成就。

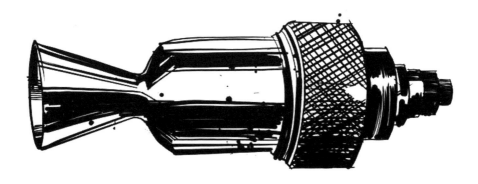

事实上，要展现这些成就只用一章是不够的，甚至一整本书都不够用。所以请记住，有许多工作、发明证书、实验设计和成功的系列模型被排除在外。我想谈的具体成就甚至不是按其重要程度来强调，而是按其有趣程度。将它们团结在一起的唯一因素是"第一"。所有这些类型的火箭发动机都是由苏联专家首先开发的。

领先于时代

1929 年 5 月，年轻的工程师瓦连京·格卢什科（Валентин Глушко）加入了由著名发明家、科学家尼古拉·季霍米罗夫（Николай Тихомиров）领导的列宁格勒气体动力实验室。几乎在第一时间，格卢什科就走上了新的方向——研究火箭发动机和火箭。有趣的是，当时这位年轻的工程师只有 20 岁，甚至没有完成高等教育（格卢什科在列宁格勒国立大学读五年级时因经济原因而退学）。

他没有靠山，但他有别的东西——努力、运气和天赋。他曾在第六职业学校学习，除了专业知识，还学习小提琴，并读了很多书。1923 年，14 岁的他给伟大的齐奥尔科夫斯基写了一封激情迸发的信。齐奥尔科夫斯基意外地回了信，于是他们一直保持通信到 1930 年。格鲁什科在 15 岁时就发表了他的第一篇关于宇航学的文章《地球对月球的征服》，并选择了一个极为罕见和困难的课题——电火箭发动机的开发，作为他在列宁格勒国立大学的毕业论文。

电火箭发动机的想法是由理论宇航学的两位顶尖学者——康斯坦丁·齐奥尔科夫斯基在 1911 年和美国人罗伯特·戈达德在 1916 年提出。戈达德更进一步，将这一想法进行了初步计算。但当时的技术距离能够将任何东西发射到太空的常规火箭发动机都有一定距离，更不用说这个纯粹的梦幻设计了。

格卢什科对从齐奥尔科夫斯基那儿得到这个想法感到非常兴奋。事实上，正是他的毕业论文吸引了季霍米罗夫的注意，季霍米罗夫不需要像灿德尔（Цандер）或阿尔捷米耶夫（Артемьев）那样的老资格专家（不过，阿尔捷米耶夫当时也在为他工作），而是需要一个年轻、活泼、充满新意的人。这个人就是格卢什科。

今天，有几十种不同类型的电火箭发动机，分为静电、电热、电磁、光子等不同类别。也有更窄的分类，例如，静电发动机分为离子和等离子的。有一些发动机不属于现有的任何一组，例如在科学界有争议的EmDrive（这个项目要么是测量错误的结果，要么是一个非常狡猾的欺诈行为）。有些设计仍然是纯粹的实验室样品，甚至是理论设计，但几乎每年都会出现配备新型电发动机的成熟航天器。就在 2013 年，爱沙尼亚的第一颗人造卫星 ESTCube 1 发射升空——这是第一个使用电帆的航天器（虽然测试并不完全成功，但这并不重要）。

电火箭发动机有一个相当大的限制，它不能将物体发射到轨道上，以上所列出的任何一种发动机的推力都太小了，而且用电动火箭发动机飞过大气层，要么经济效率低，要么根本不可能。因此，它在已经身处宇宙空间中的飞船上被用作巡航发动机或机动发动机。第一个电力推动发动机已经在太空时代得到了实际应用：在 1964 年 7 月 20 日发射的美国卫星 SERT-1 上，一个静电离子发动机工作了 31 分 16 秒。顺便说一句，SERT-1 上有第二台另一种类型的电发动机，但它没有启动。

而在 20 世纪 30 年代初，在火箭发动机中使用电力是一个大胆且不寻常的解决方案（我不会说是"革命性的"，因为这种系统离实际应用还有好几年的时间）。这是一个太空梦，一个在不远的将来进入轨道飞行的希望。

在不到一年的时间里，在 1929 年年底，格卢什科的部门已经设计并建造了世界上第一个工作的电火箭发动机样本——电弧型电热发动机。在此类的装置中，电弧被用来加热工作体（气体），然后通过喷嘴喷出，将电能转化为航天器运动的动能。换句话说，相对于其他类型的电力发动机，它是一个相当简单的设计，难怪它是第一个被真正实现的。

格卢什科认为他的电热发动机可以将火箭发射到轨道上，但1930—1931年的测试表明，其推力极其有限，实验室完全停止了实验。事实上，格卢什科非常超前：在20世纪30年代，火箭发动机设计的主要目标是进入轨道，而不是解决机动发动机的问题。从1930年起，格卢什科的部门完全专注于液体发动机，与灿德尔、戈达德（他已经发射了第一枚液体推进的火箭，尽管没有进入轨道）和德国设计师团体并行。1964年11月30日，从拜科努尔发射场发射的火星探测器Zond-2（Зонд-2）上安装了苏联有史以来第一台电火箭发动机［采用了亚历山大·安德里亚诺夫（Александр Андрианов）的等离子体侵蚀设计］。更确切地说，上面有6个这样的装置，它们被用作机动发动机，正如格卢什科30年前所设想的那样。

封闭式

苏联火箭发动机工业的另一个值得注意的创举是阿列克谢·伊萨耶夫（Алексей Исаев）发明的封闭式液体发动机。格卢什科的同龄人伊萨耶夫不是一个神童，他的工作之路很平常：1931年，23岁的他从莫斯科矿业学院毕业，在不同的企业担任工程师，然后进入了第22飞机厂的博尔霍维季诺夫（Болховитинов）特种设计局。

伊萨耶夫从航空学转入火箭科学领域。20世纪30年代末，特种设计局搬到了希姆基的第293号飞机厂，博尔霍维季诺夫被任命为局长。设计局29岁的年轻设计师亚历山大·别列兹尼亚克（Александр Березняк）提出了一个有趣的倡议：建造第一架带有火箭发动机的苏联飞机。该倡议得到了上面的批准，1941年春，别列兹尼亚克与伊萨耶夫开始研制该飞机。顺便说一下，在那个时候，此飞机同导弹拦截器的概念是类似的。据推测，这种飞机可以瞬间起飞，快速攻击并着陆，与此同时，德国人也正在研究类似的火箭战斗机（Messerschmitt Me 163 Komet，它成为历史上唯一的构成系列并投入实战的火箭战斗机）。第一架装有液体燃料火箭发动机的飞机——"海因克尔"（Heinkel）He 176 火箭飞机，已经在 1939 年由德国人造出并进行了测试。

总的来说，别列兹尼亚克和伊萨耶夫在很短的时间内设计了苏联 BI-1（БИ-1）火箭战斗机。对其各种改装的试验一直持续到 1945 年，伊萨耶夫成为苏联在液体推进剂火箭发动机领域的主要专家之一。正是在这个岗位上，他加入了"二战"后被派往德国的工程师小组，研究德国在火箭制造方面的成就。1947 年，他领导了第 2 特种设计局（ОКБ-2）。该局原隶属于苏联航空研究部第一研究所（НИИ-1 МАП СССР）[现在的莫斯科热能工程研究所（Московский институт теплотехники）]，后来转到第 88 研究所 [现在的机械制造中央研究所（ЦНИИМАШ）] 下。伊萨耶夫从事各种级别的战斗导弹的发动机设计，总的来说，他为军队工作。正是在那里，作为设计局的首席设计师，伊萨耶夫于 1949 年提出了液体火箭发动机的原始方案——所谓的封闭式循环液体火箭发动机。

在经典的火箭发动机中，燃料和氧化剂从油箱被送入离心泵，离心泵在高压下将它们供给喷注器；燃料从那里进入燃烧室。离心泵由燃气轮机驱动。这就提出了一个问题：哪里来的气体使燃气轮机转动？这一切相对简单：一些火箭燃料在供给阶段就已经从基质中分离出来，并在一个称为燃气发生器的特殊隔舱中单独燃烧。由此产生的气体进入燃料泵并驱动燃气轮机，之后被排入大气。也有一些系统使用储存在单独隔舱的其他燃料来驱动涡轮机。但无论如何，开放式循环系统（因燃气发生器的工作方式而得名）会降低发动机效率，增加燃料消耗。

伊萨耶夫的想法是将已经完成功能的燃料发生器气体转入燃烧室，在那里燃尽，并作为主要燃料发挥作用，推动火箭的飞行。问题是，在 1949

年，即使是用于有翼火箭或弹道火箭的经典液体火箭发动机，也需要进行许多修改。封闭式发动机在设计和制造上要困难得多，而且效率的提高被设计工作的复杂化和更高的失败概率所抵消。这就是为什么伊萨耶夫的想法暂时只停留在纸面上。

但是，虽然该计划对于早期的军事技术来说过于复杂，但它在太空时代发挥了作用。旨在将物体送入轨道的火箭需要不断增加动力和效率，而设计的复杂性不再是一个问题，因为运载火箭本身已经是极其复杂的系统。

结果，该计划由伊萨耶夫设计局前雇员和他的学生米哈伊尔·梅尔尼科夫（Михаил Мельников）实施。自 1956 年以来，梅尔尼科夫担任谢尔盖·科罗廖夫第 1 特种设计局（ОКБ-1）的发动机副总设计师，在 1958 年，他的小组从事为新的"闪电"号四级运载火箭开发液体火箭推动机的工作。第一个样品 11D33（11Д33）（C1.5400）于 1960 年 5 月准备就绪，出色地完成了测试，并成为第一个正式投入生产的封闭式循环液体火箭发动机。然而，前两次发射的"闪电"8K78 运载火箭（1960 年 10 月 10 日和 14 日）都没有成功，第一次是发动机出了问题。1961 年 2 月 12 日，"闪电"号运载火箭升空并成功将"金星"1 号探测器（第一个在金星附近飞行的航天器）送入轨道。有趣的是，这是第二次成功的发射。第一次是在 2 月 4 日，当时"闪电"号运载火箭发射了另一个"金星"1 号，但它的助推器出现了故障，未能离开地球轨道。苏联的宣传很快将其改名为"卫星"7 号，并称这次发射是成功的，尽管"金星"1 号探测器后来通信中断，很难说是成功。第一次发射失败在很久以后才被承认。

如今，液体火箭发动机在航天工业中被广泛使用。许多俄罗斯发动机，如最新的 RD-193（РД-193）[其出口改型 RD-181（РД-181）在 2016 年秋季发射了新的美国"安塔瑞斯"（Antares）运载火箭]，都是基于这一方案。"安加拉"火箭也使用了早期的、经过检验的 RD-191 系列发动机。伊萨耶夫的想法早已超越了设计局的边界，甚至超越了国家的边界。

太空中的等离子火箭发动机

应该简单介绍一下世界上第一个等离子体火箭发动机。与格卢什科发动机一样，它也是一种电火箭发动机，但属于完全不同的类别，工作原理也不同。由于我的任务不是详细描述这台机器所依据的物理定律，因此我将非常简要地描述它的结构。主要是为了让您了解离子和等离子体发动机之间的区别。

离子发动机的工作介质通常是氙气或汞蒸气。工作介质被电离，变成离子流，然后在强电场中进行加速。被加速的离子被释放到太空中，产生推力并使飞船加速。加速区的电场是由两个网状电极（栅极）系统——一个负电极（阴极）和一个正电极（阳极）产生的。在这些电极上施加电压，便可形成一个具有显著电位差的电场区域。

第一台离子发动机被装备在美国卫星"SERT-1"上于 1964 年进入轨道，关于这点我在前文中介绍过（事实上，从历史角度看，离子发动机通常是最早进入太空的电力发动机类型）。

但早在 1955 年，一位年轻的物理学家，研究生阿列克谢·莫罗佐夫（Алексей Морозов），在《实验和理论物理学杂志》上发表了一篇文章《论磁场对等离子体的加速》。原标题应该是另一个——《关于创造等离子体电喷气发动机的可能性》，但他改变了标题，这样文章就不会立即被列为机密。两年后，莫罗佐夫来到了库尔恰托夫（Курчатов）原子能研究所，发展了自己的想法，并在 1962 年提出了一个具体的发动机设计方案，使用交叉的磁场和电场来加速工作介质（电离氙）。

在某种程度上，人们可以把等离子体发动机视为离子发动机的更完善版本，因为等离子体是一种电离气体，它包含带电离子和自由电子。但在传统的离子发动机中，只有离子被送入电极之间的加速场，而当等离子体被送入时，电场将主要加速不产生推力的轻电子。离子发动机有其局限性——基础的局限性（靠近阴极的离子对于其他部分来说屏蔽了其潜力，就像一个软木塞一样）和技术的局限性（加速的栅极会强烈发热，也许会变形）。莫罗佐夫的想法是用一个简单而巧妙的解决方案来摆脱离子发动机的限制——包括栅极、离子构成的"塞子"和加速粒子流中的电子等问题。

这个解决方案是使用磁场。静态等离子体发动机（SPT）的核心是在环形室中产生磁场的电磁铁。环形室的一端是阳极，阴极位于发动机的截面处。工作介质氙被送入环形室中，在电场中被电离，转化为等离子体。离子被阳极和阴极之间的电场加速，并从发动机中逸出，产生推力。而电子被磁场束缚，"缠绕"在磁力线上的电子形成一种虚拟的阴极网格。

到 1967 年，静态等离子体发动机的实验室版本 EOL-1（Эол-1）已经制造完成并进行了测试，但说实话，距离真正的飞行版本还有很长的路要走。问题是航天技术设计工程师的保守主义：他们害怕把一个奇怪和不太可靠的原型系统放在卫星上。这个问题是由原子能研究所所长阿纳托利·亚历山德罗夫（Анатолий Александров）亲自推动的。他与"流星"（Метеор）系列气象卫星的总设计师安德罗尼克·约瑟菲扬（Андроник Иосифьян）进行了谈判，后者是电气工程领域最厉害的苏联科学家，并对静态等离子体发动机的开发工作真正感兴趣。

EOL-1 发动机在航天配置中仅重 15 千克，它被安装在"流星 -1-10"卫星上，于 1971 年 12 月 29 日进入轨道。EOL-1 总共工作了 170 个小时，在此期间，它在卫星的轨道上运行了 15 千米，完成了它作为机动发动机的使命。

事实上，等离子体发动机的主要缺点与离子发动机完全相同：推力非常小。在任何情况下，它都不足以穿过地球的大气层。但作为卫星的机动发动机，它是一个理想的解决方案，因为等离子体发动机可以缩小到尽可能小的尺寸，而且其寿命非常长——3 年或更长时间。等离子体发动机也被考虑用于超远程任务：这样的系统将允许缓慢但长时间的加速度积累，并最终可加速到任何液体火箭发动机无法达到的速度。

今天，等离子发动机被安装在各种各样的卫星上。使用这种发动机的最突出的项目之一是 SMART-1，这是由欧洲航天局设计的月球探测器，除了研究之外，它还被设计用来测试等离子体发动机，以便在前往水星和太阳的任务中使用。世界上这种发动机的主要制造商是加里宁格勒的特种设计局 "Fakel"（Факел），正是那个在 1971 年根据莫罗佐夫小组的图纸制造出 Eol-1 发动机的地方。

永不结束的主题

第一个电热火箭发动机、第一个封闭式液体循环火箭发动机、第一个等离子体火箭发动机——这些只是苏联火箭推进史中的 3 页而已。例如，早在 20 世纪 30 年代，格卢什科是世界上第一个进行将可燃液体应用于火箭燃料的实验的人，甚至早于德国人。或者，举另一个例子：尽管第一颗带有核辅助动力系统的卫星 SNAP-10A 是由美国人发射的，但它只是美国人拥有的原型和唯一一个。而苏联将这种类似的装置投入大规模生产［第一个是 BES-5 "Buk"（БЭС-5 "Бук"）］，核卫星成为苏联太空计划不可分割的一部分。

数以百计的发明证书，数十种已实施的系统——在火箭发动机方面，苏联领先于世界（偶尔与美国共享这种首要地位）。更令人惊讶的是，许多设计并没有停留在国内，而是以出版物和出口模型的形式走出了国门。然而，在大多数情况下，苏联同美国平行进行开发工作，但即使苏联第一个开始做，由于美国的开放性和良好的国际关系，该技术也会从美国"走出去"。但自 20 世纪 70 年代以来，随着冷战的减弱，太空合作和经验交流变得比短暂的首要地位展示更重要。我们逐渐开始向世界开放。

第五部分

武　器

　　苏联（和许多其他国家一样）在军事技术方面一直都有充足的资金支持。即使是在危机时期，即使油价走低，即使牺牲其他行业利益，苏联的军事技术投入一直居高不下。苏联的军事发明和创新不计其数，但是作为和平主义者，我尽量压减了武器方面的章节，只介绍了 5 个最具特色的"首创"领域。你们权当作是作者的任性吧。

　　在整个人类的历史上，直到 20 世纪后半期，战争一直是人类进步的重要推动力量。大多数日常生活中所用到的技术，都是最初应用于军事的。从根本上来说，整个航天工业，整个通信业，一半的医学，运输业的许多领域，等等，都是始于战争、兴于战争的。

　　但现在，在 21 世纪，和平生活逐渐成为人类社会的主题。每年都有更多的新技术被运用，这要归功于高校的科研活动，以及汽车、家用电器和计算机制造企业的技术开发。战争的热潮退去，战争成为战争本身。相反，最初的和平技术开始广泛应用于国防工业。

　　这是当下的现实，而我所要讲述的年代，是军事工业与民用技术紧密联系的年代——也可以说，是二者相互依存的年代。我们很难在洲际弹道导弹与把尤里·加加林送上轨道的运载火箭，或者核弹与充满和平气息的核电站之间划清界线。

　　为了不让军事爱好者彻底失望，在武器部分，我会简单介绍几项苏联军事研究成果，这些成果或许不算太过耀眼，但至少在全球范围内，它们都是史无前例的首创。

说说首创那些事

1977 年，4 年前刚刚下水的 1134BF 大型反潜舰"亚速夫"号进行了重大升级改造。舰尾的"风暴"防空导弹系统被拆除，舰尾甲板的上层建筑被拓宽，彻底改容更貌，新型"堡垒"防空导弹系统的 6 个发射器就安装在整修后空出的位置。"堡垒"系统是一项技术突破，因为它是历史上第一个舰载防空导弹垂直发射系统。试制型"堡垒"的每个发射器都能装载 8 枚导弹；发射后，发射器就像左轮手枪的弹膛一样开始旋转，把下一枚导弹送入发射位置。

目前普遍认为，垂直发射器是美国在 20 世纪 70 年代开发的。1976 年，美国人开始研制他们的第一个垂直发射系统（下文简称垂发系统）MK41。但到了 20 世纪 80 年代末，MK41 开始在舰艇上装备时，苏联已经把垂发系统大量安装在军舰上。第一艘从建造伊始就采用了防空导弹垂发系统的军舰，是 1980 年入列服役的 1144 型基洛夫级重型核巡洋舰"海鹰"号。基洛夫级除了装备"堡垒"外，还装备了 20 枚装载在独立发射箱内的P-700"格拉尼特"导弹（并不完全是传统的防空导弹垂发系统）。今天，这种装置已被世界许多国家的军舰所采用——不只是俄罗斯和美国，还有法国、韩国、澳大利亚、德国、意大利等。

另一项值得一提的工程发现是独具特色的栅格舵。这是一种创新的气动力面，用来稳定导弹的飞行。栅格舵是苏联专家谢尔盖·别洛采尔科夫斯基（Сергей Белоцерковский）领导的小组在 20 世纪 50 年代至 60 年代初开发的，别洛采尔科夫斯基是一位杰出的空气流体动力学专家，也是专攻导弹技术的科学家。

栅格舵，顾名思义，由方格构成。这样的栅格排列在一起，可以做成导弹尾翼。栅格舵不同于其他舵面，它适应大迎角飞行，也就是说，即使在较大的迎角情况下，栅格舵仍能有效地工作。栅格舵非常轻，需要时还能轻松折叠。我们本来可以在《太空时代》那部分讨论栅格舵，但考虑到栅格舵是为了军事目的研制的，而且现在更多地应用于制导导弹结构，因此把它列入本书的"武器"部分。像"先锋"公路机动型导弹系统的15Zh45固体推进剂导弹，"圆点"武器系统的9M79导弹，以及美国GBU-43/B MOAB型高爆弹（也被称为"炸弹之母"），等等，均采用了栅格舵。当然，栅格舵也经常用于火箭技术的和平用途，采用栅格舵技术的最著名的现代火箭是埃隆·马斯克的美国太空探索技术公司（SpaceX）推出的"猎鹰"9R火箭。总而言之，这是苏联的一项重大发明，虽然本质上是狭义的苏联发明。

军事领域其实存在不少误传，读起来也饶有兴味。举例来说，著名的"喀秋莎"BM-13火箭炮作为军事技术上的突破，一般被认定是世界上第一个多管火箭炮系统。然而事实并非全然如此。

历史上有一种很有名的"Hwacha"车，朝鲜人称之为"火厢车"。火厢车是一个长方形的箱子，上面布满圆柱形发射孔，每个发射孔内都装有一支火箭，可以接续发射，分批发射，也可以同时发射。总之，除了制作材料较为原始，火厢车与现代多管火箭炮并没有太大的区别。据朝鲜编年史记载，第一辆火厢车是1409年由一群科学家根据早期战车——长杆神机箭车建造而成。朝鲜第五代君王文宗在位期间（文宗于1450—1452年在位，统治时间很短），最先进的火厢车能发射一百支火箭。1592—1598年壬辰战争期间，火厢车使用最多，日军曾两度入侵朝鲜，但均以失败告终。1593年3月14日的汉江之战中，一支由2300名朝鲜士兵组成的小股要塞驻军在40辆火厢车的协助下，成功击退了3万名日本士兵！

朝鲜火厢车时代之后的第一型功能性多管火箭发射器也并非"喀秋莎"。1940年年底，德国对一系列Sd Kfz251型半履带装甲车进行了技术升级，装备了Wurfrahmen 40多管火箭炮。这套系统能够发射6枚口径为

280 毫米至 320 毫米的火箭弹，具体口径视改装情况而定。后来，德国人对这套进行了多次改进。

BM-13 被亲切地称为"喀秋莎"，是继德国火箭发射器之后的第二款现代多管火箭发射器。1941 年 6 月 27 日，沃罗涅日共产国际工厂制造的第一批两套"喀秋莎"（安装在 ZIS-6 底盘上）正式出厂。随后，BM-13 也被安装在 ZIS-151、ZIL-157、ZIL-131 底盘上，以及根据租借协议由美国提供的史蒂旁克 US6（Studebaker US6）上，偶尔也安装在其他车辆上。但与德国重型"维尔夫拉曼"火箭发射器相比，"喀秋莎"及其改进型更为轻便，功能更加强大。它们可以发射 16 枚 132 毫米火箭弹，自动装置性能更好，瞄准起来也更容易。尽管如此，苏联仍旧没有多管火箭炮名义上的首创地位。

有些令人脑洞大开的项目，由于太过于新奇，太过疯狂，没有哪个国家会把这样的设计用在自己的武器上。我想指出，"二战"期间德国有很多类似的计划，因此现在我们使用"阴郁的日耳曼天才"这样的表述时，常常带有嘲弄的意味。苏联也有很多稀奇古怪的军事黑科技，例如著名的 A-40 飞行坦克，就是由飞机设计师奥列格·安东诺夫（Олег Антонов）在 1941 年设计的，可以说是坦克与飞机"杂交"的"怪胎"。

A-40，在其他术语体系中也被称为 KT-60，基于列装时间不长的常规 T-60 轻型坦克设计。安东诺夫建议将坦克固定在翼展为 18 米的滑翔机上，飞行中炮塔可旋转 180°，炮口朝后。降落后，滑翔机在几分钟内可与战车分离，战车则继续在敌后执行任务。

A-40 在 1942 年 8 ~ 9 月进行了测试。A-40 本身并不具备起飞能力，需要用 TB-3 拖航机拖曳滑行。不过第一次试飞就将 A-40 的设计缺陷暴露无遗：装备笨重，爬升速度缓慢，在预定的时间里，只勉强爬升了 40 米，这还是在炮塔被拆除的情况下：为了方便试验，A-40 的重量降到了最低！

要让 A-40 真正适应实战，必须进行大量的升级改造，包括对滑翔机的重新设计、对坦克的全面改造、更换拖曳飞机，等等。而战争就在眼前，幻想和超脱于现实的设计，根本不可能和简单实用的设计相抗衡。"坦克之翼"已经失去了展翅的机会。如果哪一天，有人制造出会飞的坦克，我们可以骄傲地说，我们早就造出了这种装备，我们超越了自己的时代。但在客观上，这种情况已经不太可能发生。

当然，也有一些其他的军事开发项目。例如，著名的遥控电视坦克，或者冲击波发射器，一种主要用来破坏电子设备的电磁脉冲爆炸源。但我不想在战争的相关内容上着墨过多。我是个爱好和平的人，在我看来，这本书中已经有太多的战争内容。

第三十九章

最可怕的炸弹

1961 年 10 月 30 日，人类历史上威力最大的炸弹——热核炸弹（氢弹）AN602（又名"沙皇炸弹"）在苏霍伊诺斯角（新地岛）试验场引爆。爆炸的能量为 5860 万吨 TNT 当量，这在一定程度上成了美苏军备竞赛的顶峰。尽管氢弹是一项极其可怕的发明，我也有必要在本书中讨论一下它。但我希望它只是一件存在于过去的传奇，以后永远不会有人需要它。

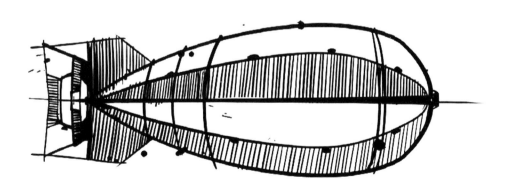

夸张一点说，原子弹和热核武器相比，简直就是小孩子的玩具。原子弹与核电站运行的原理相同，都是基于原子核进行的链式裂变反应。我在第六章详细描述了该领域研究的历史——如果你还没读，可以先返回第六章，以免被原子核和原子搞晕。

简单地说，原子弹属于单级的核武器。其中能量的释放依靠的是在中子作用下重核发生的裂变链式反应（在已经实现的系统里应用的是铀235或钚239）。热核弹或氢弹是一种更为复杂的装置，它具有一级或多级。除了重核裂变外，其原理还涉及热核聚变反应。没错，这样的炸弹要比原子弹强大得多。

历史上当量最大的原子弹，即仅依靠裂变反应的炸弹，是美国的"马克"18型（Mark 18）。它的试验样品被称为"常春藤之王"（Ivy King），于1952年引爆，它的当量是惊人的50万吨（是最接近其竞争对手的数倍）。"马克"18型已量产且投入使用。但问题也在于其巨大的威力，让这种炸弹很不靠谱，操作起来特别危险。实际上，在人们想到氢弹之前，它只是一个折中方案。当氢弹一出现，人们对"超级原子"武器的需求就消失了：氢弹在设计上更加精巧，其威力也更强，可达原子弹的数百倍、数千倍，甚至更高。上面提到的历史上最强大的爆炸，就相当于5860万吨TNT爆炸。谢天谢地！氢弹从未真正用于对敌的行动，我们都知道在广岛和长崎发生的事情，然而热核武器所造成的后果要严重得多。

同在太空、能源与武器领域的其他多种全球性的研发一样，氢弹是美苏之间竞争的结果。在这场竞赛中，双方相继取得不同程度的成功，并且相互借鉴，还试图给对方点颜色看看。所以说，如果没有冷战，可能就不会有热核武器。但它确实还是存在的，而且，两个相互对立的国家在热核武器的研发上并驾齐驱。

氢弹的工作原理

那么，现代化热核武器的工作原理是怎样的呢？

氢弹弹壳内部是彼此独立的两级结构。初级结构叫作触发器，其实是一个小型原子弹。没错，它是精巧的球形铀或钚装药，当量为几千吨TNT，周围填有炸药。如果我们用手榴弹来做个类比，那么这部分就相当于引信。首先，炸药引爆压缩钚核心（引爆装置），使其进入超临界状态，之后射入一股强大的中子流，随即发生原子爆炸。80% 的爆炸能量以 X 射线的形式触发次级结构反应的进行。

氢弹的次级结构叫作反射层，是一个圆柱形或球形的容器，容器壁由铅或铀 238 制成。容器中装满了热核燃料，即氘化锂（此处为锂 -6）——在这种形式下，氘可以以固体形式储存。氘 ^2H（D）是原子质量为 2 的氢的稳定重同位素。我们常说的"氢"一词，从化学的角度说应该是氕 ^1H，原子质量为 1 的同位素。氕核由一个质子组成，因此得名。氘核则由一个质子和一个中子组成。

次级结构的核心是一根钚棒（你可以称为"火花塞"）。两级的外壳都填充有聚苯乙烯泡沫塑料，使得 X 射线可以通过。当原子弹触发器发生爆炸时，爆炸产生的 X 射线脉冲在壳壁中反射，通过聚苯乙烯，变为炽热的等离子体。这种等离子体是一种极好的辐射导体（它再辐射第一级爆炸产生的"硬"X 射线，使其变得"较软"），它同样被铀反射层吸收。辐射的能量密度高到足以使反射层升华，也变成等离子体（这被称为"烧蚀"），并压缩内部的热核燃料和钚棒。瞬间压力增大、温度升高数千倍，钚棒进入超临界状态，引发裂变链式反应（即核爆炸），产生大量中子，并释放大量热量。中子与锂 -6 的原子核发生反应，分裂为氦和氢的另一个同位素氚^①（³H）。氚核（³H 或 T）比氕和氘更重，包含一个质子和两个中子。

如此一来，我们得到了这样的景象：数百万摄氏度的高温，极大的压力，以及氢同位素 ²H 和 ³H 核组成的环境（这就是炸弹被称为氢弹的原因）。而高温下氘和氚会发生热核聚变反应：它们的原子核合并，形成一个氦原子核和一个高能中子（n）。如下所示：

$$_1^2H + _1^3H \rightarrow _2^4He + n + 17.589\ MeV$$

要注意到，17.589 兆电子伏特是反应过程中释放的能量。在这种情况下，一个中子的能量为 14.1 兆电子伏特，当它进入铀 -238 原子核时（我要提醒您：这是反射层的材料），原子核会分裂并释放出大量能量，约 200 兆电子伏特。

如此规模爆炸的总当量是令人难以置信的。比如，如果"沙皇炸弹"落在莫斯科的克里姆林宫，那么冲击波将席卷西至希姆基，东至柳别尔齐的一切，而炽热的能量将到达兹韦尼哥罗德和拉缅斯科耶。

存在一种误解，即认为热核武器是"干净的"，即便使用了，对该地区的辐射污染也是微不足道的。但这种说法仅仅适用于聚变反应：毕竟氢弹设计中使用了铀 -238，地区被裂变反应碎片污染的程度不亚于原子弹爆炸。

理论上，可以得到一个所谓的没有原子弹触发器的纯热核炸弹，它的破坏性极强，且不会造成放射性污染，"清洁"区域可以立即重建或者居住。^② 主要的问题是引爆纯热核炸弹需要达到非常高的温度和压力，目前

_____

① 一般来说，氢元素有 7 种不同的同位素，但它们极不稳定。⁴H 的半衰期仅为 1.39×10^{-22} 秒，氘也不稳定，但它的半衰期足够长了，为 12.32 年，因此它具有实际的用途。——原文注
② 实际上，这是不可能的。首先，破坏是由冲击波和热辐射造成的，它们需要铀反射层，这意味着该地区肯定会被污染；其次，即使能够不使用铀，聚变反应也会产生大量快中子，其直接后果就是产生的放射性，即非放射性原子核因聚变反应而产生的放射性现象——中子辐射。因此，周边地区会在未来很多年持续"发光"。——原文注

唯一的方案就是引爆小型原子弹。有许多理论方案可以替代原子弹触发器，比如激光触发或 X 射线触发，这是由 Z 机（Z Machine，一种用于产生极高温度和极大压力的实验装置）产生的。但这一切都还只是理论上的，目前氢弹仍是由原子弹引信引爆的。

那么现在，让我们来回顾一下热核武器的历史。

泰勒的构想

与原子弹计划一样，热核武器领域的研发都是率先在美国进行的。1941 年，世界上首个核反应堆之父、美国核计划的首席专家恩里科·费米向他的同事爱德华·泰勒（Edward Teller）提出了一种精巧的炸弹的构想，其原理是用小型原子弹爆炸引发热核聚变反应。被播撒在沃土里的种子迅速发芽：一年后，泰勒成了奥本海默（Oppenheimer）原子弹小组的一员，但他始终没有忘记两级系统的想法。

1943 年，泰勒遇到了一个志同道合的人——波兰人斯坦尼斯拉夫·乌拉姆（Stanislaw Ulam），他在他的朋友、美籍匈牙利数学家约翰·冯·诺伊曼的推荐下加入了"曼哈顿"计划。正是乌拉姆提出的方案构成了氢弹两级结构方案的基础。泰勒一开始想到了一个更简单的解决方案：一级爆炸产生的热量加热相邻容器中的液态氘，使其达到能够进行热核聚变反应的温度。但经计算表明，氘冷却过快，而要想达到该方案中触发热核反应的温度，则需要 50 万吨当量的爆炸。

而乌拉姆研究的方案是采用钚核压缩而不是化学炸药，并得出了当氘或氘和氚的混合物被压缩时，热核反应可能开始进行的结论。根据乌拉姆的推理[1]，泰勒的结论是，第二级的压缩不一定要用冲击波来实现，而是可

① 1984 年乌拉姆去世后，泰勒在几次的采访中并没有直接否认波兰人的参与，而是保持沉默，说这想法是"我的一个学生"提出的，尽管他们的年龄相仿。——原文注

以用第一级爆炸产生的 X 射线辐射。接着，乌拉姆提出了该方案的另一个关键思想：两级的完全分离。

然而，从理论到实践要经过很多年。首先，热核炸弹项目的研究与原子弹相关研究并行开展；其次，热核炸弹项目的实际开展需要单独的资金支持。结果就是，原子弹不仅被造出来了，还被真正地使用了：它们被投向了日本的城市。

1951 年，作为美国第 5 轮核试验温室行动（Greenhouse）的一部分，泰勒－乌拉姆构型在现实中进行了测试。4 月 7 日和 20 日进行的试验——"小狗"和"简易"分别是原子弹"马克"6 型和"马克"5 型的样品试爆。而 5 月 8 日试爆的"乔治"更有趣些，这个炸弹实际上是一个浓缩铀制成的圆柱体，在其轴向孔中放置一个密封舱，里面装有氢的重同位素——液态的氘和少量氚的混合物。然而，聚变反应对爆炸能量释放并没有显著的贡献：测量数据表明，在相当于 22.5 万吨的当量中，只有 2.5 万吨是来自热核反应的。尽管这样，试验依旧表明，制造氢弹理论上是可能的了。这是首次在爆炸装置中使用热核反应。

终于，第 4 次试爆是有史以来第一次采用助推装药的核弹。在助推装药的炸弹中，氘和氚的混合物被注入小型原子弹的内腔（引爆装置）中。后者的爆炸使得温度升高、压力增大，从而触发了氘和氚之间的聚变反应。助推装药的总当量是 4.55 万吨，大约是纯裂变炸弹当量的两倍。这样的效果是通过反应过程中快中子流引起铀的剧烈裂变来实现的。

显然，这样的构型起了作用。1952 年 11 月 1 日，在臭名昭著的埃尼威托克环礁的一个岛屿上，第一个完善的两级热核爆炸装置［被称为"常春藤麦克"（Ivy Mike）］被引爆了。它实际上是被"建造"出来的：它是一个重达 73.8 吨的固定结构，占据了整个机库；甚至在苏联谍报部门的文件中，它一直被当作一个热核装置，好像还是出于和平利用的目的。"常春藤麦克"的研发者不是泰勒本人，而是他的一个下属——费米的学生，24

岁的理查德·加文（Richard Garvin）。

它的第一级使用的是"马克"5型系列原子弹，是一种相对精巧的构型。然而，它的第二级是一个装有液态氘的杜瓦瓶（实际上就是一个大保温瓶），制冷装置占了"常春藤麦克"总质量的四分之一。装有氘的容器被密封在一个4.5吨的铀箱中，中间有一个"火花塞"——钚棒。其实，这个构型或多或少与现代两级氢弹相似，只是尺寸要大了不少，使用的是液态氘而不是氘化锂-6。第一级爆炸产生的辐射通过铅和聚乙烯板制成的结构传递给了第二级。

这次试验涉及9350名军人和2300名平民，在环礁的几个岛上，建造了带有测量装置的掩体，为了生产液态氘和液氢，还在佩里岛上建造了一个完整的低温工厂。

1952年11月1日早7点15分，热核武器"常春藤麦克"被引爆了——爆炸当量为1050万吨，其中250万吨来自热核聚变，800万吨来自聚变释放的快中子引发的铀-238裂变。[①] 爆炸之处形成了一个直径1.9千米、50米深的大坑。爆炸发生时，爱德华·泰勒正在伯克利（加利福尼亚州）记录震荡，测试成功后，他就立即向在洛斯阿拉莫斯[②]的直属上司伊丽莎白·格雷福斯（Elizabeth Graves）博士发送了一封电报："是个男孩。"

那么现在，我们可以来谈谈苏联核计划了。

彼时的苏联

多亏了传奇的克劳斯·福克斯（Klaus Fuchs），苏联才有了热核炸弹。

---

① 一般来说，铀-238不属于核武器的裂变材料，因为它并不像铀235或钚那样通过中子进行裂变，因此并不支持链式反应。但热核聚变会产生大量高能快中子，它们则能使铀238发生核裂变。——原文注

② 洛斯阿拉莫斯国家实验室（Los Alamos National Laboratory），位于美国新墨西哥州的洛斯阿拉莫斯。——译者注

1943 年，泰勒第一次公开地（实际上，并不是完全公开——这是在洛斯阿拉莫斯的一次内部演讲）将他的设想告诉了其他物理学家，不久之后，恩利克·费米在此基础上准备了几份报告。克劳斯·福克斯是德国理论物理学家，"曼哈顿"计划的成员，同时也是一名苏联间谍，于 1945 年 9 月将费米的几份报告的内容连同其他有关原子弹的文件一起转移到了苏联。除此之外，在洛斯阿拉莫斯工作期间，福克斯与泰勒、费米和乌拉姆经常就氢弹的构想进行广泛的交流；泰勒认为福克斯是一个非常细心，且让人感到愉快的健谈的人。福克斯还在他交给苏联政府的文件中列出了他在这些谈话中收集到的情报。

当时苏联对标洛斯阿拉莫斯实验室的是苏联科学院测量仪表实验室下设的第 11 设计院（KB-11），该设计局属于严格保密的单位，位于莫尔多维亚的萨罗夫。后来，萨罗夫更名为阿尔扎马斯 -75，之后又改为阿尔扎马斯 -16，并成了一个封闭的城市。最令人惊讶的是，俄罗斯联邦核中心所在的萨罗夫市至本书写作时仍属于封闭行政区，需要获得特别许可方能进入，而且，这是一座拥有 10 万人口的城市！

全苏联最好的物理学家都在第 11 设计院工作。自 1946 年起，首席设计师就是尤里·哈里顿（Юлий Харитон），团队里还包括雅科夫·泽利多维奇（Яков Зельдович）、安德烈·萨哈罗夫、伊戈尔·塔姆（Игорь Тамм），而伊戈尔·库尔恰托夫是项目负责人。1949 年 8 月 29 日，苏联第一颗 2.2 万吨当量的原子弹 RDS-1 在塞米巴拉金斯克试验场试爆成功。它借鉴了美国"胖子"原子弹的许多设计方案，但是使用的是不同的装药（用 TG-50 替代了 B 炸药），因为福克斯没有找到原始炸药的成分，而且苏联有自己的备用方案。如果说多亏有了福克斯的文件，苏联沿着美国人造原子弹的路火速追赶上了他们，那么氢弹的研发则是美苏同时进行的，而且谁也没有特殊优势。也就是说，其实美国人一开始是有优势的，但经过福克斯的努力，优势化为了泡影。

1948 年 4 月 20 日，贝利亚收到了福克斯关于美国超级炸弹的精确数据。贝利亚片刻都没有耽搁，就召集了库尔恰托夫、哈里顿和鲍里斯·万尼科夫（Борис Ванников），万尼科夫是一位国务活动家，曾任弹药人民委员和化学工业人民委员，他从一开始就负责监督中央委员会的核计划。这 3 个人的任务是研究福克斯的报告，6 月 10 日，他们通过了关于开发类似于美国的热核炸弹的决议。

总的来说，福克斯的文件之所以有价值，不只是因为计算结果，而是因为这些报告揭露了两个重要事实：第一，美国正在开发热核武器；第二，它原则上是可行的。因为美国在当时甚至都没有制造炸弹的工作计划，况且同福克斯的联络在 1949 年 2 月就已经中断了（他暴露了），所以根本不可能做进一步的"窥视"。所以几乎从计划一开始，苏联科学家走的就是自己的路，只是采用了泰勒所说的基本原理。

一开始苏联创建了两个小组。其中一个由泽利多维奇领导——他带领的专家被从原子弹工作中调了出来，并被任命研究泰勒提出的不可行的构型（也就是他在与乌拉姆合作之前的构型）。与此同时，苏联科学院物理研究所成立了另一个小组，由苏联著名物理学家、斯大林奖金获得者、莫斯科工程物理学院理论核物理系的前主任伊戈尔·塔姆领导。该小组的成员还包括安德烈·萨哈罗夫、维塔利·金茨堡（Виталий Гинзбург）、谢苗·别列尼基（Семён Беленький）以及尤里·罗曼诺夫（Юрий Романов）。塔姆小组的工作在最严格保密的情况下进行，实验室门口都安排了武装警卫。

这段历史的主角被认为是安德烈·萨哈罗夫——当时年仅 28 岁的副博士。在检查过最初的数据后，他提出了一种单级氢弹的原始方案，现在被称为"萨哈罗夫千层饼"（当时出于保密的目的，也被称为"1 号设想"）。萨哈罗夫建议用氘、氚混合物和铀 -238 交替层层包裹钚核。这个设想是这样的：钚的爆炸可以触发氘和氚之间的热核聚变反应，在这个过程中产生的快中子可以引发铀 -238 的裂变。除此之外，爆炸产生的 X 射线可以使铀和氘化锂外层电离，将它们变为等离子体。铀等离子体的压力较于相邻层的压力高出一个数量级，因此热核燃料可以被额外压缩和加热，聚变反应强度也会增加。这样的过程是分层进行的，铀层将轻元素层隔开，每一新层都会对热核燃料提供更强力的压缩，从而逐渐增加爆炸的能量。铀等离子层对热核燃料的压缩和加热被称为"萨（哈罗夫）化现象"。

金茨堡提出了"2号设想"，后来被称为"LiDochka"，即不使用纯氘，而是使用氘化锂 -6。这种设想同时解决了几个问题：它可以使装置更加精巧，无须冷却；更重要的是，效果会更好，因为在中子轰击锂 6 过程中形成了氚，可以与氘发生聚变反应。

位于莫斯科的研究所的保密成了问题，1949 年年初，塔姆的小组被万尼科夫派往萨罗夫。萨哈罗夫拒绝了：他不想从事武器的实际应用工作，塔姆也不介意将萨哈罗夫留在研究所。贝利亚给万尼科夫直接打了电话起到了决定性的作用：贝利亚"非常强烈地请求"萨哈罗夫离开莫斯科去萨罗夫。于是乎，萨哈罗夫选择去了萨罗夫。

尽管几乎所有在第 11 设计院的科学家都参与到了氢弹应用项目工作中（此外，1950 年，设计院吸收了大量新鲜血液以加快工作的速度），但其主要研发者是尤里·哈里顿和安德烈·萨哈罗夫。原则上，那个时候热核炸弹是一个优先的项目：大家都知道它相较于原子弹的优势。临近 1952 年，泽利多维奇的小组正在研究基于泰勒半成品的"管型"构型，但走到了死胡同里，事实证明 RDS-6T 项目无法实现。塔姆小组这边主要的想法来自萨哈罗夫，他们将"千层饼"构型的 RDS-6S 推进到了设备功能检测阶段。和包括美国的"常春藤麦克"在内的后来的很多氢弹相比，它的当量是很低的——只有 40 万吨。但和"常春藤麦克"不同的是，RDS-6S 不是一台实验装置，而是一种武器，一种航空炸弹，它具有精巧的弹壳，可以由飞机搭载并投向目标。RDS-6S 的无装药仿品存放在位于萨罗夫的俄罗斯联邦核中心的全俄实验物理学科学研究所的博物馆，您可以去看一看（当然了，前提是您有办法能进入萨罗夫）。

1953 年 8 月 12 日，进行了大规模试验。在塞米巴拉金斯克试验场放置了数千种不同的测量仪器、传感器和指示器，建造了将近 200 个建筑（不同高度的住宅楼、谷仓、桥梁、碉堡），放置了许多飞机和装甲车。而炸弹被放置在一个高度为 30 米的特制钢塔上。

所有人对结果都很满意。40 万吨的当量是当时标准原子弹的 10—20 倍，方圆 4 千米内片瓦无存，冲击波将 1 千米外的质量 100 吨的试验用铁路桥整个飞速抛出，变成了一堆废铁。之后的分析表明，聚变反应占释放能量的比例不超过 20%，主要是"千层饼"中触发的铀 -238 的裂变。尽管如此，总的理念被证明是正确的。历史上第一颗热核炸弹爆炸了。

之后发生了什么

"千层饼"是有缺点的：由于其设计的特性，当量不能超过 100 万吨。因此，美国人在接下来几年再次领先。1954 年 3 月 1 日，泰勒 - 乌拉姆两级构型的"喝彩城堡"（Castle Bravo）炸弹在比基尼环礁引爆，这个炸弹已经使用了氘化锂 -6，也就是苏联更早使用的燃料。这是第一个真正意义上的现代构型炸弹，我在本章开头详细地描述过了它的设计。它的当量达 1500 万吨（其中 33% 来自聚变反应）。

苏联方面设计了一种新的"千层饼"构型的 RDS-27 炸弹，该炸弹于 1955 年 11 月 6 日进行飞机投弹试验，其当量为 25.9 万吨。2 周后，即 1955 年 11 月 22 日，根据泰勒 - 乌拉姆构型制造的第一颗苏联氢弹 RDS-37 也进行了试验，当量达 160 万吨。

实际上，早在 20 世纪 50 年代中期，原子弹的时代就已经成为过去了，时间很短。美国和苏联，以及后来加入核竞赛的其他国家，主要设计的热核装药炸弹，当量更大，更有前景。最大的是本章开头提到的"沙皇炸弹"AN602，1961 年试验显示出其当量为 5860 万吨——这还只是它的"简化版"，其中部分铀 -238 被替换为了铅，所以 AN602 的正式版意味着当量将超过 1 亿吨。

在今天，美国装备有两种热核炸弹——34 万吨当量的 B61（1968 年设计）和 120 万吨当量的 B83（1983 年设计），还有 5 种不同的热核弹头。俄罗斯没有热核炸弹，但核弹头总数略高于美国——1561∶1367（截至 2018 年 4 月）。今天的"核俱乐部"还包括英国、法国、中国、印度、巴基斯坦和朝鲜。之前还有几个国家拥有核武器库，包括南非、乌克兰、哈萨克斯坦等国家，但它们都自愿放弃并停止了在该领域的发展。

萨哈罗夫院士的命运很奇妙：在 20 世纪 60 年代，他成了苏联人权运动的核心人物之一，公开谴责本国存在的对精神思想的限制，并在外国报纸上发表，与持不同政见者交流，倡导释放政治犯，呼吁和平——他于 1975 年获得了诺贝尔和平奖。

如果制造炸弹被视为危害人类罪的话，那么萨哈罗夫通过他在人权方面的活动为他的罪行进行了赎罪。从另一方面看，就算没有萨哈罗夫，热核炸弹也会被研制出来，尽管可能会晚一点。况且，美国也能完成这个任务。

我希望我能活着看到世界上所有的热核装药炸弹都被销毁的那一刻，然后这个发明将被彻底遗忘，就像他们忘了黑死病或者宗教裁判所一样。

第四十章

来自水下的打击

有一个听起来很美，但其含义却让人十分不安的词："核三位一体"。它代表了核武器发展的三个领域：空中（战略轰炸机）、陆地（陆基洲际弹道导弹）和海上（战略导弹潜艇）。后两个领域最早出现在苏联。

　　首次也是唯一一次军事应用核武器就是对广岛和长崎的轰炸——属于"核三位一体"的空中领域。两枚原子弹均由被称为"超级空中堡垒"的波音 B-29 远程轰炸机投掷。但 B-29 并不是同类型飞机中的第一架：战略轰炸机在之前就存在了，朝着这个方向做了技术调整的包括"十月革命"前俄罗斯的"伊利亚·穆罗梅茨"重型轰炸机、德国的"哥达"G.I 重型轰炸机以及其他数十种飞机。换句话说，战略轰炸机并不是突然出现的，而是慢慢发展、改进，直到某个时候开始搭载核武器。

　　然而，在核三位一体的其他两个领域，苏联是处于领先地位的。实际上，在短期内，冷战时期一对一的军备竞赛就和太空竞赛一样：美苏两国大概都朝着同一方向发展，只是有一方设法更早地成功了。苏联赶在前面，同时拥有了战略导弹潜艇和洲际弹道导弹。关于导弹我们将在下一章讨论，这里我们将讨论潜艇。

迈向弹道导弹的第一步

　　如果说在 20 世纪 40 年代中期，飞机还是投运核武器的唯一途径，那么到了"二战"之后，随着导弹效能的提高，"核三位一体"的另外两个领域开始发展。自然地，美苏这两个互相对立的大国首先对它们开展了研究。但是，当时弹道导弹技术还不够完善，无法跨越大陆，自然就产生了一个中间方案：使用短程导弹，但需要从水中发射。

　　20 世纪 40 年代后期，苏联唯一进行过测试的弹道导弹是 R-1，它是由谢尔盖·科罗廖夫（Сергей Королёв）基于德国的 V-2 导弹研发的。苏联开始设计一种能够搭载 R-1 发射系统的潜艇，但这项计划在不到两年就被缩减，因为遇到了一个无法解决的问题：即使在几乎没有明显晃动的情况下，也不可能准备发射一个不完善的重型导弹。除此之外，导弹 270 千米的最大射程要求潜艇足够靠近敌方海岸线。总的来说，R-1 导弹根本不适合从水中发射。

但这样的想法并没有就此消亡，而是开始发展。从技术上看，当时的潜艇已经拥有了相当可观的续航能力，只是缺乏高能效的导弹。他们甚至考虑使用 ARS-70 "燕子"飞行炸弹的方案，1953 年在第 16 特种设计局（OKБ-16）开始研发。然而，它毕竟还是为了摧毁空中目标而设计的，其本身的设计过于笨拙，并不适合安装在潜艇上。

与此同时，美国人朝着另一个方向发展——巡航导弹。有两艘"白鱼"（Balao）级潜艇"红鳕"号潜艇（USS Cusk SS-348 和 USS Carbonero SS-337）被改装为试验平台。1945 年 7 月 28 日下水的"红鳕"号潜艇于 1948 年被改装搭载美国基于 V-2 导弹仿制的"共和国 – 福特"JB-2 巡航导弹（Republic-Ford JB-2），从而成为世界上第一艘导弹潜艇。这仅仅只是一次试验（因实用性太差和精度无法满足作战要求），但它为美国研究新一代巡航导弹的"天狮星"（Regulus）导弹项目取得了一系列数据和积累了经验。两艘潜艇试射 JB-2 巡航导弹所取得的计算结果，为 SSM-N-8 的巡航导弹（编号：SSM-N-8，代号：天狮星 I）的研发奠定了基础。它仍是基于 V-2 导弹研发的，但只是原理相同，并没有直接复制。

天狮星导弹项目由著名的钱斯·沃特（Chance Vought）飞机公司从 1947 年开始研发，当时还制定了一系列规范，1955 年，导弹投入使用。1951 年首个模型被造出来，长 9.1 米，直径 1.2 米，翼展 3 米，由艾里逊 J33 涡轮喷气发动机提供动力，作战射程为 926 千米。

1953 年 3 月 6 日，美国"加托"（Gato）级潜艇"金枪鱼"号（USS Tunny SS-282）进行了第三次改装。作为改装计划的一部分，它成了世界上第一艘搭载核武器的潜艇："金枪鱼"号潜艇上搭载了"天狮星"I 巡航导弹发射系统，为巡航导弹核潜艇（ПЛАРК，SSGN）的发展开了先河。它的前甲板上装有发射系统，还有两个巡航导弹的存放空间。若想发射，潜艇必须浮出水面——只有这样舱口才能打开，导弹被送入发射系统中进行发射。

相比之下，巡航导弹核潜艇在苏联发展得比较慢，出现得也更晚——到了 20 世纪 60 年代初才出现，这是因为苏联把赌注押在了另一种类型的武器上。

大相径庭

这里需要解释一下巡航导弹与弹道导弹的区别。主要的区别是，巡航导弹从发射到击中目标的大部分时间中都是由动力装置推进的。实际上，它是一架一次性的无人飞机（在以前，术语"飞行炸弹"甚至指的就是巡航导弹）：它有机翼、机尾、发动机，只是没有飞行员。然而，日本著名的"横须贺"MXY7"樱花"就是由自杀式飞行员驾驶的飞行炸弹。但这是出于日本人特有的民族心理，是个例外。一般的现代巡航导弹就是无人机。巡航导弹的速度相对较慢（通常为亚音速），可以低空飞行（比如，可以在300 米的高度飞行），也可以改变速度，绕过山丘并以非常高的精度击中目标。首个量产的巡航导弹是德国的 V-1。

弹道导弹则是在发动机关闭的情况下飞过大部分的弹道。它的飞行可以分为主动段和被动段两个阶段。在主动段，推进发动机推动导弹，然后关闭；在被动段，导弹沿着弹道飞行（就像炮弹一样）。弹道导弹被发射到非常高的高度，实际上是发射到太空界限的下边界，在那里它们受控落向目标。

每种导弹都有自己的优点和缺点。正如之前提到的，巡航导弹的精度非常高，无论地形的复杂程度或目标的运动速度如何，它都能准确命中目标。巡航导弹可以击沉一艘全速前进的舰船。

弹道导弹更难控制，精度也更低。它要更重，装药更多，而且由于其更高的发射速度且在稀薄的空气中飞行，飞行速度要比巡航导弹快得多，并且可以实现远距离飞行。这样一来，拦截和击毁就变得更加困难了。

洲际导弹只能是弹道导弹，这一点早在 20 世纪 40 年代就已经达成了共识，当时其发展还处于起步阶段。弹道导弹似乎是很理想的攻击和防御手段：它使远距离打击成为可能，带来可怕后果的同时还不会危及本国民众。因此，弹道导弹的开发在苏联武器工业中处于首要地位。

R-1 弹道导弹之后，在科罗廖夫的领导下，研制出了 R-2 导弹（首次发射是在 1949 年），接着是 R-5 弹道导弹（第 3 和第 4 个型号都只停留在图纸中），最后是 R-11。编号变得很混乱了，因为它们是按照工作开始的顺序分配给各个项目的，但后来优先级发生了变化，更可行的方案脱颖而出。比如，R-7 弹道导弹和 R-9 弹道导弹出现在 R-11 弹道导弹之后。

R-11 弹道导弹要比 R-1 弹道导弹完善得多，而且最重要的是轻了很多！R-1 导弹的发射质量为 13.4 吨，而 R-11 弹道导弹只有 5.5 吨。这一点使得 20 世纪 40 年代后期失败的项目变得可行了，也就是在潜艇上装载弹道导弹。更何况，在 1953 年，苏联获得了关于美国海军陆战队"金枪鱼"号潜艇及其导弹武器的情报，这使得他们迫切地需要赶上美国。

这项工作甚至在正式命令发布之前就已经开始进行了，1954 年 1 月 26 日，苏联部长会议召开了一次具有里程碑意义的会议，会议的决议在当时是保密的，但如今却具有传奇色彩："开展远程弹道导弹潜艇设计与试验工作，并在此工作基础上研发大型导弹潜艇"。之后，工作便快速开展起来。

战略导弹潜艇

时间不允许从头开始开发一个项目，这样也是没有意义的。设计者们已经掌握了成功的 R-11 弹道导弹和 611 型潜艇。最轻的导弹和最大的潜艇就是最好的组合，除此之外，别无他法。为了进行改装，海军调来了 B-67 潜艇，这已经是该项目中的第 7 艘潜艇了。选择这个特殊试验品的原因其实很简单：当时它正好在北德文斯克船厂的造船台上，以载弹为目的把它建造完要比改装一艘已经完全组装好的潜艇容易多了。

这项工作是在严格保密的条件下进行的。潜艇的第 4 个舱室电池舱被重新改造，卸下了第 2 组额外蓄电池，并在空出的位置上安装了两个发射井。谢尔盖·叶戈罗夫（Сергей Егоров）是 611 型系列潜艇的首席设计师，但为了弹道导弹系列的改造，又请来了另一位专家——第 16 中央设计局（ЦКБ-16，现为孔雀石中央船舶设计局）的首席设计师尼古拉·伊萨宁（Николай Исанин）。

与此同时，在科罗廖夫的领导下，加紧对 R-11 导弹进行了改造，而 D-1 发射系统则在第 1 特种设计局（ОКБ-1）进行研发。改造导弹的主要原因是其易爆性。如果导弹在位于陆上的发射井中爆炸，它就会摧毁这座发射井，但仅此而已。如果在潜艇中发生爆炸事故，则会舰毁人亡。因此，R-11 导弹的改进版本 R-11FM 潜射弹道导弹采用了一种新的燃料系统，即非易爆推进剂（不可能使用传统的双组元自燃推进剂）。

早在 1954 年 9 月，导弹的台架试验就开始进行了，在卡普斯京亚尔导弹发射场建造了一个潜艇型的固定发射架，然后建造了第 2 个导弹井可移动发射架，模拟了俯仰角最大 12° 和偏航角最大 4° 的情况。还有关于发射台的问题：设计者很担心导弹发射会使潜艇舰体发生形变，特别是驾驶室上部。但试射表明，导弹不会伤害舰体。总体上，1954 年秋季在试验场进行了 3 次固定发射架试射，并在 1955 年 5—6 月在可移动发射架上进行了 11 次试射。共有 9 枚导弹命中目标——这可谓是出色的结果。

值得一提的是，B-67 潜艇在 1953 年下水，也就是在上述所有试射之前。它的改装是在湿船坞中进行的，并在确保能够发射导弹的同时检查了潜艇的航行性能。这样，首次出航的一切工作准备就绪，结果喜人的地面试验结束后，潜艇就立即前往阿尔汉格尔斯克州靠近尼奥诺克萨村的海岸线进行首次试射。顺便说一下，1954 年开始在其周边修建海基导弹系统的专用靶场（国立中央海军试验场）；现在索普卡镇已经在附近发展起来。

潜艇第一次试射是在 1955 年 9 月 16 日。在潜艇距离到达既定发射位置还有 1 小时航程的时候，就开始准备导弹发射工作。科罗廖夫本人在潜艇的指挥塔里——是他发出的指令。在谢尔盖·帕夫洛维奇[1] 发出指令"注意！潜艇餐！"后，舰长对舰员重复了他的话，科罗廖夫的副手弗拉季连·菲诺格耶夫（Владилен Финогеев）在导弹发射控制室按下了按钮，这个按钮看起来很无聊，上面写着"潜艇餐"（而不是"发射"！）。在 15 时32 分，世界上首枚潜射弹道导弹 R-11FM 发射成功，并击中了距离发射点250 千米的任务既定目标区域。

白白浪费

后来还发生了许多事情。由于科罗廖夫怀疑第二枚导弹可能"不行"，便依照紧急应变程序将其抛弃了（科罗廖夫为此写了半年的说明）。项目在当时还不成熟，在测试后进行了反复改进，611 型中第一艘实际投入使用的潜艇是改进版的 B-62。此外，赫鲁晓夫还亲自参加了 1959 年秋季的一些试射。该系列共有 5 艘潜艇以这样的方式进行了改造：B-62、B-73、B-78、B-79、B-89。

但总的来说，苏联的 R-11 导弹还是相当原始的，当时在功能上并不如它有翼的"竞争对手"[2]，所以美国人在某种程度上走对了路。它的射程只有 150 千米，距离并没有增加多少，而且只有在潜艇浮在水面上的条件下才能发射：因此其隐身能力几乎为零。其弹头在飞行过程中并不会分离，

---

① 即科罗廖夫。——译者注

② 即巡航导弹。——译者注

也就是说不能携带多弹头。

但从技术成就上说就另当别论了。设计人员已经确保了发射系统出色的稳定性。导弹可以在潜艇以每小时 37 千米的速度行驶和五级海浪的条件下发射，命中精度约为 8 千米。这是开发更为困难的水下弹道导弹发射系统的第一步。1956 年，开始了水下发射系统的研发，但只有少数的几个项目。R-21 弹道导弹项目也被称为"弹射"项目，无论是字面上还是其喻义都意味着更先进，更接近于现代武器。1956—1957 年，苏联在模拟中进行了发射操演，而首次发射已成熟的试验用 C4.7 型导弹（R-21 的暂定名称）是在 1960 年 9 月 10 日。

需要提到的是，美国人在这件事上和之前一样：虽然起步较晚，但却在我们之前找到了有效方案。他们并没有为像 611 型一样为柴电潜艇设计导弹发射井，而是立即转向了战略核潜艇的研究。也就是说，一开始美国人有一个与 PGM-19"朱庇特"弹道导弹平行的项目，但在 1956 年的一次会议上，物理学家爱德华·泰勒说服军队领导层，认为这是一种资源浪费，应转向更轻小且更具破坏性的方案。UGM-27"北极星"导弹就是这样出现的。它于 1956 年开始研制，1958 年首次发射，1959 年 6 月 9 日，配备 2 枚此类导弹的"乔治·华盛顿"号核潜艇（SSBN-598）下水。到了 1960 年 7 月 20 日，美国首次从水下发射弹道导弹。

的确，美国人的工作开始更晚，但导弹马上就在水下发射了，比我们要早了 40 天。"乔治·华盛顿"号核潜艇成为世界上第一艘核动力战略导弹潜艇。第一艘这种类型的苏联潜艇——658 型的 K-19，比美国潜艇晚了6 个月下水。

苏联再一次为了赢得世界第一的竞争而影响到了客观的可行性问题。在苏联，并没有自己的泰勒可以说服当局：使用水面发射的柴电潜艇是一种资源浪费。尽管如此，改进的 611 型还是可以让我们自豪地称自己是第一名。

第四十一章

从一个大陆到另一个大陆

继续上一章部分探讨过的"核三位一体"的主题,我将在这一章继续讨论其中的第三个,也是最著名的部分——洲际弹道导弹。第一个此类导弹是苏联建造和试验的。

我已经不止一次在书中写道，对这样的成就我感到很伤心。我们并不擅长研发家用电器、优质家具、汽车、玩具，也就是那些能够改善普通民众生活的消费品。我们却在能够危害人类的、从未被使用过的技术领域，自豪地举着先驱者的旗帜。但过去的已经过去了，那么让我们来谈谈导弹吧。

我已经解释过了巡航导弹和弹道导弹的区别，现在让我们来弄清楚"洲际"一词的含义。这一术语专指有效射程至少为5500千米及以上的弹道导弹。如果看地图的话，你会发现葡萄牙里斯本（欧洲最西端的大型城市）到美国纽约的距离是5423千米，也就是说这种导弹的最小射程刚好可以横渡大西洋。苏联研制洲际导弹是从打击美国东海岸的需要出发，也就是说射程至少应该是7100千米。结果，苏联第一枚洲际导弹的飞行距离达到了惊人的8800千米。但是我们不应该就此自满。

背景简介

世界上第一种有效的弹道导弹是著名的由德国人沃纳·冯·布劳恩（Wernher von Braun）领导设计的V-2导弹。它起源于"阿格里加特"（Aggregat）系列中于1933年设计的第一个火箭A1。随着V-2导弹于1942年10月3日进行首次试射，从开始研制到发展成熟的弹道导弹之路并不容易，足足耗时9年。德国人盲目地走着，凭借弹道学和火箭学领域理论的发展，获得了一个完全有效的"报复性武器"。然而，V-2导弹在战争期间发挥的作用似乎值得商榷，在著名的伦敦轰炸期间，其影响更多是心理上的。但这又是另一段完全不同的历史了。

"二战"后，美国和苏联以某种方式瓜分了德国专家。结果却有点不平衡：该项目的"大脑"沃纳·冯·布劳恩到了大洋彼岸，而级别较低的工程师则被带回了苏联。其中，最著名的要数赫尔穆特·格勒特洛普（Helmut Groettrup）博士，他是杰出的弹道导弹制导系统专家，也是冯·布劳恩的心腹。格勒特洛普本来打算去美国，他当时暂住在美国占领区的维岑豪森，但他的妻子担心丈夫作为纳粹罪犯受到迫害（也可能是出于别的原因，有好几个版本的说法），于是与苏联情报部门取得了联系。因此，格勒特洛普和他的家人被带到了苏联，并在苏联一直生活到了1953年，之后他回到了德国，后来成了信息技术领域的杰出专家之一。

德国工程师对苏联发展的贡献更多是作为顾问，而不是直接参与设计（这与冯·布劳恩对美国太空计划的贡献相反）。在德国人的指导下，V-2导弹在苏联进行了测试，德国人还就来自德国的文件对苏联专家进行了解答。

然而最重要的是，无论是苏联还是美国，都不必重走德国工程师已经走过的道路。开发者在寻找正确道路上积累了9年的经验，被两个超级大国作为战利品接受了。美国和苏联专家从德国人完成的地方开始展开工作。

从第一枚到第七枚

1948年10月10日，第一枚苏联弹道导弹R-1在科罗廖夫的领导下，以V-2导弹为基础研制成功，并进行试射。与此同时，一个更先进系统的研制工作也在进行：R-2（同样由科罗廖夫完成）和G-1（由格勒特洛普指导的"德国"小组参与研制）。但很明显的是，优先发展的方向是远程导弹，它们能够在敌人完全无法靠近的情况下命中目标。换句话说，我们应该能够从苏联地图上任意一点朝着潜在的敌人开火。

1950年12月4日是具有里程碑意义的一天，这天部长会议发布了一项《关于开展主题为"关于建造射程范围为5000—10000千米、搭载1-10吨弹头的各类远程导弹的远景研究"工作》的法令。换句话说，这是研制一种洲际导弹的政治任务，而这样的任务总会被圆满完成。

这些工作由来自多个杰出设计局的工程师进行，包括：第 456 特种设计局（ОКБ-456）的瓦连京·格卢什科（Валентин Глушко），855 号研究所（НИИ-885）的米哈伊尔·梁赞斯基（Михаил Рязанский）和尼古拉·皮柳金（Николай Пилюгин），4 号研究所的安德烈·索科洛夫（Андрей Соколов），以及中央空气流体动力学研究院（ЦАГИ）的阿纳托利·多罗德尼岑（Анатолий Дородницын）和弗拉基米尔·斯特鲁明斯基（Владимир Струминский）等。参与研制的工程师都领导着最大的实验室和设计局，都是各个方向的创始人，他们全力投入这个项目当中——要么是一种避免第三次世界大战的手段，要么就是一种全新的报复性武器。无论如何，没有什么比战略计划更重要了。

研制工作历时 3 年。主要的困难在于缺少制造多级火箭的经验。1953 年 2 月 13 日发布了一项被称为 T-1（《关于研制射程为 7000—8000 千米的两级弹道导弹的理论与实验研究》）的法令。这已经是一条造导弹的直接命令了。技术要求十分明确：射程 8000 千米，重达 170 吨，弹头（也就是核弹头）重 3000 千克。

有趣的是，到了 10 月份，在苏联部长会议副主席维亚切斯拉夫·马雷舍夫（Вячеслав Малышев）的倡议下，提出了一项新指令：将弹头重量增加到 5500 千克。这样一来，从 2 月到 10 月获得的全部工作成果都付诸东流了。另一方面，马雷舍夫曾是一名技术人员，20 世纪 30 年代他曾担任科洛姆纳工厂的副总设计师，在战争期间他曾领导坦克生产，他可以大体想象到苏联几大重要设计局的能力。除此之外，在 10 月份，部长会议的每一项重要举措都不再需要斯大林的批准了，这使得许多苏共领导放开了双手做事。

1954 年 1 月，科罗廖夫召开了一次总设计师会议，事实上，未来导弹的所有特性都是根据党的任务、设计局的能力以及技术需要来确定的；2 月，制订了工作计划；5 月，设计组的提议得到了苏共中央和苏联部长会议

的批准,《关于研制两级弹道导弹 R-7（8K71）的决议》于 1954 年 5 月 20
日颁布。

美国人的情况如何呢?

与此同时,美国也在开展工作。另外,美国人更早就开始研制洲际导
弹了:他们类似的计划中的高空火箭项目（RTV-A-2 HiroC）于 1946 年
启动,同样是基于 V-2 导弹的。作为项目的一部分,美国人研制了 MX-
774 导弹,在 1946 年它的技术指标看起来是相当棒的:射程达 8000 千米,
弹头重 2300 千克,精度达到了 1500 米的命中半径。该项工作由康维尔航
空公司完成,卡雷尔·博萨特（Karel Bossart）担任总工程师,他后来作
为"美国太空计划之父"之一被载入史册。

在很短的时间内,MX-774 的 3 个原型都被制造了出来,但正如人们
所说,"心急吃不了热豆腐"。诚然,单级的 V-2 导弹方案并不能达到要求
的射程。1947 年秋冬季进行的全部三项试验都表明,该项目完全失败。第
一次发射时,发动机在飞行 12 秒后发生了故障;第二次,导弹在被动段弹
道时,在空中发生了爆炸;第三次,导弹鼻锥在分离过程中损坏了降落伞。
顺便说一下,为了使有效载荷（测量设备）成功返回地面而准备的降落伞,
在三次试射中全都失效了! 尽管有些设备没有损坏。最终,这个耗资 1300
万美元的项目被叫停了。

在这之后,美国很长一段时间内都没有研制洲际导弹。1951 年,康维
尔启动了新项目 MX-1953,但直到 1953 年 8 月 12 日苏联第一颗氢弹试
爆之前,它都被认为是不重要的。短短几天内,MX-1953 项目就获得了更
多的资金和最高的优先级。换句话说,美国人怕了。

有趣的是,SM-65"阿特拉斯"（Atlas）弹道导弹的技术设计就是对
标苏联的:射程 8000 千米,弹头质量 3000 千克。它的研制工作于 1954

年 5 月 14 日正式开始，也就是研制 R-7 的决议发布的 6 天前。设想一下，所有的工作都是如何同时进行的——这是一场真正的军备竞赛！

让我们回到苏联

苏联在某种程度上抢占了先机，因为我们的专家已经花了 3 年时间在钻研理论和 T-1 项目上，却被马雷舍夫不光彩地打断了。尽管全国最好的专家都参与了这项工作，但名义上 R-7 导弹是由第 1 特种设计局（ОКБ-1，如今的科罗廖夫能源火箭航天集团）研制的，其负责人谢尔盖·科罗廖夫获得了几乎无限的权力，可以全权使用任何方式、人力和资源。

说实话，我觉得没有必要详细描述 R-7 导弹的设计。有特殊的文献可供您了解到关于 R-7 导弹的一切情况。简单地说，它是一种两级导弹，位于侧边的 4 个带有 RD-107 液体火箭发动机的部分是第一级，在格鲁什科的领导下专为 R-7 研制。第一级分离后，第二级由一台 RD-108 液体火箭发动机驱动，它是 RD-107 的改型。这五台发动机都是用的是双组元推进剂：液氧作为氧化剂，煤油作为燃料。有趣的是，RD-108 液体与第一级的发动机同时在地面启动，但它有着更多的推进剂，因此可在第一级分离后继续运行。与此同时，R-7 的核装药工作也在进行中——于 1957 年 10 月导弹成功发射后进行了试验，当量为 2.9 兆吨。

1956 年，苏联对各种系统进行了测试。比如，无线电制导系统在 R-7 的"妹妹"R-5R 上进行了测试。1956 年 12 月，R-7-SN 的第一个样机抵达试验场，调试好了导弹的所有发射系统，并加装了一些组件。顺便说一下，该试验场就是为这些测试专门建造的，它被称为"5 号研究试验场"，位于秋拉塔姆地区（今哈萨克斯坦境内）。

1957 年 5 月前，一切准备就绪。R-7 的技术特性完全符合任务要求：最大射程为 8000—9500 千米，弹头重达 5400 千克，打击精度为 10 千米。

但是，第一次发射失败了：5月15日，其中一个发动机在发射时起火，98秒后控制单元失去牵引力而分离，发动机意外关闭，R-7砸向地面。6月11日，第二次发射也没有成功：发动机根本没有启动（但起码导弹没有解体）。6月12日，第三次发射，由于R-7偏离轨道而不得不紧急摧毁。

经历了这些意外，导弹燃料系统得到了严谨的改进（事实证明，问题在于燃料管道压力不稳），并于1957年8月21日发射了世界上第一枚洲际弹道导弹。导弹的主要部分到达了目的地——堪察加半岛的库拉试验场，这也要归功于国土面积允许此类发射的进行。

向太空发射

美国类似的SM-65"阿特拉斯"导弹发射是在一年后的1958年11月28日。美国工程师的工作方式略有不同：比如，他们在发射带有不可分离式发动机的SM-65"阿特拉斯"导弹样机之前，没有在其他导弹上进行测试（我记得，我们在其他导弹上测试了各个系统）。

导弹潜艇的历史再次重演——美国的洲际导弹于1959年10月31日正式服役，而苏联的却是在1960年1月20日。美国人后来居上。

这段历史在冷战和军备竞赛的背景下迎来了美好的结局。因为洲际弹道导弹虽然经历了反复试验，却从未用于其预期目的。但正是它们搭载了航天器：在R-7的基础上，开发了所有的苏联运载火箭：从将"斯普特尼克"1号（卫星1号）发射到轨道上的"卫星"号运载火箭，到最新的"联盟"-2.1V运载火箭。当然，随着时间的推移，火箭已经演化得完全不同了，但它最初就是从军用技术演化而来的。可能基于R-7的最著名的就是"东方"号运载火箭，它于1961年4月12日将载有尤里·加加林的飞船送到了轨道上。

美国的"阿特拉斯"导弹也是如此。它的改型将水手系列探测器发射到太空，用于火星、金星和水星研究，还搭载过美国第一位宇航员约翰·格伦乘坐的飞船。R-7的军用版于1968年从部队退役后改装为民用，正如我之前所说的，一直使用到了今天。我们可以在莫斯科（国民经济成就展览馆）、萨马拉、科罗廖夫和卡卢加看到基于R-7建造的那些运载火箭被当作纪念碑矗立起来。

今天，除了俄罗斯和美国，中国、英国和法国也拥有了洲际导弹，印度还试验了他们的"烈火"-V导弹（Agni-V）。非官方承认的还有以色列和朝鲜。这种武器的主要功能是心理威慑。要知道，第三次世界大战的胜利只会是皮洛士式①的，正是有了这样的观念，才能防止冲突。但我仍然希望有一天，人类不再需要用历史上最可怕的武器作为威胁，就可以达到避免战争的目的。

---

① 即付出极大代价换取的胜利。——译者注

第四十二章

迅速而隐蔽

最后，我们再来谈谈苏联的另一项军事技术，以此结束关于导弹的讨论。这就是导弹艇，最早由苏联发明，后来被许多国家列入装备序列。导弹艇的构想并不算复杂，但从构想到现实却是一个漫长的过程，而且导弹艇在全球的普及、应用也不是一帆风顺。

导弹艇的结构很简单，就是一艘小型的舰艇，上面装有制导导弹。导弹艇是一种具有远程杀伤能力的战术武器，可以从敌防区外发射导弹。导弹艇重量轻，移动迅速，难以命中。导弹艇最大的缺点是防御力太弱，如果被敌人击中，那就真的是"片甲不留"了。因此，它的主要特点就是灵活性。导弹艇不能抵挡攻击，但是可以躲避和还击。现在，中国、芬兰、克罗地亚、希腊、伊朗、印度尼西亚等许多国家都在使用导弹艇。

《俄罗斯帝国发明史》主要介绍俄罗斯"十月革命"前的发明思想史，其中我讲过俄罗斯帝国水雷武器的发展历程。我们是这一领域的先行者，拥有世界上最早的雷击舰、水（鱼）雷运输船、水面和水下的水（鱼）雷技术。

鱼雷艇起源于水（鱼）雷艇，两者有时难以区分，因为直到 20 世纪初，"水（鱼）雷"都是个混合概念，既可指水雷，也可指鱼雷。导弹艇从鱼雷艇发展而来，现在我们要讨论的就是它。

"白蚁"发射

1953 年，苏联首款量产巡航导弹 KS-1 "彗星"列装［美国的"马丁"MGM-1 "斗牛士"（Martin MGM-1 Matador）导弹比它早一年开始服役］。KS-1 "彗星"巡航导弹的载机是"图 -16KS"（Tu-16KS）重型多用途飞机，挂载 KS-1 "彗星"巡航导弹的"图 -16KS"被称为"远程导弹运载轰炸机"。KS 系统为军事设计师提供了广阔的开发空间：随着时间的推移，导弹的性能不断完善，重量越来越轻，杀伤力也越来越强，几乎可以搭载任何运载工具。

例如，设计师们曾经研制出一款导弹坦克。苏联卫国战争之前，导弹坦克的初期试验就已经开始，但 1933 年的 RBT-5 原型装备运载的是非制导火箭（也称"坦克鱼雷"），效率低下。战争结束后，苏联等国重启这项试验——这时，坦克上装备的已经是巡航导弹。

在小型军舰上安装导弹的计划已经浮出水面，唯一的问题是缺少合适的弹型。P-15"白蚁"是苏联最早的反舰导弹之一，由第155试验设计局的亚历山大·别列兹尼亚克主持研制。"白蚁"导弹的研发始于1955年，最初的设想是用于小型导弹舰或驱逐舰而非轻型小艇。但是，正是P-15的研制工作在某种程度上催生了导弹艇——在此之前，苏联还没有足够小巧的导弹可以毫无问题地安装在小型军舰上。

第一批P-15原型弹于1956年在杜布纳制造完成，一年后开始试验。P-15导弹在各方面都非常成功：成本低、效率高、操作简单。因此，P-15在1960年列装。1967年，"白蚁"成为历史上第一型在实战中使用的反舰导弹。这个故事我稍后再跟你们细说。

对我们来说，现在更重要的是，几乎就在20世纪50年代中期开始研制P-15的同时，苏联造船工业部第5中央设计局（今金刚石中央海洋设计局）开始了在鱼雷艇上安装导弹武器的理论研究。1956年，一份工作成果报告送交了部长会议，1957年8月，项目正式启动。请注意这两个过程是并行的：导弹的研制工作刚一起步，设计师就开始着手舰艇的初步研究。而当导弹试射成功后，第一型导弹艇也正式获批立项。

值得注意的是，"白蚁"并不是第一型用于反舰防御的巡航导弹：德国在希特勒时代就发明了类似的武器，美国也有相似的设计。然而，"白蚁"在诸多竞争对手中脱颖而出，率先投入批量生产并进入装备序列，某种意义上说，是"白蚁"反舰导弹推动了新型运载工具的研制工作。

"R"代表"导弹"

运载工具项目代号为183R（"183"代表鱼雷艇项目，鱼雷艇是导弹艇的原生基础，"R"代表"导弹"）。下文我会多次提到这两个项目，所以请你们务必注意项目的标号，并记住简单的对应关系：183 代表鱼雷艇，183R 代表导弹艇。除代号外，项目还获得了一个专属名称："蚊子"。

从 1949 年开始，183 型鱼雷艇布尔什维克号一直在批量生产，不仅通过了国家试验，还经受了多次演习的考验。此外，基于"布尔什维克"号还进行过多项试验，比如装备燃气轮机的 183T 型鱼雷艇，装备 4 个鱼雷发射器（取代原先的两个鱼雷发射器）的 183U 型鱼雷艇，装备加强外板的 183A 型鱼雷艇等的试验。不过除了 183R，其他型号的装备都只是停留在原型设备阶段（有的甚至只存在于设计草图中）。

1957 年 8 月，在鱼雷艇上安装导弹武器的项目获得批准。所有基础系统，包括船体、推进系统、控制系统和布局都保持不变，只是把两个舰载鱼雷发射管更换为两个导弹库，装备 P-15"白蚁"导弹发射器，并安装了"桅桁"雷达和导弹控制系统。可以说，这些变化是表面的美化。

有意思的是，183 型鱼雷艇的船体居然是……木质的。没错，的确是木质的。只有舱面室和舰桥有装甲防护。我在前文说过，这种防护并没有太大的作用，最多也就是让艇员避开机枪扫射。再大一点的炮弹，"布尔什维克"号鱼雷艇根本抵挡不了。但是，由于艇身分成了 8 个舱室，即使一半的舱室被穿，鱼雷艇也有办法从袭击者手中逃脱，所以也很难讲"布尔什维克"号鱼雷艇不堪一击。

由于易于改装，1957 年年底，列宁格勒的第 5 滨海工厂就建成了两艘试验型"蚊子"（183E 型），代号分别是 TK-14 和 TK-15。除了两个发射器，"蚊子"还安装了一门 25 毫米的 2M-3 双联多用途火炮，或者说是舰载高射炮。这种高射炮也是新武器，列装时间仅有 4 年。

当然，发射器依然是最重要的。发射器位于船尾，在四级浪的海况下，它的发射速度可达到每小时 55 千米，导弹的射程可达 40 千米，而且"桅桁"雷达能探测到像驱逐舰这样的大型军舰，探测距离 25 千米（大型巡洋舰的探测距离为 60 千米）。25 米长的小型舰艇，又是木制艇体，这样的目标雷达是看不见的。也就是说，"蚊子"可以有效地攻击任何大型舰船和地面目标，自身却处于被攻击目标不可企及的范围内。这种情形，就像克雷洛夫寓言里小哈巴狗居然敢向大象吠叫一样。正所谓"小艇打大船"。

作战使用

1959 年，第一艘量产鱼雷艇"蚊子"下水，1 年后，183R 型艇与 P-15"白蚁"同时入列服役。"蚊子"和 183R 是在两个地方建造的，分别是列宁格勒的第 5 造船厂和符拉迪沃斯托克的第 602 造船厂（今东方造船厂）。这个大项目后来又分出几个分支项目。除了 183R 和已经提到的 183E 试验艇外，还有 183TR 和 183R-TR 等型号。后面的两个系列与前面提到的装备不同，它们不是从零开始建造的新型号，而是属于已有的 183 型鱼雷艇的改装型。截至 1965 年，苏联总共建造（或改建）了 112 艘"蚊子"系列的小型舰艇。

与此同时，新一代 205 型艇的研制工作也在进行中。205 型艇以 206 型鱼雷艇为基础，采用金属艇体，并装备了 4 个发射器，这意味着该艇的各项性能指标都更为先进。1960—1970 年的 10 年苏联一直在建造 205 型艇，总计有 274 艘下水。

在 1967 年之前，183R 和 205 型都没有参加过实战（前者当时已经停产）。因为根本没有这样的需求。除了苏联，世界上再没有其他国家研制过导弹艇，导弹艇也没有引起更多其他国家的兴趣。然而，自 1961 年起，苏联开始向古巴、印度、中国、朝鲜、叙利亚，特别是埃及等友好国家提供183R 型艇。

1967 年年初，以色列特工在埃及无意中得到了苏联导弹艇的技术情报，由此启动了以色列在这方面的研制工作。以色列开发的"萨尔"3（Sa'ar3）型导弹艇，基于德国的"美洲虎"（Jaguar）鱼雷艇建造。第一艘"萨尔"3 导弹艇于 1967 年 4 月下水。1967 年 7 月 1 日，埃以消耗战开始了（"消耗战"？没错，历史记载就是这样）。消耗战打得不是很激烈，倒像是一场旷日持久的对射枪战。第一次真正的冲突发生在 7 月 11 日，以色列驱逐舰"埃拉特"号在战斗中击沉了埃及两艘鱼雷艇，10 月 21 日，埃及人成功地采取了报复行动：埃及海军的两艘 183R 导弹艇击沉了"埃拉特"号驱逐舰，这艘原本并不起眼的驱逐舰作为第一艘被反舰导弹摧毁的舰船载入了历史。

这一事件给国际社会，尤其是各国军事部门带来了极大的震动。已经在这一领域拥有自己项目的以色列，加快了以前缓慢的进度，于 1969 年将"萨尔"3 纳入装备序列。印度从苏联购买了许可证并生产了"闪电"级鱼雷艇——这是 205 型艇的改型。根据德国的订单，法国开发了在德国称为"虎"（Tiger）的"斗士"级导弹艇。芬兰从苏联订购了一批经过改进的 205 型艇，全是"庄严"级。

20 世纪 70 年代，导弹艇的生产达到了鼎盛时期，当时全球遍燃战火，同时爆发了好几场局部战争。时至今日，导弹艇仍未停止生产，主要用于沿海和中立水域的边界巡逻。即便我是纯粹的和平主义者，也不能不注意到这个事实：我们是第一个想到将导弹武器安装在小巧轻便的舰艇上的人。这样做究竟好不好，我不知道。

第六部分

永恒的辩题：
是不是苏联的发明

《俄罗斯帝国发明史》一书的写作初衷，就是为了回应网络上诸多的不实传言、臆造神话和各执一词的争论，所以很有必要设置一个章节，专门讨论历史争议。关于苏联时期的发明，最具争议的是发光二极管、全息摄影和地效飞行器，我会尽可能客观地厘清它们的历史脉络。

总的来说，20 世纪关于"第一人"的争论要比前几个世纪少得多。这主要是因为随着国际数据库的出现，版权保护机构可以凭借技术手段清晰地确立首创者的地位。篡改 20 世纪的历史，比把两百年前的成就据为己有要困难得多。在你们面前的这本书中，你们看不到不加掩饰的故弄玄虚——所有这些玄虚都是在与世界主义①的斗争中（1947—1953 年）出现的，玄虚被揭穿后，褪去了光环，只作为"都市传说"②在互联网上继续流传。

20 世纪关于首创地位的争论变得客观起来，这种争论主要涉及一些平行发明。全息摄影就是一个典型的例子，美国和苏联专家几乎在同一时间各自独立展开研究（除了美苏科学家，匈牙利人德内什·盖博（Денеш Габор）也在进行类似开发）。其实，这种情况下，没有什么必要一定要分出谁先谁后。3 个国家的研究人员都很了不起，都是第一。

"首创地位"的不确定，是由于苏联在科学和技术上与外部世界隔绝。

---

① 1947 — 1953 年，苏联开展了一场反世界主义运动，在这场运动中，苏联特别着重宣传俄罗斯国家历史权威的概念——在科学、技术、文化所有重要的领域，其权威性代表都是俄国人。这类宣传明显的过火之处是，试图宣布从自行车到飞机，几乎所有的发明创造都是俄罗斯天才的发明。——译者注

② 都市传说，从英文"urban legend"转译而来，指的是当代流行的民间传说。都市传说基本通过互联网流播，也通过电子邮件的重复发送和网站的张贴而经久不衰。都市传说经常涉及当代人都感兴趣的话题人物和社会问题。——译者注

很多设备国外都已经开发出来了，苏联却要从头再来，因为我们不能像其他国家一样，直接买到成熟的技术。更准确地说，更多的时候，"故意冻伤耳朵，故意惹妈妈生气"这一原则起到了作用：只要有可能建立科技合作的地方，政治就会紧闭大门，堵住一切漏洞。当然，苏联专家和外国专家还是有一定的联系，有两个时期，甚至还有过密切的合作：一个是 20 世纪 20 年代中期到 30 年代中期，也就是工业化的高峰期，另一个时期，是 20 世纪 70 年代中期以后，当时冷战的热度已经逐渐消退。但是，与其他国家专业人员相互之间的密切合作相比，苏联专家与外界的这点接触要相形见绌许多，而且惹出的麻烦也多得多。英国人可以随意打电话或写信给法国人、美国人、意大利人，但俄国人不行。

最令人不快的是，苏联的创造力常常徒然浪费在诸如自行车这样的发明上。这样的例子很多，我可以列举出一些。

例如，20 世纪 30 年代后半期，物理学家切斯特·卡尔森（Честер Карлсон）还在纽约的一个专利事务所工作。一天，他的上司给他一份文件，让他用打字机打出相同的几份。卡尔森患有关节炎，所以上司交办的这个差事让他有些为难，但同时这也激发了他对"电子照相术"（这是卡尔森事后起的名字）这个问题的兴趣。他把自家的厨房当成了实验室，展开了独立研究。1938 年，他制作了世界上第一张电子照片。这张照片的内容是："10.-22.-38 ASTORIA"。4 年后，卡尔森取得了专利，开始寻找投资者将自己的发明成果商业化。他先后在大概 20 家大公司碰了钉子，其中包括 IBM、通用电气（General Electric）等。直到 1944 年，非营利机构巴特尔纪念研究所才和卡尔森签订合同，聘请他担任研究所的工作人员，并提供技术改进经费。3 年后，纽约一家销售相纸的小公司哈罗依德公司（Haloid Corporation）看中了巴特尔研究所的研究成果，于是把卡尔森挖到了自己的企业。在哈罗依德公司工作期间，卡尔森把这项技术重新命名为"静电复印"，并在 1948 年注册了"施乐"（Xerox）商标。1 年后，历史上第一台量产复印机——施乐 A 型复印机（Xerox Model A Copier）诞生了，后来，其他型号的复印机也相继问世，如施乐 B 型（Model B）。20 世纪 50 年代，哈罗依德公司开始向欧洲提供复印机。影印的时代已经来临。

苏联的情况如何？到国外购买静电复印机，想都不用想，根本没有可能。1953 年，全苏印刷机械制造研究院一名年轻的研究人员弗拉基米尔·弗里德金（Владимир Фридкин）对卡尔森 15 年前已经解决的问题产生了浓厚的兴趣。弗里德金是在列宁图书馆无意中发现了卡尔森的专利，从此对照相复制技术着了迷。弗里德金基于卡尔森的专利，但是总体上采用了不同的工艺（光致驻极体技术），并对其工作原理进行了改进。光致驻极体是保加利亚物理学家格奥尔基·纳贾科夫（Георги Наджаков）发现的一种介电性材料，这种材料能够在光和电场作用下保持特定轮廓的电极化。弗里德金研究的复印问题也引起了领导的兴趣和关注，年底，电子照相复印机 EFM-1 的原型设备已经生产出来。相关部门认可了这项技术的"有益性"。第二年，维尔纽斯市成立了一个小型的电子照相研究所，规模就像一个实验室，由伊万·日廖维奇（Иван Жилевич）任所长，基希讷乌市则开始制造苏联第一批复印机。1965 年，切斯特·卡尔森访问苏联，见到了弗里德金，弗里德金后来也因为电子照相方面的研究出过国，在国外认识了纳贾科夫。

我们发明复印机是比美国人只晚了一点点，而且是自主开发的——但是这样做有意义吗？没有。苏联从来没有大规模生产过复印机，从 20 世纪 60 年代开始，一些性质特殊的机关还是会购买施乐复印机。这些复印机由克格勃登记，存放在保密室，只有高级领导才有资格使用，而且需要专门登记。普通苏联人从来没有见过复印机。所以，在苏联不受任何限制地自由复印是改革后才有的事情，而美国人在 20 世纪 60 年代中期就可以随意复印文件。

还有一种传言，说苏联工程师阿尔谢尼·戈罗霍夫（Арсений Горохов）早在国外出现个人计算机之前，就获得了个人计算机（或者更准确地说，是"零件轮廓复制编程装置"）的专利。这个传言……倒也不全是空穴来风。戈罗霍夫确实在 1968 年获得过这样的证书，但苏联的发明家向来有心无力，再加上高层领导对他的想法不屑一顾（因为苏联工程师都是绘图高手，直到 20 世纪 90 年代，他们在绘图台上绘图都是手到擒来，所以领导们认为，完全没有什么必要用机器代替人手），戈罗霍夫连原型设备都没有造出来，专利就搁置了下来。

实际上，这个故事与个人计算机的首次发明无关，因为现在一般都认为，是加利福尼亚的天秤（Librascope）公司在 1956 年制造出了世界上第一台个人计算机 LGP-30。LGP-30 的造价接近 5 万美元，重达 360 千克，看起来就像一张桌子——但是首先它能放在客厅里，其次它能与普通电网相连，第三，它可以由一个操作员来操作。苏联的第一台个人计算机问世的时间要更早一些（比戈罗霍夫的发明要早），是在 1965 年。我指的是维克多·格卢什科夫（Виктор Глушков）指导开发的"和平"电子计算机，主要用于工程计算。阿尔谢尼·戈罗霍夫与此毫无关系。

另一桩著名的"口水官司"是：据称世界上第一部手机（蜂窝电话）LK-1 是由苏联无线电工程师列昂尼德·库普里亚诺维奇（Леонид Куприянович）在 1957 年设计和制造的。库普里亚诺维奇发明的第一代电话重约 3 千克，但 1961 年的终极型号非常小巧：只有 70 克，可以放在手掌上！有关库普里亚诺维电话的报刊文章很多（如《技术——青年》《科学与生活》《行车志》等杂志都发表过相关文章），1959 年库普里亚诺维发明的电话成为科普节目《科学与技术》的主要话题之一。

库普里扬诺维奇的电话，虽然技术上很完美，形制也小巧轻便，但本质上却是一部传统的无线电话（这很重要！）。由于没有采用蜂窝技术，无法截获覆盖某一特定区域的多个发射塔发射的信号，其技术差异可谓天差地别。实际上，无线电话是一种对讲机，它可以和一个连接到城市电话交换机的固定基站（库普里扬诺维奇称它为自动电话无线台）进行通信。我们通过无线电话呼叫基站，基站会把呼叫转接到相应的有线线路上。库普里亚诺维奇展示了从自己的"手机"拨通本地电话的效果，但是他不能远离基站，因为这是和他的"手机"保持通信的唯一基站。

蜂窝通信的工作原理不同。蜂窝通信不是基于单个基站，而是基于蜂窝塔组成的网络，话机根据覆盖区域与蜂窝塔进行通信。蜂窝电话和无线电话是两种不同类型的移动电话，各有优劣。

无线电话可以为单基站提供了更可靠的无线电链路通信。因此，无线电话可以用作，例如无绳家用电话（包括电话听筒和连接到接线盒的基站）。但无线电话不能在基站设置的工作范围之外进行通信（库普里亚诺维奇的设备可以远离基站几千米）。蜂窝电话可以在网络覆盖的任意一点（只要设定范围内有基站）进行通信，这使得蜂窝电话成为一种不可或缺的通信工具。

我们再回到"首创地位"的话题。从 20 世纪 20 年代起，美国警察和军队就开始使用移动（车载）式无线通信系统，早期采用单向通信，后来发展为成熟的无线通信。1946 年 6 月 17 号，美国电话电报公司（AT&T）的研究部门贝尔实验室（Bell Labs）推出了第一个基于无线电话原理的公共移动通信网络，比库普里亚诺维奇发明的电话早了 11 年，库普里亚诺维奇本人也曾在他的一篇文章中提到过贝尔的研究成果。从 1949 年起，AT&T 公司正式向所有愿意接受移动电话服务（Mobile Telephone Service）的客户销售这种服务（在其覆盖范围内）。当时，该系统作为车载通信手段（设备还十分笨重），覆盖了大约 100 个中型城市和主要高速公路周边。苏联类似的系统"阿尔泰"，由沃罗涅日通信研究所根据贝尔实验室开发的原型产品和专利研制而成，1963 年研究所推出试验样机。到 1970 年的时候，"阿尔泰"已经在苏联的 114 座城市投入使用。据传，库普里亚诺维奇参与了"阿尔泰"设备的开发——但我没有找到任何可以证明这一事实的文件。

1973 年 4 月 3 日，美国摩托罗拉（Motorola）公司推出了世界上第一部手机：公司首席研究员马丁·库珀（Мартин Купер）用这部手机打出了第一通电话。记者们喜欢写："手机是马丁·库珀的发明"，但事实并非如此，手机并非个人发明，而是团队合作的结果。手机技术的商业化运营花费了相当长的时间——第一部摩托罗拉 DynaTAC 手机直到 1983 年才开始销售，尽管日本和斯堪的纳维亚半岛的蜂窝网络早在 1979 年和 1981 年就提前启用了，只不过那时电话还需要接在接线盒上才能通话。苏联第一个蜂窝通信系统于 1991 年 9 月启动，就在苏联解体前的几个月。

库普里扬诺维奇在他公开发表的文章中，描述了比他展示的"电话实物"更为先进的系统。特别是，他提出了集群无线系统的概念——这是基于普通自动电话交换机原理的移动电话模式。你用移动电话拨打电话，电话连接到基站，基站为你和你未来的通话者找到空闲通道，然后连接通话者的移动电话。本质上，这是两个无线通道在同一个基站的汇合。由于库普里扬诺维奇测试时只有一台原型机，他无法演示整个方案，只能基于市内通信网打电话。发明人还描述了另一个系统，在这个系统中他的移动电话可以截获覆盖范围相互重叠的自动电话无线台发出的信号，实际上这就是一个蜂窝系统。但是，这个理念并未付诸实践，只是停留在理论层面。

没什么值得骄傲的，有的只是遗憾。问题的关键不在于我国的移动通信落后国外 15 年，蜂窝通信落后国外 12 年。问题的关键是，"阿尔泰"无线电话服务不是一般人所能企及的。当然，美国的移动通信费用也很昂贵，只有有钱人才能负担得起。但是原则上讲，从 20 世纪 40 年代中期开始，略有家资的美国人都可以在他们的汽车上随意安装电话。在苏联，普通凡人甚至没有这样做的理论可能性——"阿尔泰"始终是高高在上的党内高级领导干部才能享用的财产。这才是应该为之汗颜的地方。至于库普里亚诺维奇的发明，人们先是为之欢呼鼓掌——随后就抛诸脑后。库普里亚诺维奇继续当他的无线电工程师，也没有人提出把他的发明成果应用到生活中去。虽然刚开始的时候，他在接受采访时表示已经做好了"批量生产的准备"。

这样的故事很多——几乎整部苏联发明史都是由这样的故事拼接而成。接下来，还是让我继续来告诉你们，在哪些领域，我们幸而还有值得骄傲的地方。

第四十三章

抵挡穿甲弹

今天，坦克和其他战车的生存能力已不像百年前那样单纯依赖于装甲的厚度。更加有效、可靠的新型防御手段已经应运而生。例如，苏联研制的反应装甲和主动防护系统。

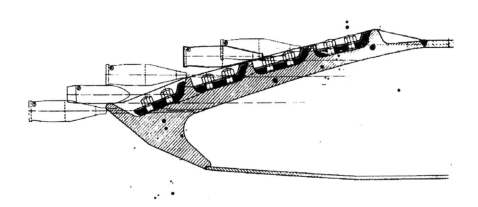

外行人常常无法分辨某些术语的细微差别，例如，许多人将主动防护系统与反应装甲混淆。其实反应装甲与主动防护系统是苏联时期开发的两种不同的防护技术，两者的开发目的相似，但是开发的时间不同。首先我要讲的是反应装甲。反应装甲是最早不依赖装甲板厚度的坦克防护手段之一。

聚能威胁

反应装甲本身并不能替代常规装甲，只能安装在常规装甲之上。装甲板的厚度和材料仍然发挥着自身的作用。

常规装甲存在许多缺点。常规装甲的防护力不仅取决于装甲材料自身的性能，还取决于装甲厚度，而厚度意味着重量。增加坦克重量必然会牺牲坦克的机动性、速度和越野能力，增加燃油消耗。有时候，过重的坦克根本寸步难行。这就是坦克不同部位的装甲厚度不同的原因。装甲最厚实的地方通常是正面，敌人的袭击弹药最可能击中那里。如果易受攻击部位只有薄装甲防护，坦克极有可能因此失去作战能力。换句话说，只有足够厚、足够重的常规装甲才能在遭到轰击时起到防护作用。这一点在"二战"期间表现得尤为明显。"二战"中出现了第一批聚能装药穿甲弹药，当时被称为破甲弹药。

常规杀伤弹无法穿透装甲，对坦克乘员没有威胁。爆破弹则可能造成爆炸伤害，使坦克失去战斗力，但这个概率很小。次口径穿甲弹能够摧毁坦克，但发射穿甲弹的重炮需要以每秒 1600—1800 米的速度高速推动重型弹芯。聚能弹的作用原理不同。聚能弹是专为击穿装甲设计的，发射聚能穿甲弹也不需要重炮（射速并不特别重要），而且一般情况下不需要火炮——比如，榴弹发射器就可以发射聚能穿甲弹。聚能穿甲弹的先祖是长柄反坦克火箭弹。

　　与其他许多弹药一样，聚能穿甲弹内也装有炸药和雷管。聚能弹的设计非常精巧：弹尾部装炸药，前端是一个喇叭口（空心装药腔）朝前的药型罩，用重金属薄层覆面。药型罩和重金属覆面层都罩在弹头整流罩内。攻击弹击中装甲时，弹头整流罩起皱、变形，产生的冲击波沿弹体传导，触发弹尾部雷管，爆炸造成药型罩变形，将覆面（包层壁）向弹轴方向急速挤压。由于爆炸产物产生的巨大压力——大约 50 万个大气压——超出了覆面金属的屈服极限，覆面金属呈现出液态性状。结果，从部分覆面（约10%）挤压出的空心装药气柱，喷射到装甲上。这种空心装药气柱的喷射速度高达 10 千米 / 秒，比装甲材料中的音速（4 千米 / 秒）还要快。射流与装甲之间的相互作用遵循流体力学定律。也就是说，射流真的是在装甲上"冲洗"出了一个洞，就像水流喷射到沙子里的情形。

　　很多人都认为，装甲是聚能射流烧穿的，其实这是误解。覆面金属（和装甲）在高压的作用下会流动（液态性状的表现），这种情况下，覆面金属的温度远低于熔点。

　　要对付聚能弹，单是增加装甲厚度其实于事无补，只能另辟蹊径。举例来说，可以在离开装甲一定距离的地方添加金属护板，或者防护网。因为聚能射流的形成需要一定的时间，在距离装甲的特定位置（焦点）引爆装药，可以实现最大杀伤力。过早爆炸会降低聚能射流的效率。护板（护网）正是导致装药提早引爆的诱因。

　　现在应用最广的多层装甲或复合装甲，就是通过将不同的材质结合在一起，利用各种材质相互之间不同排列原则的组合优势，达到抑制聚能射流和降低射流能量的目的。复合装甲采用的材料非常驳杂，有钢、塑料、陶瓷等。

　　对于聚能穿甲弹，反应装甲的防御力远超常规装甲。

动态防护

反应装甲的第一批理论文章出现在 20 世纪 40 年代。当时，第 48 中央研究院（今钢铁研究院）主任工程师谢尔盖·斯摩棱斯基（Сергей Смоленский）开发出一套原型系统，并进行了系列试验，试验的结果众所周知。伊利亚·贝坚斯基（Ильи Бытенский）和帕维尔·季莫费耶夫（Павел Тимофеев）在第 48 中央研究院辑录的《1949 年论文集》中发表了一篇题为《论利用爆炸物能量摧毁子母弹杀伤武器的可能性》的论文，这是有史以来首次公开发表的反应装甲理论文章，文中对如何实现反应装甲提出了切实可行的建议。

那么，什么是"反应装甲"？如果你们曾经在坦克的装甲上看到过类似板条的扁平盒子，那你们就算见过反应装甲了。每一个这样的长方形容器内，都装有炸药板，层层叠叠地按一定角度排列。当聚能射流击穿盒子时，盒子里的炸药就会被引爆，炸开的盒盖会像子弹一样加速飞出。考虑到射流的速度，正面阻挡射流的难度太大，但从侧面"击碎"射流却是非常容易的，这也正是我们希望看到的：盒盖以一定的角度"撞向"射流并"撕裂"射流，使其无法穿透主装甲。

这是一个简单而合乎逻辑的想法，一开始却引起人们的困惑不解，尤其让非专业人士摸不着头脑。直接在坦克装甲上放炸药？听上去太疯狂！因此，第 48 中央研究院的所有相关课题都被坦克兵的阿马扎斯普·巴巴贾尼扬（Амазасп Бабаджанян）中将"连根砍掉"。巴巴贾尼扬中将出身于一个贫穷的亚美尼亚家庭，没有受过任何教育[①]，他完全否定了第 48 中央研究

---

① 1942 年夏在塔什干，巴巴贾尼扬在工农红军伏龙芝军事学院上了为期 4 个月的速成班，这是他一生接受的全部教育。巴巴贾尼扬随即被任命为第 3 机械化旅旅长，从步兵改行当上了坦克兵。巴巴贾尼扬从未接受过坦克技术装备的专业训练，是典型的"实践出真知"的代表，他对坦克装备的了解和掌握全部来源于他的实践。——原文注

院在这方面所做的试验，简单明了地阐述了自己的观点："一克炸药都不能放到坦克上！"

这项技术从此停滞不前，直到 20 世纪 60 年代才被重新拾起。那个时候，巴巴贾尼扬已经调任敖德萨军区司令，他没有参与（或者只是不了解）首都的科学研究工作。

以著名物理学家和流体力学专家波格丹·维亚切斯拉夫维奇·沃伊采霍夫斯基（Богдан Вячеславович Войцеховский）为首的专家小组对该系统进行了研究。沃伊采霍夫斯基在新西伯利亚液压动力研究所工作，负责"快速流动过程部"的工作，因此受邀参加第 100 全苏研究院分院（这是第 48 中央研究院当时的名称）的技术咨询工作。1966 年之前，初步设计完成，专家们制作了一个装有反应装甲的坦克模型，并着手进行试验。上面下达的任务是设计一种反应装甲，要求能够抵御可穿透 600 毫米均质（同质）钢的聚能装药，同时必须减轻坦克重量。1967 年，第一批反应装甲板在费多连科装甲兵学院第 38 科研试验中心（靶场）（今装甲兵武器装备科研试验研究院）进行了试验。坦克模型模拟的是 1964 年开发的试验型坦克"对象 775"的前部，那是当时最先进的坦克型号（尽管这个型号没有投入批量生产）。

沃伊泽霍夫斯基的反应装甲 KDZ-68，是一种铸造而成的"圆翼鼻"板，外形酷似一块巨大的钢质华夫饼。装有炸药的填料盒用螺栓固定在铸板的矩形凹槽中。试验结果表明，KDZ-68 原则上超前于时代 20 年，可谓"惊艳了时光"。KDZ-68 可以保护战车几乎不受任何聚能装药的伤害，除此之外，它还具有极强的生存能力：即使被攻击弹击中发生爆炸，它的表面也只有 5.5% 会暴露在敌人的打击之下（即使在我们这个时代，10% 或者 20% 的暴露率都被认为是正常的）。

但是，不管出于主观还是客观的原因，一切就这样结束了。客观地说，当时的坦克还没有能力安装这种装甲。要安装 KDZ-68 装甲，就需要研发与此相适应的新型坦克，这需要大量的资金投入，而正处于试验开发阶段的 T-64A 坦克的常规装甲已经足以抵挡现代穿甲弹的进攻。最重要的是，1969 年，巴巴贾尼扬从敖德萨调回莫斯科担任苏军坦克兵司令，他立即叫停了所有相关研究。

在国外，反应装甲的拯救者是曼弗雷德·赫尔德（Манфред Хельд），德国工程师，1967—1969 年，他在以色列以德国 MBT-70 坦克为基础进行了类似 KDZ-68 装甲的试验。赫尔德在 1970 年获得了历史上第一个此类系统的国际专利，成为"爆炸反应装甲系统"（Explosive Reactive Armor）的公认发明人。他曾试图向多个国家出售其技术成果，但最终还是被以色列国家武器公司"拉斐尔武器发展局"（Rafael Armament Development Authority）招入麾下，并在 1974 年定居以色列。

直到 20 世纪 80 年代初期，坦克才开始大规模安装反应装甲，主要原因是聚能穿甲弹药的威力越来越大，主装甲已经无力对抗。1981 年之前，拉斐尔（Rafael）公司完成了全部试验，曼弗雷德·赫尔德的第一型反应装甲，即"开拓者时代"（Blazer ERA），安装在参加 1982 年黎巴嫩战争的 M48A5、M60 和 M60A1 坦克上。注意，这些都是美国的老式坦克，M48 早在 20 世纪 50 年代就已经开发出来，但是赫尔德的这套系统可以满足任何战车的改装需求。

苏联国防部在同一年仓促批准反应装甲试验项目上马。1982 年 6 月 6 日，"接触"系统开始进行外场试验，并于当年年底进入批量生产。T-64BV 是第一型装备"接触"系统的坦克，于 1985 年开始服役。"接触"系统的开发还受到以色列"开拓者"（Blazer）的启发——1982 年年底，一辆装备"开拓者"反应装甲的 M48 坦克被运往苏联供研究之用。

早在竞争对手之前，苏联就已经开始研究反应装甲，但是由于国防部和巴巴贾尼扬个人的原则立场，苏联在这一领域的首创地位就这样被拱手相让，苏联输给的对手甚至不是美国，而是小小的以色列。与以色列、苏联进行研究开发的同时，美国人和德国人也在短时间内开发并装备了反应装甲。新的防御时代已经来临。

主动防护成为这个时代的主题之一。

主动防护

主动防护的原理与一款计算机游戏相似：当敌方的导弹朝你飞来时，你发射自己的导弹予以击退。主动防护综合系统对攻击弹药施加影响的手段有许多，例如：对自导引头或控制信号进行光电压制，在弹道上击落导弹，物理破坏，施放气溶胶屏障迷惑攻击武器，等等。主动防护综合系统不仅安装在装甲车辆上，也安装在舰艇和飞机上，因为它的主要任务是防止敌人的攻击弹对目标造成破坏（但即使它所起的作用只是减少伤害），这也是一种很好的防护手段。

从技术角度看，主动防护系统是由雷达等攻击探测系统和防护系统组成的综合系统。作为防护系统的，可以是专门设计用于主动防护综合系统的特种装置，也可以是由计算机制导系统控制的机枪等常规武器。

这一切都要追溯到 1958 年，当时第 14 中央设计局（今仪器制造设计局）两名年轻的研究人员基姆・杰米多夫（Ким Демидов）和季瓦科夫向领导提议开发坦克主动防护的自动化系统。1960 年，他们被调到图拉的"猎枪和运动枪中央设计研究局"，杰米多夫和季瓦科夫在那里开始了TKB-588 项目——世界上第一个主动防护系统——的研究工作。

到了 1965 年，这个项目的规模已经非常可观，许多企业都参与其中。为此专门成立了一个实验室，由年轻的工程师米哈伊尔・苏波罗夫斯基（Михаил Супоровский）负责，实验室只研究这个项目，再不涉及其他。研究小组的主要任务，是破解如何及时发现靠近地球的小型高速动目标的难题。到了 1970 年，研究小组发现，当时已有的靶场不具备试验在研系统的能力，于是在六八零五四部队驻地附近，按照在研系统的要求，建造了一条专用道路。除了技术代号之外，这个项目还有一个名字——叫作"豪猪"。

　　总的来说，对于那个时代而言，这是一项异常复杂的任务，也是一项前所未有的新任务。工程师们如盲人一般，在现有技术能力的基础上摸索着前进，也不断地踩到各种各样的雷。因此，项目进展相当缓慢。1967 年，我们已经很熟悉的钢铁合金研究院（又名第 100 全苏研究院分院，又名第 48 中央研究院）加入主动防护综合系统的开发工作，它为研究小组带来了"扇子 –1"系统。"扇子"系统的靶场试验居然比"豪猪"更早开始了——1968 年，开始对安装"扇子"系统的 T–55 坦克进行试验。"扇子""豪猪"这两个系统都采用了非接触式雷达传感器，并以此作为工作基础，而来袭的攻击弹都需要通过雷达传感器进行探测，所以保证系统可靠性成为最重要的问题。1975 年研制成功的第三代装备"扇子"–3 是真正具有实战能力的"扇子"。列宁格勒的全苏机器制造工艺科学研究院（今全俄运输机械制造科学研究院）也在开发自己的系统，也就是"雨"主动防护综合系统。

　　同时，图拉的"豪猪"系统在 1974—1976 年进行了大量靶场试验，其中包括聚能穿甲弹的实弹靶试，靶标为装有主动防护综合系统的模型装置。根据试验结果，研究人员得出了具有划时代意义的结论："建议采用'豪猪'坦克主动防护综合系统，进入原型装备工作文件拟制阶段"。

　　1977 年，研究人员开始准备预生产的文件。在此之前，所有的工作都是纯研究性质的，目的只有一个：研究设计方案的可行性，如果可行，该如何实施。现在是时候把设计图纸变为实际的装备。"豪猪"项目获得了一个新代号——"画眉"1030M 综合设备。几家企业同时开始试制"画眉"，"画眉"计划安装在 T–55 坦克上。

　　1978 年，图拉的"阿森纳"工厂（又名"兵工厂"）制造出第一个原型样件，然后进行了初步试验，1981 年 3 月至 4 月，国家委员会对"画眉"

主动防护综合系统进行了评审。1982 年，T-55AD 成为历史上第一型装备主动防护系统的坦克。

"画眉"系统由装在炮塔两侧的两个发射／接收模块（传感器）和四对装甲单元（装备系统）构成。这些装甲单元可以发射 107 毫米口径的杀伤爆破弹，总共能抵挡 8 次攻击。作战过程中，雷达会持续发射电磁波，探测到 330 米范围的反坦克弹药。接着，系统进入追踪模式，并在 130 米的距离，转换为主动模式，开始计算攻击弹和反击弹的弹道。来袭弹药在距离坦克 6—7 米的地方（平均距离）就会被爆炸的碎片击中。

此后，主动防护系统进行了多次改进。在俄罗斯的现代坦克"阿玛塔"上就安装有"阿富汗尼特"主动防护综合系统。"阿富汗尼特"的探测系统采用脉冲多普勒雷达，与紫外测向仪相互配合。装备系统首先指的是伪装设施，主要利用金属烟雾形成的烟幕进行伪装，压制敌方导弹的制导系统。装备系统也包括机枪，如果弹药没有被诱偏，则使用机枪射击。

美国研究主动防护系统的起步时间和苏联相当，都是在 20 世纪 50 年代，但美国人直到 20 世纪 90 年代才进入批量生产阶段，时间上要晚很多，因为美国人也是在不断的尝试和失败中寻找正解。

第四十四章

无机身飞机

　　"飞翼"布局的飞机看上去就像未来世界的外星人。"哇!"——不知情的人一定会惊呼,不过他可不知道,这种造型奇特的飞机从 20 世纪 20 年代起一直在苏联和其他国家尝试制造,不过到底谁才是世界第一人呢?

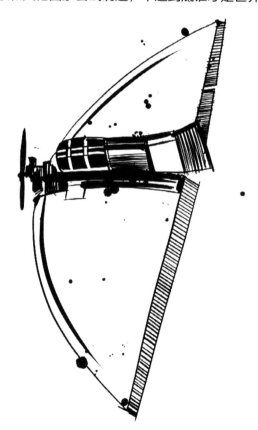

1906 年，英国工程师、航空先驱约翰·威廉·邓恩（Джон Уильям Данн）中尉向范堡罗军用气球厂的负责人约翰·卡珀（Джон Кэппер）展示了一架与众不同的模型飞机。没有尾翼，机翼后掠，这在当时是非常不可思议的。邓恩的无尾飞机在空中飞行相当平稳，卡珀不仅聘用了邓恩，而且给这位工程师提供了一笔资金，让他造一架全尺寸的滑翔机——先不安装发动机。卡珀原来希望邓恩造一架单翼飞机（和邓恩的模型一样），但是经过集体讨论，最终决定采用双翼布局。飞翼的前身——"邓恩"D.1（Dunne D.1）就这样横空出世了。

与当时几乎所有飞机一样，"邓恩"D.1 采用木头和胶合板材料，金属丝固定，机翼蒙皮用丝绸制成。飞行员坐在吊舱里，正好在第一层和第二层机翼之间的中央位置。这种设计意味着整个系统能够安装在包括电动起落架在内的各种起落架上。

在成功地完成了无动力试验（由卡车牵引滑翔机）后，"邓恩"D.1 安装了两台布切特（Buchet）同轴发动机，总功率为 15 马力。邓恩坚称，这种动力不足以支撑飞机的飞行，但军方能拿出的全部经费只够购买这样功率的发动机。这项工作是在高度保密的情况下进行的，零件由不同的工厂制作、加工，然后在一个戒备森严的机库里将飞机组装完成。

1907 年 7 月，被命名为 D.1-B 的动力滑翔机进行了一次飞行试验，也是唯一的一次。飞机由卡珀亲自驾驶。飞行持续了整整 8 秒，之后飞机倾斜、坠毁——飞行员受了点轻伤。飞机被送到范堡罗进行重新设计和制造——改造后的飞机不再依靠起落架起飞，而是像莱特兄弟的第一架飞机一样，使用轨道平台。10 月的第二次试验也以失败告终。

1907 年年末到 1908 年年初的那个冬天，邓恩对这架飞机进行了一次全面的改造，将其命名为 D.4（D.2 和 D.3 是同一时间平行制造的，但布局不同）。D.4 的机翼 - 机身融合布局采用了传统的升降副翼形式，发动机动力更加强劲（25 马力），并配备了第二个推进器。邓恩的模型飞机飞行起来很平稳，但是全尺寸的原型机却根本飞不起来。1908 年 11 月和 12 月又进行了几次试飞，飞机只能短暂地低空飞行，仅此而已。

邓恩并未气馁。之后，他又设计制造了 D.5、D.6、D.7。在接下来的每一个方案中，设计师都要做些改进，比如重新安装设备，或者更换发动机。60 马力的 D.5 飞机表现出了所需要的稳定性：两次试飞中都是邓恩亲自驾机升空，飞机起飞、转弯和降落都是依靠自身动力。D.6 是单翼机，没有足够的升力，根本没能力起飞。D.6 改装成 D.7 后，邓恩又一次在皇家航空学会代表面前进行了展示性飞行，获得成功。

最后亮相的 D.8 是历史上首次批量生产的"飞翼"布局飞机。在1912—1913 年，一共制造了 4 架 D.8 型飞机。飞机配备七缸 80 马力"土地神"（Gnome）发动机，在单人乘坐的情况下可以加速到每小时 90 千米。

好像是这样，但好像也不对，究竟是哪里出了问题？邓恩和他的飞机都很了不起，世界首创的荣誉非英国莫属。但也有一些问题值得商榷。邓恩的这一系列飞机，其实是无尾机，还不完全是现代意义的飞翼。D.8 是双翼飞机，但它有"类机身"，是用金属丝"缝"在下机翼的吊舱。当时的技术根本造不出成熟的单翼飞机——也就是像洛克希德（Lockheed）公司的F-117"夜鹰"或者诺斯罗普公司的 B-2"幽灵"这样的飞翼。我一直说的都是真正的飞翼飞机，飞行员直接坐在机翼上，从外观上甚至看不出机身的存在。

容克斯的尝试

有一种观点认为，是德国知名航空器制造商雨果·容克斯（Xyro Юнкерс）研制出了首款完全成熟的飞翼。这里所说的是一种叫作 JG1 或者"巨人"（Giant）的飞机，它的设计是在 1910 年提出的。1919 年，容克斯的工程师们在飞机制造方面积累了一定的经验，技术又有了长足的进步，

"梦想成真"的条件已经具备，于是容克斯公司把 1910 年的大胆设想变为了现实。

问题是 JG1 绝不是飞翼，而是传统布局的大型四引擎上单翼机。容克斯公司本来已经开始生产飞机元器件，但由于"一战"后对德国实施技术制裁，1921 年 JG1 项目被迫终止。

关于"飞翼"的传言从何而来呢？容克斯没有放弃制造大型跨大西洋客机的想法，1924 年，他向来自美国的潜在投资者展示了一架类似飞翼的容克斯 J1000 巨型飞机模型。J1000 所有 26 个舱位都安置在机翼内；飞行员坐在突出的驾驶舱的中央。但这个项目夭折了。

后来，容克斯公司——无论是在容克斯有生之年还是在他去世后（他于 1935 年去世）——制造了几架飞翼外形的飞机。特别是 1941 年，容克斯公司制造了两架"容克斯"Ju 322 重型运输滑翔机，采用了飞翼布局。甚至在此之前的 1929 年，容克斯还设计了一型"容克斯"G.38 飞机。客舱的一部分位于外翼的翼跟部（但机身相当明显）。总而言之，容克斯确实做过飞翼试验，但不能据此说他制造了最早的飞翼。

切兰诺夫斯基设计的飞机

飞翼式滑翔机的制造由来已久。就拿奥托·李林塔尔（Отто Лилиенталь）来说，他那架极富传奇色彩的滑翔机不就是飞翼吗？1902—1912 年，法英风景画家何塞·韦斯（Xoce Вайс）制作了一系列构型各异的无尾滑翔机。韦斯出生于巴黎，生活在英国，1910—1919 年，他对航空产生了兴趣，尤其对无尾翼飞机的想法非常痴迷。他从模型做起，后来开始制作全尺寸滑翔机，全部以女性的名字命名，其中有些滑翔机是可以升空的，例如"奥利维亚"。韦斯把他的滑翔机视为艺术作品，而不是飞行器。他没有来得及将飞翼的艺术灵感转化为实用的飞行功能，就于

1919 年离世了。

苏联"飞翼"的开创者鲍里斯·切尔诺夫斯基（Борис Иванович Черановский），同样是一名艺术家和雕塑家，这实在是太让人惊讶了。20世纪 20 年代初之前，他的生活和事业一直平淡无奇，并无出彩之处，但是1921 年，他和他的兄弟加入了苏联首家航空模型俱乐部——"翱翔飞行"。切兰诺夫斯基在俱乐部完成的第一件作品是一架滑翔机，也就是现在人们所熟知的 BICh-1（BICh 是鲍里斯·伊万诺维奇·切尔诺夫斯基的首字母，"1"即第一架）。BICh-1 是一架大飞翼，前缘呈抛物线弯曲，所有的机械部件都安装在机翼上，飞行员的位置也是如此——飞机的机身完全不存在。负责评估该设计方案的中央空气流体动力学研究院专家对 BICh-1 的飞行性能提出了质疑，但风洞试验表明，BICh-1 滑翔机完全具备升空飞行的能力。

1923 年开春的时候，BICh-1 的全尺寸实物样机制作完成。在俱乐部主席、著名飞行员和飞机设计师康斯坦丁·阿尔采乌洛夫（Константин Арцеулов）的支持下，"翱翔飞行"的多名成员参与了飞机的制作。滑翔机翼展 4.9 米，长 3.26 米，重 32 千克。飞行抛物线的测试于 1923 年 4 月 1 日在莫斯科航校机场（也就是霍登场）进行，滑翔机在那次和随后的测试中都未能飞离地面。

第二架滑翔机 BICh-2，或称"抛物线"，在第二年制成（这和一些资料的说法有出入，也就是说，第一架滑翔机并不叫"抛物线"）。BICh-2 的尺寸比 BICh-1 要大：翼展为 10 米，尽管长度有所增加，但长度也只有 3.75 米。滑翔机重达 50 千克。这一次一切顺利：1924 年 9 月 24 日，飞行员鲍里斯·库德林（Борис Кудрин）在滑翔机比赛中驾驶一架 BICh-2 升空，BICh-2 滑翔机在比赛中胜出，飞行距离超过其他业余滑翔机（并非专业厂商制造的滑翔机）！BICh-2 共起飞 27 次，最长飞行时间为 1 分20 秒。

切拉诺夫斯基提出了一个更为大胆的计划，那就是制造一架同样构型的真正的飞机而不是滑翔机。在他之前还从来没有人做过这样的事情。

切拉诺夫斯基此前在茹科夫斯基空军工程学院学习过航空的基础知识。切拉诺夫斯基的计划也得到了"翱翔飞行"俱乐部、航空之友协会和工程学院的支持和帮助，其中航空之友协会主要帮助筹集资金。1926 年秋，BICh-3 飞机准备就绪。BICh-3 的构型类似于 BICh-2：具有相同的抛物线，翼展为 9.5 米，长度为 3.5 米。全新的 650 毫升排量 "布莱克本·汤姆特"（Blackburne Tomtit）发动机是从英国订购的，功率为 18 马力，专为小型飞行器设计。

1926 年 8 月 26 日，鲍里斯·库德林完成了飞翼飞机的历史首飞。驾驶飞机的库德林事后表示，BICh-3 的第一次飞行并非一件简单的事情：作为飞行员，他习惯于驾驶类似构型的滑翔机，但这次是重达 140 千克的飞机，重量几乎是滑翔机的 3 倍！BICh-3 在无风状态下无法起飞，因为横向稳定性不足。中午起风后，库德林设法绕飞机场一周并成功着陆，着陆前，他关闭了发动机，使飞机的操控尽可能接近滑翔机的状态。

BICh-3 总共起降了 18 次，最长一次的飞行持续了 8 分钟。切兰诺夫斯基首先想证明的是"飞翼"布局的功能性——他做到了。

制作这架飞机的同时，切兰诺夫斯基还制作了滑翔机 BICh-4，BICh-4 在 1925 年也成功升空。后来他还陆续制作了其他的滑翔机和飞机。有些飞行器，比如 BICh-5 飞机，只是空有编号，最终也只是做出了模型，而另一些飞行器，如 BICh-7，不仅全尺寸制造完成，而且成功升空。有些不是飞翼，只是传统构型的单翼机。切兰诺夫斯基一直在设计他的飞机，1948年，他设计出了自己最后一个型号的飞行器——BICh-26 超音速飞机，这型飞机永远地停留在了图纸设计阶段。切拉诺夫斯基的所有设计方案都没有超出研究型飞行器的范畴。

其他设计师

世界上第二架真正意义上的飞翼飞机是由亚历山大·利皮施（Александр Липпиш）设计的德国"德尔塔"I（Delta I）型飞机，1931 年成功升空。1931 年至 1939 年，利皮施完成了德尔塔系列的设计，他对飞行器设计的热情和痴迷与切兰诺夫斯基不相上下。苏联的飞翼设计理念随着切特诺夫斯基的去世消亡了，而利皮施后来采用早先经过验证的技术成果为美国康维尔（Convair）公司研制的飞行器也都不是飞翼。

总体上看，美国的飞翼设计理念发展得比较顺利。特别是 20 世纪 30 年代，杰克·诺斯罗普（Джек Нортроп）对飞翼产生了浓厚兴趣，他是一位实业家和商人，同时也是洛克希德飞机公司（Lockheed Aircraft Company）的创始人之一，还是诺斯罗普公司（Northrop Corporation）的所有者。事实上，1939 年诺斯罗普公司成立后制造的第一架飞机就是传统的飞翼飞机，也就是"诺斯罗普"N-1M。单座单翼试验机顺利升空。这是诺斯罗普公司整个飞翼家族的开山之作，之后又出现了 N-9M、YB-35 和 YB-49。日后享誉全球的隐形飞机就是由这些原型机发展演变而来。

其他国家也曾尝试制造飞翼，例如德国的霍顿（Horten Ho 229A）（1944 年）和英国的"阿姆斯特朗·惠特沃斯"（Armstrong Whitworth）A.W.52（1947 年）等。切拉诺夫斯基确实是全球飞翼飞机第一人，但遗憾的是，这个"第一"并没有给任何人带来任何好处。

第四十五章

发光二极管之争

　　关于发光二极管发明人的问题，俄语和英语信源的指向大相径庭，大多数俄文信源指出，发光二极管是 20 世纪 20 年代由苏联物理学家奥列格·洛谢夫（Олег Лосев）发明的，而英语信源则倾向于是美国人尼克·霍洛尼亚克（Ник Холоньяк）在 1962 年制作了第一个可见光二极管。历史上的纷争，虽然常是无解，但是，让我们来尝试解开这个扑朔迷离的历史谜团吧。

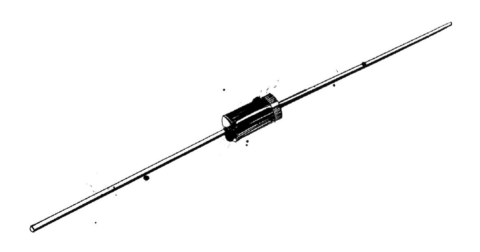

如果你们读过《俄罗斯帝国发明史》，可能会发现，许多发明其实并不是个人智慧的结晶，而是一群人不断努力、勇于开拓的结果。无线电、飞机和白炽灯泡从来不属于个人的发明成果，这些技术突破是几十人，甚至几百人长年孜孜不倦、辛勤努力取得的成就。他们中的每一个人都为共同的事业奉献了自己些微的知识和技能。有时，发明会有一个清晰的链条，例如无线电，从德国的赫兹到加拿大的费森登，他们都是无线电发明链条上的一环，失去其中任何一环，整个链条就会断裂（波波夫也是重要的一环）。

事实上，二极管也属于共同发明。为数众多的科学家、工程师的发现与设计共同成就了这项技术，说他们中的某一个人是二极管的唯一发明人都是有失公允的。诺贝尔奖有两次都颁给了从事二极管相关研究的科学家，这一事实就足以说明很多问题。现在，让我们回到最根本的问题上来。

什么是二极管

发光二极管，拉丁文缩写"LED"（light-emitting diode），是一种电流通过时会发出光的器件。发光二极管的工作原理与白炽灯丝完全不同，虽然后者受到电流作用时也会发光。二极管不会发光，也不会发热，它的光是冷的。

二极管是一种半导体器件。半导体介于导体和电介质之间，前者能很好地传导电流，后者，坦率地说，传导电流的能力很差。这种情况下，半导体的电导率受温度的影响很大：温度越高，半导体的导电性就越好。

要了解半导体二极管的工作原理，你们首先需要知道，晶体中的传导机制是如何作用的。例如，在金属中，晶格不是由中性原子构成的，而是由带正电的离子，也就是失去外层电子的原子构成的。同极带电离子相互排斥，但晶格不会分解，因为上述电子是"公有的"，同时带负电，所以它们充当了"水泥"的角色。由于电子是电荷载流子，很容易在材料的整个空间内定向移动，因此在外部电场中，它们是电流产生的条件。这就是金属具有良好导电性的原因。

半导体晶格的排列方式不同。半导体原子的外层电子不像在金属中那样自由，而是参与相邻原子之间的局域成键（与相邻原子"绑定"）。由于在这样的条件下，半导体中没有自由电荷载流子，所以半导体不能很好地传导电流。但是，如果我们把温度提升到足够高，晶格中原子的熵就会增加，并且可能超过相邻原子之间断键的阈值，半导体中会出现自由电子（导电电子），从而开始导电。这个阈值取决于材料的类型，在半导体中，阈值相当低，即使不是很强的加热也会急剧提高电导率（而在电介质中，阈值很高，所以电介质的电导率非常低，且不受温度的影响）。

如果半导体晶格中相邻原子之间的共价键断裂，就会形成导电电子。为了重新成键，邻近原子的电子可能发生电子层跃迁，导致相应的键断裂。如果对半导体施加外加电场，断裂的键将以与电子完全相同的方式"自旋"，只是方向相反。这种键被称为"空穴"，也被视为准粒子（也就是说，它的外显像一个粒子，尽管它在物理意义上不是粒子）和正电荷载流子（这里的电子，我提醒你们，是负电荷电子）。

半导体还具有另一个特性：其导电能力不仅受到温度的强烈影响，而且受到极少量杂质的影响（每百万个半导体原子中有一个杂质原子甚至更少）。此外，不同的杂质赋予半导体不同的特性：给体杂质，如砷，会引入过量的导电电子（这被称为 n 型半导体），受体杂质，如硼，则产生过量的空穴（这是 p 型半导体）。

如果在同一晶体内产生 p 型和 n 型半导体，那么电子和空穴将流向 p 型和 n 型半导体浓度较低的区域，并在边界形成空穴和电子的双重带电层（称为 p-n 结）。这种 p-n 结具有特殊的性质。特别是，当施加电压时，p-n 结只会在一个方向上允许直流电通过（而不会在另一个方向上通过）。这就是二极管。此外，当空穴和电子在某些半导体的 p-n 结处相遇时，空穴和电子会消失（重组），并产生光子，即发出光——这就是发光二极管的工作原理。

光波的长度取决于半导体的组成。几乎所有光谱区域内，各种波长的光，从红外线到紫外线，都有对应的发光二极管。

现在我们回到历史问题上来。

朗德和洛谢夫

1907 年，马可尼实验室的工作人员，同时也是马可尼私人助理的英国自然学家亨利·约瑟夫·朗德（Генри Джозеф Раунд）发现了一种"奇特的效应"。当时，朗德正在研究无线电接收机的晶体检波器，这种检波器通常就是与金属线相接触的半导体晶体。朗德研究了各种材料，当他使用碳化硅作为半导体时，观察到一个奇怪的旁效应——接触点位置居然发出亮黄色的光。他在纽约《电气世界》（*Electrical World*）杂志发表了这个观察结果，但他的研究并没有更进一步。

到了 20 世纪 20 年代中期，"朗德效应"已经被人们遗忘。事实上，这个英国人的发现只不过是浩瀚无际、蓬勃发展的无线电领域里的一个小插曲。故事第二部分的主人公是奥列格·洛谢夫——他的故事正是从无线电开始的。

奥列格·洛谢夫 1903 年出生于一个没落贵族家庭。从孩童时代他就对无线电产生了兴趣，后来在特维尔无线电台打零工。当时的思想巨人米哈伊尔·邦奇 - 布鲁耶维奇（Михаил Бонч-Бруевич，苏联电子管工业的奠基人）也在那里工作。1920 年，洛谢夫进入莫斯科通信学院（今莫斯科通信和信息技术大学）学习，同年退学，前往下诺夫哥罗德。因为此前不久，洛谢夫相熟的朋友——特维尔无线电台的几位工作人员——都调去了下诺夫哥罗德工作。17 岁的洛谢夫没有学历，只得到了一份递送员的跑腿工作，但几个月后，凭借他的勤奋和天赋，他成为一名实习研究员。

洛谢夫和朗德一样，专门研究当时无线电接收机使用的晶体检波器。

他实验过各种材料，1922 年，设计出一种带有红锌矿（氧化锌）晶体的检波式无线电接收机，这种接收机能够有效地放大信号和接收小功率无线电台信号。那时的苏联还没有与外部世界决裂；德国专家也有机会去下诺夫哥罗德的实验室交流经验，这种交流与合作，使洛谢夫有机会在德国、法国、英国等国的报刊公开发表研究论文。洛谢夫发明的无线电接收机在欧洲被称为"水晶石"（Crystodyne），这个名字的俄语音译词"Kristadin"也出现在苏俄的报刊上。实际上，洛谢夫距离发明晶体管只有咫尺之遥。晶体管是以 p-n 结组合为基础的半导体器件，能放大、产生或交换电信号。洛谢夫就差一点点，就可以开启一场真正的无线电革命。

不管这看起来多么匪夷所思，牵绊了洛谢夫前进脚步的正是他的新发现：1923 年，他在"金属 - 碳化硅"对上观察到了朗德也曾看到的效应，即电致发光。洛谢夫对这一问题深感兴趣，他在苏联、德国和美国的杂志上就此发表了一系列文章。与朗德这位英国同行不同，洛谢夫对这种效应进行了大量的研究、测量，但他既缺乏设备也缺乏知识。毕竟，这位年轻的天才当时只有 20 岁，而且是自学成才。

洛谢夫这部分的故事就这样结束了，结束得无声无息，我不知道该怎么形容，这要么是最离奇的事，要么是最可怕的事……洛谢夫继续他的研究，但随着时间的推移，他与所在的灯管实验室的研究领域越来越脱节，不得不更换工作。洛谢夫取得了许多专利［最早的 3 个专利是同一天（1925 年 8 月 31 日）颁授的："外差检波式无线电接收机""接触检波器振荡点找寻装置"和"红锌矿检波器制造方法"］，1925—1934 年，洛谢夫一共取得 16 项专利。从 1924 年到 1933 年，洛谢夫在国内外积极发表论文、出版书籍——他的著作在国际无线电技术领域引起了广泛的讨论，洛谢夫可以被称为"小圈子里的大名人"。在他众多发明证书中，有一个"光继电器"发明证书，实际上，"光继电器"就是一种真正的发光二极管，但"光继电器"没有得到实际的应用。

　　1937 年，洛谢夫在列宁格勒第一医学院找到了一份教师工作，然后在阿布拉姆·约飞（Абрам Иоффе）的推荐下，他取得了物理数学的副博士学位——洛谢夫当时还很年轻，但实际上，他的职业生涯已经走到了尽头。那个时代，一切涉外事务都受到指责，与世界科学界的联系也几乎全部中断，洛谢夫茫然不知前路。苏联卫国战争期间，他没有撤离被围困的列宁格勒，1942 年饿死在医学院所属的一所部队医院里。

　　第一种功能性晶体管是贝尔实验室（Bell Labs）的美国物理学家约翰·巴丁（Джон Бардин）、沃尔特·布拉坦（Уолтер Браттейн）和沃尔特·肖克利（Уолтер Шокли）在 1947 年发明的，距离洛谢夫去世仅 5 年时间。9 年后，他们三人凭借这一发明获得了诺贝尔奖。

　　洛谢夫二极管的故事再没有续集——根本没有人继续这项工作，因为洛谢夫始终是一个才华横溢的孤独者，一个没有接受太多正规教育的自学成才的实验者。人们有理由怀疑，如果没有足够的理论支持，他是否有能力制造出真正的晶体管——而他掌握的理论知识确实有限。在洛谢夫积极工作的年代里，纯粹的半导体理论并不存在：即使在实验中观察到某种现象，研究人员也很难解释其中的原因。最要命的是，洛谢夫缺少必要的研究设备。此外，苏联在财政和政治上也是困难重重。总之，很多因素阻滞了洛谢夫的研究，使他没能攀登到这一领域的顶峰，与晶体管的发明失之交臂。

　　发光二极管和晶体管都是在之后发明的，而且不是在苏联。

洛谢夫之后

　　直到 20 世纪 50 年代，各国科学家才重新开始研究电致发光。捷克物理学家库尔特·莱戈维茨（Курт Леговец）是最早关注这个问题的科学家之一，1951 年，他与同事卡尔·阿克卡多（Карл Аккардо）、爱德华·贾姆戈奇安（Эдвард Джамгочян）共同发布了半导体中的光发射理论模型——

这正是洛谢夫所需要却没有掌握的理论基础，因此他无法对观察到的现象做出应有的解释。1955—1957年，美国无线电公司（Radio Corporation of America）的物理学家鲁宾·布朗斯坦（Рубин Браунштейн）在这一研究领域完成了大量的研究，做了许多相关工作，他观察了使用锑化镓、砷化镓、磷化铟和硅锗合金等材料时的红外辐射情况。

1961年9月，得克萨斯仪器公司（Texas Instruments）的詹姆斯·拜厄德（Джеймс Байард）和加里·皮特曼（Гэри Питтмен）利用砷化镓获得了900纳米波长的稳定红外辐射。一年之后，1962年8月，他们申请了历史上第一个功能性半导体发光二极管的发明专利（专利号US3293513，1966年12月20日颁授）。1962年10月，得克萨斯仪器公司宣布批量生产890纳米波长的发光二极管，型号为SNX-100。

尼克·霍洛尼亚克屈居第二。霍洛尼亚克是得克萨斯仪器公司的竞争对手通用电气公司（General Electric）的员工，1962年12月他在《应用物理学通讯》（*Applied Physics Letters*）杂志上发表文章，讲述了第一个可见光二极管的研究情况，这篇文章后来成为科学名篇。我无意贬低霍洛尼亚克的功绩——他获得了许多专利，并为发光二极管技术的发展做出了宝贵的贡献，但名义上，拜厄德和皮特曼才是符合"发明人"传统意义的二极管发明人。

在发光二极管研究领域，洛谢夫与其说是超越了时代，不如说是在错误的地点超越了时代。如果他所处的工作环境不同，如果他生活在另一个自由的科学世界，如果他拥有真正的实验室，而不是在自己家中完成大部分的研究，如果他有合作团队，如果这一切都能实现，他应该能把自己的思想（两个重要理念）转化为实际的发明，时间上会比外国同行早很多，甚至在"二战"前就会完成。

但在科学领域，除了才华禀赋、知识和资金之外，还有一个重要因素，那就是所谓的"运气"。

第四十六章
地效飞行

关于谁最先发明地效飞行器这个问题，俄罗斯和芬兰一直争议不休。我们认为，第一架地效飞行器是在 20 世纪 50 年代由罗斯蒂斯拉夫·阿列克谢耶夫（Ростислав Алексеев）主持建造的，但芬兰人言之凿凿，说他们的同胞托伊沃·卡里奥（Тойво Каарио）早在 30 年代中期就开发了类似的设备。孰对孰错？我们现在就尝试着还原历史的真相吧。

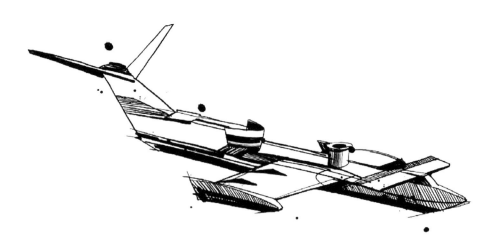

首先，我要简单介绍一下，什么是"地效飞行器"。许多莫斯科人在北图希诺公园的海军博物馆一处不对外开放的区域里，看到过一个不同寻常的装备，类似于飞机和舰船的混合体——这就是"鹰雏"地效飞行器。有一次，我和别人约了在北图希诺公园见面，对方还没有到，我就独自在那里散步，无意间听到父子俩的对话。"爸爸，这是飞机吗？"儿子问，"是啊"，父亲答道，然后他们继续往前走。但是地效飞行器和飞机完全不同。

20 世纪 20 年代，许多飞行员在飞行报告中都提到过一个现象：即当飞机近地降落时，机翼的升力会显著增加。科学家开始研究这种效应，20 世纪 20 年代和 30 年代发表的科学论文中，对飞机的这种异常行为做出了各种各样的解释。其中最早的一篇应该是《地面对机翼空气动力特性的影响》，1923 年发表在《空军通报》杂志上，作者是鲍里斯·尤里耶夫（Борис Юрьев，《俄罗斯帝国发明史》有一章专门介绍他）。尤里耶夫的研究表明，接近地面时，机翼的升阻比明显增大，升力增加，阻力减小，力矩性能发生变化。

1934 年，美国航空咨询委员会发布了第 771 号备忘录，总结了所有关于地屏效应的知识，包括从国际信源了解的情况。

简单地说，地面效应或地屏效应与气垫类似。不同之处在于，气垫船的底部和水面之间的空气层是通过人工空气增压（例如使用风机）实现的，而地效飞行器利用空气的涌动、碰撞和气动力面的特殊构型，把空气驱赶到机翼下方。飞机机翼在高空的升力主要由于机翼上方空气稀薄所致，而在与翼弦高度相当的近地高度，机翼下方空气被压缩，"动态气垫"发挥了主要作用。近地点阻力因涡流的抑制而减小。

地屏效应与飞行速度、翼弦和翼型有很大关系，最主要的是高度。大型地效飞行器可以利用 10 米以下高度产生的地屏效应飞行，但它们在地屏上方飞行的高度一般不会超过 5—7 米。地效飞行器飞行高度越低，飞行受地屏效应的影响就越大。地屏效应可以降低油耗，提高飞行器效能。

因此，如前所述，到了 20 世纪 30 年代中期，理论框架基本已经建立，剩下的就是具体的实现——所实现的不是把地屏效应用作辅助手段的飞机，而是地效飞行器，即专门为在地屏上方运动而设计的飞行器。

芬兰的试验

第一个提出制造地效飞行器的人是帕维尔·伊格纳季耶维奇·格罗霍夫斯基（Павел Игнатьевич Гроховский），他是一位杰出的工程师兼发明家、跳伞家和飞行员。关于这个人的文章和书籍很多，他的发明，大部分都没有被实现，但围绕这些发明，却出现了各色传闻。格罗霍夫斯基在工农红军空军局设计处担任了多年的处长，之后又任重工业人民委员部试验设计局局长和重工业人民委员部武器试验研究院院长。由于能力出众，他在这些职位上表现十分抢眼。格罗霍夫斯基是空降兵的奠基人之一：他开发了多种空投空降系统、人员用降落伞、投送技术装备使用的投物伞、滑翔机和无伞空投方案。1937 年，格罗霍夫斯基无端遭遇冷遇，被撤职降级。

我们最看重的，是他的发明里有一架地效飞行器，真正意义上的地效飞行器。格罗霍夫斯基设计了方案，并绘制了一些看起来很科幻的草图，其中描画的双引擎飞行器，外形酷似蝙蝠和"终结者"的混合体。

但事实上，第一架地效飞行器确实是芬兰工程师托伊沃·卡里奥建造的。这是什么情况？1912 年出生于赫尔辛基的卡里奥从上学时起就对航空模型情有独钟。18 岁的时候，他和同学制作了一架轻型单座滑翔机，由汽车牵引，成功地升空。卡里奥后来到军队服役（他想当飞行员，但由于视力的原因梦想没有实现），1932 年退役后，他进入芬兰高等技术学校（今赫尔辛基理工学院）学习，4 年后顺利毕业。

　　还在部队当兵的时候，他第一次听说了地面效应（很难说，卡里奥是在什么情况下获悉了相关信息，也许他无意间读到了尤里耶夫或其他什么人的文章、书籍），上大学期间他萌发了制作地效飞行器模型的想法。1934年年底，他组装出了第一台原型设备——试验性地表滑行器（Pintaliitajaprototypin），并于1935年1月在冰上测试。由卡里奥于次年冬天制作的第二个模型"帕托西皮"-2（Patosiipi 2）已经能够离地而起，卡里奥在第三个模型装上了哈雷－戴维森（Harley-Davidson）发动机，将地效滑翔机改装成了飞机。

　　从理工学院毕业后，卡里奥在国家飞机发动机厂找到了一份工作，1937年工厂派他到德国出了一个长差——到柏林技术大学进修。

　　回国后，卡里奥脑子里充满了各种想法，他召集了一批工程师，和他们共同完成了一些草创项目，然后将精力集中在制作全尺寸多座全金属地效飞行器上，这个飞行器后来被命名为"帕托西皮"-8（Patosiipi 8，简称P-8）。1939年春，卡里奥的地效飞行器在雪地上进行了测试，它的外形像一艘气垫船，配备了53马力"保时捷"（Porsche）发动机，可加速至每小时80千米，搭载两名乘客。机缘凑巧，卡里奥的研究小组恰好有一个机会向军方的一位大人物（萨默萨洛少将）展示P-8飞行器。将军对P-8非常感兴趣，随后又进行了一系列的考察，最终卡里奥参与了开发军用气垫船的工作。

　　是的，是气垫船——这就是他余生所做的。P-9、P-10、P-11、P-12模型接连问世，但已经与地效飞行器无关。卡里奥踏浪飞翔的瑰丽青春梦想变成了脚踏实地但平淡无奇的现实。可以认为卡里奥是地效飞行器的发明者吗？我认为，格罗霍夫斯基在多大程度上可以视为地效飞行器的发明者，卡里奥就在完全相同的程度上也可以视为地效飞行器的发明者。卡里奥的确制作过几个早期的无人驾驶地效飞行器模型，但是他的研究并未引领潮流，生活将他的工程思想带到了另一个完全不同的方向。

　　因此，第一个真正的地效飞行器也不是卡里奥制作的。

阿列克谢耶夫的作品

20 世纪 60 年代初，罗斯季斯拉夫·叶夫根尼耶维奇·阿列克谢耶夫（Ростислав Евгеньевич Алексеев）已经是知名度很高的设计师，他成功研制了许多设备，功绩卓著。1942 年，年仅 26 岁的阿列克谢耶夫来到红色索尔莫沃厂工作。他很快取得了领导的信任，被"全权委托"负责研制水翼快艇。当时国内这方面的专家并不多，而阿列克谢耶夫在 1941 年恰好通过了相关研究课题的答辩。一年之后，1943 年，红色索尔莫沃厂成立了一个新部门——水文实验室，专门研究水翼滑行艇。后来，水文实验室改变了很多研究方向，最后从红色索尔莫沃厂独立出来，发展成为现在的阿列克谢耶夫水翼船设计局。

阿列克谢耶夫中央设计局自成立以来，已经研制出上百种水翼船、气垫船和地效飞行器。苏联第一艘量产水翼轮船，也就是具有传奇色彩的"火箭"号，就是在阿列克谢耶夫的指导下建造完成的。1957—1976 年，苏联生产了多艘火箭号系列水翼船，其中有许多至今还被用作航线船只和游船。之后，设计局又开发了同样传奇的"流星"（1960—2006 年）、"彗星"（1962—1983 年）、"日出"（1973—2007 年）等项目。

20 世纪 50 年代末，不知道是谁开启了风气之先，再次唤起了人们对地效飞行器的兴趣，而且这种兴趣非常强烈，最后苏联通过了《地效飞行器国家开发计划》，着手研制不同用途的地效飞行器。也许这一切背后的推手就是阿列克谢耶夫，当时他已经是实权派（他亲自向赫鲁晓夫展示的火箭号水翼船），特别是他在 20 世纪 40 年代末出版了地效飞行器的相关著作。

1958 年，阿列克谢耶夫中央设计局开始研制苏联海军的地效飞行器。临近 1961 年年初的时候，历史上第一个真正的地效飞行器——三座型的

SM-1 建造完成。有趣的是，阿列克谢耶夫的研究，既不像卡里奥那样，从气垫船起步，也不像很多卡里奥的追随者那样，从飞机的研究入手。他试图解决水翼船的一个基本问题——空化现象。当运动速度增加时，液体中就会形成减压区并产生气泡。当这些气泡进入增压区域后，就会破裂，产生冲击波，干扰机翼绕流，破坏机翼的流体动力特性，逐渐破坏零件表面。因此，空化现象是水翼船的自然限速因素——当速度达到每小时 100 千米时，这个现象就变得十分明显。正是由于空化现象，阿列克谢耶夫才把注意力转向不接触水面也能移动的交通工具，也就是地效飞行器。

在俄语中，"SM"是"自行式模型"的缩写形式，也是实际展示的地效飞行器的型号。事实上，在阿列克谢耶夫之前，还从来没有人制造过能够载人脱离水面的自行式地效飞行器（卡里奥原型机的技术水平较之要低得多）。阿列克谢耶夫设计第一个原型飞行器的目的，就是为了验证这个想法的可行性。在 SM-1 的开发过程中，阿列克谢耶夫以水翼串联船简单、合理的设计为出发点，取消了机翼，飞行器和水面毫无接触。1961 年 7 月 22 日，罗斯蒂斯拉夫·阿列克谢耶夫向世人展示了他的心血结晶——SM 飞行器成功升空。这一天，阿列克谢耶夫创造了历史。

事实证明，SM-1 非常稳定、快速、可靠且易于操作，1961 年秋天，阿列克谢耶夫接连邀请了多位有能力影响这个研究方向经费投入的政治局高官来观摩 SM-1 地效飞行器的试验。苏联部长会议主席团军工问题委员会主席德米特里·乌斯季诺夫、海军总司令谢尔盖·戈尔什科夫（Сергей Горшков）和苏联部长会议国家造船委员会主席鲍里斯·布托马（Борис Бутома）都乘坐过 SM-1。布托马不走运：飞行过程中，地效飞行器的燃料耗尽，布托马被困在水域中央。

戈尔什科夫和乌斯季诺夫非常喜欢阿列克谢耶夫的理念。1962 年 5 月，乌斯季诺夫主动提出，有机会可以向赫鲁晓夫本人展示新型的 SM-2。SM-2 不同于之前的 SM-1，它的发动机通过增压方式将空气压到机翼下方，从而进一步增强了地屏效应。SM-2 由直升机运送到希姆基水库，向总书记进行了展示，赫鲁晓夫对这个创意也颇有好感，之后，苏联地效飞行器的发展便是一路绿灯。

事实上，最初的试验并非一帆风顺，中间还发生过一些意外。例如，SM-1 在一次飞行中脱离地屏向上飞行，然后侧翻，坠向冰面（这是一月份的一次试验），还有一次机库失火导致 SM-2 严重受损。不过总体来说，地效飞行器已经证明了它的价值，阿列克谢耶夫也得到了经费支持，并翻开了航空史新的一页。

规模生产

阿列克谢耶夫继续建造地效飞行器的试验机——SM-3、SM-4、SM-5（1964 年 SM-5 坠毁，机组人员遇难，这是历史上第一次造成致命后果的地效飞行器坠毁事故），但这一切都只是前奏，重头戏还在后面。这次研究的项目是 KM 巨型地效飞行器。KM 巨型地效飞行器是 1966 年建造完成的，官方对 KM 这个缩写词的释义是"舰船模型"，但是多数人对这个缩写词的理解是"里海怪物"。

这项工作是在严格保密的条件下进行的——1972 年才有文章发布了 KM 的研制情况。KM 配备了 10 台 VD-7 涡轮喷气发动机，翼展 37 米，空重 240 吨，时速可达 500 千米。直到今天，它仍然是有史以来最大的地效飞行器。不幸的是，KM 的"飞行生涯"以悲剧收场：1980 年，历经 19 年试验的 KM 因飞行员操作失误坠毁于里海（至今仍沉于海底）。随后，1983—1986 年，在 KM 的基础上苏联又制造了"月球"火箭运载地效飞行器。

1972 年，第一型批量生产的军用地效飞行器"鹰雏"的原型装备下水。确切地说，"鹰雏"不是传统的地效飞行器，而是全新的地效飞机系统，由阿列克谢耶夫中央设计局开发。与地效飞行器不同，新系统可以脱离地屏，进入到飞机模式。"鹰雏"的运气并不好：1984 年，从 SM-1 试验伊始就一直支持建造地效飞行器的乌斯季诺夫去世了，阿列克谢耶夫去世得更早。再没有人四处游说，为这个项目做宣传。接替乌斯季诺夫的国防部长谢尔盖·索科洛夫（Сергей Соколов）叫停了两栖地效飞行器项目，永久性地停止了相关项目的经费投入。

苏联另一个著名的研究项目是意大利侨民罗伯特·巴蒂尼（Роберт Бартини）设计的 VVA-14 火箭运载水上飞机。1972 年，VVA-14 进行了首飞，4 年后，被改装成地效飞行器。VVA-14 最出名的与其说是技术上的成就，不如说是它的残骸充满了末日般的悲情：VVA-14 的残骸至今仍躺在莫尼诺的空军博物馆里，布满了锈斑。

苏联首席水上飞机专家格奥尔吉·别里耶夫（Георгий Бериев）也参与了地屏效应的研究工作。别里耶夫在 1964 年建造了他的第一架"水上飞机"，现在叫作 Be-1，实际上就是为了研究地屏效应之用。Be-11 型水上飞机是别里耶夫根据 Be-1 设计的，但只是停留在设计阶段。

今天，俄罗斯仍在建造地效飞行器。项目数量不少——总共算下来有 10 个左右。就在我写下这些文字的时候（2018 年 3 月），由"天空 + 海洋"公司设计师弗拉基米尔·布科夫斯基（Владимир Буковский）指导开发的轻便型民用地效飞行器"海燕"-24 正在雅库特进行试验。另外，彼得罗扎沃茨克市也在进行"猎户座"20 地效飞行器的试验，"海鸥"多用途地效飞行器的开发正在全力推进。也有批量生产的型号，如"黄鹂"EK-12，载重量为 1200 千克，根据巴尔季尼设计的"组合式机翼"布局制造。

国外的情况

当然，像罗斯蒂斯拉夫·阿列克谢耶夫这样热衷于研究地效飞行器的科研人员，在国外也不是没有。最有名的当属德国航空工程师亚历山大·利皮施，他在 20 世纪 20 年代和 30 年代为德国空军研制了飞翼飞机，也因此获誉。战后，利皮施被送到美国。1963 年，他根据商人阿瑟·柯林斯（Артур Коллинз）的订单，设计了一款试验用"柯林斯"X-112（Collins X-112）地效飞行器。利皮施在这个型号中采用了前掠三角翼，由此地屏上空的飞行高度可以达到翼展的 50% 左右。

基于"柯林斯"X-112，利皮施又开发了 RFB X-113（1970 年首飞）和 RFB X-114 地效飞行器（1977 年首飞）。遗憾的是，1976 年利皮施去世时，他的地效飞行器还在试验和开发阶段。正如我们所看到的，利皮施在没有借鉴阿列克谢耶夫中央设计局设计的情况下，自主研制出了他的第一架地效飞行器，仅比阿列克谢耶夫晚了两年。如果历史的进程与现在不同，利皮施也可能会是第一个发明地效飞行器的人。

另一位比较有名气的德国地效飞行器设计师是贡特·约尔格（Гюнтер Йорг），20 世纪 60 年代他曾是阿列克谢耶夫团队的一名工程师，后来与利皮施合作。约尔格设计了超过 15 种地效飞行器，其中 7 种用金属制造。法国、澳大利亚制造在不同的时期都建造过地效飞行器，伊朗设计和小批量制造了"巴瓦尔"-2（Bavar 2）轻型地效飞行器（2010 年），中国和韩国也有系列开发、生产的地效飞行器，美国还有一些项目最终停留在设计阶段，没有付诸实施。总的来说，地效飞行器目前仍然是一种比较另类的交通工具，是飞机和船艇的怪异混合体，目前尚不清楚它们是否能用得其所。但在我看来，地效飞行器在未来会有用武之地：如果地屏效应存在，而且我们掌握了运用这种效应的技术，难道我们还找不到合适的领域来应用这种效应吗？

第四十七章

立体图像

　　早在 3D 时代之前，在计算机图形还没有广泛应用之前，在任何增强现实技术出现之前，已经出现了一种技术，让我们能够看到平面插图的内部，在没有三维空间存在的情况下，在没有任何辅助设备（例如，互补色眼镜）的情况下看到三维的空间。这就是全息摄影，它是谁发明的？匈牙利人、苏联人还是美国人？无休的争议和各执一词一直持续到今天。

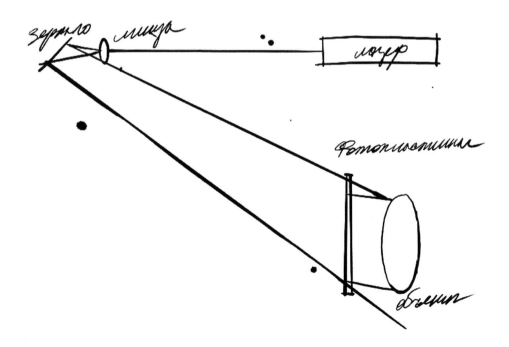

我们该从哪里开始呢？就从全息摄影是一种摄影技术开始吧。全息摄影和普通摄影一样，记录拍摄对象反射的光波。但两者之间，又有何不同？为什么普通的照片都是平面的，全息图却给人一种完全立体的感觉？

技巧在于捕捉光波的方法。胶片通过感光乳剂层记录光，感光乳剂层根据辐射强度变暗或变色。在数码相机中，用光电二极管捕捉图像的感光矩阵就像胶片一样。但是无论胶片还是数码相机，都是把图像投射到一个平面上，只保留图像的对比度和色彩特征，也就是说，我们只考虑了强度，而忽略了波相的相关信息。但是拍摄对象的形状也有它自己的作用：我们所看到的平面图像反射出的光波在性质上，尤其是相位，不同于原始三维摄影对象反射的光波。

1947 年，匈牙利物理学家丹尼斯·盖博发明了一种方法，使平面图像能够像原始三维物体一样反射（或透射）光。

盖博的全息摄影

丹尼斯·盖博（Денеш Габор）是 1971 年诺贝尔奖得主。在奥斯陆大学的颁奖典礼上，盖博需要向嘉宾宣讲他精心准备的科学论文，盖博的开场白是："比起以前在这里演讲的许多前辈，我实在幸运，因为我不需要反复抄写方程，也不需要展示复杂的图表。"他耍了一点小小的滑头，因为他的演讲中其实还是有一些图形和图表，不过，他的演讲内容的确比他的前辈要简单许多，主要还是因为全息摄影技术相对来说比较简单。这里的关键词当然是"相对"。

盖博是在离开匈牙利后发明的全息摄影：1933 年，33 岁的犹太人盖博已经完成论文答辩，这位电子管和气体放电灯专家移居英国。

1947 年，盖博在位于拉格比的英国汤姆森－休斯顿（Thomson-Houston）公司工作，从事电子显微镜研究。那是电子显微镜的早期阶段——1938 年西门子公司（Siemens）才制造出第一台商用电子显微镜。那时显微镜存在着许多"幼稚病"。利用电子显微镜，人们希望看到晶格原子，但聚焦电子束的磁透镜球面像差①限制了新仪器的分辨率。以当时的技术水平，制作不出更先进的镜头，所得到的图像也不很清晰，最理想的情况下，用电子显微镜观察到的元素，有几十个原子那么大。

盖博产生了一个有趣的想法。他没有"正面"地解决这个问题，而是巧妙地绕开去另辟蹊径。如果先不考虑电子照片的清晰度，而是先用电子束记录拍摄对象的完整信息，再用光学方法对模糊图像进行修正，会怎样？

普通图像，无论通过电子束还是普通光拍摄，只包含拍摄对象反射或散射的波强度信息（即物体波）。盖博建议记录拍摄对象的完整信息，不仅包括强度，还包括反射（或散射）波的相位。为此，必须使用第二个波，即参考波。物体波会照亮拍摄对象，然后反射到摄影底板上。参考波直接入射在摄影底板上。如果这些波相干，即频率相同，振幅不变，相位差不变，这些波会相互叠加，形成清晰的干涉图，即由叠加波的相位差所决定的亮带与暗带交替。在相位相同的点，亮度最大，在相位相反的点，亮度最低。盖博提出要捕捉这种干涉图，而不只是物体波强度的"印记"。如果与参考波同质的波再次通过带有干涉图的摄影底板，底板就像一个衍射光栅（也就是滤光器），输出时得到的波与物体波完全相同，具有拍摄对象的完整信息，包括强度、相位等。最终得到的图像称为还原图像。因此，盖博把这个过程分为两步：先是利用电子显微镜在摄影底板上得到物体的完整图像，然后再利用参考光波源重建真实的三维图像的精确副本。

物理学家盖博所在的公司为这项研究提供了资金和设备支持。但是新发明的原理却因为相干性问题无法付诸实践。就像前面提到的那样，如果

① 是光学系统中图像失真的一种形式。出现球面像差的根本原因在于：与穿过透镜中心的光束相比，穿过透镜边缘的光束聚集在离透镜更近的点，导致图像模糊。——原文注

波的频率相同（物理学家称为单色波），其振幅和相位差不随时间变化，则称为相干波。只有相干波才能产生清晰的干涉图。看起来似乎是这样的，如果把单色辐射从辐射源中提取出来，再把它分为物体波和参考波，它们总是相干的。但事实并非如此。

有一种叫作相干长度①的物理性质。如果参考波与目标波之间的行程差超过相干长度，相干长度就变得非相干，不会出现任何可以被记录以作后续还原的干涉图。

盖博的物体波和参考波都是通过高压汞灯获得的，在20世纪40年代末也找不到更好的强辐射源了。他让高压汞灯发出的辐射依次通过窄带滤光器和小点孔，其中滤光器提供相对单色性。在这里，上述限制条件开始发挥作用：汞灯辐射的相干长度只有几分之一毫米，因此无法得到高质量的全息图，也无法真正解决盖博一直想要解决的问题。

此外，盖博设计的整个结构都位于同一个轴线上（全息图带有直接参考光束），辐射必须穿过拍摄对象，否则行程差超过相干长度。这极大地限制了这项技术的功能：它只能记录直径略大于一毫米的极小、透明的拍摄对象，而用相干参考波透射摄影底板时所还原的图像只能通过显微镜观察。

直到1955年，盖博和他的团队一直在改进这项技术，开发全息电子显微镜。他们尝试了各种光源和光学技术，但是仍然无法解决这个问题。由于接收波强度低，相干长度短，因此得到的全息图像质量较差。这是一个典型的例子，科学家们提出了天才的想法，却因为太过超前而无法实现。

盖博发表了一系列有关全息摄影的重要文章，阐述了其原理和技术，

---

① 普通光源，如白炽灯中的灯丝，或气体放电中的水银蒸气，由许多原子组成，其中每一个原子在随机时刻独立于其他原子发光。在每单位时间内，大量原子同时辐射，辐射行为仅持续几纳秒。在此期间，其他原子取代了"废"原子，辐射原子的集合不断更新。因此，光源发出的辐射是由被称为"波列"的波"碎片"组成的序列。每个波列具有各自的相位，任意两个波列的相位都相差一个随机变量。因此，不同波列的振荡不相干，只有在同一波列的波相加时才会发生干涉。这又增加了一个限制条件：这些波的行程差不得超过波列长度（又称为相干长度）。——原文注

然后就把这个项目束之高阁，寄望有朝一日会有相干光源出现，全息摄影才会有意义。不管听起来多么不可思议，但这只是一个 5 年的等待。

全息竞赛：美国篇

1960 年，美国物理学家西奥多·迈曼（Теодор Майман）向世界展示了第一台红宝石激光器，展示的时候，这台激光器正在工作。只要看一眼，立刻就会明白，这就是全息摄影技术所缺少的光源。盖博的论文获得了新的意义，世界各国的科研团队都开始关注全息摄影问题，包括美国和苏联这些激光技术特别发达的国家的科研人员。

质的突破出现在 1962 年，在"世界对立的两极"同步发生。1962 年的时候，政治解冻期已经结束，很遗憾，美苏科学家又一次中断了联系，冷战愈演愈烈。因此，美国人埃米特·利思（Эммет Лейт）、尤里斯·乌帕尼克斯（Юрис Упатниекс）和苏联物理学家尤里·杰尼修克之间并不存在任何方式的协作互助。

利思和乌帕尼克斯是密歇根大学的工作人员。他们利用相对简单的氦氖激光器作为参考辐射源，很快获得了比盖博试验更好的效果。由于工作原理特殊，激光同时解决了几个问题（在激光中，单个原子同步辐射，处于同一相位）。

首先，激光辐射强度更高，相干长度约为滤色汞灯的 1000 倍。这样就可以立即将参考光束与照明光束分开，从而解决了图像重叠的问题，并且大大提高了细节水平。

其次，高相干长度能够获得从不同角度观察到的、足够大的拍摄对象的图像，也就是真正的立体图像（盖博全息图只有在显微镜下才能看到，它的三维结构是名义上的三维结构：微小的拍摄对象，非常狭窄的显微镜视野——无法用物理方法观察 3D 效果）。

最后，激光的辐射强度更高，因此可以使用细粒度的感光乳剂来制作更大更精细的全息图。

1962 年，利思和乌帕尼克斯发表了最早的几篇论文介绍自己的研究方法，并于 1964 年向世界展示了历史上第一张用激光制作的真正的三维全息图。在利思－乌帕尼克斯的方案中，激光束分为参考光束和物体光束，这两个光束相互对角。参考光束直接入射在记录介质（摄影底板）上，物体光束首先从拍摄对象上反射，然后从参考光束的同一侧入射在摄影底板上。当使用与参考光束同质的激光束透射摄影底板时，图像还原就发生了。

全息赛：苏联篇

这个时候，苏联也在平行进行着同样性质的工作，实际上，进行着这项工作的只有一个人——尤里·尼古拉耶维奇·杰尼修克（Юрий Николаевич Денисюк）。1954 年，27 岁的年轻科学家进入列宁格勒国家光学研究院工作，1958 年，一个偶然的机会，他读到了盖博的论文，对全息摄影产生了浓厚兴趣。像盖博一样，杰尼修克试验过汞灯（1959 年夏他做了第一次试验），但他和盖博一样，也无法用汞灯获得多少可以接受的结果。

苏联购买了第一批激光器之后，杰尼修克立即用激光器进行了几次试验。1962 年，杰尼修克在《科学院报告》杂志上发表了一篇题为《关于拍摄对象光学特性在其散射辐射波场中的显示》的论文，这篇几乎只有一页纸篇幅的科学论文充分阐述了盖博技术改进的基本原理。这篇论文几乎是在利思、乌帕尼克斯发表论文的同一时间发表的。同年 2 月 1 日，杰尼修克申请了发现专利（非发明专利），并获得原创者证书。

令人惊讶的是，杰尼修克在不知情的情况下，提出了一个完全不同于美国同行的发明思路。在杰尼修克的设计方案中，激光束分为参考光束和物体光束两种类型。激光器的参考光束与拍摄对象反射的光束从相反的方向入射在同一个半透明底片，上面有一层厚厚的感光乳剂——参考光束和物体光束彼此相向。这种方式现在被称为反向光束的立体全息图记录。

利思－乌帕尼克斯的方案和杰尼修克的方案存在很多差异。美国的全息图是一种基于薄感光乳剂层的透射全息图，图像只有在与参考波（即激光）同质的光照射下才能还原。与之相比，杰尼修克的方案需要在摄影底板上涂上一层厚厚的感光乳剂，但是它提供的是反射全息图，无需激光，只需普通的照明灯即可进行观察。物体还原后的图像颜色和记录的辐射颜色相同。另外，杰尼修克的方案非常简单，把摄影底板与拍摄对象融合在一个单元，使摄影底板尽量不受拍摄对象抖动的影响。这就是制作非专业全息图的方法。按照杰尼修克的方案，我们可以用放大镜和激光笔制作全息拍摄装置了！当然，这样说有点夸张，不过也八九不离十吧。

这两种方案的受欢迎程度大体相当：美国方案主要用于实验室和科研活动，苏联方案主要用于业余摄影和艺术创作。不过，杰尼修克的方法在专业全息摄影中也是很常见的。

接下来的事情呢？尤里·杰尼修克继续从事全息摄影研究，并于1970年凭借这项研究获得列宁奖。1971年，他担任国家光学研究院新成立的全息实验室主任一职，实验室后来改为处。在很长一段时间里，国家光学研究院一直是个保密单位，甚至是机密单位。有这么一个小故事：20世纪80年代初期，一个大学生慕名来到列宁格勒，梦想成为杰尼修克的学生，但他找遍了整个列宁格勒，也没有找到任何关于光学研究所的信息，甚至连地址和电话都没有，只能乘兴而来败兴而归。

后来，杰尼修克获得了许多奖项，在国际上赢得了很多荣誉。1983年，杰尼修克与利思、乌帕尼克斯共同获得了第一个盖博奖，并获得了包括美国光学学会奖（OSA）在内的多个奖项。杰尼修克致力于全息技术的全面应用，例如，1989年，他凭借"雷达信号全息处理法"二度荣获列宁奖。直到去世，尤里·杰尼修克一直都是苏联和俄罗斯全息技术的旗手，同时也是旗帜。他出国研讨，在各种会议和众多高校发表演讲——总之，他的人生有价值、有意义。

总结全息技术的故事，我们或许可以思考这样几个问题。全息摄影，当然是丹尼斯·盖博的发明——这一点毋庸置疑。他提出了这个想法，并奠定了这项技术的基本原理。但盖博的思想同时为利思、乌帕尼克斯和杰尼修克所实践，成为现实。他们三人几乎同时展开的研究，其贡献在伯仲之间。他们虽然创建了不同的技术方法，但两种方案都同样地被广泛利用。

所以没有必要一定分出高下。如果一定要争出个什么结果的话，不如让匈牙利和英国争一争，向世界证明，丹尼斯·盖博究竟算是匈牙利人还是英国人。

第四十八章

重生之血

关于历史上第一个血库设立地点的问题，俄罗斯、英国和美国各执一词、争论不休。这场争论是由术语的不确定性引起的，因为从未有一个明确的定义，可以解释什么是"第一个血库"。

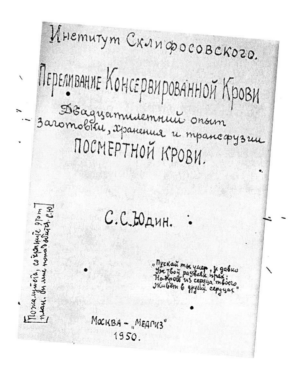

血库是一个医疗机构，是专门保存献血者血液的地方。血液当然不是存放在巨型红桶中，也不是保存在冰箱里，而是用密封袋密闭保存。一切都和我们想象的不大一样。

献血者献血的地方叫作献血站，分为固定式和流动式两种。如果你是一名献血者，那么献血之前要做一次体检，医生会根据你的身体状况判断你是否适合献血。另外，你还要出示相关的证件、签字，然后才可以献血。很多人都有过这样的经历，很多人也不止一次献过血，有经验的献血者在献血前两天会尽可能遵守营养饮食的建议。这是献血过程中大多数人都了解的外在部分。

有过献血经验的人也会知道更多的细节。比如，献血分为多种：献血、献血浆、献血小板，每一种类型的献血都有各自的适应证和禁忌证。实际上，血液是一种由多种成分混合而成的复合"鸡尾酒"。血浆、红细胞、白细胞和血小板是血液的四大要素，其中红细胞、白细胞和血小板是血液的有形成分。

如何献血

血浆是血液中 60% 左右的液体成分。血浆以水为基础，其中溶解了各种化合物，包括蛋白质，脂蛋白，营养素（葡萄糖），凝结因子，激素，酶，电解质和其他物质。血浆本身并非红色，而是浑浊的淡黄色。

红细胞，又称红血球，是在肺中饱和氧气，然后将氧气输送到身体各个部位的细胞。血小板，是一种无核细胞，负责血液的凝固、初步阻塞破裂的血管和受损组织的再生，它们可以形象地被称为"砖"。白细胞，或称白血球，白细胞有很多种，大小、外形、用途各异，但主要作用是保护血液和整个身体免受异种元素和致病物质的伤害，白细胞能够吸收并"消化"这些异种元素和致病物质。

当然，如果是直接献血的话，就不需要把献血者的血液分离出来，而是直接把血送往医院。比如遇到自然灾害或者恐怖事件，急需大量血液的时候，血液是不需要分离的。如果需要先将血液送往血库，那么必须进行特殊处理，包括分离血液成分。

相关人员会在聚合物容器中称量血液，然后密封送入离心机，离心机旋转时会产生数千个重力加速度。这种情况下，血液分层，红细胞"下降"，血浆"上升"，两者之间就是血小板和白细胞层。然后再用血浆提取器将分离出来的血液组分挤进单独的容器中，其中分别装有血浆、红细胞、白细胞和血小板。

之后，将血浆与红细胞分别冷冻。血浆被冻成密实的黄色块状物。冻块需要进行病毒灭活处理：用紫外线消毒，并送入隔离区——血液成分在冰箱里 -30℃温度下保存 6 个月的时间。半年之后，献血者必须接受第二次体检：如果身体状况良好，则可以使用该献血者的血浆。之所以这么做，还是出于安全考虑，因为献血者输血时，有可能已经感染了某种病毒性疾病，但没有立即产生抗体将症状外显。如果第二次体检时献血者没有出现，那么血浆将保存 3 年后销毁，因为不能保证血液的安全。

解冻也不是件简单的事情，特别是作为血液重要成分的红细胞，必须储存在 -80℃的超低温条件下，解冻技术要求更高。这时候要把甘油加到冷冻红细胞中，事后再清除掉甘油，同时清除冷冻期间死亡的细胞。

供血小板是一个更为复杂的过程，也因此被列为独立供血类型。如果献血者所献是血小板，那么其他血液成分就不再被使用。血小板浓缩液是用专用分离器从血液中分离制备。要想得到一个治疗剂量的浓缩液，需要从 4 个献血者的血液中提取。血小板并不是冷冻保存，而是在 +22℃的环境温度下在专用移动架上存放，保存时间不超过 5—7 天。

说了这么多，现在我们可以得出结论：血库中储存的不是从供血者静脉中抽取的红色液体，而是分开冷冻的血液成分——红细胞、血小板或血浆。

现在我们就来看看第一个血库是什么样子，它出现在哪里。

血库的历史

1914 年 3 月 27 日，那一天，比利时医生阿尔贝特·尤斯京（Альбер Юстин）进行了历史上首次间接输血。以前，血液只能由供血者通过专用机器直接输送给受血者。此前不久，卡尔·兰德施泰纳（Карл Ландштейнер）刚刚发现了人体血液的分型（1901 年，兰德施泰纳确定了 O 型、A 型和 B 型等血型）。因此，与 19 世纪的随机输血相比，这时的输血已经建立在科学基础上。尤斯京使用柠檬酸钠，又称柠檬酸盐，并加入葡萄糖作为抗凝剂，防止血液凝固。同年 11 月 9 日，阿根廷医生路易斯·阿戈特（Луис Агот）也成功完成了一次间接输血。

这两次手术都具有革命性意义，为现代输血技术奠定了基础。而且，这样的尝试恰逢其时。1914 年 7 月 28 日，第一次世界大战爆发，对供血的需求猛增。战时，很多医务人员都研究、处理过输血问题。例如，加拿大军医劳伦斯·罗伯逊（Лоуренс Робертсон）就曾在英国伤兵转运站设立输血站。

1917 年，一位同样姓罗伯逊的美国医生奥斯瓦尔德·罗伯逊（Освальд Робертсон）创建了第一个临时"血库"。罗伯逊曾在法国服役，"一战"中规模最大的帕申代尔战役爆发前，他储备了大量的血液。他将血液装在瓶子里，存放在冷藏室里。抗凝血剂仍然是柠檬酸钠。这个"血库"可以说是前所未有的创举，但罗伯逊的构想无论战时还是战后，都没有得到充分的发展。罗伯逊的"血库"至今仍然只是一个孤例，一次绝无仅有的试验。

1921 年，英国红十字会秘书珀西·奥利弗（Перси Оливер）在伦敦组织了有史以来的第一次献血服务，他为此所建立的实际上是一个典型的现代输血站。那里不对血液成分进行分离，也不储存血液，只是收集血液，然后根据需要立即送往不同的医院。

此后，苏维埃俄国把世界输血事业推向了一个新的高度，而这一进程的始作俑者是亚历山大·波格丹诺夫（Александр Богданов）医生。波格丹诺夫是一名资深布尔什维克，1899 年毕业于哈尔科夫医学院，后因发表社会主义政治演说而遭监禁和流放，因此认识了卢那察尔斯基。移民欧洲后又结识了列宁。1913 年，在罗曼诺夫王朝建国三百年的大赦中，波格丹诺夫回到俄国，欣然参加了革命，积极投身于彼得格勒和莫斯科的政治生活。波格丹诺夫在 1926 年搞了一个"噱头"，这个举动至今看起来也颇费思量，但的确具有重要的意义。

波格丹诺夫相信，把年轻的血液注入衰老的机体，可以让人恢复活力、变得更加年轻。即使在那个科技还不够发达的年代，这一理论也不堪一击。但波格丹诺夫是斯大林的座上宾，对于恢复青春活力、益寿延年的思想，斯大林总是给予支持的。1926 年，根据斯大林的指示，莫斯科成立了历史上第一个输血研究所（今国家血液学医学研究中心）。波格丹诺夫以自己为试验对象，进行了多次疯狂的输血试验，两年后，他死于这样的试验，算得上死得其所。研究所迎来了新的领导，一位真正的医生和天才，亚历山大·博戈莫列茨（Александр Богомолец），在他之后——研究所的工作由安德烈·巴格达萨罗夫（Андрей Багдасаров）主持。在博戈莫列茨和巴格达萨罗夫的领导下，研究所为推动输血技术发展做了大量的工作。总的来说，苏联医生在这些年里对血液科学做出了不可估量的贡献，而这一切又要归功于波格丹诺夫的反科学热情。

然后，一位出色的外科医生和科学家出现在了历史舞台的中央——这就是谢尔盖·谢尔盖耶维奇·尤金（Сергей Сергеевич Юдин）。

化腐朽为神奇的尤金

与波格丹诺夫不同，谢尔盖·尤金出身富商家庭。他的父亲经营着好几个工厂，同时还是"下商行"，也就是现在位列世界十大知名百货商场之列的莫斯科"古姆百货商场"的经理。小尤金 1911 年进入莫斯科国立大学物理数学系，之后转到医学系，然后参战。1916 年，小尤金因被炮弹击中受到震伤，从军队中退役。后来，他以优异的成绩从医学院毕业，并结婚成家。

奇怪的是，无论是尤金本人的出身，还是他妻子的背景（他妻子纳塔利娅的父亲是一位富有的船主），都没有对这位天才外科医生在苏联时期的事业发展造成不利影响。尤金曾在图拉、莫斯科、谢尔普霍夫等地工作，并于 1925 年出版了专著《脊柱麻醉》，在业界取得了惊人的成就。1926 年，尤金被公派到美国进行为期半年的专业交流，因为尤金的英语基础很好，回国后他成为急诊研究所的外科主任，后来急诊研究所以尼古拉·斯克利福索夫斯基（Николай Склифосовский）的名字命名，现在称为斯克利福索夫斯基急诊研究所。谢尔盖·尤金最重大的两项医学突破都与"斯克利福"有关（"斯克利福"是斯克利福索夫斯基急诊研究所的简称，普通俄罗斯人都习惯于这样的简称）。

尤金是一名外科医生，专攻食管和消化系统疾病。他做过数千例手术，撰写过 15 部专著，多篇论文，曾在 1942 年和 1948 年两度荣获斯大林奖。

但更早的时候，1930 年 3 月 23 日，尤金进行了一次不寻常的输血试验：受体是一个活人，而供体则是……一具死尸。早在尤金之前，这样的输血实验已经在动物身上完成过，苏联知名外科医生弗拉基米尔·沙莫夫（Владимир Шамов）就做过类似试验。1928 年，在第聂伯罗彼得罗夫斯克举行的第三届全乌克兰外科医生大会上，沙莫夫宣读了一份相关内容的报告——尤金就在会议现场。沙莫夫的试验内容令人错愕：从受体狗身上抽取 90% 的血液，然后输入在实验前 11 个小时已经死亡的供体狗的血液系统。尤金的思想被点燃了，他想到可以采用相同的方法为人输血。从法律上讲，这样的试验是不可能进行的——当时的供血者，就像今天一样，必须接受一系列检查，包括梅毒检查，而对死人进行体检是做不到的。于是尤金不惧危险、自担风险地做了一台手术：3 月 23 日，一个生命垂危年轻人被推到尤金面前。这个年轻人割断了自己的静脉，奄奄一息，他的血型和一个刚刚去世的人的血型刚好匹配。尤金的态度是："我宁肯他死于梅毒，也不愿他死于失血。"尤金把老人的血输进了年轻人的体内。尤金的这句话后来在圈子里广为人知。自杀者的生命得到了拯救，尤金也向与他素有矛盾冲突的检察院自证清白。

用刚刚去世的人作为供体为活人输血，这是尤金的第一个重大科学发现，也是他后来诸多论著的主题之一。他修改、完善了这项技术，并对作为供体的尸体提出要求：死亡时间不超过 6 小时，死亡原因只能是——心脏病发作、中风或窒息，因为其他情况下，血液可能被污染。后来，"斯克利福"大量制备尸体血液，尤金的技术也在国际科学界引起了轰动。

尤金的发现在西班牙内战期间发挥了重要作用——战场上有很多的死难者，他们中只要是刚刚牺牲的，这些阵亡者的血就会在野战条件下被大量输给伤员。1962 年，谢尔盖·尤金凭借这项技术被追授列宁奖。

同样是在 1930 年，尤金又做出了一项"附带"发明。之所以说是"附带"，因为尤金的关注点本来并不在这方面，他集中精力考虑的是如何改进尸体血液的制备方法。

事情是这样的，当一个人猝死时，血液往往不会凝结，而是保持液体状态。这是因为血液会经历"自然纤维蛋白溶解"这个反向凝结过程，主要是溶解血块和血栓。"纤维蛋白溶解"，顾名思义，就是纤维蛋白被分解的过程。纤维蛋白是蛋白质的一种，其纤维是凝结过程中形成血块的基础。

经过"纤维蛋白化"处理的尸体血液可以存放很长一段时间供使用，比从活体供体中提取血液的保存和使用期要长得多。另外，尸体血液同样可以分离成血浆和红细胞。

由于认识到了这一点，尤金开始在斯克利福索夫斯基研究所创建真正意义上的尸体血液库。尸体血液可以在那里长期保存，按需使用。尤金是在 1930 年做出的这一发现，所以他创建的血库应该是世界上第一个真正意义上的血库。尸体血液库是一种成功的尝试，经验开始在苏联全境推广，1935 年之前，苏联已经建有 65 个这样的输血中心，都配备了小型血库。1936 年，弗雷德里克·杜兰－霍达（Фредерик Дюран-Хорда）在巴塞罗那组建了苏联之外的第一个血库。杜兰－霍达是一名西班牙医生，西班牙内战期间引进了尤金的输血技术。1937 年，伯纳德·范图斯（Бернад Фантус）医生在芝加哥创建了美国的第一个血库。

不幸的是，对于尤金来说，一切都是以悲剧收场的。1948 年，在第二次获得斯大林奖后不久，尤金和助手玛丽娜·戈利科娃（Марина Голикова）被逮捕。入狱三年后，尤金在 1952 年被流放到别尔茨克。1953 年斯大林去世，尤金得以平反昭雪，但三年的牢狱生活严重损害了他的身体。一年后，这位伟大的外科医生不幸去世。

今天，尸体血液储存技术的应用范围非常有限，首先是法律上的考虑，其次也是因为常规血液储存技术的不断改进。然而，从技术上讲，储存尸体血液是可行的，医生在必要时也会采取这种方法。

第七部分

伟大的移民

对于 20 世纪俄国侨民这个庞大的群体，我们当然不能视若无睹，至少应该给予些许关注。在整个苏联时期移居海外的人群中，我们可以看到一些重量级人物的身影，其中有工程师、科学家，还有发明家。

"十月革命"前，俄罗斯的移民活动就相当活跃。经济因素和无法在国内实现自我价值是 19 世纪俄国人去国离乡的主要动因。为了争取更多的机会，有才华的医生、工程师、研究人员和有一技在身的蓝领工人纷纷逃离俄国保守、落后的体制，前往德国、法国和美国。当然，有些人是出于政治原因离开的，比如米哈伊尔·多利沃-多布罗沃利斯基（Михаил Доливо-Добровольский），还有一些人是因为民族或宗教迫害，但这些人的数量要少得多。

这里有个小细节值得注意。"十月革命"之前，国家的边界一直处于开放状态。因此，凡是离开俄国的人都知道，只要有必要，只要愿意，他随时都可以回来，或者至少可以回来一段时间。没有人会阻止他举家旅居，也没有阻止他探望家乡的父母。如果你们已经读过《俄罗斯帝国发明史》这本书，应该还记得巴维尔·亚布洛奇科夫（Павел Яблочков）或者尼古拉·别纳尔多斯，他们都是在国外初步完成了自己的发明（分别是弧光灯和焊接设备），然后回到俄罗斯继续未尽的工作。发明背包降落伞的科捷利尼科夫，发明破冰船的布里特涅夫，发明有轨电车的皮罗茨基——他们都是出国获得的专利，然后在国外推销自己的技术，让全世界看得到他们的成果。

但是自 1921 年起，这个疆域辽阔的国家就把边界封闭了整整 70 年——当然，这不是为了方便抓捕子虚乌有的特务，而是为了控制人们临时的流动。也正因为如此，原本许多人只是想临时离境（利用假期时间到国外创作、游学、交流访问等），却不得不加入了移民大军。如果你未经允许就到国外居住、工作，你要明白，你永远都不可能回来了。如果你敢以身犯险——你会前途尽毁，甚至可能丢掉生命。最有代表性的就是列夫·捷尔缅，1938 年他刚从美国回来，马上被送到了劳改营，接着又被送到"沙拉什卡"，也就是内务部下属监狱的研究和设计机构，直到生命结束，他所取得的成就都不及他旅美期间取得成就的百分之一。

苏联经历过三次（后苏联时代还有一次）移民潮。假如你们要深入探究 20 世纪俄罗斯知识分子移民问题，我极力推荐大家阅读《全球人物：俄国侨民中的科学家》，德米特里·巴尤克（Дмитрий Баюк）任总编。这本书虽然涵盖了俄国侨民的各个阶层，也涉及"十月革命"爆发前那段短暂的历史时期，但重点关注的还是苏维埃政权期间弃国离家的俄罗斯知识分子，从"哲学船"上的旅客到 20 世纪 90 年代因为害怕贫穷而远走他乡的同胞。我的这本书里也有几章内容都是关于侨民知识分子的，像亚布洛奇科夫和洛德金（Лодыгин）、西科尔斯基（Сикорский）、普罗科菲耶夫 – 谢韦尔斯基（Прокофьев-Северск）、尤尔凯维奇（Юркевич）、波尼亚托夫（Понятов）和兹沃雷金（Зворыкин）等都是我的书中人物。

退　潮

1917 年至 1940 年出现了第一次移民潮。在此期间流寓他乡的同胞，多半是为了逃离贫困和饥饿，逃离战争，逃离监狱和劳改营，逃离随时准备被夜间按响的门铃声惊醒、拎起早就收拾好的手提箱跟随来人不知前往何处的提心吊胆的日子——总之，有足够多的理由支撑着他们逃离的决心。

尽管边境早已关闭，俄国科技界在 20 世纪 20—30 年代初期仍与国外同行保持着广泛的联系。科学家可以获得出境许可，参加国际会议，发表演讲，甚至去美国进行几个月的学术交流。还有一些外国科学家受邀来到俄国，其中多数是美国科学家。美国直接提供技术支持和资金支持，苏联汽车工业由此进入了一个新的时代。例如，后来更名为高尔基汽车制造厂的下诺夫哥罗德汽车制造厂，完全由美国人设计、建造，用于生产福特汽车公司（Ford Motor Company）的特许汽车。美国人还建造了著名的"马格尼特卡"（马格尼托戈尔斯克冶金联合工厂）、斯大林格勒拖拉机厂和莫斯科列宁共青团汽车制造厂。美国工程师休·库珀（Хью Купер）指导建造了第聂伯河水电站，水电站的大部分设备由西门子（Siemens）公司生产。底特律建筑大师阿尔伯特·卡恩在 1929—1932 年，一直在苏联工作，组织建设了五百多个不同的工程项目！总的来说，外国专家积极参与了苏联的工业化进程，苏联与国外的联系起初还是很密切的。

到了 20 世纪 30 年代末，苏联与其他国家的关系逐渐疏远、冷淡，大批工程师、翻译人员和从事文学艺术创作的知识分子因与外国人合作遭到政治迫害，而几年前他们是奉命与这些外国人交流合作的！此时，第一次移民潮渐渐回落，第二次移民潮即将来临，从某种程度上讲，30 年代末这段时期成为两次浪潮之间的一个过渡阶段。

1917—1921 年，第一次移民潮达到高潮，背井离乡的俄国人中有大批白军军官、士兵和与他们的家人，他们赶在边境关闭前离开了，但不确定他们究竟去了哪里。在这短短的 5 年间，大约有 140 万人逃离了俄罗斯。自由离境政策取消后，移民潮略有回落。国家法律一年年愈发严苛，但直到苏联卫国战争爆发，移居海外的人流几乎从没有断过。进行文学艺术创作和技术研究的知识分子最常见的逃离方式是出国滞留不归。

1929 年 11 月 21 日，苏联扩大了"叛国者"这一已有法律术语的界定范围，将"在国外工作、拒不回国"的苏联公民也列为"叛国者"，并且增补了相应内容——这项新规完全将俄国侨民视为"国家罪犯"。1934 年，苏联对"叛国"的定义是:"叛国,即苏联公民不惜以牺牲苏联军事力量、国家独立或领土完整为代价所做之行为,包括从事间谍活动、泄露军事和国家机密、投敌、叛逃或乘飞机穿越国界"。不允许"乘飞机穿越国界"这条规定实际上等同于全面禁止出国,当然,特别批准的公务出国(最常见的因公出国事由是执行特情任务)除外。

现在,我来列举几位随第一次移民潮到国外定居的科技大咖。

伊戈尔·西科尔斯基(Игорь Сикорский)——《俄罗斯帝国发明史》专门有一章写到他。他先到法国,再到美国。定居美国后,他推动装备自动倾斜器的现代直升机全面投入规模化生产,成为这个领域的全球第一人,同时也为水上飞机的发展做出了巨大贡献。

亚历山大·普罗科菲耶夫-谢韦尔斯基(Александр Прокофьев-Северский),苏联飞行员和飞机设计师[①],后来居留美国,创办了自己的公司,并对美国各种飞机进行了大量的改进。空中加油是普罗科菲耶夫-谢韦尔斯基最著名的发明。他的技术在 1923 年首次试验,当时并没有得到广泛的推广,但证明了空中加油原则上的可行。

弗拉基米尔·兹沃雷金(Владимир Зворыкин)是一位天才的无线电工程师,1919 年留在了美国,成为现代电视的创始人之一。作为西屋电气公司(Westinghouse Electric)和后来的美国广播公司(Radio Corporation of America)的员工兹沃雷金提出了一系列技术解决方案,也做过很多设计方案,他的方案帮助美国无线电公司在竞争中胜出(当然,兹沃里金远不是电视系统的唯一开发者),并将电子电视而不是机械电视"推向"大众。

亚历山大·波尼亚托夫(Александр Понятов)1920 年逃亡中国,后来

---

① 其实这么说有些牵强,普罗科菲耶夫-谢韦尔斯基的飞行生涯止于沙皇俄国时代,之后到俄国驻美使馆赴任,在这个过程中,俄国国内爆发了"十月革命",他只是为苏维埃政府工作过一段时间。——译者注

移居美国，20 世纪 40 年代成立了自己的安培公司。1956 年，安培公司基于波尼亚托夫的横向视频录制原理，推出了历史上第一台磁带录像机"安培" VR-1000（Ampex VR-1000）。

弗拉基米尔·尤尔凯维奇（Владимир Юркевич）是一名海军工程师，侨居法国。很长一段时间里，他穷困潦倒，直到 1932 年，一个偶然的机会，他赢得了建造横跨大西洋的巨型邮轮"诺曼底"号的竞标。在"诺曼底"号的建造中，尤尔凯维奇采用了自己的设计方案——船首下部安装了一个独特的球鼻形凸起，用于劈开海浪。尤尔凯维奇的球鼻设计至今仍用于船舶制造。

"十月革命"后，格奥尔吉·基斯佳科夫斯基（Георгий Кистяковский）经克里米亚和土耳其辗转到达德国，在柏林大学学习，后移居美国。基斯佳科夫斯基是一位杰出的化学家，他曾参与美国曼哈顿项目，研制出"慢速炸药"——即巴拉托炸药［三硝基甲苯（TNT）和硝酸钡混合炸药］，这种炸药具有超乎寻常的稳定的传爆速率。

1920 年，奥托·路德维戈维奇·斯特鲁维（Отто Людвигович Струве），著名的天文学家，移民美国。他后来撰写了大量关于恒星光谱的论文，成为国际天文学联合会的主席。

在稍后的 1930 年，已经不算年轻的著名化学家弗拉基米尔·伊帕季耶夫（Владимир Ипатьев）前往德国治病——当时他年近花甲。伊帕季耶夫后来旅居美国，1936 年在美国开发出石油催化裂化技术，随后研制了一种高辛烷值的航空专用燃油（第二次世界大战中几乎所有美国飞机都使用这种燃油），获得了数百项专利，并为塑料的大规模生产奠定了基础。伊帕季耶夫原计划回国，但最终留在了国外。

著名遗传学家、合成进化论的奠基人之一费奥多西·多布然斯基（Феодосий Добржанский）的情况和伊帕季耶夫非常相似。1927 年他因参加一个科学项目去了美国。20 世纪 20 年代末 30 年代初留在美国的苏俄遗传学家都非常幸运。

诸如鲍里斯·巴赫梅季耶夫（Борис Бахметьев）、格奥尔吉·加莫夫（Георгий Гамов）和斯捷潘·季莫申科（Степан Тимошенко）等，我可以列举出一长串名字，他们都是在第一次移民潮中逃离苏俄的科技精英。20世纪20—30年代，俄罗斯英才折损无数，每一次这样的损失都会削弱俄罗斯的实力，让俄罗斯跌落到无法逾越的科技鸿沟。

第二次移民潮

1941—1960年，出现了第二次移民潮。那个时候，移民的难度已经大大增加。那些年里，几乎没有剩下什么合法的途径可以出国。要出国，无非就是两个办法，一是硬着头皮、不惧繁难地走完设置了重重官僚主义障碍的出国审批手续，争取公派出国的机会（几乎所有的机会都留给了外交人员），二是穿过铁丝网，偷渡到其他国家。此外，战争在推动移民潮的发展（也可以说加速移民潮的回落，看你们从哪个角度解读）中发挥了重要作用。

令人错愕的是，在19世纪，正是俄罗斯站在了战争人道主义和制定人道主义原则的最前列。亚历山大一世发起的《1874年布鲁塞尔宣言》首次规定了战俘的权利和义务，1899年和1907年的两次海牙会议（第一次会议由尼古拉二世倡议召开）极大扩充了相关条款内容。

《红军暨盟军解救之前战俘与平民跨越军事线移交计划》于1945年5月签署，随即从1945年5月开始到1953年3月，大批人员陆续被遣返。返回苏联后，被遣返人员分为了几类，受到不同的对待。被俘军官直接送往内务人民委员部特别收容所，然后押送劳改营，或降为列兵，送到惩戒营。平民至少被剥夺了在大城市居住的权利（无论哪种类别的人员，死刑都是最重的惩罚）。

由于上述原因，迫于命运和战争的意志，大批滞留国外的苏联公民，只好隐藏身份，尽可能地逃到远离纷扰的地方——他们选择的最终目的地是美国或者南美。美国或南美国家并不愿意接纳这些苏联移民，原因前面已经讲过。阿根廷完全禁止苏联公民移民，美国打着官僚主义的旗号，设置了重重障碍，把许多苏联人送上了回国的路。随着第一批移民潮流亡海外并扎下根基的苏联人，积极帮助可能被遣返的同胞留了下来。

尽管实行了强制遣返的政策，但第二次移民潮的主体仍是"二战"后滞留国外的人员。1953—1960 年，由于边境严格管控、全面封闭，没有任何合法的出境渠道，移民的数量就非常有限了。

第二次移民潮不同于第一次，并没有造成大规模的人才流失。第一次移民潮中，离开的多是知识分子、作家和艺术家、工程师和科学家。战后滞留国外的大多数人，要么是军队干部，要么是应征入伍的中产阶级，也就是普通百姓。当然，也有个别杰出的人物，但总的来说，第二次移民潮中，没有太多重量级的人物值得特别关注。

第三次移民潮及以后

第三次移民潮出现在 1961—1986 年，那时候，移民活动已经获得合法的地位——当然，还是需要办理林林总总的许可，在上上下下的机关无聊地跑上几年，忍受着各种冷眼白眼，最后把财产悉数留给祖国，虽然不易，但毕竟已经有路可循。

第三次移民潮中，离开苏联的主要是两类人。第一类移民人员是由于民族或种族的原因（德国人回到德国，犹太人回到以色列），第二类是被迫离开的持不同政见者，比如布罗茨基［除了布罗茨基，我们还会马上想到多夫拉托夫（Довлатов）、加利奇（Галич）、阿廖什科夫斯基（Алешковский）、沃伊诺维奇（Войнович）和阿克肖诺夫（Аксёнов）］，但很少有工程专业人员。这主要是因为在持不同政见者的圈子里，"技术人员"的数量非常少，他们既不发表"危险"的言论，也不出版"危险"的书籍。当然，"危险"是从国家的角度界定的，而且"技术人员"的工作环境比人文主义者要好得多。

总的来说，那是一段平静的时光。人们不再抱着装好日常用品的手提箱坐在走廊里等待随时可能降临的厄运，不再害怕被无端送去劳改营，也不再因为任何的敲门声而吓得浑身发抖。持不同政见者逃离的不是政治迫害，而是无望的停滞。举家移民难乎其难，全家人都能办下出境签证的事情几乎闻所未闻：如果一个人出国，家人一般都要留在国内"扣为人质"。

奔涌的第三次移民潮不断外溢，自然而然地，形成了改革时代新的移民潮（可以称为第四次浪潮）。1986 年，苏联实行自由移民政策，办理出境签证容易了许多。离开苏联的人数开始呈滚雪球式增长，并在 20 世纪 90 年代达到顶峰。那些年苏联人移民的主要原因，我可以举个例子来说明。

《全球人物》一书的主人公之一，著名物理学家谢尔盖·尚达林（Сергей Шандарин）于 1989 年定居美国。不久，他就在堪萨斯大学谋到了职位，一开始是物理学临聘教授，后来成为物理学终身教授。尚达林在书中谈到了他在苏联和美国生活、工作的一些情况——以资对比。

首先，他这个"客座教授"立即被分配了一间办公室。在苏联，教授无权拥有办公室，空间非常有限，科学家如果能有自己独立的办公桌，那工作起来会很舒服（有一段时间，尚达林与另一位教授共用一张桌子）。到了堪萨斯大学分给他的办公室，尚达林发现房间实在太小，太寒酸——毕竟，他才刚到大学，连语言都不太通。然而这毕竟是一间办公室，一个真正的办公场所。

这一时期移居海外的俄罗斯人中还是有一些可圈可点的人物。

安德烈·海姆（Андрей Гейм，1990 年移民）和康斯坦丁·诺沃肖洛夫（Константин Новосёлов，1999 年移民）都是著名科学家，他们在 21 世纪初首次获得了足够数量的石墨烯用于研究。2004 年他们取得了骄人的成绩，工作成果公布于众，随后，海姆和诺沃肖洛夫对石墨烯进行了大量的理论研究和应用研究，并于 2010 年共同获得诺贝尔物理学奖。获奖时，海姆是荷兰公民，诺沃肖洛夫保留了俄罗斯国籍，尽管他已经多年没有在俄罗斯工作。

1991 年，另一位杰出的物理学家阿列克谢·阿布里科索夫（Алексей Абрикосов）永远地离开了俄罗斯。他的大部分发现，特别是与第二类超导体研究有关的发现，都是在苏联完成的。然而，2003 年获得诺贝尔奖的时候，他已经是美国公民，他甚至说过这样一句很有名的话："在我曾经生活的俄罗斯，我已经受够了苦难。而在今天这个场合，我为这个奖属于美国而感到骄傲。"

20 世纪 90 年代，苏联大部分程序员都移民去了美国（程序员的流失特别严重），因为编程是一种通用语言，他们的技能在大洋彼岸更有发展的空间。其中最著名的人物当然是"俄罗斯方块"的创造者阿列克谢·帕日特诺夫（Алексей Пажитнов）。

如今，俄罗斯的移民人数已经有所下降，移民的模式与 19 世纪大同小异：你可以到国外去，在更优越的条件下推广自己的创意，然后可以再回到俄罗斯（如果你愿意的话）。但是俄罗斯移民的势头依然强劲，原因有很多：收入水平低、基础设施差（俄罗斯几乎没有为行动不便的人士提供无障碍设施，这真的很要命）、官僚作风、不适宜的经济法律、生意不好做、获得符合个人意愿的投资机会的可能性低。自乌克兰事件以来，移民人数大幅增加（从每年约 3.5 万人激增至 30 多万人）。

很多不了解统计数据的人都在引用一些表面的数字，他们说什么，30 万人移民去了国外，可还有 30 万移民到了俄罗斯，等价代换嘛。就算这些数据没有任何问题，但只要比较一下离开的人和进来的人的国籍、文化背景就能看出，离开的基本都是受过高等教育的人，其中不乏经济学家、科学家、工程师、程序员，而进来的基本都是中亚人，尤其是塔吉克斯坦、乌兹别克斯坦的劳工。这是等价代换吗？

俄罗斯每年平均减少 1.3% 的科学家和工程师（欧盟和美国则增加 2%—3%，中国增加 7%—10%）。这是一个非常难看的统计数据，表明俄罗斯在技术初创、开发和投资方面依然缺乏吸引力，这很大程度上是因为政治和法律上的原因。1917 年俄罗斯成了"大规模海外移民国家"，不管这有多么悲哀，而今我们仍然无法摆脱这种不愉快的称谓。

结　语

在俄罗斯，发明创造的思想一直生生不息，有高潮，也有低谷，就像一条起起伏伏的正弦波。彼得一世时代的腾飞——18世纪下半叶的衰落和长期停滞——相关立法的出台推动了19世纪初的崛起——19世纪50年代的停滞——世纪之交的再次腾飞——"十月革命"和国内战争之后的衰落——20世纪60年代的崛起——苏联解体后的衰落。任何重大的社会政治转型、政策变化和立法根基的崩塌都会对发明家带来负面影响，因为发明创造是一项创造性的工作。如果你不知道如何谋生，或者你不知道拿到发明证书后能做些什么，你怎么会去创造？

俄罗斯人发明创造的热情和潜力在20世纪90年代跌至谷底，目前还处于缓慢的恢复期。问题不在于专利权本身——俄罗斯联邦知识产权局工作高效、立法明确，与外国专利局的合作也很顺畅。这是纯粹的经济问题。俄罗斯联邦有关私人经营的法律多数难以实施，有些地方不符合常理，有些地方容易产生歧义，从而导致多种解释。总的来说，这些法律基本上不支持创新举措。这就是人才不断流失的原因——许多有才华的人都去了西方，他们在西方创业，而俄罗斯没有给他们提供这样的土壤。

众筹是一种相对较新但又历史悠久的现象，它对发明事业的发展产生了重要影响。众筹的原则非常简单：发明家（或者作家，音乐家，慈善基金的组织者）将自己的项目发布到一个专门的网站上，如果有人觉得这个项目有趣并且有用的话，他会给这个项目捐款。在发明领域，众筹一般都是预购。众筹的时候，并没有最终产品，只有一个模型或者原型，人们在这个项目上投资，同时也得到了一个保证：发明成果产业化之后，出资人将获得创新的产品，而筹集到的资金用于项目改进和规模化投产。

2005—2006 年，网络众筹开始蓬勃发展。目前最大的众筹平台有 Kickstarter、Indiegogo、GoFundme^① 等。在俄罗斯，众筹出现得稍晚一些：2012 年，Boomstarter 和 Planeta.ru^② 项目同时启动。根据 2015 年的数据，全球众筹在一年内筹集的资金已超过 380 亿美元，这个数字还在继续增长。

我想得出什么结论？我的结论是，自 21 世纪以来，众筹和各类发明竞赛极大地激发了全球的创新力。我希望，众筹在俄罗斯的出现（另外，2010—2020 年我们国家也组织了许多发明竞赛）将推动有才华的人产生新的创意，推动社会进步，让国家走出正弦线的低点。无论这一"创新"是新颖的毛巾夹还是台式热核发动机，对我们来说都无关紧要。重要的是，它们是发明创造。

希望你们爱上发明，祝你们好运！

---

① Kickstarter、Indiegogo、GoFundme 为 3 个众筹平台的名称。目前没有对应的中文译名。——编者注

② Boomstarter 和 Planeta.ru 为众筹平台的名称，目前没有对应的中文译名。——编者注

主要参考书目

写这本书的时候，我参看了大约 3500 个信息源。这里的书目远远不够完整：要把写书用到的所有参考资料都列出来，大概要 100 页以上。在此，我仅列举各章主要的参考书籍以及提供关键信息的期刊文章。由于这本书不是科研类书籍，所以对参考文献列表和文献标注的准确性并无严格要求，再说，我也不想给出版社、印刷厂或读者带来过重的负担。

我也没有列出我浏览过的 1500 多个网站［包括"太空百科全书"网站（astronaut.ru），"苏联和俄罗斯海军舰艇目录"网站（russianships.info）］。当然，我还查阅了大量的发明证书和专利证书——幸运的是，在我们这个时代，证书文件都可以以电子形式获取（撰写《俄罗斯帝国发明史》的时候，有些专利权文件只能通过纸质原件来查询，但是现在再遇到这种情况，所有的资料都可以在付费和免费数据库中找到）。

通常，我会从一些重要的、权威的、我所信任的信息源挑选故事的"骨架"，然后用从大量的文章、回忆录和非权威书籍中寻出的点滴细节来串联这些骨架。这些细节有时太过琐碎，满页的文字，可用的内容不过一两行，这种文章看完也就永远地抛掷脑后了。

有一点非常重要：并非所有的资料都足够权威，包括这里列出的和未列出的，需要在大量杜撰的资料中拨开历史的迷雾，厘清历史的真相。

1. Round, H. J. A note on carborundum // Electrical World. — 1907. — №49.

2. Гинзбург В., Пульвер В. Телевидение. Передача движущихся изображений по способу Л. С. Термена // Радиолюбитель. 1927. №1.

3. Карпеченко Г. Д. Полиплоидные гибриды Raphanus sativus X Brassica oleracea L. // Труды по прикладной ботанике, генетике и селекции. 1927. №17 (3).

4. Dunne, J. W. An Experiment with Time. — London: Faber, 1927.

5. 20 лет работы на нефтяном фронте. Мастер высокой культуры (инженер М. А. Капелюшников) // Нефть. 1934. №19.

6. Юдин С. С. Переливание трупной крови // Правда. 1935. 10 марта.

7. Молчанов П. А. Полёты в стратосферу. — М.; Л.: ОНТИ НКТП СССР, 1935.

8. Волков А. И. 25 детских железных дорог СССР. — Воронеж: Центральная детская техническая станция им. Шверника и Воронежская областная детская техническая и сельскохозяйственная станция, 1936.

9. Сытин В. А. Стратосферный фронт. — М.; Л.: ОНТИ, 1936.

10. Папанин И. Д. Жизнь на льдине. — М.: Правда, 1938.

11. Котельников Г. Е. История одного изобретения: русский парашют. — М.; Л.: Детиздат, 2-е изд., испр. и доп., 1939.

12. Кравец С. М. Архитектура Московского метрополитена имени Л. М. Кагановича. — М.: Издательство Всесоюзной академии архитектуры, 1939.

13. Кренкель Э. Т. Четыре товарища. — М.: Художественная литература, 1940.

14. Хренов К. К., Ярхо В. И. Технология дуговой электросварки. — М.: Машгиз, 1940.

15. Зеленин М. А., Кравец С. М., Маковский В. Л. Архитектура Московского метрополитена. — М.: Государственное архитектурное издательство академии архитектуры СССР, 1941.

16. Хренов К. К. Подводная электрическая сварка и резка металлов. — М.: Военное издательство Министерства ВС СССР, 1946.

17. Gabor D. A new microscopic principle // Nature. — 1948. — №161.

18. Абалаков В. М., Аркин Я. Г. Спортивный инвентарь — М.: ФиС, 1949.

19. Соколов С. Я. Ультразвук и его применение // Журнал технической физики. 1951. Т. 21. Вып. 8.

20. Демихов В. П. Пересадка головы собаки: демонстрация // Хирургия. 1954. №8.

21. Иоффе А. Ф. Полупроводники в современной физике. — М.; Л.: Академия наук СССР, 1954.

22. Прохоров А. М., Басов Н. Г. Молекулярный генератор и усилитель // УФН. 1955. Т. 57. №3.

23. Рогинский В. Ю. М. А. Бонч-Бруевич. — М.: Наука, 1956.

24. Compton A. Atomic Quest. — New York: Oxford University Press, 1956.

25. Вахнин В. Искусственные спутники Земли (справка для радиолюбителей-наблюдателей) // Радио. 1957. №6.

26. Куприянович Л. И. Карманные радиостанции. — М.; Л.: Госэнергоиздат, 1957.

27. The First Man-Made Planet: Russian Rocket Launched into Solar Orbit. // Flight International. — 9 January 1959. — Vol. 75.

28. Беспримерный научный подвиг. Материалы газеты «Правда» о трех советских космических ракетах. — М.: Государственное издательство физико-математической литературы, 1959.

29. Dunn F. Ultrasonic Absorption Microscope // The Journal of the Acoustical Society of America. — 1959. — №31 (5).

30. Яздовский В. И., Газенко О. Г., Серяпин А. Д. и др. Отчёт ГНИИИАиКМ по теме: Исследование возможности выживания и жизнедеятельности животного при длительном полёте на объекте «Д». Второй этап. — М.: АН СССР, 1959.

31. Джелли Дж. Черенковское излучение и его применения, пер. с англ. — М.: Издательство иностранной литературы, 1960.

32. Демихов В. П. Пересадка жизненно важных органов в эксперименте. — М.: Медгиз, 1960.

33. Богатов Г. Б. Как было получено изображение обратной стороны Луны. — М.; Л.: Госэнергоиздат, 1961.

34. Арцимович Л. А. Управляемые термоядерные реакции. — М.: Физматлит, 1961.

35. Проблемы космической биологии. Под ред. А. М. Уголева. — М.: АН СССР, Отделение физиологии, 1962.

36. Брусенцов Н. П., Маслов С. П., Розин В. П., Тишулина А. М. Малая цифровая вычислительная машина «Сетунь». — М.: Издательство Московского университета, 1962.

37. Lewis P. British Aircraft 1806–1914. — London: Putnam, 1962.

38. Анфилов Г. Физика и музыка. — М.: Детгиз, 1963.

39. Симонян К. С. Путь хирурга (страницы из воспоминаний о С. С. Юдине). — М.: Медгиз, 1963.

40. Принципы и методы регистрации элементарных частиц / Сост.-ред. Люк К. Л. Юан и Ву Цзянь-сюн; пер. с англ. И. Б. Вихансого

и Г. И. Мерзона. Под ред. Л. А. Арцимовича. — М.: Издательство иностранной литературы, 1963.

41. Комар Е. Г. Ускорители заряженных частиц. — М.: Атомиздат, 1964.

42. Лейт Э., Упатниекс Ю. Фотографирование с помощью лазера // Успехи физических наук. 1965. Вып. 11.

43. Сигмен А. Мазеры. — М: Мир, 1966.

44. Ратнер Б. С. Ускорители заряженных частиц. — М.: Наука, 1966.

45. Лисичкин С. М. Выдающиеся деятели отечественной нефтяной науки и техники. — М.: Недра, 1967.

46. Olson H. F. Electronic Music. Music, Physics and Engineering. — Courier Corporation, 1967.

47. Аникеев В. В. Кванты в руках держащий: невыдуманная микроповесть о человеке, посрамившем инженера Гарина. — М.: Молодая гвардия, 1968.

48. 50 лет Государственного оптического института им. С. И. Вавилова (1918–1968). Сборник статей/Отв. ред. М. М. Мирошников. — Л.: Машиностроение, 1968.

49. Классики советской генетики. 1920–1940. Сборник/Под ред. П. М. Жуковского. — Л.: Наука, 1968.

50. Асташенков П. Т. Курчатов. — 2-е изд. — М.: Молодая гвардия, 1968.

51. Капица С. П., Мелехин В. Н. Микротрон. — М.: Наука, 1969.

52. История индустриализации СССР 1926–1941 гг. Документы и материалы/Под ред. М. П. Кима. — М.: Наука, 1969–1972.

53. Большая советская энциклопедия/Гл. ред. А. М. Прохоров, 3-е изд. Т. 1–30. — М.: Советская энциклопедия, 1969–78.

54. Гильзин К. А. Электрические межпланетные корабли. — М.: Наука, 1970.

55. Денисюк Ю. Н., Суханов В. И. Голограмма с записью в трехмерной среде как наиболее совершенная форма изображения // Успехи физических наук. 1970. Вып. №6.

56. Шушурин С. Ф. К истории голографии // Успехи физических наук. 1971. Вып. №9.

57. Johnson R. H., Mohler R. S. Wiley Post, His Winnie Mae, and the World's First Pressure Suit. — Washington, DC: Smithsonian Institution, 1971.

58. Korpel A., Kessler L. W. Comparison of methods of acoustic microscopy. // Acoustical Holography, vol. 3 by A. F. Metherell. — New York: Plenum, 1971.

59. Виноградов А. П., Анисов К. С., Мастаков В. И., Иванов О. Г. Передвижная лаборатория на Луне «Луноход-1»/Под ред. акад. А. П. Виноградова. — М.: Наука, 1971.

60. Освоение космического пространства в СССР/Под ред. доктора физ.-матем. наук Г. С. Нариманова. — М.: Наука, 1971.

61. Пионеры ракетной техники. Ветчинкин, Глушко, Королев, Тихонравов. Избранные труды (1929–1945 гг.)/Под ред. С. Соколовой. — М.: Наука, 1972.

62. Гагарин В. А. Мой брат Юрий. — М.: Московский рабочий, 1972.

63. Seaborg G. T. Nuclear Milestones. — San Francisco: W. H. Freeman and Company, 1972.

64. Илатовская Т. А. Вы будете ходить… // Знамя. 1972. №9.

65. Остроумов Г. А. Олег Владимирович Лосев: библиографический очерк. — У истоков полупроводниковой техники. — Л.: Наука, 1972.

66. Алексеев С. М., Уманский С. П. Высотные и космические скафандры. — М.: Машиностроение, 1973.

67. Rawlins D. Peary at the North Pole: fact or fiction? — Washington: Robert B. Luce, 1973.

68. Центральная радиолаборатория в Ленинграде/Под ред. И. В. Бренева. — М.: Советское радио, 1973.

69. Говорков Б. Б., Тамм Е. И. Павел Алексеевич Черенков (к семидесятилетию со дня рождения) // Успехи физических наук. 1974. Вып. №7.

70. Шабанов Г. Фототелевизионная система для исследования Марса // Техника кино и телевидения. 1974. №9.

71. Schaffert R. Electrophotography. — London: Focal Press, 1975.

72. Асриянц Э. А. Как рождался турбобур // Экономика и организация промышленного производства. 1976. №4.

73. Иофе В. К., Мясникова Е. Н., Соколова Е. С. Сергей Яковлевич Соколов (1897–1957). — Л.: Наука, 1976.

74. «Союз-Аполлон» — рассказывают советские учёные, инженеры и космонавты — участники совместных работ с американскими специалистами/Под ред. К. Д. Бушуева. — М.: Политиздат, 1976.

75. Hacker, B. C. On the Shoulders of Titans: A History of Project Gemini. — Washington, D. C.: NASA, 1977.

76. Белавин Н. И. Экранопланы (по данным зарубежной печати). — 2-е изд. — Л.: Судостроение, 1977.

77. Порохня В. С. Дорога на Байконур: рассказ о Ю. А. Гагарине. — Алма-Ата: Казахстан, 1977.

78. Шавров В. Б. История конструкций самолетов в СССР до 1938 г. — 2-е изд. — М.: Машиностроение, 1978.

79. Гагарин Ю. А. Дорога в космос. — М.: Воениздат, 1978.

80. Абрамов А. С. У кремлёвской стены. — М.: Политиздат, 1978.

81. Передвижная лаборатория на Луне «Луноход-1»/Отв. ред. В. Л. Барсуков. — М.: Наука, 1978.

82. Исаев А. М. Первые шаги к космическим двигателям. — М.: Машиностроение, 1979.

83. Левантовский В. И. Механика космического полета в элементарном изложении. — 3-е изд. — М.: Наука, 1980.

84. Clark R. W. The Greatest Power on Earth: The Story of Nuclear Fission. — London: Sidgwick & Jackson, 1980.

85. Брумель В. Н., Лапшин А. А. Не измени себе. — М.: Молодая гвардия, 1980.

86. Couhat J. L. Combat Fleets of the world 1982/1983: Their Ships, Aircraft, and Armament. — Paris: Editions Maritimes et d'Outre-Mer, 1981.

87. Екимов А. И., Онущенко А. А. Квантовый размерный эффект в трехмерных микрокристаллах полупроводников // Письма в ЖЭТФ. 1981. Т. 34.

88. Lippisch, A. The Delta Wing: History and Development. — Ames: Iowa State University, 1981.

89. Николай Геннадиевич Басов. — М.: Наука, 1982.

90. Будкер Г. И. Собрание трудов. — М.: Наука, 1982.

91. Фёдоров Е. К. Полярные дневники. — Л.: Гидрометеоиздат, 1982.

92. Физики: Биографический справочник/Под ред. А. И. Ахиезера. — 2-е изд., испр. и доп. — М.: Наука, 1983.

93. Ребров М. Ф. Советские космонавты. — 2-е изд., доп. и перераб. — М.: Воениздат, 1983.

94. McKay A. The Making of the Atomic Age. — New York: Oxford University Press, 1984.

95. Он был первым: записки, публицистические заметки, воспоминания. — М.: Воениздат, 1984.

96. Белоцерковский С. М., Тюленев А. И., Фролов В. Н. и др. Решетчатые крылья. — М.: Машиностроение, 1985.

97. Космонавтика. Энциклопедия/Под ред. В. П. Глушко. — М.: Советская энциклопедия, 1985.

98. Mayr E. Joseph Gottlieb Kolreuter's Contributions to Biology. — Philadelphia: University of Pennsylvania, 1986.

99. Rhodes R. The Making of the Atomic Bomb. — New York: Simon and Schuster, 1986.

100. Гэтланд К. Космическая техника. — М.: Мир, 1986.

101. Родичев В. А., Родичева Г. И. Тракторы и автомобили. — 2-е изд. — М.: Агропромиздат, 1987.

102. Илизаров Г. А. Октябрь в моей судьбе/Лит. запись В. Гавришина. — Челябинск: Южно-Уральское книжное издательство, 1987.

103. Алексеев С. М. Космические скафандры вчера, сегодня, завтра. — М.: Знание, 1987.

104. Wright, P. Spycatcher: The Candid Autobiography of a Senior Intelligence Officer. — New York: Viking, 1987.

105. Герои Советского Союза: краткий биографический словарь/Пред. ред. коллегии И. Н. Шкадов. — М.: Воениздат, 1987.

106. Дроздов М. И. Кирзовые сапоги и ракеты // Нева. 1987. №10.

107. Нувахов Б. Доктор Илизаров. — М.: Прогресс, 1988.

108. Шавров В. Б. История конструкций самолетов в СССР 1938–1950 годов. — М.: Машиностроение, 1988.

109. Будкер Г. И. Очерки. Воспоминания. — Новосибирск: Наука, 1988.

110. Hansen, C. U. S. nuclear weapons: The secret history. — Arlington, TX: Aerofax, 1988.

111. Куприянов В. К., Чернышёв В. В. И вечный старт… Рассказ о Главном конструкторе ракетных двигателей Алексее Михайловиче Исаеве. — М.: Московский рабочий, 1988.

112. Vanier J., Audoin C. The Quantum Physics of Atomic Frequency Standards. — Bristol: Adam Hilger, 1989.

113. Taylor, Michael J. H. Jane's Encyclopedia of Aviation. — London: Studio Editions, 1989.

114. Гришин С. Д., Лесков Л. В. Электрические ракетные двигатели космических аппаратов. — М.: Машиностроение, 1989.

115. Абалаков Е. М. На высочайших вершинах Советского Союза. — Красноярск: Красноярское книжное издательство, 1989.

116. Зрелов В. П. Черенковские детекторы и их применение в науке и технике. — М.: Наука, 1990.

117. Урвалов В. А. Очерки истории телевидения. — М.: Наука, 1990.

118. Гоголев Л. Д. Автомобили-солдаты: Очерки об истории развития и военном применении автомобилей. — М.: Патриот, 1990.

119. Herman, R. Fusion: the search for endless energy. — Cambridge: Cambridge University Press, 1990.

120. Росси Ж. Справочник по ГУЛАГу. Издание второе дополненное. — М.: Просвет, 1991.

121. Юдин С. С. Избранное. — М.: Медицина, 1991.

122. Афанасьев И. Б. Неизвестные корабли. — М.: Знание, 1991.

123. Репрессированная наука/Под ред. проф. М. Г. Ярошевского. — Л.: Наука, 1991.

124. Close, F. E. Too Hot to Handle: The Race for Cold Fusion (2 ed.). — London: Penguin, 1992.

125. Кравчук С., Маскалик А., Привалов А. Летящий над волнами // Аэрохобби. 1992. №2.

126. Pohlmann, K. C. The Compact Disc Handbook. — Middleton, Wisconsin: A-R Editions, 1992.

127. Kozloski, L. D. (1994). U. S. Space Gear: Outfitting The Astronaut. — Washington, D. C.: Smithsonian Institution Press, 1994.

128. Герчик К. В. Прорыв в космос: очерки об испытателях, специалистах и строителях космодрома Байконур. — М.: ТОО «Велес», 1994.

129. Политическая история России в партиях и лицах/Сост. В.В. Шелохаев. — М.: Терра, 1994.

130. Голованов Я. К. Королёв: факты и мифы. — М.: Наука, 1994.

131. Rindskopf M. H. Steel Boats Iron Men — Submarine League. — Nashville: Turner, 1994.

132. Метрополитен Северной столицы (1955–1995)/Под ред. Гарюгина В. А. — СПб.: Лики России, 1995.

133. Каманин Н. П. Скрытый космос. — М.: Инфортекс-ИФ, 1995.

134. Rhodes R. Dark sun: The making of the hydrogen bomb. — New York: Simon and Schuster, 1995.

135. Буров В. Н. История отечественного кораблестроения. — СПб.: Судостроение, 1995.

136. Гудилин В. Е., Слабкий Л. И. Ракетно-космические системы (История. Развитие. Перспективы). — М., 1996.

137. Михельсон Н. Н. Дмитрий Дмитриевич Максутов // Оптический журнал. 1996. №4.

138. Hariharan P. Optical Holography. — Cambridge: Cambridge University Press, 1996.

139. Сахаров А. Д. Воспоминания в двух томах. — М.: Права человека, 1996.

140. Кузин В. П., Никольский В. И. Военно-Морской Флот СССР 1945–1991. — СПб.: Историческое Морское Общество, 1996.

141. Русское зарубежье. Золотая книга эмиграции. Первая треть XX века. Энциклопедический биографический словарь/Под общ. ред. В. В. Шелохаева. — М.: РОССПЭН, 1997.

142. Marck B. Histoire de l'aviation. — Paris: Flammarion, 1997.

143. Капица, Тамм, Семенов в очерках и письмах/Сост.: А. Бялко, Н. Успенская. — М.: Вагриус, 1998.

144. Ковалёва С. Не более и не менее. Жизнь Льва Термена // Русская мысль. 1998. №4248.

145. Stix, T. Highlights in Early Stellarator Research at Princeton. — Journal of Plasma Fusion Research. — Series. 1: 3–8, 1998.

146. Индустриализация Советского Союза. Новые документы, новые факты, новые подходы/Под ред. С. С. Хромова. В 2 частях. — М.: Институт российской истории РАН, 1997–1999.

147. Вдохновенный генератор идей: памяти академика Б. В. Войцеховского // Наука в Сибири. 1999. №44.

148. Held M. Brassey's Essential Guide to Explosive Reactive Armour and Shaped Charges. — Oxford: Brassey, 1999.

149. Cooper, D. Enrico Fermi: And the Revolutions in Modern physics. — New York: Oxford University Press, 1999.

150. Kragh, H. Quantum Generations: A History of Physics in the Twentieth Century. — Princeton NJ: Princeton University Press, 1999.

151. Черток Б. Е. Ракеты и люди. — М.: Машиностроение, 1999.

152. Константинов Ю. Б., Грачев К. И. Высокоширотные воздушные экспедиции «Север» (1937, 1941–1993 гг.). — СПб.: Гидрометеоиздат, 2000.

153. Glinsky, A. Theremin: Ether Music and Espionage. — Urbana, Illinois: University of Illinois Press, 2000.

154. Близнюк В., Васильев Л., Вуль В., Климов В., Миронов А., Туполев А., Попов Ю., Пухов А., Черемухин Г. Правда о сверхзвуковых пассажирских самолётах. — М.: Московский рабочий, 2000.

155. Петров Г. Ф. Гидросамолёты и экранопланы России: 1910–1999. — М.: Русавиа, 2000.

156. Hall, R., ed. The History of Mir 1986–2000. — London: British Interplanetary Society, 2000.

157. Henig, Robin Marantz. The Monk in the Garden: The Lost and Found Genius of Gregor Mendel, the Father of Genetics. — Boston: Houghton Mifflin, 2000.

158. Феоктистов К. П. Траектория жизни. Между вчера и завтра. — М.: Вагриус, 2000.

159. Азин А. Владимир Демихов. Очерки жизни. — М.: Эра, 2001.

160. Гончаров Г. А., Рябев Л. Д. О создании первой отечественной атомной бомбы // Успехи физических наук. 2001. Вып. №1.

161. Бондаренко Б. Д. Роль О. А. Лаврентьева в постановке вопроса и инициировании исследований по управляемому термоядерному синтезу в СССР // Успехи физических наук. 2001. Вып. №8.

162. Hall, R., ed. Mir: The Final Year. — London: British Interplanetary Society, 2001.

163. Осташев А. И. Испытание ракетно-космической техники — дело моей жизни. События и факты. — Королёв, 2001.

164. Красильщиков А. П. Планеры СССР. — М.: Машиностроение, 1991.

165. Брыков А. В. 50 лет в космической баллистике. — М.: СИП РИА, 2001.

166. Лындин В. Орбитальная станция «Мир». Цифры и факты // Новости космонавтики. 2001. №5.

167. Кантемиров Б. Цыган, Дезик и проект ВР-190 // Новости космонавтики. 2001. №9.

168. Hall R., Shayler D. The rocket men: Vostok & Voskhod, the first Soviet manned spaceflights. — Springer, 2001.

169. Иойрыш А. И. А. Д. Сахаров: ответственность перед разумом. — Дубна: ОИЯИ, 2001.

170. Trogemann, G., Nitussov, A. Y., Ernst, W. Computing in Russia: the history of computer devices and information technology revealed. — Wiesbaden: Vieweg+Teubner Verlag, 2001.

171. Уманский С. П. Ракеты-носители. Космодромы. — М.: Рестарт+, 2001.

172. Неизвестный Байконур/Под ред. Б. И. Посысаева. — М.: Глобус, 2001.

173. Бажинов И. К. О работах группы М. К. Тихонравова в НИИ-4 Министерства обороны СССР // Космонавтика и ракетостроение. 2002. №1.

174. Jouany J.et al. Concorde: la légende volante. — Boulogne: Du May, 2002.

175. Владимир Фридкин. Самый первый ксерокс // Наука и жизнь. 2002. №10.

176. Летопись жизни, научной и общественной деятельности Андрея Дмитриевича Сахарова (1921–1989). В 3 частях/Сост. Е. Г. Боннэр и др. — М.: Права человека, 2002.

177. Кизель В. А. Победивший судьбу. Виталий Абалаков и его команда. — М.: 2002.

178. Zaloga S. The Kremlin's nuclear sword: the rise and fall of Russia's strategic nuclear forces, 1945–2000. — Washington, D. C: Smithsonian Books, 2002.

179. Руденко М. И. Операция «Стадион». Неизвестное об истории стартовых сооружений Байконура // Воздушный транспорт. 2003. №6.

180. Гаташ В. Сверхсекретный физик Лаврентьев // Известия науки. 2003. 29 авг.

181. Андрюшин И. А., Чернышев А. К., Юдин Ю. А. Укрощение ядра. — Саранск: Красный Октябрь, 2003.

182. Владимир Иосифович Векслер/Под ред. М. Г. Шафрановой. — Дубна: ОИЯИ, 2003.

183. Shubert, E. F. Light-Emitting Diodes. — Cambridge: Cambridge University Press, 2003.

184. Аксенова В. Ю. Положение о привилегиях на изобретения и усовершенствования от 20 мая 1896 г. // Патенты и лицензии. 2004. №5.

185. Махун С. Доктор Фаустус XX века. Лев Термен, опередивший время — «не более, не менее» // Зеркало недели. 2004. №46 (521).

186. Cronin J. W. Fermi Remembered. — Chicago: University of Chicago Press, 2004.

187. Whiting J. Otto Hahn and the Discovery of Nuclear Fission. — Hockessin: Mitchell Lane, 2004.

188. Детские железные дороги/Составители Е. С. Андрюшина, О. Н. Плющева. — М.: Центральный дом детей железнодорожников, 2004.

189. Owen, D. Copies in Seconds: How a Lone Inventor and an Unknown Company Created the Biggest Communication Breakthrough Since Gutenberg: Chester Carlson and the Birth of the Xerox Machine. — New York: Simon & Schuster, 2004.

190. Kozhevnikov, A. B. Stalin's great science: the times and adventures of Soviet physicists. — London: Imperial College Press, 2004.

191. Atzeni S., Meyer-ter-Vehn J. Nuclear fusion reactions. The Physics of Inertial Fusion. — New York: University of Oxford Press, 2004.

192. Абрамов И. П., Дудник М. Н. и др. Космические скафандры России. — М.: ОАО НПО «Звезда», 2005.

193. Ивановский О. Г. Ракеты и космос в СССР: записки секретного конструктора. — М.: Молодая гвардия, 2005.

194. Афанасьев И. Б., Батурин Ю. М., Белозерский А. Г. и др. Мировая пилотируемая космонавтика. — М.: РТСофт, 2005.

195. Первая попытка введения почтовых индексов в СССР // Филателия СССР. 2005. №8.

196. Королёв Л. Терменвокс // Радио. 2005. №8.

197. Мамонтов Д. Потомки повелителя ветров // Популярная механика: журнал. — 2005. — №12.

198. Cary H. B., Helzer, S. Modern Welding Technology. — Upper Saddle River, New Jersey: Pearson Education, 2005.

199. Научное сообщество физиков СССР. 1950–1960-е годы. Документы, воспоминания, исследования /Составители и редакторы В. П. Визгин и А. В. Кессених. — СПб.: РХГА, 2005.

200. Glinsky A., Moog R. Theremin: Ether Music and Espionage. — Champaign: University of Illinois Press, 2005.

201. Петербургский метрополитен: от идеи до воплощения. Альбом-каталог /Сост. В. Г. Авдеев и др. — СПб.: ГМИСПб, 2005.

202. Алексеев Р. Полёт в будущее. — Нижний Новгород: ВВАГС, 2005.

203. Россия и ее регионы в XX веке: территория, расселение, миграции /Под ред. О. Глезер и П. Поляна. — М.: ОГИ, 2005.

204. DeGroot, G. The Bomb: A History of Hell on Earth. — London: Pimlico, 2005.

205. Наумов М. С., Кусый И. А. Московское метро. Путеводитель. — М.: Вокруг света, 2006.

206. Sutton G. P. History of Liquid Propellant Rocket Engines. — Reston, VA: American Institute of Aeronautics & Ast, 2006.

207. Дружинин Ю. О., Соболев Д. А. Полеты в стратосферу в СССР в 1930-е гг. // Вопросы истории естествознания и техники. 2006. №4.

208. Брусенцов Н. П. Троичные ЭВМ «Сетунь» и «Сетунь 70» // Международная конференция SORUCOM. 2006.

209. Стронгин Р. Г. Опередивший время: сборник статей, посвященный 100-летию со дня рождения О. В. Лосева. — Нижний Новгород: Издательство ННГУ, 2006.

210. Апальков Ю. В. Подводные лодки. — СПб.: Галея Принт, 2006.

211. Дубровский А. Главное — чтобы костюмчик сидел // Наука и жизнь. 2006. №4.

212. Матвеев А. А. Служение скорости. О создателе судов на подводных крыльях и экранопланов Р. Е. Алексееве. — Нижний Новгород: Дятловы горы, 2006.

213. Симонянц С. Л. Технология бурения скважин гидравлическими забойными двигателями. — М.: РГУ нефти и газа им. И. М. Губкина, 2007.

214. Васильев Р. Б., Дирин Д. Н. Квантовые точки: синтез, свойства, применение. — МГУ, Москва, 2007.

215. Порошков В. В. Ракетно-космический подвиг Байконура. — М.: Патриот, 2007.

216. Dickson, P. Sputnik: The Shock of the Century. New York: Walker & Co, 2007.

217. Черток Б. Е. Первый искусственный спутник земли // Советский физик. 2007. №59.

218. Hansen, C. Swords of Armageddon: U. S. Nuclear Weapons Development Since 1945 (2 ed.). Sunnyvale, California: Chukelea Publications, 2007.

219. Canik J. M., Anderson D. T., Anderson F. S. B.; Likin K. M.; Talmadge J. N., Zhai K. Experimental Demonstration of Improved Neoclassical Transport with Quasihelical Symmetry. — Phys. Rev. Lett. 98 (8). — 2007.

220. Baker, P. The Story of Manned Space Stations: An Introduction. — Springer Science+Business Media, 2007.

221. Машенский С. Н. Великолепная семёрка, крылья «Беркутов»: большие противолодочные корабли проекта 1134Б, вертолёты Ка-25. — М.: Военная книга, 2007.

222. Dubbs, C., Burgess, C. Animals in Space: From Research Rockets to the Space Shuttle. — Springer, 2007.

223. Сутягин Д. В. Наши детские железные дороги. — М.: Железнодорожное дело, 2008.

224. Елков И. Звезда по имени Гай // Российская газета. 2008. 8 февраля.

225. Селивёрстов Л. С. В Арктике на парусниках и атомоходах. — Мурманск: Мурманское книжное издательство, 2008.

226. Haskew M. E., Joregensen C., Niderost E., McNab C. Fighting techniques of the Oriental world, AD 1200–1860: equipment, combat skills, and tactics. — London: Macmillan, 2008.

227. Ivanovich, G. S. Salyut — The First Space Station: Triumph and Tragedy. — Springer Science+Business Media, 2008.

228. Мурзин Е. А. АНС. У истоков электронной музыки. — М.: Композитор, 2008.

229. Кормилицин Ю. Н., Хализев О. А. Устройство подводных лодок. — СПб.: Элмор, 2008.

230. Hall C. W. A biographical dictionary of people in engineering: from the earliest records until 2000. — West Lafayette: Purdue University Press, 2008.

231. Каплунов А. Г. Неизвестный Илизаров. Штрихи к портрету. — Волгоград: Издатель, 2008.

232. Габрианович Д. Великий переворот в жизни человечества // Обнинск. 2009. №72 (3147).

233. Блинов В. М. Ледокол «Ленин». Первый Атомный. — М.: Европейские издания, Паулсен, 2009.

234. Меерович М. Г. Альберт Кан в истории советской индустриализации // Проект-Байкал. 2009. №20.

235. Lemaire J.-P., Derégel X. Concorde passion. — Paris: LBM, 2009.

236. Collins, M. Carrying the Fire: An Astronaut's Journeys. — New York: Farrar, Straus and Giroux, 2009.

237. Понурова В. Н. С. С. Юдин. — Новосибирск: Новосибирское книжное издательство, 2009.

238. Davies, T. D. Robert E. Peary at the North Pole. — Seattle: Starpath Publications, 2009.

239. Маслов М. А. Утерянные победы советской авиации. — М.: Эксмо, 2009.

240. Гончаров Г. А., Рябев Л. Д. О создании первой отечественной атомной бомбы // Успехи физических наук. 2009. Вып. 1.

241. Осташев А. И. Сергей Павлович Королёв — гений XX века: прижизненные личные воспоминания об академике С. П. Королёве. — Королёв: Издательство Московского государственного университета леса, 2010.

242. Карпенко В. Ф. Конструктор Алексеев. — Нижний Новгород: Бикар, 2010.

243. Водопьянов М. В. Мечта пилота. — Екатеринбург: Тардис, 2010.

244. Штайнер Р. Почести, преследования, смерть. Легенды русского альпинизма — Евгений и Виталий Абалаковы // РИСК онсайт. 2010. №48.

245. Зиновьев А. Н. Сталинское метро. Исторический путеводитель. — М.: Московское общество охраны архитектурного наследия, 2011.

246. Артёмов В. В. Юрий Гагарин. Человек-легенда. — М.: Олма Медиа Групп, 2011.

247. Byrne J. Neutrons, Nuclei, and Matter. — Dover Publications, Mineola, NY, 2011.

248. Первушин А. И. 108 минут, изменившие мир. — М.: Эксмо, 2011.

249. Samet M. The Climbing Dictionary: Mountaineering Slang, Terms, Neologisms & Lingo: An Illustrated Reference. — Mountaineers Books, 2011.

250. Евдошенко Ю. В. Я не верю в одноступенчатый турбобур. Из истории советских инноваций (к 110-летию П. П. Шумилова) // Нефтяное хозяйство. 2011. №7.

251. Марков Ю. Космонавтика с весёлым лицом. — М.: Маска, 2011.

252. Данилкин Л. А. Юрий Гагарин. — М.: Молодая гвардия, 2011.

253. Holmes T. Early Synthesizers and Experimenters. Electronic and Experimental Music: Technology, Music, and Culture (4th ed.). — London: Routledge, 2012.

254. Smyth R. Bum Fodder: An Absorbing History of Toilet Paper. — London: Souvenir Press Limited, 2012.

255. Якубович Н. В. Первые сверхзвуковые — Ту-144 против «Конкорда». — М.: ВЭРО Пресс, Яуза, Эксмо, 2012.

256. McCracken G, Stott P. Fusion: The Energy of the Universe. — New York: Academic Press, 2012.

257. Важенин Н., Обухов В., Плохих А. Электрические ракетные двигатели космических аппаратов и их влияние на радиосистемы космической связи. — М.: Физматлит, 2012.

258. Степанов Б. Г. Передатчик первого ИСЗ // Радио. 2013. №4.

259. Пирожкова А. Н. Я пытаюсь восстановить черты. О Бабеле — и не только о нем. — М.: АСТ, 2013.

260. Вишнякова М. А., Гончаров Н. П., Котелкина И. В., Лассан Т. К. Георгий Дмитриевич Карпеченко. — Новосибирск: Изд-во СО РАН, 2013.

261. Глезер Г. М. Кирза // Химия и жизнь. 2013. №2.

262. Александров Н. Н. Звезда Богданова. — М.: Академия Тринитаризма, 2013.

263. Аничков Н. М. 12 очерков по истории патологии и медицины. — СПб.: Синтез бук, 2013.

264. Swanson K. W., Banking on the Body: The Market in Blood, Milk, and Sperm in Modern America. Cambridge, MA: Harvard University Press, 2014.

265. С. П. Королёв. Энциклопедия жизни и творчества/Под ред. В. А. Лопота. — Королёв: РКК «Энергия» им. С. П. Королёва, 2014.

266. Архитектура Москвы 1933–1941 гг./Автор-сост. Н. Н. Броновицкая. — М.: Искусство — XXI век, 2015.

267. Довгань В. Г. Лунная одиссея отечественной космонавтики. От мечты к луноходам. — Ростов н/Д: Издательство Южного федерального университета, 2015.

268. Затучный А. М., Ригмант В. Г., Синеокий П. М. Туполев-144. — М.: Полигон-пресс, 2015.

269. Алексеева Т., Наумова О. От замысла — к воплощению… Эскизы, рисунки, чертежи Ростислава Алексеева. — Нижний Новгород: Кварц, 2015.

270. Кантор Б. Звездный путь Гая Северина. — М.: Издательский дом «Аргументы недели», 2015.

271. Глянцев С. П. Феномен Демихова. Серия статей // Трансплантология. 2015–2017.

272. Корнеева О. Первый на полюсе. Подвиг Водопьянова. — М.: Паулсен, 2016.

273. Стасевич К. Эффект Илизарова // Наука и жизнь. 2016. №5.

274. Визе В. Ю. Моря Российской Арктики. В 2 т. — М.: Паулсен, 2016.

275. Маслов М. Б. И. Черановский и его «параболы» // Авиация и космонавтика. 2016. №4.

276. Леонов А. Время первых. Судьба моя — я сам… — М.: АСТ, 2017.

277. Калиниченко В. И. Защита для брони. — М.: ИПО «У Никитских ворот», 2017.

278. Фортов В. Е. Физика высоких плотностей энергии. — М.: Физматлит, 2017.

279. Люди мира. Русское научное зарубежье/Под ред. Д. Баюка. — М.: Альпина нон-фикшн, 2018.

作者后记

《俄罗斯帝国发明史》出版后，我搜集了大量的问题和批评建议。有些建议非常中肯，我在第二版和第三版做了修订和补充。还有一些提意见的人连书都没有打开，不管三七二十一，上来就是一顿贬损。总的说来，《俄罗斯帝国发明史》的问题范围已经比较清晰。《俄罗斯帝国发明史》《苏联发明史》两卷书的写作动机相似，我想本书的问题应该大同小异。所以，下面可能就有你们想提出的问题的答案。

这本书——不是写给专业人士的

《俄罗斯帝国发明史》出版后，我接到了一些电话（也有人是在听到我的演讲后主动找到我的）。这些读者，都是某个领域细分专业的专家，也可以说是非常"专"的专家。他们愤愤不平，因为他们买书的目的就是因为书中某个章节涉及他们感兴趣的领域，都说开卷有益，读完我的书，他们却没有看到任何新鲜的内容。这种批评让我觉得很无厘头。

比如说，有个供暖专家就给我打过电话。作为一名有三十多年工龄的资深工程师，他对于我的书没有提供任何关于散热器发明者弗朗茨·圣加利（Франце Сан-Галли）的新信息感到愤怒。通过交谈我才了解到，他是专业研究供暖历史的，他本人就写过不止一篇关于圣加利的文章，也阅读过许多相关专著。我问他："您跟我说说看，您难道真的是想从一本通俗读物里面了解什么新情况吗？我写的是科普书，我就是想让读者对某个问题有一个初步的认识。"

你们一定要明白，这只是一本非常浅显的读物，并不适合专业人士阅读。如果你们想了解第一颗人造地球卫星的历史和设计的详细资料，你们需要从几十本关于地球卫星或航天史的厚厚的书中挑选一本买回家细读，而不要指望从一本介绍苏联首创发明的某个篇幅有限的章节获取新知识。

而且，我也不是历史学家，我是个新闻工作者。我引用的所有信息和数据绝对都来自开源资料。我看了很多书，翻阅了几千份报纸、笔记、回忆录和专著，但我没有深入研究过专业档案，因为我的使命不是从这些信息源深挖以前未知的信息。我写的是一本科普读物，不是一本科学书籍，你们别搞错了。

谈几点错误

我常常会出错。这些错误并不值得骄傲，但我也不认为犯了错就是大祸临头。大多数情况下，错误并非如某些人所想的那样源于无知，而是由于我们老生常谈的"粗心大意"：我毕竟是从浩如烟海、杂乱无章的信息中梳理线索，有时候，材料梳理清楚了，章节的内容也就水到渠成，然后我再在力所能及的范围内进行编辑。举例来说，《俄罗斯帝国发明史》一版再版，谁也没有注意到我把切列帕诺夫父子误写成切列帕诺夫兄弟的愚蠢错误。我无法解释为什么会这样，因为我从学生时代起，就知道切列帕诺夫是父子，而且到处都写着他们是父子关系。但是，在我的意识深处，却突然冒出了"兄弟"这个字眼，就像卢米埃尔（Люмьер）兄弟或斯特鲁加茨基（Стругацкий）兄弟——这是个尴尬的错误。最关键的是，这个错误居然通过了后续各个阶段的质量检测。

事实上，这本书的客观错误相当少。当然，疏漏之处一定还有，我并不怀疑。平均下来，每隔三四章，就会有一处。到第二版时，错误大约改掉了一半，第三版又减少了四分之三，也许是五分之四。这是科普读物的惯常做法，就算是知名作家的作品，也无例外。注意到这些错漏的通常是那些专业领域非常狭窄的专家，偏偏他们又希望在书中找到相关专业的新知识。

几个更常见的问题

——这本书写了多长时间？

——大概十个月吧。如果把搜集资料和编辑的时间算在内，这本书大约用了一年半时间。写作就是一件既费时又费力的工作。

——某某神器明明是苏联科学家 M 的发明，为什么你在书里写，是美国人 N 发明的？

——你们搞错了，某某就是美国人 N 发明的，我是在文献中发现了这些信息。

——谁为这本书买单——索罗斯基金会还是某个外国机构？

——没有谁。"俄罗斯帝国和苏联的发明史"这个选题，我已经酝酿很久。从 2011 年开始，我就计划撰写这个专题的系列文章，后来，我又萌生了以书的形式呈现这个专题的想法，连书的序言都写好了。2016 年，我偶然结识了帕维尔·波德科索夫（Павел Подкосов）先生，他是阿尔皮纳非虚构（Alpina Non-Fiction）出版公司总经理，正是他鼓励我出版这本书。所以说，写这本书完全是我个人的想法和意愿，除了合同规定的版税，我没有多拿一分钱。

这就是我要澄清的全部内容。希望我的回答能解开你们的困惑，下面我们进入结论部分。

译者后记

提到"发明"，您会联想到什么？是中国古代的四大发明，抑或是美国的托马斯·爱迪生，那么您对苏联的发明有多少了解？在鼓励集体主义的社会背景下，苏联发明人的处境如何，其贡献又是如何被铭记的？是否所有的发明都以技术物的形式呈现呢？本书从工业、交通、科学、航天、民生等方面，以一段段独立的故事，带您了解苏联的伟大发明与发明家，感叹其创意之精妙，体味其历程之艰辛。

本书作者斯科连科长期投身于科普事业，这本《苏联发明史》是其《俄罗斯帝国发明史》的续作，这一系列在俄罗斯备受好评。作者长于用生动易懂的语言解释专业的科学知识，深考发明人的经历，结合更大的历史背景，尽可能饱满地描绘出每项发明的历史。本书虽然是一本科普读物，但作者将每章的主要参考附在了末尾，亦不失为苏联科技史研究者的宝贵参考。

苏联作为曾经辉煌强大的国度，与西方国家进行了长期的对峙和竞争，但它的历史并不能因其解体而被忽视甚至被篡改。正如作者提到的，本书旨在讲述苏联人在不同阶段的发明创造，同时尽可能地消除由于杜撰与谬传所带来的对苏联发明的误解。这也是我们翻译本书的初衷。

翻译的过程饱含艰辛，这也是我翻译著作的一次尝试，积累了弥足珍贵的经验。感谢我所在翻译团队的每一位成员：王泽坤、刘茗菲、王秦歌，她们也是我的师姐师妹，在本书出版时都已从清华大学毕业，愿你们前程似锦；感谢中国科学技术出版社的李惠兴老师与郭秋霞老师，对译稿仔细审读与编辑加工，在清样校对之际逢疫情加重，居家办公仍尽职尽责；还要感谢为本书翻译出版提供过帮助的每一位良师益友。

本书在编排上是每一章对应一项发明，且彼此间具有较大的独立性，涉及诸多领域，在给翻译工作带来了很大的挑战的同时，也为我们以团队的形式开展翻译工作提供了条件。本书的翻译与校对工作按照以下分工开展：

杜明禹：第二部分序言、第九章至第十七章、第三十九章至第四十一章；

刘茗菲：第十八章至第二十章、第三部分序言、第二十一章至第二十六章、第三十七章至第三十八章；

王泽坤：第四部分序言、第二十七章至第三十六章；

王秦歌：以上三人初稿的校对工作，翻译进度安排与统筹工作；

其他译者：导言、第一部分序言、第一章至第八章、第五部分序言、第四十二章、第六部分序言、第四十三章至最后。

诚然，书中仍会存在前后有所关联的内容，比如人名，除个别已在相应领域约定俗成的译名外，书中绝大部分俄语人名、父称、姓氏参考新华通讯社译名室编的《俄语姓名译名手册　第 2 版》（2021）进行翻译。我们以这样的方法来确保全书翻译用词、风格的统一，投入大量精力仔细校对，并适当标注了译者注以便读者理解。但苦于时间紧任务重，以及能力所限，若书中出现个别纰漏，烦请各位读者批评指正，不胜感激！

杜明禹

2022 年 5 月写于清华园